食品安全出版工程
Food Safety Series

总主编　任筑山 蔡威

食品安全化学
Food Safety Chemistry

俞良莉 王硕 孙宝国 主编

内容提要

本书着眼于从化学的角度研究食品安全问题，通过对食品加工和储藏过程中食源性污染物的形成机制、毒害作用和控制技术及其对人类健康的潜在危害阐明分析，同时重点关注几类在食品加工过程中易产生的主要化学污染物，使社会对食品安全问题有一个更清楚明了的认识。本书可供专业研究者们阅读参考，也可为社会公众人员科普阅读。

图书在版编目(CIP)数据

食品安全化学/俞良莉，王硕，孙宝国主编.—上海：
上海交通大学出版社，2014
ISBN 978-7-313-12166-0

Ⅰ.①食… Ⅱ.①俞…②王…③孙… Ⅲ.①食品污染—化学污染—污染防治 Ⅳ.①X56

中国版本图书馆CIP数据核字(2014)第228456号

食品安全化学

主　　编：俞良莉　王　硕　孙宝国
出版发行：上海交通大学出版社
地　　址：上海市番禺路951号
邮政编码：200030
电　　话：021-64071208
出 版 人：韩建民
印　　制：苏州市越洋印刷有限公司
经　　销：全国新华书店
开　　本：710mm×1000mm　1/16
印　　张：22.25
字　　数：378千字
版　　次：2014年10月第1版
印　　次：2014年10月第1次印刷
书　　号：ISBN 978-7-313-12166-0/X
定　　价：98.00元

本书编委会

主　编　俞良莉　王　硕　孙宝国

编委会(按姓氏笔画顺序)

丁双阳(中国农业大学)　　王明福(香港大学)
王俊平(天津科技大学)　　王　硕(天津科技大学)
王　静(北京工商大学)　　邓泽元(南昌大学)
史海明(上海交通大学)　　孙宝国(北京工商大学)
陆维盈(上海交通大学)　　俞良莉(上海交通大学)
徐学兵(丰益全球研发中心)　　盛　漪(上海交通大学)
章　宇(浙江大学)　　谢　刚(国家粮食局科学研究院)

各章编写人员

前　言　俞良莉
第1章　章　宇
第2章　王明福　张忻晨　汪裕轩
第3章　孙宝国　王　静
第4章　王　硕　王俊平　谢　刚
第5章　邓泽元　徐婷婷　饶　欢　李红艳
第6章　丁双阳
第7章　徐学兵　王　勇　孙周平　徐华文　张　海　刘　曼　张晓伟
第8章　史海明　陆维盈　杨　飞　高博彦　秦　芳
第9章　盛　漪

编写秘书　刘　洁

食品安全出版工程

丛书编委会

总主编

任筑山　蔡　威

副总主编

周　培

执行主编

陆贻通　岳　进

编　委

孙宝国　李云飞　李亚宁

张大兵　张少辉　陈君石

赵艳云　黄耀文　潘迎捷

前　言

民以食为天，食以安为先，食品安全事件不仅关系到普通百姓的健康生活、食品企业的生产经营，更关系到国家社会的稳定发展。联合国粮农组织将安全食品定义为：食品中不含或含有可以接受安全水平的急性或慢性毒害的污染物、掺假物、天然毒素或其他物质。近年来，随着农业经济的全球化和国际化发展，食品安全问题也随着食品在全球范围内的流通而迅速蔓延，这表明食品安全问题已经发展为不受地域限制和经济发展状况影响并且对人类健康和生活质量起关键作用的世界性问题。

谈到食品安全就不得不提到食品污染，食品污染是指食品中含有对消费者健康有害的化学物和微生物。当前，随着食品企业的快速发展以及食品加工程度的不断提升，与化学物相关的食品安全问题也变得越来越突出和重要。与大多数微生物污染不同的是，化学污染物对消费者的健康影响具有隐蔽性和积聚性的特点，只有经过一段滞后的暴露期才可以显现出来，且多为低水平。食品中的化学污染可分为蓄意性污染和偶发性污染。蓄意性污染是指生产者在明知有风险的情况下向食品中人为添加具有潜在毒害的成分的行为，如牛奶中添加三聚氰胺；而偶发性污染是指生产者在未意识到有潜在风险情况下，人为添加有毒有害成分的行为，如食品加工生产中产生的反式脂肪酸、丙烯酰胺和3-氯丙醇酯等。这些食品安全事件，都引发了极大的社会轰动并造成了巨大的经济损失，引起了人们的高度关注。食品生产是一个复杂的化学反应过程，我们把一定量与不同类型的反应物聚合在一起，并通过反应生成期望的产品。但在实际生产中，许多因素包括食品原料的采前采后处理、不同食品原料组成及配比、食品加工存储条件等等都可能影响食品中污染物的水平和状况。如何在化学水平上对这些因素整体考虑并尽可能减少食品污染就显得非常重要。因此，一个着重关注食品安全化学问题的研究领域——食品安全化学应运而生并受到广泛关注。

食品安全化学研究着眼于从化学的角度研究食品安全问题，通过对食品加工和储藏过程中食源性污染物的形成机制、毒害作用和控制技术及其对人类健康的潜在危害阐明分析，开发能够有效控制和减少食品或食品原料中污染物水平的技术，并为相关法规和预防策略的制定奠定化学基础。

本书将重点关注几类在食品加工过程中易产生的主要化学污染物，对其毒害作用机制、形成过程的化学和生物化学原理、动物体内的分布和代谢及其在食品和食品原料中水平的影响因素等方面进行阐述，并对降低其水平的相关技术、检测分析方法及其监管现状等进行讨论。以期望能为食品研究人员和食品企业更深入地了解食品加工过程并准确定位其中潜在的安全问题提供帮助。

为了提高食品质量和稳定性，我们对不饱和脂肪进行氢化处理，产生反式脂肪酸。有关反式脂肪酸的出现、形成、检测方法及其对健康的危害将在第五章进行综述和讨论。丙烯酰胺存在于许多经加工的淀粉食品中，已被证实与美拉德反应相关，第一章将就丙烯酰胺形成的相关化学和安全问题进行综述。美拉德反应作为食品生产和加工过程中最重要的化学反应也被证明是生成毒害物质的一个危险因素，美拉德反应及其相关的食品安全化学问题将在第二章进行综述。3-氯丙醇存在于多种食品原料中，如水解植物蛋白、面包、肉类和啤酒中，且已被证实为毒害物质。近年来，人们在油脂精炼过程中发现了3-氯丙醇脂肪酸酯，有关于其形成和潜在的安全问题将在第七章进行讨论。食品添加剂是一类经过高度加工的食品原料，第三章将对其安全性进行综述。食品安全检测新技术及法律法规将在第八、九章进行陈述，随着越来越多新型食品及其加工技术的出现，我们将需要进行更多有关食品配方、储藏和加工中食品污染物控制技术等方面的研究。

目　录

第1章　食品化学安全——丙烯酰胺

1.1　丙烯酰胺的健康风险评估

1.1.1　暴露评估

1. 食品中丙烯酰胺的含量

在JECFA第64次会议上，从24个国家获得的食品中关于丙烯酰胺的检测数据共6 752个，数据来源包含谷物早餐、土豆制品、咖啡及其类似制品、奶类、糖和蜂蜜制品、蔬菜和饮料等主要消费食品，其中含量较高的三类食品是：高温加工的土豆制品（包括薯片、薯条等），平均含量为0.477 mg/kg，最高含量为5.312 mg/kg；咖啡及其类似制品，平均含量为0.509 mg/kg，最高含量为7.300 mg/kg；早餐谷物类食品，平均含量为0.343 mg/kg，最高含量为7.834 mg/kg；其他种类食品的丙烯酰胺含量基本在0.1 mg/kg以下，结果如表1-1所示。

表1-1　各类食品中丙烯酰胺的含量

食品种类	样品数	均值(μg/kg)	最大值(μg/kg)
谷类	3 304	343	7 834
水产	52	25	233
肉类	138	19	313
乳类	62	5.8	36
坚果类	81	84	1 925
豆类	44	51	320
根茎类	2 068	477	5 312
煮土豆	33	16	69
烤土豆	22	169	1 270
炸土豆片	874	752	4 080
炸土豆条	1 097	334	5 312
冻土豆片	42	110	750
糖、蜜(巧克力为主)	58	24	112

（续表）

食品种类	样品数	均值(μg/kg)	最大值(μg/kg)
蔬菜	84	17	202
煮、罐头	45	4.2	25
烤、炒	39	59	202
咖啡、茶	469	509	7 300
咖啡(煮)	93	13	116
咖啡(烤、磨、未煮)	205	288	1 291
咖啡提取物	20	1 100	4 948
咖啡(去咖啡因)	26	668	5 399
可可制品	23	220	909
绿茶(烤)	29	306	660
酒精饮料(啤酒、红酒、杜松子酒)	66	6.6	46

注：数据来源于2005年我国卫生部发布的丙烯酰胺危险性评估报告。

2010年5月18日，欧盟食品安全局发布2008年度不同类型食物中丙烯酰胺水平监测报告，这份报告是根据22个欧盟成员国和挪威提供的3 461份样品分析结果得出的。所监测的食品种类主要包括：法国炸薯条、烤土豆片、家庭烹饪的土豆制品、面包、谷物早餐、饼干、炒咖啡、罐装婴幼儿食品、加工谷物婴幼儿食品和其他制品等。其中分析的样品数量最少的是加工谷物婴幼儿食品(96份)，数量最多的是其他制品(782份)。报告指出：在所抽检的22个食品种类中，丙烯酰胺平均含量最高的食品类别是“咖啡替代品”，包括基于谷物(如大麦或菊苣)的一些类似咖啡的饮料，为1 124 μg/kg；平均含量最低的是一些未具体说明的面包制品，为23 μg/kg。

由中国疾病预防控制中心营养与食品安全研究所提供的资料显示，被监测的100余份样品中，丙烯酰胺含量有：薯类油炸食品平均含量为0.78 mg/kg，最高含量为3.21 mg/kg；谷物类油炸食品平均含量为0.15 mg/kg，最高含量为0.66 mg/kg；谷物类烘烤食品平均含量为0.13 mg/kg，最高含量为0.59 mg/kg；其他食品，如速溶咖啡为0.36 mg/kg、大麦茶为0.51 mg/kg、玉米茶为0.27 mg/kg。就所检样品的测定结果看，我国食品中的丙烯酰胺含量与其他国家相近。

2. 丙烯酰胺的人群可能摄入量

根据对世界上17个国家丙烯酰胺摄入量的评估结果显示，一般人群平均摄入量为0.3～2.0 μg/kg bw/天，90%～97.5%的高消费人群其摄入量为0.6～3.5 μg/kg bw/天，99%的高消费人群其摄入量为5.1 μg/kg bw/天。按体重计，儿童丙烯酰胺的摄入量为成人的2～3倍。其中丙烯酰胺的主要来源食品分布为炸土豆条占16%～30%，炸土豆片占6%～46%，咖啡占13%～39%，饼干占

10%～20%，面包占10%～30%，其余均小于10%。JECFA根据各国的摄入量，认为人类的平均摄入量大致为1 μg/kg bw/天，而高消费者大致为4 μg/kg bw/天，包括儿童。由于我国尚缺少足够多各类食品中丙烯酰胺含量的数据，以及这些食品的摄入量数据，因此，还不能确定我国人群的暴露水平。但由于食品中油炸薯类食品、咖啡食品和烘烤谷类食品中的丙烯酰胺含量较高，而这些食品在我国人群中的摄入水平应该不高于其他国家，因此，我国人群丙烯酰胺的摄入水平应不高于食品添加剂联合专家委员会(JECFA)评估的一般人群的摄入水平。

1.1.2 危险性评估

在对丙烯酰胺的危险性评估中，采用动物实验来推导的基准剂量下限(benchmark dose lower confidence limit, BMDL)数据进行人群摄入量评估，加之人与动物代谢活化强度的差别，因此存在不确定性，故需在进行的几项丙烯酰胺的长期动物试验结束后再次进行评价，并需考虑丙烯酰胺在体内转化为环氧丙酰胺的情况，以及发展中国家丙烯酰胺摄入量的数据，之后将人体生物学标记物与摄入量和毒性终点结果相联系进行评估。

对非遗传毒性物质和非致癌物的危险性评估，通常方法是在无可见有害作用水平(no observed adverse effect level, NOAEL)的基础上再加上安全系数，产生出每天容许摄入量(acceptable daily intake, ADI)或每周耐受摄入量(provisional tolerated weekly intake, PTWI)，用人群实际摄入水平与ADI或PTWI进行比较，就可对该物质对人群的危险性进行评估。而对遗传毒性致癌物，以往的危险性评估认为应尽可能避免接触这类物质，没有考虑这类物质摄入量和致癌作用强度的关系，没有可接受的耐受阈剂量，因此管理者不能以此来确定监管污染物的重点和预防措施，而管理者又非常需要评估者提供不同摄入量可能造成的不同健康危险度的信息。因此，目前国际上在对该类物质进行危险性评估时，建议用剂量反应模型和暴露限(margin of exposure, MOE)进行评估。BMDL为诱发5%或10%肿瘤发生率的低侧可信限，BMDL除以人群估计摄入量，则为暴露限(MOE)。MOE越小，该物质致癌危险性也就越大，反之就越小。

1. 丙烯酰胺的毒性

急性毒性试验结果表明，大鼠、小鼠、豚鼠和兔的丙烯酰胺经口半数致死剂量(LD_{50})为150～180 mg/kg，属中等毒性物质。此外，丙烯酰胺是一种公认的神经毒素，长期暴露量试验显示它可以引起人体和动物神经系统(主要是外周神经)的损害；大鼠90天喂养试验显示，以神经系统形态改变为终点，其未观察到的有害作用剂量(NOAEL)为0.2 mg/kg bw/天。哺乳动物体外细胞培养试验和体内试验均表明丙烯酰胺具有生殖毒性和致畸性。大鼠生殖和发育毒性试验得出其NOAEL为2 mg/kg bw/天。

丙烯酰胺具有较强的组织渗透性,可以通过未破损的皮肤、黏膜、肺和消化道进入人体,经口摄入被认为是人体吸收丙烯酰胺最快速和最完整的途径。日常生活中,饮用水是人体摄入丙烯酰胺的主要来源,许多国家规定饮用水中丙烯酰胺的含量不能超过0.25 μg/L。在日常膳食中,高温加工淀粉类食品、谷类食品以及咖啡等饮品是人体摄入丙烯酰胺的主要可能来源。此外,食品包装材料中丙烯酰胺的迁移也是人体摄入丙烯酰胺的来源之一,美国食品和药品管理局(US FDA)规定应用于与食品接触的纸张或纸板的聚丙烯酰胺材料中丙烯酰胺单体的含量要限制在0.2%以下。

2. 对丙烯酰胺的非致癌效应进行评估

动物试验结果引起神经病理性改变的NOAEL值为0.2 mg/kg bw。根据人类平均摄入量为1 μg/kg bw/天,高消费者为4 μg/kg bw/天进行计算,则人群平均摄入和高摄入的MOE分别为200和50;丙烯酰胺引起生殖毒性的NOAEL值为2 mg/kg bw,则人群平均摄入和高摄入的MOE分别为2 000和500。JECFA认为按估计摄入量来考虑,此类副作用的危险性可以忽略,但是对于摄入量很高的人群,不排除能引起神经病理性改变的可能。

3. 对丙烯酰胺的致癌效应进行评估

大鼠和小鼠长期试验研究表明,丙烯酰胺与甲状腺癌、肾上腺癌、乳腺癌和生殖系统癌症的发病率存在剂量依赖关系。Olesen等[27]通过前瞻性群组研究表明,丹麦妇女人群中丙烯酰胺的暴露量与乳腺癌的发病率具有一定的相关性,但由于流行病学资料及动物和人的生物学标记物数据均不足以进行评价,因此只能根据动物致癌性试验结果,用8种数学模型对其致癌作用进行分析。最保守的估计,推算引起动物乳腺瘤的BMDL为0.3 mg/kg bw/天,根据人类平均摄入量为1 μg/kg bw/天,高消费者为4 μg/kg bw/天计算,平均摄入和高摄入量人群的MOE分别为300和75。JECFA认为对于一个具有遗传毒性的致癌物来说,其MOE值较低,也就是诱发动物的致癌剂量与人的可能最大摄入量之间的差距不够大,数值比较接近,其对人类健康的潜在危害应给予关注,建议采取合理的措施来降低食品中丙烯酰胺的含量。目前,欧洲有些食品生产企业在减少食品加工过程中丙烯酰胺的产生方面已取得了很好的效果。

1.1.3 关于丙烯酰胺的控制和预防措施对消费者的建议

卫生部食品污染物监测网监测结果显示,高温加工的淀粉类食品(如油炸薯片和油炸薯条等)中丙烯酰胺含量较高,其中薯类油炸食品中丙烯酰胺平均含量高出谷类油炸食品4倍,我国居民食用油炸食品较多,暴露量较大,长期低剂量接触,会有潜在危害。从上述结果来看,其对人类健康的潜在危害应给予关注,建议采取合理措施降低食品中丙烯酰胺的含量,如尽可能避免连续长时间或高温烹饪淀粉类食品,但同时又要保证做熟,以确保杀灭食品中的微生物,避免导致食源性疾病;提倡合理营养,平衡膳食,改变油炸和高脂肪食品为主的饮食习惯,多吃水果和蔬菜,减少因丙烯酰胺可能导致的健康危害。

1.2 丙烯酰胺的结构、理化性质及主要危害

丙烯酰胺(Acrylamide, CAS 号 79-06-1),分子量为71.09,化学分子式为$CH_2CHCONH_2$。它是一种不饱和酰胺,其单体为白色晶体,密度为1.122 g/cm³,沸点为125℃,熔点为84~85℃。它能溶于水、乙醇、乙醚、丙酮、氯仿,不溶于苯及庚烷中,其化学结构如图1-1所示。丙烯酰胺在室温下比较稳定,但当处于熔点温度或熔点以上温度、氧化条件以及在紫外线的作用下很容易发生聚合反应生成聚丙烯酰胺,氧化剂的存在也会促使聚合反应的进行。当加热使其溶解时,丙烯酰胺释放出强烈的腐蚀性气体和氮的氧化物类化合物。

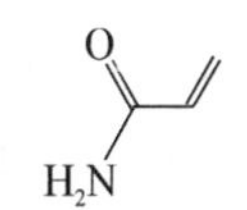

图1-1 丙烯酰胺的化学结构

在工业生产中,采用丙烯酰氯($CH_2=CHCOCl$)与氨在苯溶液中,或者采用丙烯腈($CH_2=CHCN$)在硫酸或盐酸中进行化学反应可以得到丙烯酰胺。丙烯酰胺分子中含有酰胺基和双键两个活性中心,所以是一种化学性质相当活泼的化合物。丙烯酰胺中的氨基具有脂肪胺的反应特点,可以发生水解反应和霍夫曼降解反应;其分子中的双键可以发生迈克尔加成反应。另外,丙烯酰胺可以进行聚合反应产生高分子聚合物聚丙烯酰胺;也可以与丙烯酸、丙烯酸盐等化合物发生共聚反应。主要反应如图1-2所示。

(1) 水解反应

$$CH_2=CHCONH_2+H_2O\xrightarrow{NaOH}CH_2=CHCOONa+NH_3$$

(2) 霍夫曼降解反应

$$CH_2=CHCONH_2+NaOX+2NaOH\longrightarrow CH_2=CHNH_2+Na_2CO_3+NaX+H_2O$$

(3) 迈克尔加成反应

$$CH_2=CHCONH_2+CH_2(COOCH_2CH_3)_2\xrightarrow[CH_3CH_2OH]{CH_3CH_2ONa}(COOCH_2CH_3)_2CHCH_2CH_2CONH$$

图1-2 丙烯酰胺的主要化学反应

研究表明，丙烯酰胺主要在高碳水化合物、低蛋白质的植物性食物加热(120℃以上)烹调过程中形成，140～180℃为其生成的最佳温度，当加工温度较低时，生成的丙烯酰胺的量较低。烘烤、油炸食品在最后水分减少、表面温度升高阶段，其丙烯酰胺生成量增高。

1.3 食品中丙烯酰胺含量的检测方法

1.3.1 食品中丙烯酰胺检测方法的建立

早期的研究建立了糖类、田间作物和蘑菇中丙烯酰胺的气相色谱(gas chromatography, GC)和高效液相色谱(high-performance liquid chromatography, HPLC)定量检测方法。然而，这些方法缺乏足够的选择性和灵敏度，无法满足复杂食品基质中丙烯酰胺痕量分析的需要。2002年，科学家首次将同位素稀释的液相色谱-质谱联用(LC-MS)技术应用于检测热加工食品中丙烯酰胺的含量，确定了多重反应监测(multiple reaction monitoring, MRM)的定量模式下丙烯酰胺的母离子、定性离子和定量离子。此后，大量的研究报道在此基础上优化了基于质谱技术的丙烯酰胺检测方法。气相色谱-质谱联用(GC-MS)和液相色谱-串联质谱法(LC-MS/MS)已被公认是检测食品中丙烯酰胺含量的最常用和最准确的方法。

1.3.2 食品中丙烯酰胺含量测定的试样预处理方法

在对样品进行GC-MS或LC-MS/MS进样分析前，试样预处理的典型步骤如图1-3所示。由于丙烯酰胺是一种亲水性的小分子化合物，因此在常温下通常用水来提取；考虑后期使用旋转蒸发浓缩和回收溶剂的方便性，甲醇也可用作提取剂。采用高浓度的氯化钠溶液提取，能明显地抑制样品预处理过程中的乳化现象，提高丙烯酰胺的回收率。另外，丙酮和水的混合溶液也可用于丙烯酰胺的提取。为了提高提取效率，部分研究采取快速溶剂萃取(accelerated solvent extraction, ASE)的方法。ASE法使溶剂萃取过程在升温加压状态下进行，以此提高萃取效率。升温加速了萃取的动力学过程，而加压可以保证萃取溶剂始终处于低沸点状态，从而实现安全而快速的萃取。

为了在样品预处理过程中控制损失情况和提高回收率，往往在均质化后添加内标。目前最常用的内标是$^{13}C_3$-丙烯酰胺，另外还有$^{13}C_1$-丙烯酰胺、D_3-丙烯

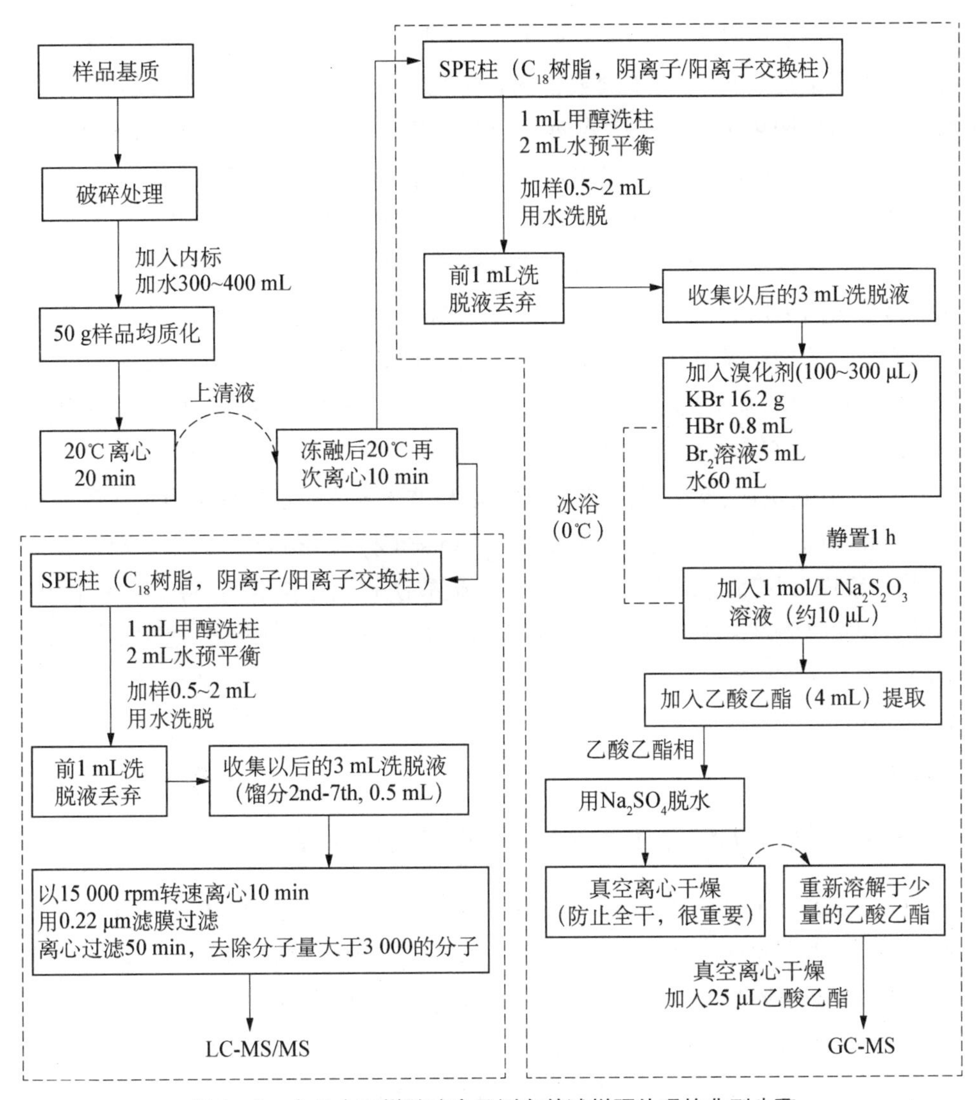

图 1-3 食品中丙烯酰胺含量测定前试样预处理的典型步骤

酰胺、*N*,*N*-二甲基甲酰胺、甲基丙烯酰胺和丙酰胺。根据样品基质的复杂情况，在提取阶段还应考虑一些辅助措施，对于油脂含量高的样品一般需要经过脱脂处理，脱脂溶剂可选择正己烷、石油醚或环己烷；对于蛋白含量高的样品一般需要经过脱蛋白处理，可选用甲醇、乙腈或高浓度的盐溶液。例如，通过添加 1 mL 的 0.68 mol/L铁氰化钾溶液和 1 mL 的 2 mol/L 硫酸锌溶液充分涡流混合可在 1 min内沉淀蛋白[18, 29]。

试样的纯化主要通过固相萃取法(solid-phase extraction, SPE)进行。早期的实验一般都通过多步 SPE 法来实现丙烯酰胺回收率最大化的目标。可采用依次经过阴离子交换柱、阳离子交换柱和石墨化碳柱的方法进行纯化；或者采用依次经过 C_{18} 柱、阴离子交换柱和 AccuCAT 柱（以强阴阳离子吸附剂作为混合固定相填料）的方法进行纯化。但是多步 SPE 法操作繁琐，不适用于大批量样品的检测。最近，SPE 柱中填料的优化使纯化过程趋于简单，如 Oasis HLB SPE 柱的填料是一种具有亲水-亲脂平衡特性的水浸润性反相吸附剂，已有不少研究报道了在色谱分析前采用此柱对试样进行纯化。同时，Oasis MCX SPE 柱以混合阳离子交换模式的反相吸附剂为填料，具有良好的纯化效果。使用以上两种 SPE 柱对试样进行纯化，基本消除了样品基质对质谱的干扰，使丙烯酰胺的回收率达到 98%以上，并具有良好的重现性。

如今，寻找快速、便捷、高回收率的萃取和纯化方法对于食品中丙烯酰胺的批量检测和准确定量具有重要的意义。Mastovska 和 Lehotay[23] 优化了预处理方法，将匀浆样品与适量的正己烷、水、乙腈、硫酸镁和氯化钠混匀，将乙腈层取出，经过伯仲胺吸附剂和无水硫酸镁的混合填料 SPE 柱来实现纯化，达到了快速便捷的目的。另外，其他一些影响因素，诸如样品匀浆的黏稠度、是否需要有机溶剂、萃取温度、萃取时间、萃取循环次数、SPE 洗脱溶剂的选择等，还需要进一步的优化研究。

1.3.3 基于 GC－MS 方法的丙烯酰胺定量分析

GC－MS 技术是丙烯酰胺定量分析的常用方法之一，采用这种方法在纯化步骤之前往往需要对样品进行衍生化，溴化反应是最常用的衍生化手段。溴衍生化可以降低丙烯酰胺的极性，使其更具有挥发性，改善质谱响应特性。早期研究通过添加溴化钾、溴化氢和饱和溴水来进行衍生化反应，将丙烯酰胺衍生化为 2,3－二溴丙酰胺（2,3－DBPA），过量的溴用硫代硫酸钠淬灭，衍生化反应也随即终止。当衍生化反应时间超过 1 h 时该衍生物的得率几乎不变。2,3－DBPA 与丙烯酰胺相比极性明显降低，可溶于一些弱极性溶剂，利于 GC－MS 进样分析。然而，2,3－DBPA 在进样口的高温条件下会转化为 2－溴丙烯酰胺（2－BPA），从而降低了定量的准确性和重现性。因此，在衍生化过程中可通过添加 10%的三乙胺溶液主动实现这种转化，可以提高定量的准确性。除了溴衍生化以外，还可采用顶空固相微萃取方法通过硅烷化作用将丙烯酰胺衍生化为挥发性的 *N*,*O*－双（三甲基硅基）丙烯酰胺[*N*,*O*-bis-(trimethylsilyl) acrylamide]；也可通过丙烯酰胺与 *L*－缬氨酸以及五氟苯基异硫氰酸酯（pentafluorophenylisothiocyanate）的反应生成五氟苯基硫代乙内酰脲(pentafluorophenylthiohydantoin)衍生物。无论采用何种衍生化方法,其目的均在于降低丙烯酰胺的极性,改善在GC分离中的保留时间和峰形。

在进行定量分析时,常采用$^{13}C_3$-丙烯酰胺作为内标,可使加标回收率的相对标准偏差(relative standard deviation, RSD)控制在7.5%以内。在此条件下,2-BPA的特征性离子为$[C_3H_4NO]^+$=70、$[C_3H_4{}^{79}BrNO]^+$=149和$[C_3H_4{}^{81}BrNO]^+$=151,将m/z 149作为定量离子;2-溴($^{13}C_3$)丙烯酰胺的特征性离子为$[^{13}C_2H_3{}^{81}Br]^+$=110和$[^{13}C_3H_4{}^{81}BrNO]^+$=154,将$m/z$为154作为定量离子。通过溴衍生化可使丙烯酰胺的GC-MS定量分析的最低检测限(LOD)小于10 μg/kg。丙烯酰胺GC-MS检测方法的特征性定性和定量离子如表1-2所示。

表1-2 丙烯酰胺GC-MS检测方法的特征性定性和定量离子

化合物	定量离子(m/z)	定性离子(m/z)
丙烯酰胺	149($[C_3H_4{}^{79}BrNO]^+$)	70($[C_3H_4NO]^+$) 106($[C_2H_3{}^{79}Br]^+$) 133($[C_3H_2{}^{79}BrO]^+$)
$^{13}C_3$-丙烯酰胺	154($[^{13}C_3H_4{}^{81}BrNO]^+$)	108($[^{13}C_2H_3{}^{79}Br]^+$) 136($[^{13}C_3H_2{}^{79}BrO]^+$) 152($[^{13}C_2H_3{}^{79}Br]^+$)

另外,采用不通过衍生化直接进样的方式对丙烯酰胺也可进行GC-MS定量分析。使用非衍生化方法时,色谱柱通常选用极性填料,如聚乙烯乙二醇;电离模式下主要碎片离子为m/z为71和55,这些碎片离子可用于定量分析,但是其他一些小分子物质如麦芽醇和庚酸也可产生相同的碎片离子,可能使定量分析受到干扰。基于GC方法的丙烯酰胺定量分析研究进展及相关文献报道汇总于表1-3,表中列出了内标、衍生化方法、色谱柱、进样条件、方法学论证参数和质谱参数等。

1.3.4 基于LC-MS/MS方法的丙烯酰胺定量分析

与GC-MS相比,作为另一种常用的丙烯酰胺定量分析方法,LC-MS/MS的试样无需衍生化处理。很多研究都用Hypercarb柱(5 μm填料粒径)作为丙烯酰胺的色谱分离柱。但是,用常规的反相色谱分离极性化合物时,这些极性化合物没有色谱保留或与其他杂质一同洗脱。后来,研究发现采用Atlantis dC_{18}柱可以调节反相色谱中极性和非极性化合物保留时间的平衡,改善峰形,提高重现

表 1-3　基于 GC-MS 方法的食品中丙烯酰胺的定量分析工作

样品基质	内标	衍生化	色谱柱规格	方法与进样	LOD/LOQ	质谱参数	参考文献
谷物食品	D_3-丙烯酰胺	无	DB-WAX 毛细管柱，30 m×0.25 mm，0.25 μm	GC-MS/MS 非分流进样 1 μL	LOD：30 μg/kg	丙烯酰胺 m/z 89、72、55；内标 m/z 92、75	[14]
面包片 油炸薯条	D_3-丙烯酰胺	无	游离脂肪酸聚酯熔融石英毛细管柱，30 m×0.32 mm，0.25 μm	GC-MS 非分流进样 2 μL	LOD：4 μg/kg	丙烯酰胺 m/z 71、55、27；内标(未标明)	[16]
薯类油炸食品	无	无	DB-WAX 毛细管柱，30 m×0.25 mm，0.25 μm	GC-MS/MS 非分流进样 1 μL	LOD：0.1 μg/L	丙烯酰胺 m/z 72、55	[20]
绿茶	$^{13}C_3$-丙烯酰胺	溴化 0℃、1 h	DB-17 MS 毛细管柱，30 m×0.25 mm，0.15 μm	GC-MS 非分流进样 1 μL	LOD：0.2 ng/mL	丙烯酰胺 m/z 152、150；内标 m/z 155、153	[25]
63 种热加工食品	D_3-丙烯酰胺	溴化 4℃、1 h	CP-Sil 24 CB柱，30 m×0.25 mm，0.25 μm	GC-MS	LOD：0.2 ng/mL	丙烯酰胺 m/z 152、150；内标 m/z 155、153	[28]
咖啡	$^{13}C_3$-丙烯酰胺	溴化 0℃、1 h	DB 1301 毛细管柱，30 m×0.25 mm，0.25 μm	GC-MS 非分流进样 1 μL	(未标明)	丙烯酰胺 m/z 152、150、108、106；内标 m/z 155、153	[33]
焙烤和土豆制品	$^{13}C_3$-丙烯酰胺	溴化 4℃、1 h	50%苯基-50%聚甲基硅氧烷毛细管柱	GC-MS	(未标明)	丙烯酰胺 m/z 151、149、135、133；内标 m/z 154、152	[36]

性。Ono 等[28]采用该柱分离丙烯酰胺时获得了足够的保留时间和良好的分离效果，并且最大限度地减少了在质谱分析中的背景干扰。丙烯酰胺的质谱解离方式如图 1-4 所示；以薯片样品为例，提取物中$^{13}C_3$-丙烯酰胺内标物和丙烯酰胺测定的 LC-MS/MS 图谱如图 1-5 所示。

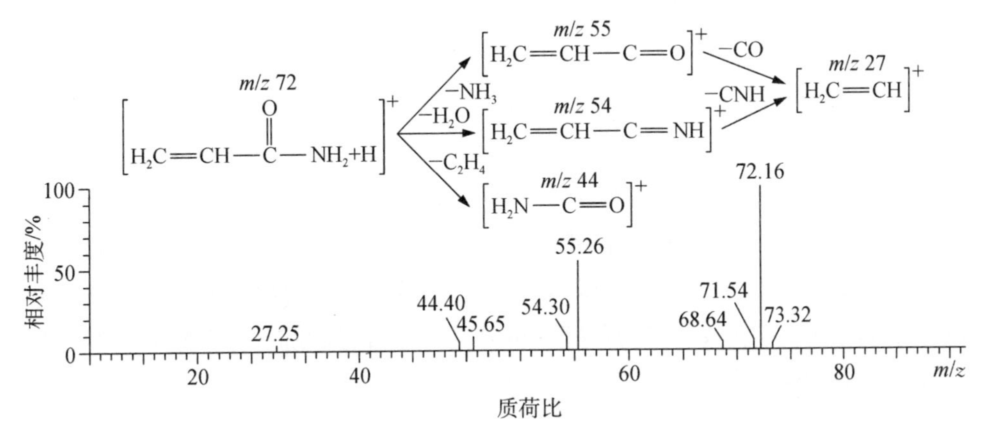

图 1-4 丙烯酰胺的质谱解离方式

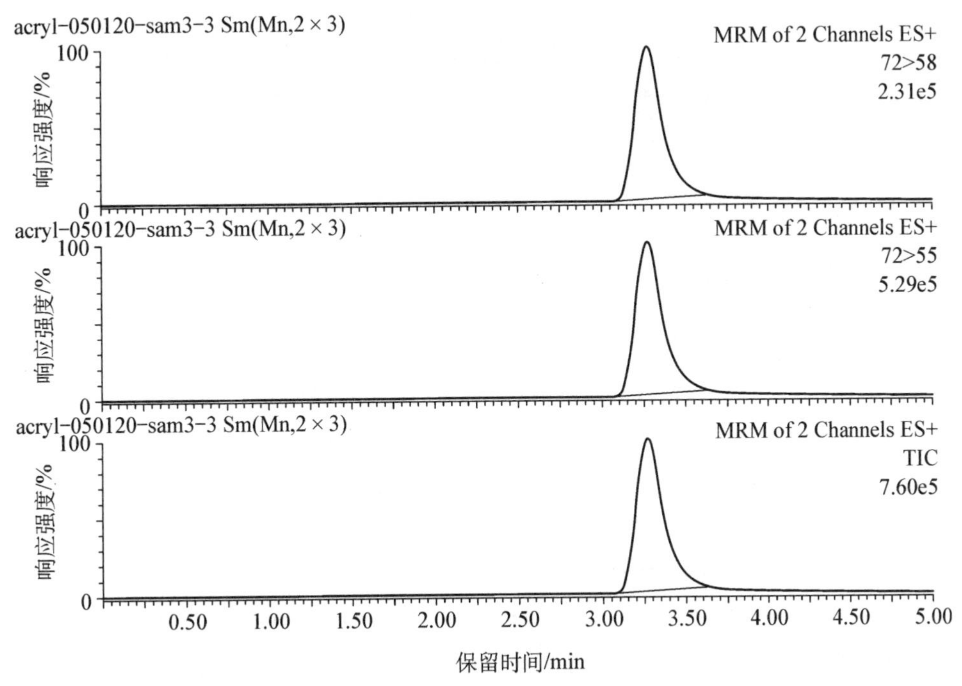

图 1-5 薯片样品提取物中$^{13}C_3$-丙烯酰胺内标物和丙烯酰胺测定的 LC-MS/MS 图谱

LC－MS/MS 方法在采用 MRM 模式时具有高度的选择性。在该模式下，样品中的丙烯酰胺从液相色谱系统进入离子源，它的母离子 $[CH_2=CHCON\ H_2]^+$ (m/z 72) 根据事先设置的参数通过第一级质谱，而其他质量数被截留；紧接着，该母离子通过离子通道进入碰撞室，根据碰撞能量的大小发生碰撞诱导裂解行为；经过碰撞后丙烯酰胺的特征性碎片离子 $[CH_2=CHC=O]^+$ (m/z 55)、$[CH_2=CHC=NH]^+$ (m/z 54)、$[NH_2C=O]^+$ (m/z 44) 和 $[CH_2=CH]^+$ (m/z 27) 通过第二级质谱，进而被监测，而其他质量数被截留。同时，一些同分异构体可以通过第一级质谱，但由于其碎片离子与丙烯酰胺的碎片离子明显不同，因此也在第二级质谱被截留。采用 LC－MS/MS 方法在 MRM 模式下的检测流程如图 1－6 所示。在定量分析时，根据相对丰度的响应值，通常选择跃迁模式 72>55 作为丙烯酰胺的定量离子，选择跃迁模式 75>58 作为 $^{13}C_3$ -丙烯酰胺和 D_3 -丙烯酰胺的定量离子，选择 73>56 作为 $^{13}C_1$ -丙烯酰胺的定量离子，其他离子作为辅助定性离子。

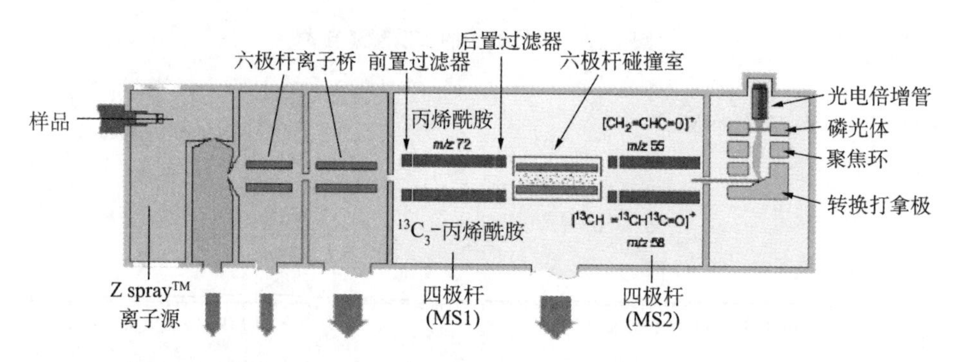

图 1－6　采用 LC－MS/MS 方法在 MRM 模式下对丙烯酰胺的检测程序

尽管串联质谱法与其他色谱分析方法相比具有更高的选择性，但是干扰仍然存在，尤其是对一些复杂食品基质(如咖啡)中的丙烯酰胺进行检测时，杂质会干扰丙烯酰胺及其内标的碰撞诱导裂解。可考虑两种解决方案：第一，在样品预处理时将水相中的丙烯酰胺用乙酸乙酯进行液-液萃取，更为彻底地除去试样中的糖、盐、淀粉和氨基酸等杂质，然后将乙酸乙酯相浓缩后进样；第二，优化 SPE 的条件，改变色谱柱的规格(如将柱长从 100 mm 加长至 150 mm)，通过液相色谱将杂质峰与目标物峰分离。基于 LC－MS/MS 方法的丙烯酰胺定量分析研究进展与相关文献报道汇总于表 1－4，主要列出了内标、色谱柱、液相参数、质谱参数以及方法学论证参数等。

表1-4 基于LC-MS/MS方法的食品中丙烯酰胺的定量分析工作

样品基质	内标	色谱柱规格	液相参数	质谱参数	LOD/LOQ	参考文献
各类食品	D_3-丙烯酰胺	Semi-micro ODS-80 TS柱，150 mm×2.1 mm，5 μm	水，流速为0.3 mL/min，进样为10 μL	离子阱串联质谱，放电电流为5 μA，汽化室温度为250℃	LOD：45 ng/g	[6]
巧克力粉、咖啡、可可	D_3-丙烯酰胺	DE-413L聚甲基丙烯酸酯柱，150 mm×6 mm	甲醇/0.01%甲酸=30/70，流速为0.6 mL/min，进样为60 μL	毛细管电压为3.1 kV，锥孔电压为22 V，源温为100℃	方法检测限：9.2 μg/kg	[8]
薯片、法式炸薯条	$^{13}C_1$-丙烯酰胺	Mightysil RP-18 GP柱，100 mm×2 mm，5 μm	甲醇/水=20/80，流速为0.2 mL/min，进样为20 μL	毛细管电压为3.5 kV，碰撞电压为100 V，脱溶剂温度为350℃	LOD：1 ng/mL LOQ：5 ng/mL	[15]
烧烤食品	无	Zorbax SB-C_{18}柱，250 mm×4.6 mm，5 μm	乙腈(含0.2%醋酸)/0.2甲酸(含0.01 mmol/L醋酸)=2/98，流速为0.3 mL/min，进样为40 μL	毛细管电压为3.0 kV，源温为300℃，脱溶剂温度为325℃	LOD：0.5 μg/L LOQ：5 μg/L	[17]
各类加工食品	$^{13}C_3$-丙烯酰胺	Aqua C_{18}柱，250 mm×2 mm，5 μm	甲醇/0.2%醋酸=1/99，流速为0.2 mL/min，进样为20 μL	毛细管电压为2.5 kV，锥孔电压为31 V，源温为70℃，脱溶剂温度为400℃	LOQ：2 μg/kg	[19]

（续表）

样品基质	内标	色谱柱规格	液相参数	质谱参数	LOD/LOQ	参考文献
咖啡、巧克力	$^{13}C_3$-丙烯酰胺	Atlantis dC_{18}柱，150 mm×2.1 mm，5 μm	水，流速为0.1 mL/min，进样为10 μL	放电电流为3 A，毛细管温度为250℃，汽化室温度为250℃	LOQ：1 μg/kg	[30]
薯类油炸食品	甲基丙烯酰胺	Hypercarb柱，50 mm×2.1 mm，5 μm	乙腈/0.1%甲酸=2/98，流速为0.3 mL/min，进样为10 μL	毛细管电压为4.5 kV，脱溶剂温度为300℃	LOD：1 ng/mL	[35]
各类中式食品	$^{13}C_3$-丙烯酰胺	Atlantis dC_{18}柱，150 mm×2.1 mm，5 μm	甲醇/0.1%甲酸=10/90，流速为0.2 mL/min，进样为10 μL	毛细管电压为3.5 kV，锥孔电压为50 V，源温为100℃，脱溶剂温度为350℃	LOQ：4 μg/kg	[40]

1.4 丙烯酰胺在美拉德反应过程中的形成机理

1.4.1 食品中丙烯酰胺的形成机理

2002年,研究人员相继在《Nature》杂志上发表论文,证明了热加工食品中丙烯酰胺的产生源自于美拉德反应(Maillard reaction),并初步解释了丙烯酰胺的形成机理[24, 34]。美拉德反应是由还原性糖和氨基酸或蛋白质中的游离氨基在高温条件下所发生的一系列复杂的化学反应,是热加工食品风味物质形成的重要途径。美拉德反应主要包含三个阶段:第一阶段是由还原糖的羰基和氨基酸的氨基缩合形成的具有"C═N"键的Schiff碱,经过重排而生成Amadori或Heyns产物;第二阶段是Amadori或Heyns产物通过不同途径化学衍生而形成多种风味化合物和中间体;最后阶段是美拉德反应棕黄色物质和香味的形成。天冬酰胺和碳水化合物(主要指还原糖)是美拉德反应中丙烯酰胺形成的主要前体物质,通过同位素(^{15}N)示踪证明了丙烯酰胺分子中的所有碳原子均来源于天冬酰胺。目前认为,对丙烯酰胺形成具有重要作用的关键中间产物,包括Schiff碱(schiff base)、3-氨基丙酰胺(3-aminopropionamide)、亚甲胺叶立德(azomethine ylide)、Amadori脱羧产物(decarbocylated amadori product)、丙烯酸(acrylic acid)、丙烯醛(acrolein),并阐释了高温处理过程中丙烯酰胺形成的机理及途径,主要包括两种,即美拉德反应的天冬酰胺途径和甘油三酯氧化反应的丙烯醛途径。其中,通过天冬酰胺途径形成丙烯酰胺的机理已经得到了国际社会的普遍认可,其作用过程如图1-7所示。

从图中可以看出,丙烯酰胺的形成源自三条途径:第一,源自亚甲胺叶立德Ⅰ;第二,源自脱羧Amadori产物的β-消去反应产物;第三,源自3-氨基丙酰胺(经亚甲胺叶立德Ⅱ水解得到)的脱氨反应,该反应在缺少碳水化合物的水溶液条件下较易进行。丙烯酰胺的形成途径还应考虑实际食品体系的影响,包括所使用的食用油以及富含碳水化合物或者蛋白质的食品基质。在研究丙烯酰胺的形成机理时,可通过一些色谱和光谱方法在线监测前体反应物、中间产物、丙烯酰胺及其他终产物的消长变化,比如质子传递反应质谱(PTR-MS)、裂解气相色谱-质谱联用(Py-GC-MS)和傅里叶变换红外光谱(FT-IR)分析。

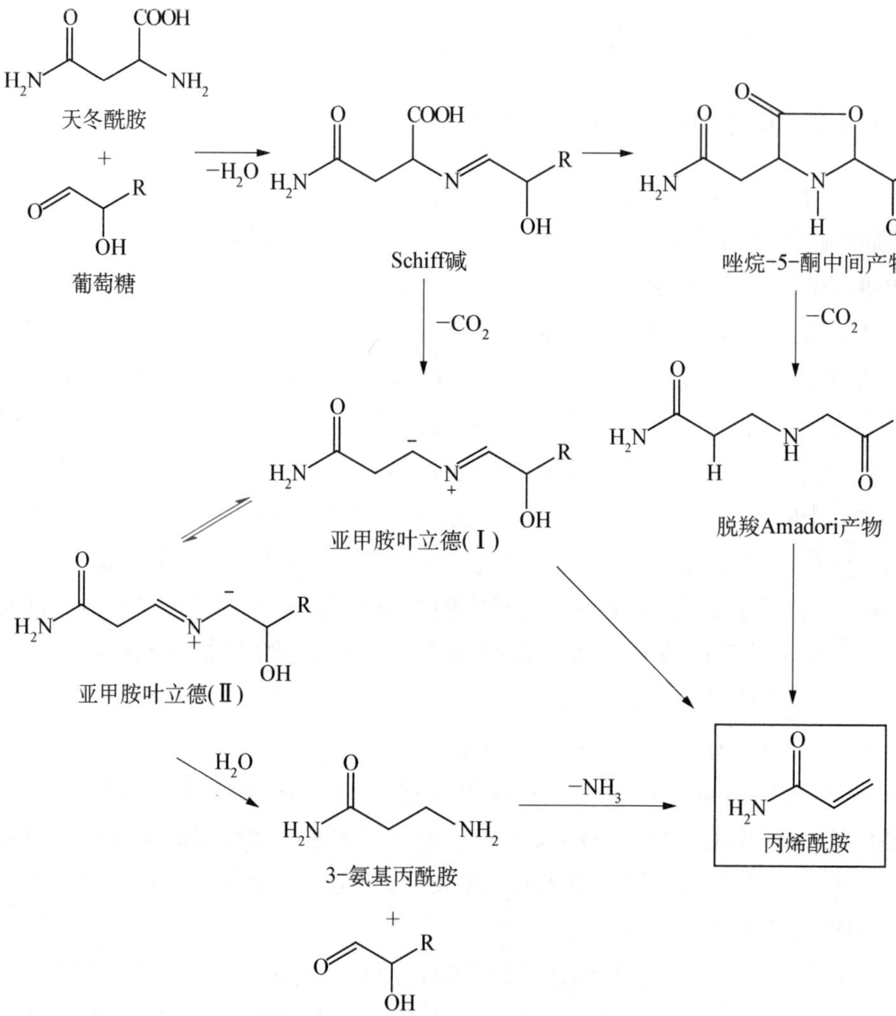

图 1-7　天冬酰胺途径下丙烯酰胺的形成机理

1.4.2　丙烯酰胺的形成规律与影响因素

早期研究对食品中丙烯酰胺的形成规律进行了初探。在天冬酰胺和葡萄糖等摩尔反应体系中，以 180℃的温度加热 15 min，可使体系中丙烯酰胺的产生量达到最大值[34]；温度依赖关系研究表明，在模式体系中当加热温度在 120～170℃范围内逐渐上升时，丙烯酰胺的含量不断增加，而当温度超过 170℃后，其含量逐渐减少[24]。丙烯酰胺在薯类油炸食品中的含量最高；油炸、微波和焙烤等加热方式有利于丙烯酰胺的形成，而未经加热处理或水煮烹饪方式产生的丙烯酰胺含量很低。

作为产生丙烯酰胺的主要前体物质，原料中天冬酰胺的含量对热加工食品中丙烯酰胺的形成具有重要的影响。如果采用其他氨基酸（如：丙氨酸、精氨酸、天冬氨酸、半胱氨酸、谷氨酸、甲硫氨酸、苏氨酸和缬氨酸）作为前体物质时，产生的丙烯酰胺含量很少。调查研究表明，天冬酰胺在土豆中的含量最高可达939 mg/kg，在小扁豆种子中的含量可达18 000～62 000 mg/kg，在芦笋中的含量更是高达11 000～94 000 mg/kg。通过施肥控制、作物栽培和品种改良等方式改变食品原料中天冬酰胺的含量，或者在待加工食品原料中添加酶或其他氨基酸，可以有效地抑制热加工食品中丙烯酰胺的形成。

研究表明，当天冬酰胺存在时，还原糖（葡萄糖、果糖、半乳糖、山梨醇、甘油醛和乳糖）和非还原糖（蔗糖）均能与其反应产生丙烯酰胺，且普遍认为果糖与天冬酰胺反应产生丙烯酰胺的效率高于葡萄糖。另外，蔗糖也能与天冬酰胺反应产生丙烯酰胺，但需更高的反应温度，因为蔗糖作为非还原糖本身不参与反应，须经高温水解成为葡萄糖和果糖后再参与，因此蔗糖与天冬酰胺的反应摩尔数比例为1∶2。与天冬酰胺类似，通过降低食品原料或反应体系中糖的含量也可有效控制热加工食品中丙烯酰胺的含量。

近年来，许多研究报道了食品中丙烯酰胺形成的影响因素，这些因素包括加热时间、加热温度、pH值、前体物质浓度、热加工方式、原料栽培、耕作施肥、原料采收时间、原料贮藏时间与温度等。

1.4.3 特征性食品基质中丙烯酰胺的形成

除了上述外在影响因素以外，食品基质本身对丙烯酰胺的产生也有重要的影响。几种特征性食品（土豆、谷物、焙烤食品、杏仁和咖啡）受到广泛关注，它们也是产生丙烯酰胺含量较多的代表性基质。

1. 土豆

土豆含有丰富的天冬酰胺、葡萄糖和果糖这些生成丙烯酰胺的前体物质，因此土豆制品中丙烯酰胺的含量普遍较高。例如，Erntestolz品种的土豆在4℃下贮藏15 d后其还原糖的含量是贮藏前的28倍。法式炸薯条是一种代表性薯类油炸食品，若在油炸前降低土豆中天冬酰胺和糖的含量，产品中丙烯酰胺的含量也会降低；但是，土豆中任何成分的变化都会影响油炸过程中美拉德反应的进行和产品的感官特性。在不影响感官的前提下，优化油炸工艺可使法式炸薯条中丙烯酰胺的含量降至 100 μg/kg，例如采取措施将土豆原料中还原糖的含量降至0.7 g/kg，170℃高温油炸后含量可降至 50 μg/kg，在油炸的最后阶段降低温度并维持一段时间，可适当地控制丙烯酰胺的形成，并能保持应有色泽。

2. 谷物

谷物热加工食品也是丙烯酰胺的重要来源之一。天冬酰胺在黑麦颗粒中的分布很不均匀，麸皮中含量最高，胚乳中含量最低；分别采用全黑麦面粉和不含麸皮的黑麦面粉做成薄饼后经检测发现，前者的丙烯酰胺含量明显高于后者。Muttucumaru 等[26]实验证明，小麦栽培时若减少施用含硫肥料，其热加工食品中丙烯酰胺的含量会明显增加。通过研究小麦和黑麦中前体物质含量与加工后生成丙烯酰胺含量的关系表明，在 180℃加热条件下，当时间为 5～20 min 时，天冬酰胺、还原糖和水分含量急剧下降，丙烯酰胺含量逐渐上升；并在 25～30 min 左右达到最大，此后其含量呈缓慢下降。通常当谷物原料中的水分降至 5%以下时丙烯酰胺才会大量形成。

3. 焙烤食品

除了前体物质的含量以外，焙烤食品中丙烯酰胺的形成还取决于焙烤的温度和时间。当焙烤温度达到 200℃时面包中丙烯酰胺的生成量达到最大，另外，长时间的焙烤也会促进丙烯酰胺的形成。在众多焙烤食品中，姜汁饼干(一种西方焙烤食品)的丙烯酰胺含量较高，可达 260～1 410 μg/kg；在焙烤过程中添加碳酸氢盐、降低天冬酰胺含量、避免长时间焙烤可降低该产品中丙烯酰胺的含量。

4. 杏仁

杏仁中含天冬酰胺 2 000～3 000 mg/kg、葡萄糖和果糖 500～1 300 mg/kg、蔗糖 2 500～5 300 mg/kg，其热加工制品中丙烯酰胺的含量可达 260～1 530 μg/kg，经过烘烤后的杏仁在常温下贮藏可发现其丙烯酰胺的含量会逐渐减少。杏仁烘烤过程中丙烯酰胺的形成规律表明，加热温度达到 130℃左右时丙烯酰胺开始形成，杏仁颜色深浅与丙烯酰胺的含量有很大的关联性；杏仁的含水量越高，烘烤后产生的丙烯酰胺越少。

5. 咖啡

咖啡豆的烘焙温度一般在 220～250℃，其热加工温度比其他食品高，因此在烘焙过程中发生的反应和丙烯酰胺的形成较为复杂。丙烯酰胺主要在咖啡烘焙的初始阶段形成，其含量可升至 7 mg/kg，但到烘焙的后期由于温度达到 200℃以上而使其含量急剧下降，这归因于咖啡中丙烯酰胺消除速率的加快。因此，咖啡的烘焙度越高，丙烯酰胺的含量越少，其清除自由基能力也随之下降。深度烘焙尽管可以降低丙烯酰胺的含量，但会对咖啡的颜色、芳香度和口味带来不利的影响。

1.5 丙烯酰胺在美拉德反应中的抑制途径

1.5.1 丙烯酰胺的抑制机理

根据目前的研究进展，可从以下几方面考虑抑制丙烯酰胺的途径：第一，通过改变反应条件抑制一些关键中间产物的形成或转化；第二，在反应的最后阶段控制条件，使其向有利于其他小分子物质形成的方向转化；第三，抑制美拉德反应中的关键步骤如 Schiff 碱的形成、Streker 降解、*N*-糖苷途径和脱羧 Amadori 产物的 β-消去反应[39]。

Yaylayan 等[37]的机理研究认为，通过天冬酰胺途径生成丙烯酰胺的同时，还可能生成三种终产物：马来酰亚胺(maleimide)、琥珀酰亚胺(succinimide)和烟酰胺(niacinamide)，因此可以引导反应朝这三个方向进行。第一，丙烯酰胺的抑制可以通过控制天冬酰胺的脱羧反应来实现。与脱羧反应相比，根据熵值大小比较，通过分子内环化作用生成 3-氨基琥珀酰亚胺(3-aminosuccinimide)中间产物，进而形成酰亚胺类物质的反应速度更快，这就可以朝着有利于形成马来酰亚胺的方向进行。第二，丙烯酰胺的抑制可以通过控制 *N*-糖苷天冬酰胺 Schiff 碱的羧酸根诱导的分子内环化作用，进而抑制唑烷-5-酮的形成。*N*-糖苷天冬酰胺 Schiff 碱可以通过 Amadori 重排形成 Amadori 产物，该反应阻断了 Schiff 碱通过分子内环化和脱羧作用形成脱羧 Amadori 产物的可能。这样，Amadori 产物可以通过分子内环化作用形成琥珀酰亚胺 Amadori 中间产物，进而形成琥珀酰亚胺[37]。第三，控制反应条件，使脱羧 Amadori 产物朝着有利于形成烟酰胺的方向发展。天冬酰胺途径中这三种物质的形成机理如图 1-8 所示。

1.5.2 控制措施之一：原料改良与加工工艺优化

近年来，各种研究从原料改良与加工工艺优化方面报道了食品中丙烯酰胺的抑制途径，包括食品原料前体物质含量的变化、热加工方法和参数的优化、栽培技术的改良、食品原料的贮藏温度、发酵处理等[1]。

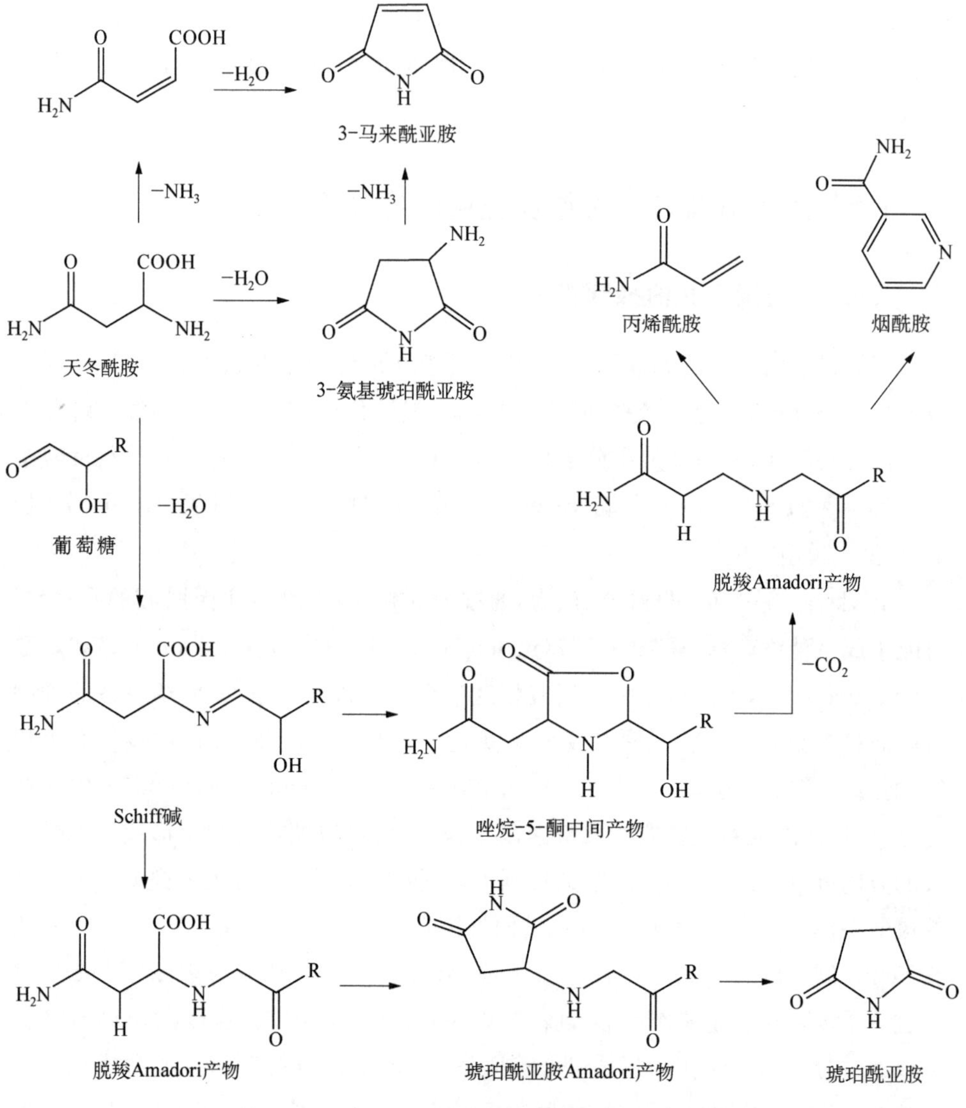

O COOH
H_2N
$-H_2O$
O N H O
3-马来酰亚胺
$-NH_3$
$-NH_3$
NH_2
O COOH
$-H_2O$
H_2N NH_2
天冬酰胺
O N H O
3-氨基琥珀酰亚胺
O NH_2
H_2N
丙烯酰胺
N
烟酰胺
O R
OH
$-H_2O$
葡萄糖
O
H_2N H N H R
O
脱羧Amadori产物
$-CO_2$
O COOH
H_2N N R
OH
Schiff碱
O O O
H_2N N H R
H OH
唑烷-5-酮中间产物
O COOH
H_2N H N H R
O
脱羧Amadori产物
H N O O
N H R
O
琥珀酰亚胺Amadori产物
O N H O
琥珀酰亚胺

图 1-8 马来酰亚胺、琥珀酰亚胺和烟酰胺的形成机理

1. 食品基质中天冬酰胺和还原糖含量的控制

合理控制土豆中还原糖的含量可以有效地降低法式炸薯条中丙烯酰胺的含量。从原料贮藏的角度考虑，当土豆贮藏温度低于 10℃时，其还原糖的含量比贮藏温度大于 10℃时高，制作成法式炸薯条产生的丙烯酰胺含量也比后者要多，因此需要合理地设定原料贮藏温度；从土豆栽培的角度考虑，钾肥和氮肥的合理施

用能控制农作物中天冬酰胺的含量，有效地防止后期热加工过程中产生高水平的丙烯酰胺。因此，通过选用前体物质含量低的原料、避免过低的贮藏温度、经过浸渍处理以降低天冬酰胺和还原糖的含量、避免在热加工过程中添加前体物质等方法可以有效地控制食品中丙烯酰胺的含量。

2. 热加工条件和方法的优化

通过优化热加工条件(加热时间、加热温度、油的种类、pH 值等)可以更直接地达到抑制丙烯酰胺的效果。丙烯酰胺的含量与加热温度之间呈非线性相关，而与加热时间呈线性相关，因此选择合理的加热温度，避免长时间加热，可以有效地抑制丙烯酰胺的形成；此外，尽量避免使用棕榈油炸制食品。从改进热加工方法的角度来看，采用低温真空油炸的方法可抑制薯类油炸食品中丙烯酰胺的大量形成；在油炸前对原料进行热烫处理也可显著地降低丙烯酰胺的含量；也有研究报道采用超临界 CO_2 萃取方法可降低咖啡中丙烯酰胺的含量[4]。但在实际应用中，应注意尽可能在保持食品原有风味和感官特性的前提下优化热加工参数。

1.5.3　控制措施之二：添加剂的使用

控制食品中丙烯酰胺形成的第二种措施是使用外源性添加剂，包括食品添加剂、食品配料以及植物化学素等，采用这种抑制途径须遵循以下原则：第一，添加剂的使用应符合国家有关标准和规定；第二，添加剂具有高度的食用安全性和良好的热稳定性；第三，添加剂的使用不会对食品原有的风味和感官特性产生显著影响。

1. 柠檬酸等 pH 调节剂的使用

适当调节食品基质的 pH 值可以抑制丙烯酰胺的形成。降低食品体系的 pH 值可使天冬酰胺分子中的 α-氨基质子化，降低了与碳水化合物发生亲核加成反应的可能性，从而阻止了丙烯酰胺的形成。采用添加柠檬酸的方法将土豆和谷物食品体系的 pH 值调节至 4.48 和 3.93 时，对丙烯酰胺的抑制率分别为 23.5%和 47%；采用类似的方法调节玉米加工食品体系的 pH 值，发现对丙烯酰胺的形成具有更好地抑制效果。总之，丙烯酰胺抑制效果的优劣与体系 pH 值的下降之间的关系与食品基质的类型有关，也与食品体系 pH 值的起始值有关。

2. 蛋白质及其水解产物的使用

摄取食源性蛋白质对 Caco－2 细胞模型中的丙烯酰胺具有抑制作用。丙烯酰胺分子中“C ═C”双键的化学性质比较活泼，容易与蛋白质、DNA 和 RNA 发生作用。进一步研究表明，将丙烯酰胺与谷胱甘肽以 1∶5 的摩尔比在 pH 值为 8 的恒温条件下反应，可使丙烯酰胺的含量下降 19%；提高谷胱甘肽的含量，使丙烯酰胺与谷胱甘肽以 1∶10 的摩尔比反应时，丙烯酰胺的含量下降 52%，其作用机制是谷胱甘肽分子中的半胱氨酸残基与丙烯酰胺分子中的“C ═C”双键通过 Michael 加成反应共价结合。对谷胱甘肽清除丙烯酰胺的作用机理研究表明，其与谷胱甘肽分子中甘氨酸残基的 Strecker 降解有关。甘氨酸的降解产物甲醛易与丙烯酰胺发生作用，导致丙烯酰胺在碱性条件下转化为丙烯酸根离子，进而脱羧分解成小分子化合物，这种清除作用类似于丙烯酰胺通过催化氧化转化为丙烯酸盐的反应。作为植物来源的大豆蛋白，其水解产物可竞争性地参与美拉德反应，从而抑制了天冬酰胺途径产生丙烯酰胺的反应。

3. *碳酸氢盐的使用*

碳酸氢盐对丙烯酰胺的抑制作用较为复杂。现有研究认为碳酸氢钠和碳酸氢钾能抑制丙烯酰胺的形成，而碳酸氢铵却能促进丙烯酰胺的产生，这三种碳酸氢盐与丙烯酰胺作用的明显差异至今尚未弄清楚原因，目前只知道碳酸氢盐的添加会影响加热温度的上升曲线。

4. *抗氧化剂的使用*

抗氧化剂对丙烯酰胺形成的作用是目前研究的热点，不同种类抗氧化剂的使用对丙烯酰胺的形成具有抑制或促进的双重作用。2,6-二叔丁基-4-甲基苯酚(BHT)、芝麻酚(sesamol)和维生素 E 对丙烯酰胺的形成具有促进作用；而迷迭香提取物(rosemary extract)和维生素 C 对丙烯酰胺的形成具有抑制作用。抗氧化剂的双重作用可能与其添加剂量有关，而丙烯酰胺的含量与反应终产物的抗氧化性能直接相关。目前，抗氧化剂对丙烯酰胺形成影响的作用机理尚未清楚。有研究报道采用竹叶抗氧化物和茶多酚对于薯类油炸食品、炸鸡翅和中式油条中丙烯酰胺的含量有显著的抑制作用，而且呈现剂量依赖性，其浓度-抑制率的变化为非线性相关。以薯类油炸食品为例，当竹叶抗氧化物在薯片和薯条中的添加剂量分别为 0.1% 和 0.01% 时，对丙烯酰胺的抑制率不仅均达到最大(74.1% 和 76.1%)，而且不影响薯类油炸食品本身的感官特性[39]。

丙烯酰胺抑制的方法还有很多，如添加天冬酰胺酶、发酵和辐照处理等，表 1-5 列举了其他一些抑制方法及其主要发现，但是基于食品基质的抑制作用机理研究目前还不清楚。

表1-5 食品中丙烯酰胺抑制方法的相关文献报道

样品基质	抑制方法	主要发现	参考文献
法式炸薯条	乳酸发酵45 min和120 min并热烫	抑制率分别达到79%和94%	[3]
黑麦面包	采用黑曲霉糖化酶方法发酵	抑制率达到59.4%	[5]
薯类油炸食品	原料选择	建立选择标准,考虑16个参数	[9]
薯条	微波预热	抑制率达到36%~60%	[10]
土豆炸肉饼	鸡蛋液和面包屑包裹	抑制率达到80%	[11]
面包	长时间发酵作用	对全麦和黑麦麸面包中丙烯酰胺抑制率分别达到87%和77%	[12]
土豆	气调贮藏和低剂量辐照	可降低原料中还原糖的浓度	[13]
曲奇饼干	使用竹叶抗氧化物、异Vc钠、茶多酚、维生素E和TBHQ	抑制率可达43.0%~71.2%	[21]
土豆模式体系	添加柠檬酸和甘氨酸	柠檬酸抑制挥发物质尤其是烷基哌嗪的产生;甘氨酸可促进5种烷基哌嗪的产生,对其他哌嗪类物质则起抑制作用	[22]
法式炸薯条	水浸渍、柠檬酸溶液浸渍、热烫	具有不同程度的抑制效果	[32]
油炸薯片	使用天冬酰胺酶、热烫	抑制率可达90%	[31]
油炸薯条	使用15种维生素	烟酸和吡哆醛对丙烯酰胺的抑制率分别达到51%和34%	[38]
油炸薯片	添加亚硫酸钠、半胱氨酸和Vc	具有显著的抑制作用	[2]

1.5.4 CIAA工具箱对丙烯酰胺抑制作用的评价

欧洲食品及饮料工业联合会(confederation of european food and drink Industries, CIAA)工具箱是一种评价食品中丙烯酰胺的抑制方法和应用情况的工具,是由欧洲食品和饮料工业联合会在参考几年来研究丙烯酰胺抑制方法的报道的基础上总结得到的[7]。通过考虑CIAA工具箱中涉及的参数可以科学地评价不同食品基质中丙烯酰胺的抑制途径,以及该食品热加工过程中控制丙烯酰胺含量的关键环节。

CIAA工具箱定义为4个部分(共13个参数),包括:农艺学因素(糖、天冬酰胺)、控制方法(碳酸氢铵、pH 值、次要因素、稀释、重制)、加工(发酵、热量输送、预处理)和最终产品制备(最终颜色、质地/风味、贮藏/货架寿命/消费)。其中,次要因素包括蛋白质、氨基酸、盐的使用,稀释是指降低前体物质含量,热量输送是指在优化的加热温度和加热时间条件下的热加工过程。根据以上定义,可将丙烯酰胺抑制方法的各种研究归类至相应的部分和相应的参数,然后便可得出这些参数在某一类热加工食品中抑制丙烯酰胺途径研究方面所占的比重;比重越高,说明该参数所代表的抑制方法应用广泛,极具参考价值。图 1-9 展示了采用 CIAA 工具箱方法在薯类食品、焙烤食品、谷物早餐和咖啡中寻求减少丙烯酰胺的主要参数及其影响力,黑色部分越多,代表该因素越重要。

	工具箱			
食品种类	农艺学因素	控制方法	加工	最终产品制备
薯类食品	糖		热量输送、预处理	最终颜色
焙烤食品	天冬酰胺	碳酸氢铵	发酵、水分	最终颜色
谷物早餐	天冬酰胺			
咖啡			烘焙	贮藏

图 1-9 几类特征性食品中减少丙烯酰胺的主要参数及其影响力

1.6 食品中丙烯酰胺形成与消除的动力学研究

关于热加工食品中丙烯酰胺形成和消除的过程已有较为全面的动力学诠释,目前用于描述模式体系中丙烯酰胺动力学变化过程的模型有 3 种:形成/消除一级动力学模型、形成/消除六步反应动力学模型和非等温变化动力学模型。

目前,在应用动力学模型诠释食品添加剂对丙烯酰胺的抑制作用方面,大多采用形成/消除一级动力学模型，如图 1－10 所示。将 4 种氨基酸（谷氨酸、丙氨酸、赖氨酸和半胱氨酸）分别添加至葡式天冬酰胺体系（葡萄糖与天冬酰胺模式反应体系）后，模型中形成动力学参数（k_F）与消除动力学参数（k_E）的比值显著降低，说明这些氨基酸可通过竞争性抑制作用减少天冬酰胺与葡萄糖的反应，进而抑制丙烯酰胺的形成。有研究采用类似的方法建立了果糖与天冬酰胺模式反应体系的一级动力学模型；另有研究报道讨论了反应体系的 pH 值和水分活度对丙烯酰胺形成/消除动力学的影响。然而，应用该简单模型阐述丙烯酰胺抑制机理只能解释丙烯酰胺形成/消除的两点式变化过程，而无法阐述相关底物、中间产物和其他终产物的变化规律，具有一定的局限性。

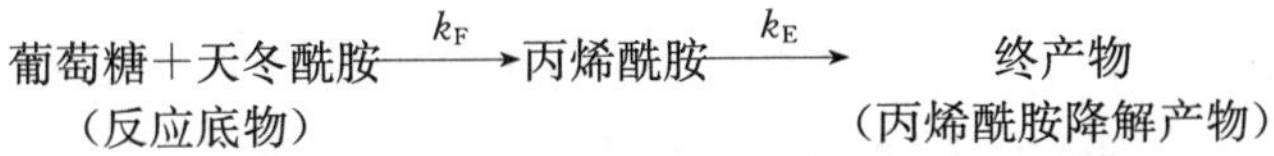

葡萄糖＋天冬酰胺 $\xrightarrow{k_F}$ 丙烯酰胺 $\xrightarrow{k_E}$ 终产物
（反应底物）　　　　　　（丙烯酰胺降解产物）

图 1－10　丙烯酰胺形成/消除的一级动力学模型

六步反应动力学模型如图 1－11 所示，采用 6 个动力学参数分别描述了天冬酰胺、葡萄糖、以 Schiff 碱为代表的中间产物、丙烯酰胺、类黑素和其他终产物的速率变化，清晰地勾勒出丙烯酰胺形成/消除的全过程。借助该动力学模型能够探明食品添加剂（尤其是抗氧化剂）抑制丙烯酰胺的作用位点，十分有助于开展作用机理方面的研究。

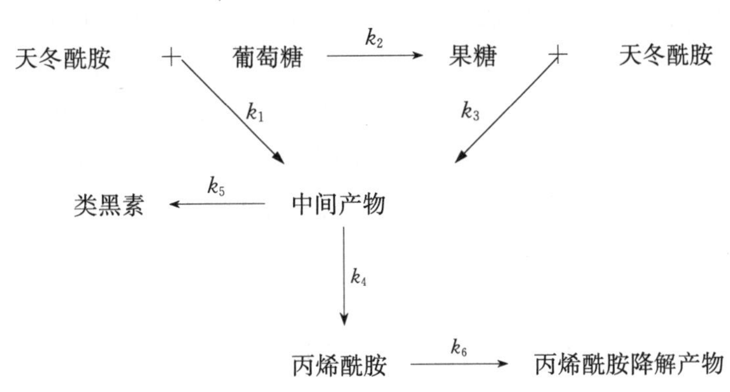

图 1－11　丙烯酰胺形成/消除机理的动力学模型

注：图中 $k_1 \sim k_6$ 先后代表天冬酰胺与葡萄糖的反应速率、葡萄糖向果糖的转化速率、天冬酰胺与果糖的反应速率、丙烯酰胺的形成速率、类黑素的形成速率和丙烯酰胺的消除速率

与上述两种动力学模型相比，非等温变化动力学模型因需要额外考虑温度变化速率而更为复杂，目前极少采用。

1.7 丙烯酰胺体内代谢途径

国际癌症研究机构(IARC)已将丙烯酰胺列为2A组“人类可能的致癌物”，其致癌性并不是直接体现出来的。食品中存在的丙烯酰胺仅是一种准致癌物，摄入体内后，经肝细胞色素P450的代谢发生环氧化，形成强致癌活性的环氧丙酰胺。动物实验表明，丙烯酰胺和环氧丙酰胺在实验大鼠各组织中均有分布，包括血液、肝脏、肌肉、脑、脾、睾丸、心脏、肾等。近期研究发现，丙烯酰胺和环氧丙酰胺能够透过胎盘屏障进入胎儿的血液循环中，且环氧丙酰胺还有可能结合到胎儿的DNA中，严重威胁人类健康。丙烯酰胺的体内代谢途径如图1-12所示。目前已知环氧丙酰胺比丙烯酰胺更容易与DNA上的腺嘌呤和鸟嘌呤结合形成加合物，其主要DNA加合物包括*N*1-(2-羧基-2-羟乙基)-2′-脱氧腺苷(*N*1-GA-dA)、*N*3-(2-氨基甲酰-2-羟乙基)腺嘌呤(*N*3-GA-Ade)和*N*7-(2-氨基甲酰-2-羟乙基)鸟嘌呤(*N*7-GA-Gua)；两者的血红蛋白加合物包括*N*2-(2-氨基甲酰-乙基)缬氨酰球蛋白(AAVal)和*N*2-(2-氨基甲酰-羟乙基)缬氨酰球蛋白(GAVal)，近来作为接触性生物标志物在暴露分析方面的应用引起了广泛关注；两者的巯基尿酸衍生物包括*N*-乙酰-*S*-(2-氨基甲酰乙基)-*L*-半胱氨酸(AAMA)、*N*-乙酰-*S*-(2-氨基甲酰乙基)-*L*-半胱氨酰亚砜(AAMA-DMSO)、*N*-乙酰-*S*-(2-氨基甲酰-2-羟乙基)-*L*-半胱氨酸(GAMA)和*N*-乙酰-*S*-(1-氨基甲酰-2-羟乙基)-*L*-半胱氨酸(异iso-GAMA)，目前在毒代动力学方面的研究也成为热点。上述生物标志物的水平与丙烯酰胺的基因毒性及致癌性密切相关，首先，环氧丙酰胺的DNA加合物被认为是丙烯酰胺基因毒性及致癌性的主要标志物；其次，环氧丙酰胺容易与血红蛋白结合，其加合物与基因毒性间接相关；第三，巯基尿酸衍生物是丙烯酰胺及环氧丙酰胺经与谷胱甘肽(GSH)反应而成，体内存储的GSH对调节机体的氧化还原状态具有重要的作用，丙烯酰胺和环氧丙酰胺与其结合将贮存的GSH耗尽，改变了机体的氧化还原状态，进而将影响基因的表达。对食源性丙烯酰胺的体内毒性进行研究，是综合评估人类丙烯酰胺健康风险的重要基础性工作。然而，丙烯酰胺的体内代谢产物十分复杂，必须借助高技术手段才能展开研究。例如通过建立丙烯酰胺、环氧丙酰胺及各生物标志物和代谢产物的同步定量检测方法，为食源性丙烯酰胺体内致癌作用及其综合风险的评估提供基础性资料。

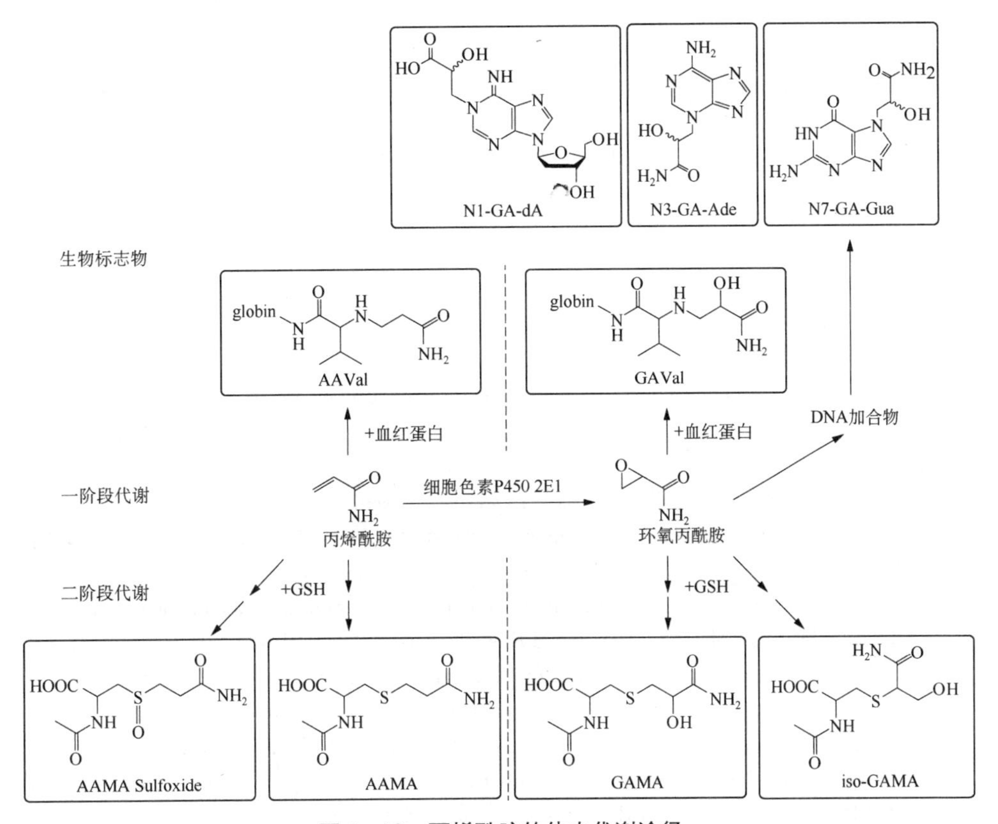

图1-12 丙烯酰胺的体内代谢途径

参考文献

[1] 龙小涛,何嘉锐,叶雪丽. 食品中丙烯酰胺的抑制方法研究进展[J]. 现代食品科技,2012,28:688-690.

[2] 欧仕益,张玉萍,黄才欢等. 几种添加剂对油炸薯片中丙烯酰胺产生的抑制作用[J]. 食品科学,2006,27:137-140.

[3] Baardseth P, Blom H, Skrede G, et al. Lactic acid fermentation reduces acrylamide formation and other Maillard reactions in French fries [J]. J. Food Sci., 2006,71:C28-C33.

[4] Banchero M, Pellegrino G, Manna L. Supercritical fluid extraction as a potential mitigation strategy for the reduction of acrylamide level in coffee [J]. J. Food Eng., 2013, 115:292-297.

[5] Bartkiene E, Jakobsone I, Juodeikiene G, et al. Study on the reduction of acrylamide in mixed rye bread by fermentation with bacteriocin-like inhibitory substances producing lactic acid bacteria in combination with *Aspergillus niger* glucoamylase [J]. Food Control,

2013,30:35 - 40.

[6] Bermudo E, Moyano E, Puignou L, et al. Determination of acrylamide in foodstuffs by liquid chromatography ion-trap tandem mass-spectrometry using an improved clean-up procedure [J]. Anal. Chim. Acta, 2006,559:207 - 214.

[7] CIAA Technical Report "The CIAA Acrylamide Toolbox". A summary of the efforts and progress achieved to date by the European Food and Drink Industry (CIAA) in lowering levels of acrylamide in food [EB/OL]. Brussels, September 2005. http://www.ciaa.be.

[8] Delatour T, Périsset A, Goldmann T, et al. Improved sample preparation to determine acrylamide in difficult matrixes such as chocolate powder, cocoa and coffee by liquid chromatography tandem mass spectrometry [J]. J. Agric. Food Chem., 2004,52:4625 - 4631.

[9] De Wilde T, de Meulenaer B, Mestdagh F, et al. Selection criteria for potato tubers to minimize acrylamide formation during frying [J]. J. Agric. Food Chem., 2006,54:2199 - 2205.

[10] Erdoğdu S B, Palazoğlu T K, Gökmen V, et al. Reduction of acrylamide formation in French fries by microwave pre-cooking of potato strips [J]. J. Sci. Food Agric., 2007,87: 133 - 137.

[11] Fiselier K, Grob K, Pfefferle A. Brown potato croquettes low in acrylamide by coating with egg/breadcrumbs [J]. Eur. Food Res. Technol., 2004,219:111 - 115.

[12] Fredriksson H, Tallving J, Rosén J, et al. Fermentation reduces free asparagine in dough and acrylamide content in bread [J]. Cereal Chem., 2004, 81:650 - 653.

[13] Gökmen V, Akbudak B, Serpen A, et al. Effects of controlled atmosphere storage and low-dose irradiation on potato tuber components affecting acrylamide and color formation upon frying [J]. Eur. Food Res. Technol., 2007,224:681 - 687.

[14] Hoenicke K, Gatermann R, Harder W, et al. Analysis of acrylamide in different foodstuffs using liquid chromatography-tandem mass spectrometry and gas chromatography-tandem mass spectrometry [J]. Anal. Chim. Acta, 2004,520:207 - 215.

[15] Inoue K, Yoshimura Y, Nakazawa H. Development of high-performance liquid chromatography-electrospray mass spectrometry with size-exclusion chromatography for determination of acrylamide in fried foods [J]. J. Liq. Chromatogr. Related Technol., 2003, 26:1877 - 1884.

[16] Jezussek M, Schieberle P. A new LC/MS-method for the quantitation of acrylamide based on a stable isotope dilution assay and derivatization with 2 - mercaptobenzoic acid. Comparison with two GC/MS methods [J]. J. Agric. Food Chem., 2003, 51: 7866 - 7871.

[17] Kaplan O, Kaya G, Ozcan C, et al. Acrylamide concentrations in grilled foodstuffs of Turkish kitchen by high performance liquid chromatography-mass spectrometry [J]. Microchem. J., 2009,93:173 - 179.

[18] Keramat J, LeBail A, Prost C, et al. Acrylamide in foods: chemistry and analysis. A review [J]. Food Bioprocess Technol., 2011,4:340 - 363.

[19] Kim C T, Hwang E S, Lee H J. An improved LC - MS/MS method for the quantitation of acrylamide in processed foods [J]. Food Chem., 2007,101:401 - 409.

[20] Lee M R, Chang L Y, Dou J P. Determination of acrylamide in food by solid-phase microextraction coupled to gas chromatography-positive chemical ionization tandem mass spectrometry [J]. Anal. Chim. Acta, 2007,582:19 - 23.

[21] Li D, Chen Y Q, Zhang Y, et al. Study on Mitigation of Acrylamide Formation in Cookies by 5 Antioxidants [J]. J. Food Sci., 2012,77:C1144 - C1149.

[22] Low M Y, Koutsidis G, Parker J K, et al. Effect of citric acid and glycine addition on acrylamide and flavor in a potato model system [J]. J. Agric. Food Chem., 2006,54:5976 - 5983.

[23] Mastovska K, Lehotay S J. Rapid sample preparation method for LC - MS/MS or GC - MS analysis of acrylamide in various food matrices [J]. J. Agric. Food Chem., 2006,54:7001 - 7008.

[24] Mottram D S, Wedzicha B L, Dodson A T. Acrylamide is formed in the Maillard reaction [J]. Nature, 2002,419:448 - 449.

[25] Mizukami Y, Kohata K, Yamaguchi Y, et al. Analysis of acrylamide in green tea by gas chromatography-mass spectrometry [J]. J. Agric. Food Chem., 2006,54:7370 - 7377.

[26] Muttucumaru N, Halford N G, Elmore J S, et al. Formation of high levels of acrylamide during the processing of flour derived from sulfate-deprived wheat [J]. J. Agric. Food Chem., 2006,54:8951 - 8955.

[27] Olesen P T, Olsen A, Frandsen H, et al. Acrylamide exposure and incidence of breast cancer among postmenopausal women in the Danish Diet, Cancer and Health Study [J]. Int. J. Cancer, 2008,122:2094 - 2100.

[28] Ono Y, Chuda Y, Ohnishi-Kameyama M, et al. Analysis of acrylamide by LC - MS/MS and GC - MS in processed Japanese foods [J]. Food Addit. Contam., 2003,20:215 - 220.

[29] Oracz J, Nebesny E, Żyżelewicz D. New trends in quantification of acrylamide in food products [J]. Talanta, 2011,86:23 - 34.

[30] Pardo O, Yusà V, Coscollà C, et al. Determination of acrylamide in coffee and chocolate by pressurised fluid extraction and liquid chromatography-tandem mass spectrometry [J]. Food Addit. Contam., 2007,24:663 - 672.

[31] Pedreschi F, Kaack K, Granby K, et al. Acrylamide reduction in potato chips by using commercial asparaginase in combination with conventional blanching [J]. LWT-Food Sci. Technol., 2011,44:1473 - 1476.

[32] Pedreschi F, Kaack K, Granby K, et al. Acrylamide reduction under different pre-treatments in French fries [J]. J. Food Eng., 2007,79:1287 - 1294.

[33] Soares C, Cunha S, Fernandes J. Determination of acrylamide in coffee and coffee products by GC - MS using an improved SPE clean-up [J]. Food Addit. Contam., 2006, 23:1276 - 1282.

[34] Stadler R H, Blank I, Varga N, et al. Acrylamide from Maillard reaction products [J]. Nature, 2002,419:449 - 450.

[35] Taubert D, Harlfinger S, Henkes L, et al. Influence of processing parameters on acrylamide formation during flying of potatoes [J]. J. Agric. Food Chem., 2004,52:2735 - 2739.

[36] Wenzl T, Karasek L, Rosen J, et al. Collaborative trial validation study of two methods, one based on high performance liquid chromatography-tandem mass spectrometry and on

gas chromatography-mass spectrometry for the determination of acrylamide in bakery and potato products [J]. J. Chromatogr. A, 2006,1132:211 - 218.

[37] Yaylayan V A, Wnorowski A, Locas C P. Why asparagine needs carbohydrates to generate acrylamide [J]. J. Agric. Food Chem., 2003,51:1753 - 1757.

[38] Zeng X H, Cheng K-W, Jiang Y, et al. Inhibition of acrylamide formation by vitamins in model reactions and fried potato strips [J]. Food Chem., 2009,116:34 - 39.

[39] Zhang Y, Ren Y P, Zhang Y. New research developments on acrylamide: analytical chemistry, formation mechanism and mitigation recipes [J]. Chem. Rev., 2009,109:4375 - 4397.

[40] Zhang Y, Ren Y P, Zhao H M, et al. Determination of acrylamide in Chinese traditional carbohydrate-rich foods using gas chromatography with micro-electron capture detector and isotope dilution liquid chromatography combined with electrospray ionization tandem mass spectrometry [J]. Anal. Chim. Acta, 2007,584:322 - 332.

第 2 章　美拉德反应产物

2.1　概述

美拉德反应(Maillard reaction)作为食品加工和生产中普遍发生的重要反应之一,其命名源自该反应的第一发现者——法国化学家 Louis Camille Maillard。他首先在论作中描述了糖与氨基酸在加热条件下发生反应并产生黄褐色的现象。美拉德反应起始于还原糖(例如葡萄糖、果糖、乳糖)携带的羰基与氨基酸、多肽或者蛋白质携带的亲核氨基之间的反应,通过一系列复杂的化学反应生成大量与食品的气味和口味息息相关的化合物。

尽管距离美拉德反应在 1912 年的首次发现,已经过去一个多世纪,但反应的复杂性导致食品化学界对于该反应的途径和机理依然存在着很多认识上的空白。当然,食品科学家们一百年来大量的研究工作对于研究美拉德反应的本质提供了大量可贵的数据和信息,以期更好地探究美拉德反应在食品质量和人体健康方面的重要影响。值得一提的是,1953 年,Hodge 博士在 Amadori 博士和 Heyns 博士的研究基础上首次提出了美拉德反应的机理架构,在研究美拉德反应的历史上可称得上是一次重要的突破。如图 2-1 所示[34],Hodge 博士将美拉德反应划分成三个阶段:初始阶段(羰基与氨基缩合、阿马多利重排(Amadori rearrangement));中间阶段(糖脱水、糖裂解、氨基酸降解);最终阶段(醇醛缩合、醛胺缩合)。

从某种意义上说,美拉德反应构成了现代食品调味工业的基础。这种非酶褐变反应的重要性不仅体现在它对食品感官特性的影响,还体现在该反应对于食品营养成分造成的不可逆改变。在食品工业界,美拉德反应对于食品颜色和味道的改变可以说是判断该反应是否可取的一条重要标准。举例来说,在烤制与烘焙过程中由于美拉德反应而产生的焦糖香气与金黄色泽是食品业者期望得到的结果,而在食品贮藏过程中产生的变色变味则应尽量避免。

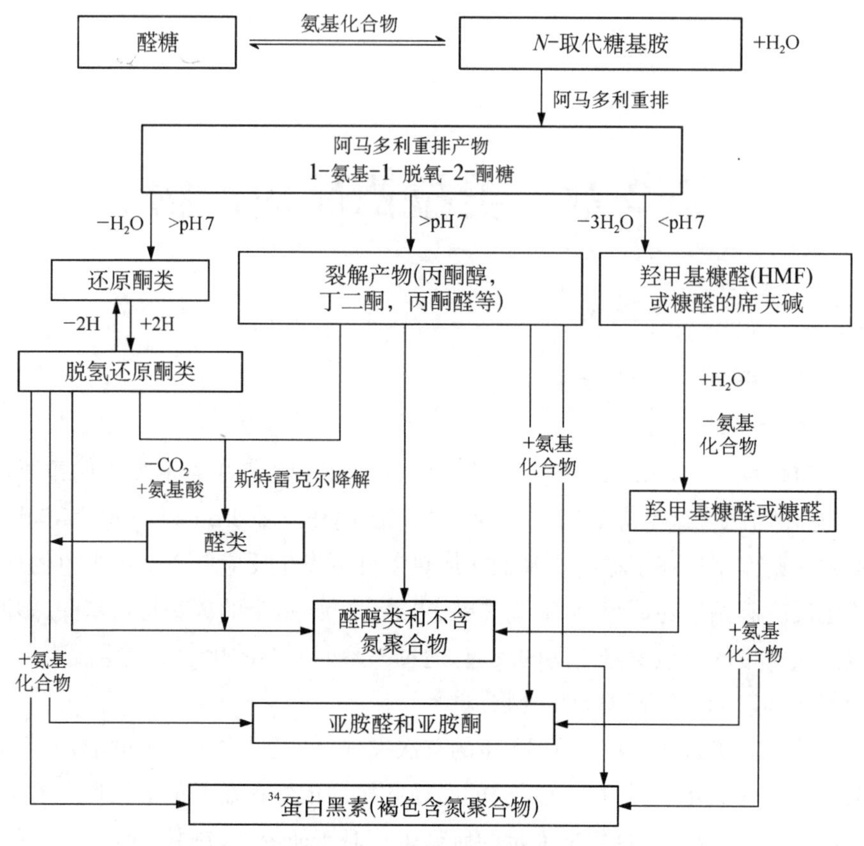

图 2-1　美拉德反应机理

“褐度”是衡量美拉德反应进行程度最简单的标准之一，也是影响消费者对于食品的感官接纳度的最直接的特质之一。在食品加工中，美拉德反应引发的褐变很多时候是有利的：面包外皮、烤火鸡、法式洋葱汤的诱人色泽都来自于美拉德反应。但在有些情形下，褐变会降低食品的外观美感，促使消费者的接受度降低：譬如肉类在过高烤制温度下焦化，奶粉因保存条件不当或时间过长变色等等。研究表明“褐色”主要来源于一些低分子量有色化合物以及高分子量聚合蛋白黑素(melanoidins)。截至目前，关于这些色素类物质的生物化学属性及功能的认识依然十分有限。一些研究试图在简单的糖/氨基反应模型中分离与鉴定低分子量的色素，图 2-2 列举了其中一些代表性的化学结构。这些色素通常含有氧元素或氮元素，并且具有不饱和度。举例来说，2-亚糠基-4-羟基-5-甲基-3(2H)-呋喃酮(1)，是从木糖/甘氨酸反应系统中分离出的小分子色素。对于它的衍生物结构的研究，则有进一步指出 4-羟基-5-甲基-2,3-二氢呋喃-3-酮作为其重要的中间体,可以通过与醛类和酮类化合物反应生成一系列呈黄色三环结构的色素类产物(2)。三种 β-吡喃酮衍生物(3)～(5)和一种呋喃酮(6)分别在葡萄糖、木糖/甘氨酸反应系统或葡萄糖/甘氨酸/糠醛反应系统中被发现。在由赖氨酸、葡萄糖或木糖构成的反应系统中检测到了几种新的杂环含氮色素,包括 1-(5-羧基-5-氨基戊基)-2-甲酰基-3-(1,2,3-三羟丙基)吡咯(7),2-乙酰基-5-羟甲基-5,6-二氢-4H-吡啶酮(8)和 8-呋喃-2-基-甲基-5-羟甲基-5,6-二氢-吲哚嗪-1,7-二酮(9)。色素(10)～(13)的发现来自五碳糖/丙氨酸反应系统。

除了对小分子色素的分离与鉴定研究,针对蛋白黑素在食品与化学模型中的生成的研究也非常广泛。Clark 博士运用柱状色谱和酶水解技术从葡萄糖和酪蛋白的反应系统中分离出了混合多肽色团[23]。一种红色蛋白黑素类化合物被鉴定出存在于赖氨酸与糠醛的反应产物中。与小分子色素类物质的分离鉴定相比较,

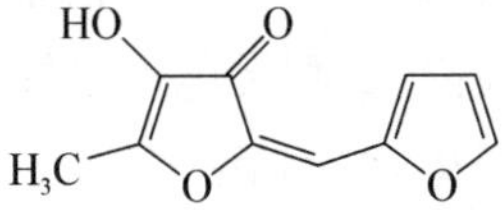

(1)

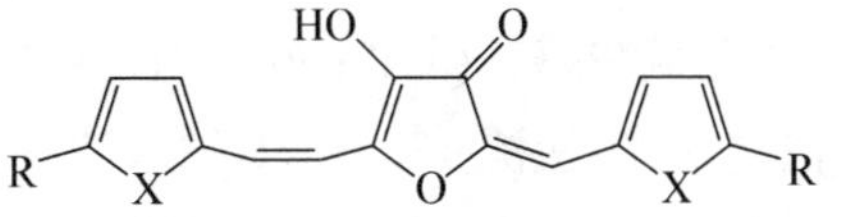

a:R=H, X=O; b:R=CH_3, X=O; c:R=H, X=NCH_3

(2)

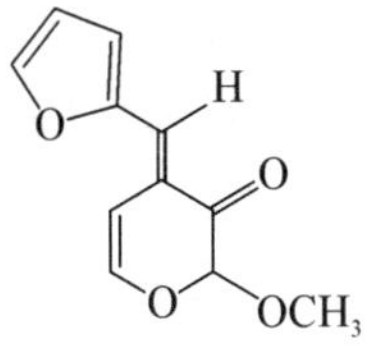

(3) 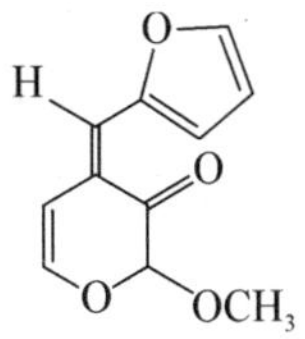　(4) 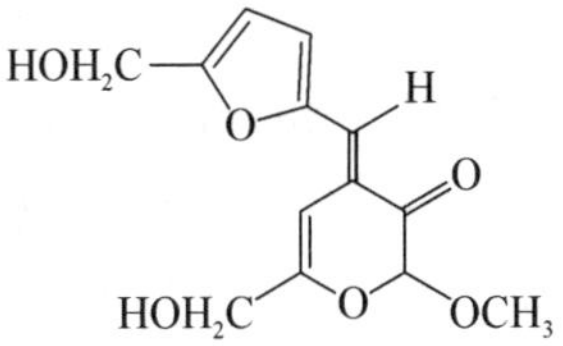　(5) 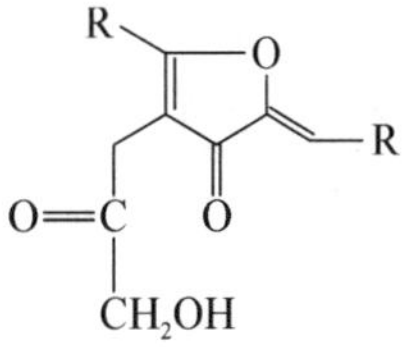　(6)

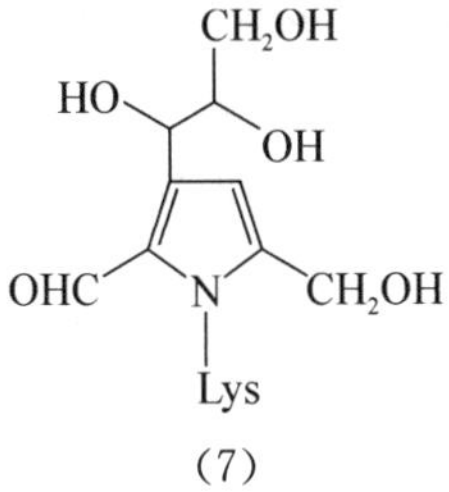

(7) 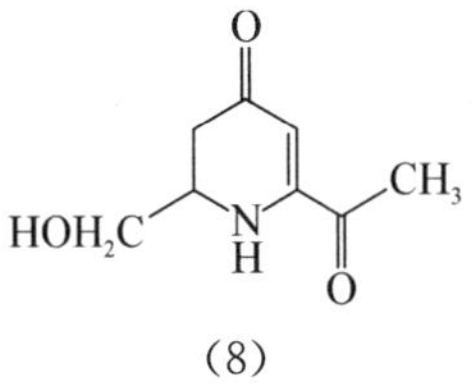　(8) 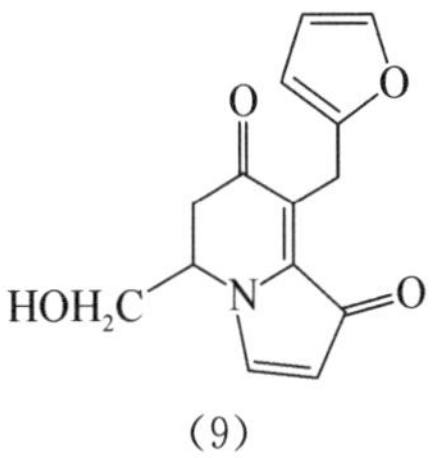　(9)

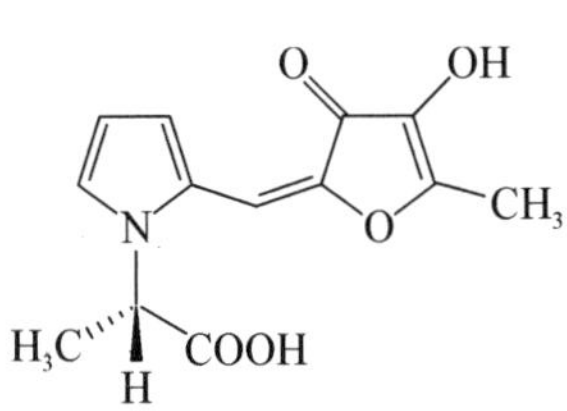

(10) 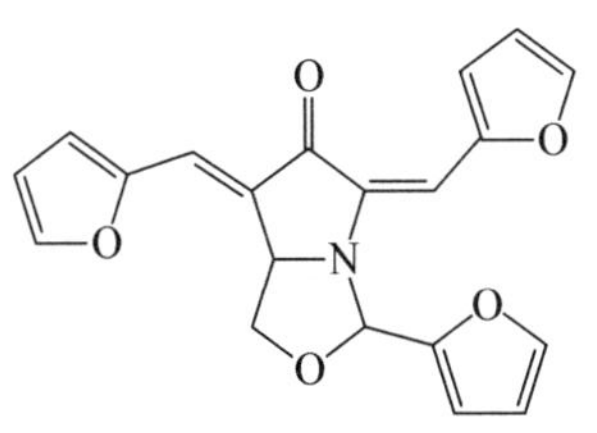　(11) 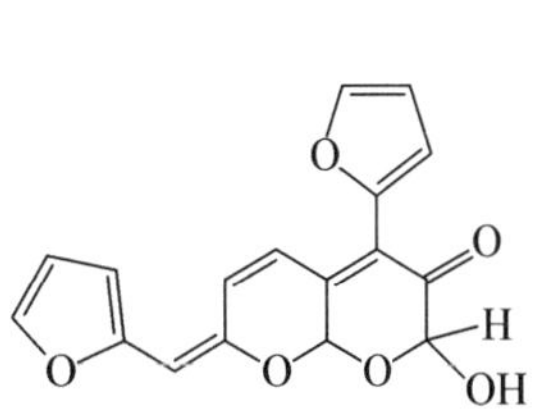　(12)

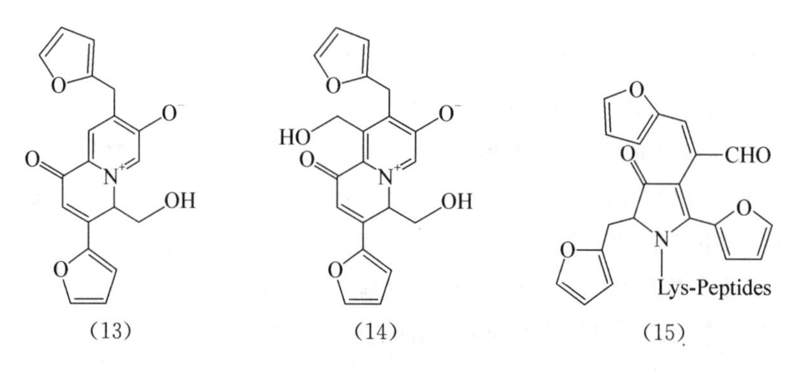

图 2-2　美拉德反应生成的典型色素的化学结构

大分子蛋白黑素的提纯与化学分析更加艰难。比较可行的方法是搜集和分析大分子色素的降解产物上的色团，从而提供大分子色素的化学结构的信息。

尽管美拉德反应产生的色素类物质的化学属性还需要大量的研究才有可能理清，但这些色素在感官属性上的作用却可以很容易地通过色度评估获得。常用的评估方法包括：①检测 420～460 纳米波段的吸收值；②测量色彩坐标 L^*（明暗度），a^*（红绿轴），b^*（黄蓝轴）；③测量颜色稀释因子(color dilution factor)。

美拉德反应的产物除了色素外，还包括多种多样的调味类化合物。由美拉德反应所引发的使加工食品具有独特风味显著影响着消费者对于产品的选择与喜爱度。食品的风味是气味与口味的整合感受。食品与饮料中所含有的化合物通过刺激鼻腔中的嗅觉感官和口腔中的味觉感官从而达到风味的传输与表达。

美拉德反应产生芳香类物质的过程取决于反应物的类型以及反应条件，如温度、时间、酸碱度等。简言之，反应物类型主要影响生成的芳香类物质的类型，而反应条件则作用于产物的生成动力学特征。美拉德反应生成的可挥发性化合物能够表达许多不同种类的香气，比如类爆米花、类咖啡、类焦糖的气味，而这些气味的活度值可以通过化合物的浓度与嗅觉阈值计算。表 2-1 列举了一些典型的美拉德反应产生的可挥发性化合物及它们在食品中所表现的气味[8]。

表 2-1　一些典型的美拉德芳香类化合物[8]

化合物	传递的气味	食品举例
吡嗪	烘焙，烘烤的谷物	一般加热后的食品
烷基吡嗪	烘焙类坚果	咖啡
烷基吡啶	苦，涩，烤焦	咖啡，麦芽
酰基吡啶	类饼干	谷物食品
吡咯	类谷物	谷物，咖啡

(续表)

化合物	传递的气味	食品举例
呋喃,呋喃酮,吡喃酮	甜,烤焦,类焦糖	一般加热后的食品
恶唑	类坚果,甜	可可,咖啡,肉
噻吩	类肉	加热后的肉类

根据化学结构中含有的杂原子种类,美拉德反应的挥发性产物可以被划分为含氧、含氮、或含硫化合物,其中的一些典型代表的化学结构可以在图 2-3 中找到。含氧的挥发性化合物,包括呋喃、糠醛(1)、丙烯醛、3-羟基-2-丁酮(2)、丙酮醇和 4-羟基-5-甲基-3(2H)呋喃酮(3),来源于糖裂解和脱水。氨基酸经过斯特雷克尔降解反应(Strecker degradation)产生的醛类化合物,譬如苯甲醛(4),在作为生成后续调味类物质的活跃中间体的同时,自身也具备调节气味的功能。

吡嗪类物质(pyrazines)是含氮的美拉德反应挥发性产物的主要代表。这类物质的产生主要来自斯特雷克尔降解。在降解过程中,双羰类化合物通过转氨基作用生成 α-aminocarbonyl,两分子的 α-aminocarbonyl 便可以缩合成二氢吡嗪。吡嗪类化合物的衍生物,比如 2,5-二甲基、2,6-二甲基、2-乙基-3,6-二甲基-、2-乙基-3,5-二甲基-、四甲基-、2-乙基-2,3,5-三甲基-和 2,3,5-三甲基吡嗪是构成食品烘烤和烘焙气味的主源性物质。图 2-3 中列举的哌啶(piperidine)(6)和吡咯烷(pyrrolidine)(7)可以在含有赖氨酸、鸟氨酸或脯氨酸的美拉德反应系统中生成。

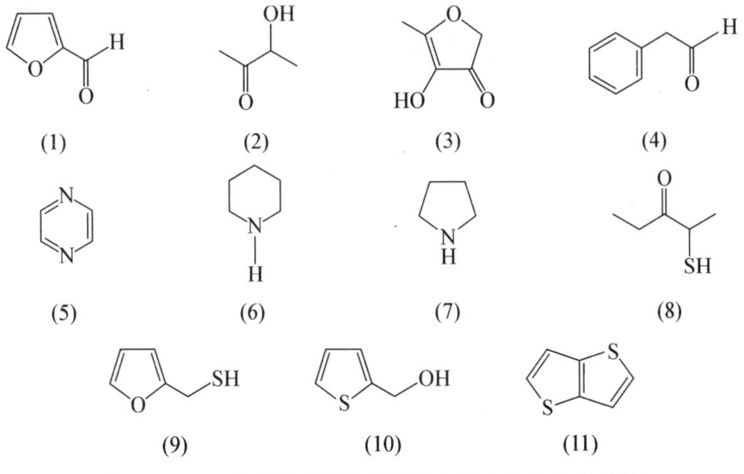

图 2-3 一些典型的美拉德芳香类化合物的化学结构

含硫的挥发性化合物普遍存在于加工肉类产品的气味中,并且具有较低的嗅觉阈值。主要的种类有硫醇类、噻吩类和融合双环结构的化合物。这类化合物含有的硫元素通常直接或间接地来源于含硫氨基酸、多肽、蛋白分解产生的硫化氢。代表性的硫醇类芳香物质有 2 -甲基- 1 -丙烯- 1 -烯醇,(*Z*/*E*)- 2 -甲基- 1 -丁烯- 1 -硫醇,2 -疏基- 3 -戊酮(8),2 -甲基- 3 -呋喃硫醇(MFT),2 -糠基硫醇(FFT) (9)和(*Z*/*E*)- 3 -甲基- 1 -丁烯- 1 -硫醇。主要的噻吩类芳香物质包括 2 -噻吩甲醇(10),2 -乙酰噻吩,3 -甲基- 2 -甲酰基噻吩,3 -乙酰基-2,5-二甲基噻吩,3 -噻吩硫醇(3 - TT)和 2 -甲基- 3 -噻吩硫醇(MTT)。融合双环结构化合物的含量在含半胱氨酸和硫胺的反应系统中尤为丰富。噻吩并噻吩(11)由两分子的噻吩缩合而成。

与对美拉德反应在食品加工中生成的挥发性芳香类物质所做的大量研究相比,关于非挥发性刺激味觉的化合物的研究则显得比较有限。滋味稀释分析(taste dilution analysis)提供了筛选和鉴定食品热加工中产生的主要滋味类物质的可能性,以期探究结构化学与人体味觉反应之间的关联。截至最近,已有一系列的研究专注于带苦味的化合物。葡萄糖和脯氨酸在低水分系统中被认为是苦味物质的前体,而在高水分系统中,木糖和丙氨酸则发挥更大的前体作用。在脯氨酸与单糖或环烯醇酮(cyclic enolone)组成的反应系统中,5 -乙基- 2 -(1 -吡咯烷丁胺)- 2 -环戊烯- 1 -酮和 6,7 -二甲基- 2,3,4,5,6,7 -六氢环戊基(b)氮杂卓- 8(1H)-酮被鉴定为苦味化合物,苦味检测阈值(bitter detection threshold)分别为 50 和 10ppm[89]。(2*E*)- 7 -(2 - furylmethyl)-2 -(2 - furyl-methyldiene)- 3 -(hydroxymethyl)- 1 - oxo - 2,3 - dihydro - 1H - indolizinium - 6 - olate 和(2E) - 7 -(2 - furylmethyl)- 2 -(2 - furylmethylidene)- 3,8 - bis(hydroxymethyl)- 1 - oxo - 2,3 - dihydro - 1H - indolizinium - 6 - olate 是两种带有很强苦味的化合物,他们在木糖和丙氨酸的水系统中被分离和鉴定出来。有一些美拉德反应的非挥发性产物自身并不携带味道,但可以降低滋味的检测阈值,达到增强味道的效果。葡萄糖与丙氨酸加热所产生的 alapyridaine 便是一种甜味增强剂。将相同摩尔的 alapyridaine 同葡萄糖混合能够将葡萄糖的甜味检测阈值降低到原来的十六分之一[69]。

2.2 美拉德反应机理

2.2.1 美拉德反应的三个阶段

1. 初始阶段

美拉德反应是由还原糖(如:葡萄糖、核糖、乳糖)与氨基酸、多肽或蛋白质上的氨基缩合所引发的。反应形成的糖基胺经历多种有序的反应以形成阿马多利重排产物。如图2-4所示[68],反应初始,氨基化合物中的氨基的亲核性氮原子进攻缺乏电子的糖羰基碳,在胺的辅助下,还原糖脱水形成席夫碱(Schiff base)。席夫碱并不稳定,并且可以环化形成*N*-取代的糖基胺。*N*-取代糖基胺在酸性条件下异构化以形成更稳定的*N*-取代1-氨基-2-脱氧-2-酮糖(1-amino-2-deoxy-2-ketose),即阿马多利重排产物。值得注意的是美拉德初始阶段的反应除阿马多利重排外都是可逆的,反应中间体在酸性条件下能够水解还原为初始反应物。在此糖基化阶段中,还原糖的开链程度在决定糖基化速率上起着重要的作用,这解释了为何果糖比葡萄糖具有更高的反应活性。

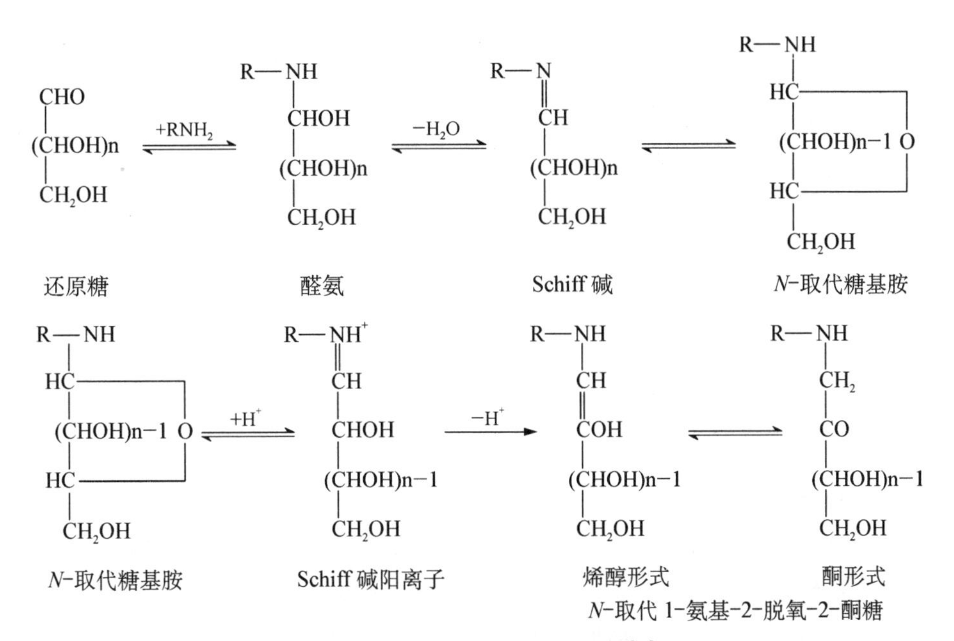

图2-4 美拉德反应的初始阶段[68]

2. 中间阶段

美拉德反应的中间阶段的初始步骤是阿马多利产物通过德布鲁因-凡埃因斯坦(Lobry-de Bruyn-van Ekenstein)转化而发生降解。阿马多利产物的可能降解途径如图 2-5 所示[68],这取决于反应系统的 pH 值,阿马多利产物经历 1,2-烯醇化或 2,3-烯醇化作用形成 3-脱氧-1,2-二羰基化合物或 1-脱氧-2,3-二羰基化合物。在低 pH 值环境下,阿马多利产物主要通过 1,2-烯醇化形成中间烯醇结构,中间烯醇结构进一步通过在碳-3 位置脱羟基和碳-1 位置脱氨基生成糠醛和 5-羟甲基糠醛的前体 3-脱氧-1,2 二羰基化合物;在高 pH 值条件下,阿马多利产物主要进行 2,3-烯醇化(消除碳-1 位置的羟基和脱氨)以产生 1-脱氧-2,3-二羰基化合物。该类化合物可以进一步进行醇醛缩合生成活性二羰基化合物,如甲基乙二醛(methylglyoaxl)、二乙酰(diacetyl)等。这类活性二羰基化合物是生成一些美拉德色素和调味化合物的重要前体。

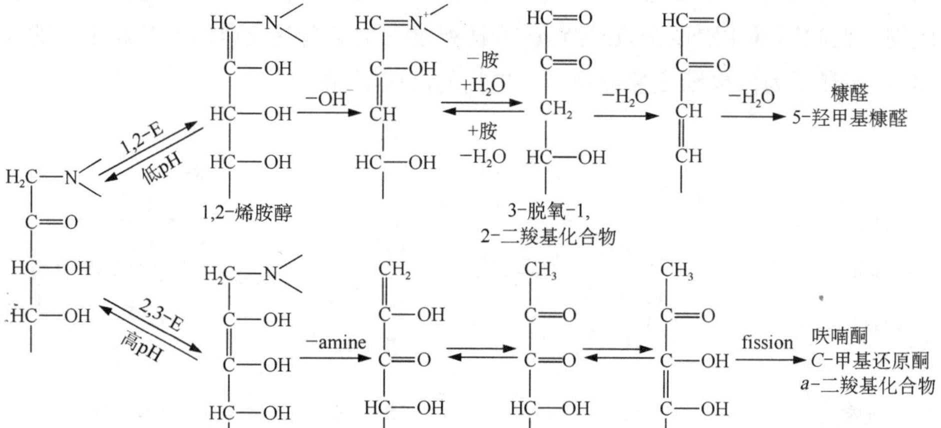

图 2-5 阿马多利产物的降解途径[68]

在中间阶段发生的另一个重要反应是斯特雷克尔降解反应,氨基酸通过该反应产生活性羰类化合物。在反应中,α-氨基酸被氧化成相应的醛,释放出二氧化碳,而氨被转移到其他的反应系统组分上。反应由阿马多利降解得到的 α-二羰基化合物引发,并生成相应的斯特雷克尔醛。斯特雷克尔降解途径如图 2-6 中所示[96]。

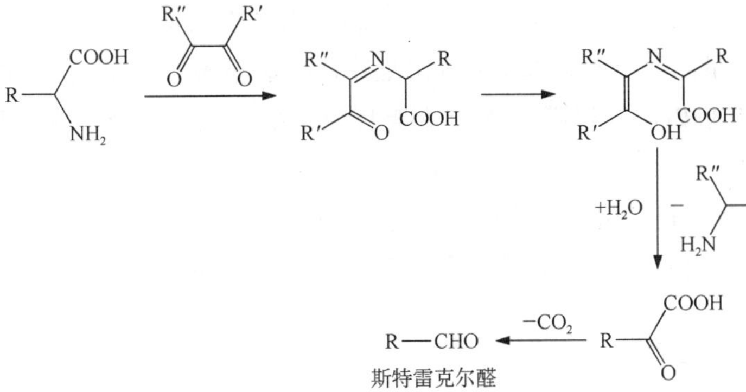

图 2-6 斯特雷克尔降解反应[96]

3. 最终阶段

在美拉德反应最终阶段中形成的最终产物是高分子量色素。这类物质的产生主要来自于美拉德反应的前期阶段生成的活性醛和胺之间的醇醛缩合和醛胺缩合。蛋白黑素很难被分离出来,因此这类物质的结构和形成途径仍然是难以捉摸的。

2.2.2 其他反应途径

Hodge 博士所描述的经典美拉德反应途径基本上只囊括了成对电子成键的反应物、中间体和终产物,而并未涉及自由基物质。最近,广泛的研究提出自由基参与了美拉德反应。1965 年,Mitsuda 等[56]在利用甘氨酸和葡萄糖在 100℃加热 1 小时下制备蛋白黑素时,运用电子自旋共振技术(Electron Spin Resonance)检测到一种相对稳定的自由基。Namiki[65]在 D-阿拉伯糖和 β-丙氨酸的 100℃加热水溶液模型系统中继续研究了自由基的生成。有两种自由基信号在美拉德反应的早期阶段被观察到其存在于某些反应中间体的特定位置。进一步研究显示,自由基的形成依赖于氨基酸类型而非糖和除甘油醛和二羟基丙酮以外的糖的衍生物。此外,模型系统中形成的自由基的数量被发现与反应条件密切相关。电子自旋共振信号强度随着温度的升高,尤其是升温至 80℃以上时而增强。氨基酸与糖的摩尔比为 2∶1 时有利于自由基的产生。当 pH 值由中性增加至 10 时,从 D-葡萄糖和 α-丙氨酸模型中观察到的电子自旋共振信号增强了 7 倍。进一步提高 pH 值,信号强度急速下降。

直到 1977 年,Hayashi 等[33]发现,糖或糖的类似物和带有伯氨基的胺是产生超精细的电子自旋共振谱所必需的。他们还推断出 1,4-二取代吡嗪阳离子自由基的结构。这种自由基解释了在一系列模型美拉德反应早期阶段观察到的复杂的电子自旋共振信号以及与高分子量蛋白黑素相关联的宽频信号。Hayashi 和 Namiki[64]在大量的研究基础上继而提出吡嗪自由基阳离子(1)的生成途径，如图 2－7 所示。糖基胺(3)通过碳 2－碳 3 裂解以及逆醇醛缩合反应形成含两个碳的重要前体片段(4)，两个相同的二碳片段通过脱水缩合产生对称的二氢吡嗪(5)，二氢吡嗪进一步经过单电子氧化反应得到相对稳定的自由基阳离子(1)。该途径也说明阳离子自由基的形成先于或同时于阿马多利产物的形成。

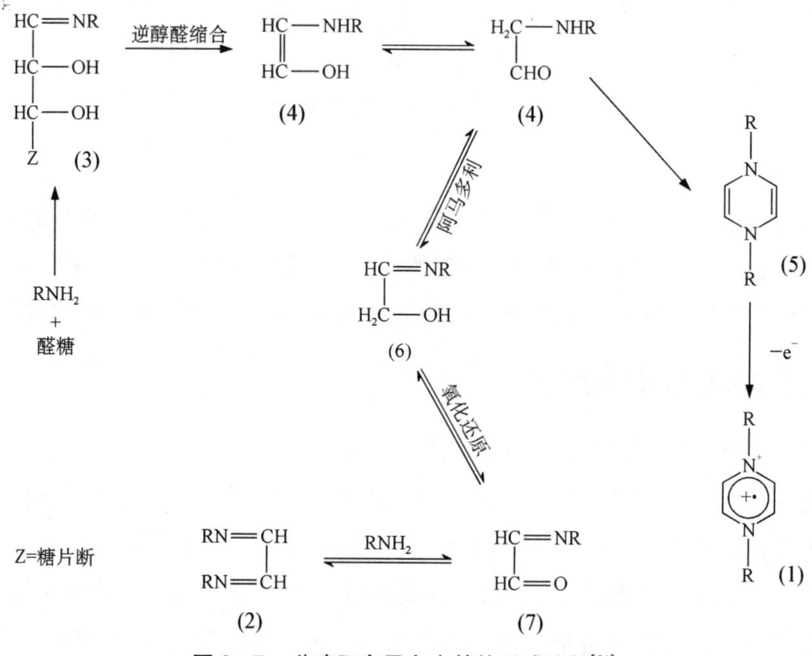

图 2－7　吡嗪阳离子自由基的形成途径[64]

分子氧与过渡金属离子的存在被发现能够促进美拉德褐变和阿马多利产物的降解。在由甲基乙二醛和氨基酸组成的生理模型中，Yim 等[104]观察到了 3 种自由基，分别为交联的类吡嗪阳离子自由基、甲基乙二醛阴离子自由基和它的抗衡离子。美拉德反应过程中的阴离子自由基形成可能接近于碳水化合物的自氧化。1991 年，Kavakishi 等[40]研究了果糖－β－丙氨酸、果糖－苯丙氨酸、Nα－叔丁氧羰基－Nε－果糖－赖氨酸和果糖－对－甲苯胺在存在铜离子的磷酸盐缓冲液中的自氧化(40℃，pH 值＝7.2)。在所有的情况下，主要的碳水化合物降解产物为葡糖醛酮(glucosone)。葡糖醛酮显然来自于阿马多利 1，2－烯醇盐离子连续的单电子氧化及接下来的水解反应，如图 2－8 中路径 1 所示。从路径 1 可以清楚地看出阿马多利产物(葡萄糖部分)氧化为葡糖醛酮很可能是由金属催化的电子转移过程。

除了金属催化的电子转移方式，分子氧也参与了阿马多利产物的自氧化。Ahmed 等[1, 2]认为 Nα -甲酰基- Nε -果糖赖氨酸在中性至碱性的缓冲液中在糖链碳 2 -碳 3 和碳 3 -碳 4 位置氧化裂解的主要产物分别是 Nε -(羧甲基)赖氨酸/D-赤糖酸和 Nε -(3 -乳酸根)赖氨酸/D -甘油酸。这种裂解在阿马多利产物的自氧化反应中已被观察到。分子氧可能进攻 Nα -甲酰基- Nε -果糖赖氨酸碳- 2 或碳-3 的烯醇盐结构，如图 2 - 8 中路径 2 所示。

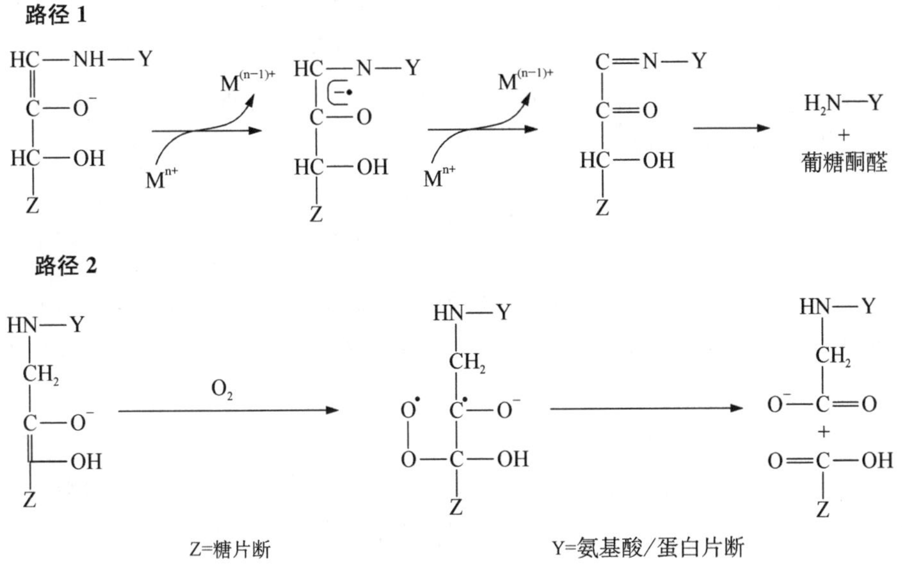

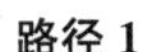

图 2 - 8　阿马多利产物降解过程中生成的自由基中间体[1, 2, 40]

2.3　美拉德反应影响因素

美拉德反应作为一个包含复杂化学反应途径的系统，被多种内部与外部因素影响。控制美拉德反应一直都是一个极富挑战性的课题。了解影响美拉德反应的因素有助于食品科学家优化反应条件，从而提高理想产物的含量，同时降低有害产物的生成。这些影响因素包括但不限于温度、酸碱度以及反应物类型和比例，在接下来的章节中将会一一讨论。

2.3.1　温度

温度与加热时间对于美拉德反应的影响最初是由法国化学家 Maillard 提出的，他指出随着温度的升高，反应的速率也会随之提高。后续的许多研究也确认了这一点。Lea 和 Hannan[44]的实验数据显示，随着温度在 0 到 90℃的区间不断上升，在葡萄糖/酪蛋白的反应系统中，色素的生成速度和氨基氮的损耗速度都在增加。Renn 和 Sathe[71]发现在葡萄糖/亮氨酸系统中，温度与葡萄糖消耗成正相关，在 122.5℃时褐变速率高于 100℃时的褐变速率。在同摩尔木糖/甘氨酸反应系统中，温度的提高可以导致低和高分子量芳香物质的增加，而在低温(22℃)下生成的蛋白黑素具有同高温下生成的色素截然不同的结构[4]。Brathen 和 Knutsen[9]在淀粉模型中发现丙烯酰胺的生成在大约 200℃时达到巅峰，而在面包皮的模型中随着烤制温度的升高，丙烯酰胺的含量也在增加。因此，利用低温被认为可以降低食品贮藏时非酶褐变反应的速度。理论上说，速度常数和温度之间的关联可以用 Arrhenius 方程式表达：

$$k = A \times \exp\left(-\frac{E_a}{RT}\right)$$

k 代表速度常数；A 是频率因子；R 为气体常数($8.3\ J \cdot mol^{-1} \cdot K^{-1}$)；$T$ 是绝对温度(K)；E_a 是活化能。文献中所报道的美拉德反应的活化能从 10 到 160 kJ/mol 不等。通常来说，焦糖的滋味在较低的加热温度下产生(100℃)，而在高温(180℃)时能够克服较高的活化能，产生烘焙和烘烤的香气。另外，低活化能与加工食品在室温贮藏下生成变味物质相关联。生成相同美拉德反应产物所需的活化能还与其他反应条件有关，比如反应物构成、酸碱度、水活性等。

2.3.2 酸碱度

由于美拉德反应所囊括的许多化学反应途径是酸催化的，反应体系的酸碱度对于美拉德反应也具有重要的影响。在反应的起始阶段，羰基与氨基的缩合速率取决于氨基的亲核能力和羰基碳的电子匮乏，而这两点与他们所处的状态(质子化还是非质子化)紧密相关。氨基质子化的比例越高，亲核能力越弱，而正电荷的羰基碳能够促进反应进行。如图 2-9 所示，反应系统的酸碱度能够影响羰基与氨基的质子化状态。在低 pH 值的环境中，质子化的氨基比例较高，亲核能力弱，反应活性低。氨基的质子化程度是由反应环境的 pH 值和氨基酸的 pKa 共同决定的。相反地，在酸性条件下，质子与羰基上的氧作用，提高了羰基碳的电子匮乏程度，因此羰基的反应活性也随之提高。

过去的许多研究数据都佐证了 pH 值是美拉德反应的影响因素之一。Ajandouz 等[3]发现在 100℃加热果糖和赖氨酸，当 pH 值在 4.0 到 12.0 区间变动

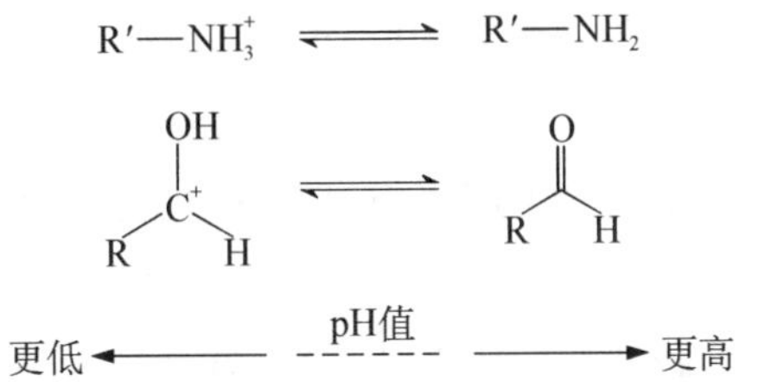

$$R'—NH_3^+ \rightleftharpoons R'—NH_2$$

$$R—\overset{OH}{C^+}—H \rightleftharpoons R—\overset{O}{C}—H$$

更低 ← pH值 → 更高

图2-9　羰基与氨基在酸/碱条件下的质子平衡

时，提高 pH 值能够促进反应物的消耗、色素和紫外吸收产物的生成。应用同位素碳标记的木糖、半胱氨酸和硫胺组成的美拉德反应系统，Cerny 和 Briffod[16] 发现低 pH 值环境下，阿马多利产物会降解成 3-deoxy-1,2-dicarbonyl，而 3-deoxy-1,2-dicarbonyl是生成 2-糠醛(2-furaldehyde)和 2-硫代呋喃甲醇(2-furfurylthiol)的前体。这个研究小组同时发现，2-甲基-3-呋喃硫醇(2-methyl-3-furanthiol)和 3-巯基-2-戊酮(3-mercapto-2-pentanone)的生成含量也受 pH 值影响，在 pH 值=4.5 时达到峰值，随着 pH 值的升高含量降低。有关 pH 值对牛肉馅模型中挥发性物质的生成的影响研究表明，随着 pH 值的降低，挥发性物质的总生成量增高。具体到化学类别，一些呋喃硫醇类化合物及它们的氧化产物易在酸性条件下产生，而另外一些杂环化合物，比如噻唑类和吡嗪类化合物，易在高 pH 值反应条件下生成。在一些常见氨基酸与葡萄糖、果糖或乳糖构成的美拉德反应系统中，研究人员测试了 pH 值为 6～12 的区间，结果显示，褐变度在 pH 值=10 时为最高值[6]。

2.3.3　反应物类型与比率

参与美拉德反应的羰基化合物包括还原糖、维生素 C、醛类和酮类。就单糖来说，美拉德反应的反应速率取决于单糖开环的速度。五碳糖拥有比六碳糖更高比例的非环形式，因此反应速度也更快。果糖与葡萄糖同为六碳糖，但果糖与氨基酸反应的褐变速度比葡萄糖快，因为葡萄糖的六元环结构比果糖的五元环结构稳定，也就是说，果糖的非环形式结构比例更高。还原二糖比它相应的单糖的反应活性要低得多。

美拉德反应的氨基反应物的代表有氨气、自由氨基酸、多肽、蛋白质和核酸。大多研究着眼于探讨自由氨基酸的相对反应活性。研究表明，碱性氨基酸的反应活性高于中性或酸性氨基酸，反应活性排序为赖氨酸＞β-丙氨酸＞α-丙氨酸＞谷氨酸。另外，氨基酸中含有的杂元素(硫、氮、氧)能够显著影响美拉德反应的产物复杂性。举例来说，含有硫的氨基酸(半胱氨酸、甲硫氨酸)在加热条件下会分解产生硫化氢和氨气，二者会与羰基中间体结合生成含硫和氮的调味化合物，譬如吡嗪类、噻吩类、硫化环戊烷、二硫化物。

除了反应物的类别，反应物中羰基与氨基化合物的比例也会作用于美拉德反应的过程和产物。Hofmann 和 Schieberle[35] 所做的相关研究表明，在 pH 值＝5 的加热系统中，核糖和半胱氨酸的比例从 1∶1 逐渐升高到 10∶1 时，挥发性化合物的种类将被类焦糖和类烧焦的气味主导。一些研究发现改变葡萄糖和甘氨酸的比例能够影响褐变速率，颜色的产生在比例为 1∶1 时较比例为 1∶10 时明显。Warmbier 等[95]将研究扩展到由乳蛋白、葡萄糖、甘油、油脂、微晶纤维素和水所组成的食品模型，发现色素的生成与葡萄糖和可用赖氨酸的比例呈线性相关。在这个食品模型中，葡萄糖和可用赖氨酸的初始反应速率遵循一级动力学规律，并与葡萄糖与可用赖氨酸的的比例正相关。类似的现象在 Renn 和 Sathe[71] 的研究中被提到，葡萄糖的消耗速率随着加热系统中葡萄糖和亮氨酸的比例发生变化。

2.4 美拉德反应产物

2.4.1 抗氧化产物

美拉德反应的非挥发性产物不但作用于食品的颜色和味道，同时被证实具有抗氧化的功能，从而影响加工食品的氧化稳定性以及为人体健康带来积极的意义。而对于抗氧化产物的化学类别究竟是荧光中间体还是褐色色素类化合物则一直存在着争议。Mastrocola 和 Munari[54] 的实验数据表明，在淀粉、葡萄糖和赖氨酸组成的美拉德反应系统下，产物的抗氧化能力随着样品褐度的增加而随之提高。当木糖和赖氨酸的美拉德反应产物过柱脱色后，产物对 DPPH 和过氧自由基的清除作用显著下降，进一步证明褐色色素类物质中含有有效的抗氧化成分。但 Morales 和 Jimenez-Perez[58] 则发现在长时间加热糖（乳糖、葡萄糖）和氨基酸（丙氨酸、甘氨酸、赖氨酸）下生成的美拉德产物的 DPPH 自由基清除活性并不与褐度直接相关，相反产物在 347 和 415 nm 下的荧光吸收能够更好地反映抗氧化美拉德产物的生成。

美拉德反应产物的抗氧化活性存在着多种可能的作用机理，包括通过供氢切断自由基反应链、清除活性氧、形成金属螯合物、还原过氧化氢等。实验数据显示，产物的抗氧化能力与反应体系的反应物类型、浓度以及反应条件密切相关。相较于糖和蛋白组成的美拉德反应系统，糖与氨基酸的反应通常能够生成具有更强抗氧化性的反应产物。Benjakul 等[7] 对猪血浆蛋白/糖的美拉德系统的研究表明，应用半乳糖制备的美拉德产物比应用果糖和葡萄糖制备的产物具有更高的还原能力和DPPH自由基清除活性,而提高糖浓度有助于提升产物的抗氧化活性。相比较于果糖和葡萄糖,核糖与赖氨酸的美拉德反应产物具备更强的自由基清除活性,但糖的种类并未显著影响抗氧化美拉德产物对暴露在过氧化氢下的Caco-2细胞的保护作用[39]。

美拉德反应条件的不同,包括温度、加热时间、酸碱度、水活性等会导致反应产物的不同,从而影响产物的总体抗氧化能力。Nicoli等[66]通过评测美拉德产物的断链和氧清除活性指出,咖啡的抗氧化性与烘焙程度存在非线性关联,中度烘焙的咖啡具有最高的抗氧化性。对于组氨酸和葡萄糖在加热条件下反应生成的水溶性美拉德反应产物的研究表明,将温度从100℃提高到120℃时能够提高抗氧化性产物的生成速率,但当加热时间超过半小时后,抗氧化产物可能会在高温下分解,造成抗氧化性的降低[103]。木糖和赖氨酸反应的产物的抗氧化性随着加热时间的加长而增强。一些研究发现,碱性条件能促进产生有更强氧清除能力的美拉德反应中间产物[66]。

美拉德反应的抗氧化产物在食品保鲜方面的应用在许多研究中都有所讨论。由于油脂的氧化是造成许多食品种类变质的主要因素之一,美拉德抗氧化产物对食品系统下油脂氧化的抑制作用就显得非常重要。Griffith和Johnson[31]发现美拉德反应可以形成烯二醇结构的还原酮,从而明显减缓饼干中油脂的氧化速率。美拉德反应产物的抗油脂氧化作用在烹调肉类(猪肉饼、牛肉饼)系统中也有体现。尽管美拉德反应产物具备作为食品中抗氧化剂的应用前景,但目前尚缺乏这类产物在食品系统中稳定性的研究。Lingnert和Waller[48]的研究表明,抗氧化性可能会在产物分离过程中流失,抗氧化产物曝露在氧气中或在碱性条件下稳定性较差,而在干燥浓缩和低温的条件下则相对稳定。除食品系统外,近年来也有一些研究着眼于美拉德反应的抗氧化产物通过膳食摄入途径对于人体健康的积极影响。Dittrich等[27]从同摩尔量的葡萄糖和甘氨酸(赖氨酸、精氨酸)反应系统中鉴定出两种具有氨基还原酮结构的化合物:3-羟基-4-(吗啡啉基)-3-丁烯-2-酮和氨基己糖还原酮。这两种化合物被检测到在很强的体外抑制铜催化低密度脂蛋白氧化的活性。鉴于氧化低密度脂蛋白在动脉硬化和心血管疾病发生方面的重要作用,美拉德反应的抗氧化产物有望为人体心血管健康提供一定程度的保护。

2.4.2　致癌产物

1. 杂环胺

近年来的研究表明美拉德反应的某些类别的产物对于人体健康具有不可忽视的危害。杂环胺是一种代表性的美拉德反应有害产物。杂环胺更多地存在于烹调和加工过的蛋白类食品，如鱼和肉类中。这类化合物是含有糖、氨基酸和肌酸的美拉德反应系统的副产物。如图 2-10 所示，根据极性的不同，杂环胺可以

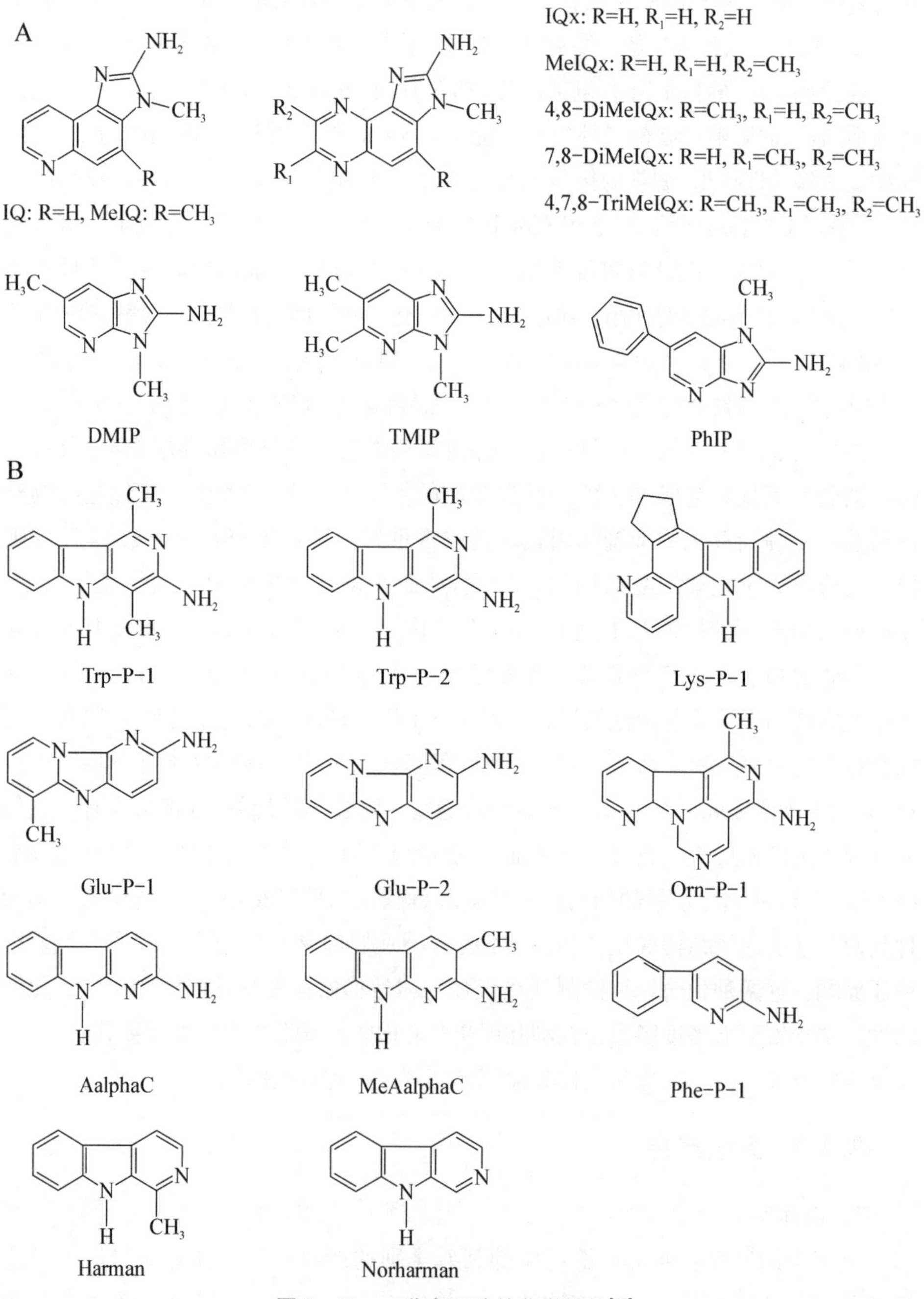

图 2-10　一些杂环胺的化学结构[17]

被划分为极性类（IQ－、IQx－、咪唑吡啶（Imidazopyridine）等）和非极性类（带有 Pyridoindole 和 Dipyridoimidazole 基团）[17]。

癌症的发展涉及几个关键阶段，即启动、促进和发展。诱变被认为参与了其中一个或多个事件，而 DNA 加合物的形成是评估具遗传毒性的化学品的致突变/致癌潜在性的生物学标志。许多杂环胺已被表明能够生成 DNA 加合物，并有体外/体内实验证据支持这些加合物在引发突变或癌症上的作用。这些加合物的主要生成反应被认为是借助了杂环胺氮翁离子对于鸟嘌呤碱基氮－2 或碳－8 位置的亲电攻击[41]，从而根据杂环胺种类的不同诱导不同程度的 DNA 损伤。近来，Jamin 和他的同事[38]报告说，鸟嘌呤的 N7 原子也能够在体外与杂环胺联结。他们的研究还发现了一个腺嘌呤和 IQ 形成的加合物，有可能与体内观察到的包含 A 或 T 碱基的突变相关。在细菌和哺乳动物细胞实验中发现，氨基咪唑氮杂芳烃（aminoimidazole-azaarene）（AIA）氮翁离子的反应性及因此形成的 MeIQ，IQ 和 MeIQx 的 DNA 加合物的数量是量化遗传损害的主要依据。然而，这种 DNA 加合物与致突变性之间的量化关联显然不适用于对于咔啉（carbolines）的观察。在 C57Bl/lacZ 和 c－myc/1acZ 小鼠实验中，尽管 AαC 形成的 DNA 加合物比 IQ 和 MeIQx 高 2～3 倍，其诱导的 lucZ 基因突变频率反而低于 IQ 和 MeIQx 30%～40%[25]。此外，研究发现非靶组织可能比靶组织具有更高的加合物水平。由此看来，建立不同种类的杂环胺在体内 DNA 加合物的生成与相应遗传毒性之间的关联需要更多深入地研究。加速器质谱光谱仪的应用通过增加对放射性标记化合物的检测灵敏度促进了对杂环胺－DNA 加合物的致病性的检测和评估。此外，一系列可用的分析工具，如 32P－HPLC，UV/VIS 光谱，质谱和核磁共振，使得由多种杂环胺，包括 Glu－P－1、Trp－P－2、IQ、MeIQ、MeIQx、4,8－DiMeIQ、PHIP 和 AαC 形成的 DNA 加合物的结构被描述出来。

Ames 致突变试验被最早用来评估杂环胺在原核细胞中的体外遗传毒性。鉴于杂环胺的代谢激活需要，一种叫做 S9 的肝脏提取物被引入实验方法。包含一个组氨酸基因的移码突变的 TA98 是最常用的基于剂量－反应曲线的线性区间量化杂环胺相对诱变活性的菌株。在测试中，诱变活性最强与最弱的杂环胺呈指数差别。除了沙门氏菌属（salmonella），一些大肠杆菌（escherichia coli）的基因（*lacZ*、*lacZa* 和 *lacI*）也被用于分析一些杂环胺的突变特异性。几种类型的哺乳动物细胞已被用于获取有关杂环胺在真核细胞中的致突变性的信息。某些杂环胺，例如 PhIP，在细菌和真核细胞中的致突变性并不等同。致突变活性在沙门氏菌和哺乳动物细胞中表达的不同可能源自遗传毒性表现的差异性（细菌中大多为移码突变而哺乳细胞中为碱基置换[75])以及其他的因素如代谢激活系统的相对效率和修复机制。一些不同的基因,例如次黄嘌呤-鸟嘌呤磷酸核糖转移酶(hgprt)、二氢叶酸还原酶(dhfr)、腺嘌呤磷酸核糖转移酶(aprt)已被选来研究杂环胺在哺乳动物细胞中的诱变特性,并在 PhIP、IQ 或它们的代谢物的相关研究中有所体现。例如,在中国仓鼠卵巢细胞中,人们发现,N－OH－PhIP、PhIP(在细胞中能够表达 P450 1A2)和 IQ 主要诱导单碱基颠换,通常为 GC→TA,但也包括 AT→TA 和 CG→AT(仅限 PhIP 诱发突变体)[15,45,99]。此外,对于 PhIP 诱导的 75%的突变发生在 aprt 基因的外显子 2 的 3′末端和外显子 3 的开端的观察表明与引导细胞增殖和控制细胞存活有关的基因序列更易突变[99]。PhIP 引发单碱基颠换的潜力在人的淋巴母细胞中被进一步揭示,具体表现在胸苷激酶和 hgprt 基因位点的编码和非编码序列的分布不均(分别为 60%和 40%)[59]。有趣的是,杂环胺在这些哺乳动物细胞系中诱导的突变似乎偏重基因的非转录链。

尽管杂环胺在体外实验中经常表现出强有力的诱变效应,体内实验结果的一致性却相对较低。可能的影响因素包括动物模型的种类和性别,以及用于衡量突变属性的靶器官和组织。不同的动物种类在代谢激活摄入的杂环胺时存在差异性。暴露时间以及允许 DNA 加合物形成和转化为可检测到的突变特征的时间也会影响诱变活性的最终量化。虽然 24 小时被认为足够 DNA 加合物的形成,但加合物诱导一个永久的碱基序列变化至少需要几个星期的时间。这进一步说明了定期持续摄入全熟的肉类食品比低频率摄入风险更高。因此,降低膳食中全熟肉类的摄入分量和频率是重要的防止杂环胺引发的基因突变的保护措施。一些膳食成分,如蔬菜、水果和米糠有可能减轻杂环胺负担,人体具备的代谢机制也能够帮助解除一些已激活的杂环胺的毒性。一些杂环胺需要积累一定阈值水平的 DNA 加合物才能产生遗传毒性效应。通过长期的动物研究,杂环胺在广泛的器官或组织中的致癌性已得到了很好的记录。8 种杂环胺(MeIQ、MeIQx、PhIP、AαC、MeAαC、Trp－P－1、Trp－P－2 和 Glu－P－2)被国际癌症研究机构(IARC)认定为 2B 类致癌物,而 IQ 更被归类为 2A 级致癌物。Trp－P－1、Trp－P－2、Glu－P－1、Glu－P－2、AαC、MeAαC、IQ、MeIQ、MeIQx 具有代谢激活效应,其致癌性明显地与它们的代谢产物水平和相应的器官组织中的 DNA 加合物相关。经常性食用烤肉,特别是烤制到表面焦化的肉类,杂环胺的摄入量足以引发罹患直肠癌的风险。AIA 和 IQ 已经被证明能诱发肝癌,其他可能影响的器官和组织包括消化道、血管、乳腺、前列腺、阴蒂腺、淋巴组织、皮肤、肺和膀胱。此外,Trp－P－1 和 4,8－DiMeIQx 会促使胰胆管肿瘤产生。杂环胺种类众多,致癌目标也很广泛。此外，不同种类的杂环胺通常在膳食中共存，而膳食中也可能同时存在其他种类的诱变剂和致癌物质如丙烯酰胺和多环芳烃(PAH)。上述因素意味着较高的患癌风险。研究表明，物种、性别和年龄的差异性会影响杂环胺的致癌几率。举例来说，AαC被发现可诱导CDF1小鼠患上肝脏和血管肿瘤，但肿瘤未在F344大鼠上观察到[83]。在持续30周的饮食中添加0.06% MeIQx只会诱导雄性小鼠肝癌[72]。在两代曝露研究中，PhIP在第二代中会增加乳腺肿瘤的风险，该杂环胺有可能是通过胎盘和母乳输送给胎儿和幼鼠[12, 37]。近期的一项研究补充了PhIP致癌风险与年龄的相关性。研究结果表明乳腺癌只在青春期(43天)的雌性大鼠体内发生，而成年(150天)的大鼠则不受影响[77]。更多的深入机理研究表明，这种现象归咎于基因在这两个大鼠群体中的不同诱导表达[77]。具体来说，与分化相关的基因表达在成年的大鼠身上较强，而在青春期大鼠身上，则是与细胞增殖相关的基因表达较强。

流行病学研究在长期看来能够提供杂环胺毒性和人体健康的最直接联系。虽然相关性不尽一致，以人口为基础的数据显示了杂环胺和某些癌症，特别是结肠癌的风险的联系。杂环胺对人类的毒性效应应该是多种因素综合作用的结果，流行病学数据在此前提下是最宝贵的，因此应开展更多的此类研究以确认在不同人群中杂环胺与癌症的相关性。

2. 丙烯酰胺

丙烯酰胺通常在食品热加工中产生，在淀粉类食品，如薯片、面包中的含量尤其高。如图2-11所示，丙烯酰胺的来源之一是天冬氨酸的热分解，但主要产生途径是同时加热还原糖和天冬氨酸[60, 108]。另外，天冬氨酸与活性羰基化合物反应也能够产生丙烯酰胺[81, 108]。

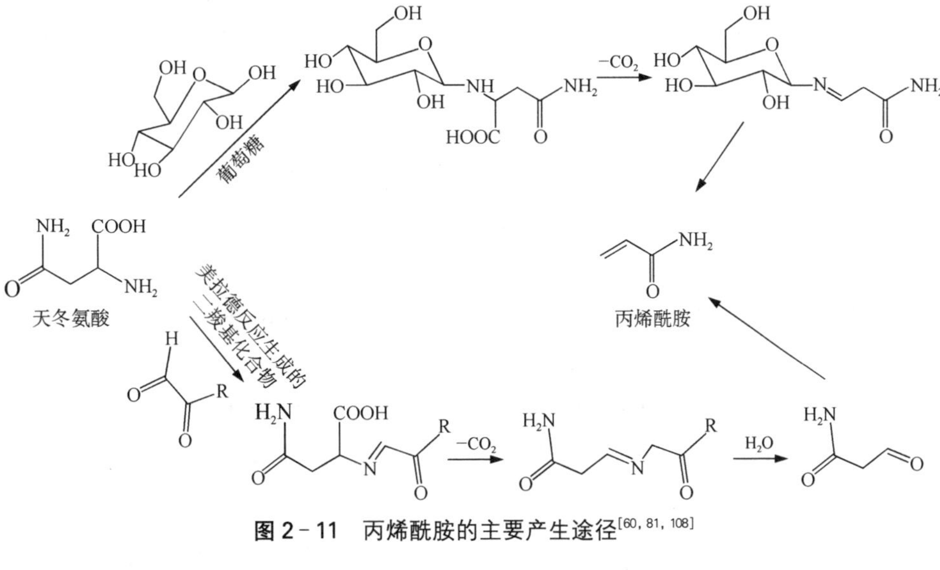

图2-11 丙烯酰胺的主要产生途径[60, 81, 108]

在生理温度和 pH 值条件下，丙烯酰胺对于小牛胸腺 DNA 具有缓慢的(最高达到 40 天)反应活性，反应产物包括腺嘌呤，胞嘧啶和鸟嘌呤的烷基化 2′-脱氧核苷加合物[80]。在 S9 肝脏提取物的存在下，最主要形成的是一种环氧丙酰胺衍生的 DNA 加合物，7-(2-氨甲酰基-2-羟乙基)鸟嘌呤(N7-GA-Gua)。其他鉴定出的次要加合物包括 3-(2-氨甲酰基-2-羟乙基)腺嘌呤和 1-(2-羧基-2-羟乙基)-2′-脱氧腺苷[24, 76]。活体内研究结果表明，对 BALB/c 和 C3H/HeNMTV 两种品种的成年雄性小鼠单次腹腔注射丙烯酰胺(50～53 mg/kg 体重)能够在多器官中检测到显著数量的丙烯酰胺-DNA 加合物。与背景相比，主要加成物在所有监测器官中平均增加了 100 倍左右，在肺、肝和肾器官中的增加倍数分别为约 380、240 和 110 倍[24, 76]。丙烯酰胺的 DNA 加合物的生物学意义在于它们的抗修复性和诱突变性。N7-GA-Gua 和 3-(2-氨甲酰基-2-羟乙基)腺嘌呤能够产生脱碱基位点，从而导致 DNA 复制过程中的 G/T 颠换[43, 50]。

大量的动物实验表明丙烯酰胺具有诱导有机体突变和致癌的属性，国际癌症研究机构(IARC)将它归类为 2A 类致癌物。丙烯酰胺在注射到鱼体内后主要在鱼的肾、膀胱、血液、胆囊、肠和眼睛中积聚。被丙烯酰胺喂食的小鼠，在大脑、中枢神经系统、内分泌腺如甲状腺和生殖器官都被发现癌症的产生[13]。研究报告还指出，对小鼠皮肤注射丙烯酰胺比口服更易引发丙烯酰胺与小鼠 DNA 的结合[14]。对于丙烯酰胺致癌性的机理研究表明丙烯酰胺在体外和体内都能够诱发 DNA 的改变。丙烯酰胺作为生物烷化剂会诱使 DNA 碱基取代突变，从而引发致癌过程。丙烯酰胺致癌性的累积效应在长期暴露测试中被观察到，这或许可以解释食品中低剂量丙烯酰胺的致癌作用。在一个大鼠终生暴露实验中，每天以含丙烯酰胺剂量最高为 3 mg/kg 体重的水喂食大鼠，大鼠多个器官的肿瘤发病率都有所增加[29]。虽然丙烯酰胺的致癌性并没有在人类流行病学研究中被证实，但根据 Granath 等[30]的结论，人类和实验观察中的动物面临相似的癌症风险，因此丙烯酰胺仍被建议作为极具潜力的人体致癌物。

在人类流行病学调查中能够表明的是丙烯酰胺的神经毒性。一些瑞典的隧道工人因职业不得不暴露于含有丙烯酰胺的灌浆剂前，其可能发展出可逆的外周神经系统症状。在有手脚刺痛或麻痹的工人体内发现每克球蛋白有大于 1 纳摩血红蛋白-丙烯酰胺加合物。另一项有关职业性接触丙烯酰胺引起神经毒性的例子发生在中国，一家工厂内短期接触丙烯酰胺的 71 名工人出现以下症状：腿发软、脚趾的反射和感觉丧失以及手麻木。长期暴露可能引发更严重的症状，包括小脑功能障碍和神经疾病。丙烯酰胺诱导神经毒性的机制仍存争议。早期的动物实验研究表明,丙烯酰胺能够诱发神经病理学改变(外周末梢轴突病变)。然而,后来的研究表明,神经末梢是病变的初期位置,而长期低剂量的丙烯酰胺中毒只在一定条件下引发轴突病变。到目前为止,关于丙烯酰胺的神经毒性主要提出了两种机理假说:阻碍以驱动蛋白为基础的快速轴突运输和直接限制神经传导[51, 78]。研究表明能够采取一些策略以减少丙烯酰胺的神经毒性。例如维生素B6可以防止或加速恢复丙烯酰胺引起的神经病变[49]。巯基化合物,如N-乙酰-L-半胱氨酸和谷胱甘肽可能通过直接与丙烯酰胺加成保护叙利亚仓鼠胚胎细胞免受丙烯酰胺引起的形态变化[70]。

3. 晚期糖基化终末产物

尽管对于晚期糖基化终末产物的最初认识来自20世纪60年代在糖尿病人的体内观察到糖基化的血红蛋白,但在食品加工中美拉德反应的发生作为晚期糖基化终末产物的外源的重要性正在不断被认识到。糖基化反应在体内和体外的反应途径具有相似性,通常可被划分为三个阶段:起始阶段、扩展阶段和高级阶段。反应早期,还原糖与氨基酸、多肽或蛋白质上带有的氨基基团反应生成Schiff碱和阿马多利产物,而这两种产物通过氧化或非氧化反应形成包括戊糖苷素(pentosidine)和羧甲基赖氨酸(Nε - carboxymethyllysine)在内的晚期糖基化终末产物。另一方面,基于一些途径,Schiff碱和阿马多利产物中间体可以形成活性羰类化合物,如甲基乙二醛(methylglyoxal)、乙二醛(glyoxal)和3-脱氧葡糖醛酮(3-deoxyglucosone)。这些活性羰类化合物可以进一步与细胞内和细胞外的蛋白质上的氨基、巯基和胍基官能团反应,从而在高级阶段形成各种晚期糖基化终末产物。

根据荧光和交联属性,晚期糖基化终末产物可以简单地划分为四类:①荧光及交联,如戊糖苷素和交联素(crossline);②非荧光但交联,如乙二醛-赖氨酸二聚体(GOLD),甲基乙二醛-赖氨酸二聚体(MOLD);③荧光但非交联,如精氨嘧啶(argpyrimidine);④非荧光和非交联,如羧甲基赖氨酸,羧乙基赖氨酸(Nε-carboxyethyllysine)和吡咯啉(pyrraline)。曾经报道过的晚期糖基化终末产物的食品来源包括可乐(含有GOLD、MOLD、pentosidine)、牛奶和烘焙类产品(含有Nε-carboxymethyllysine、pyralline和pentosidine)。

发生在体内的非酶糖基化反应和晚期糖基化终末产物的积聚已被证明与自然衰老和一些慢性疾病如典型的糖尿病并发症、动脉粥样硬化、阿尔茨海默氏病(Alzeimer's disease)、类风湿性关节炎、慢性心脏衰竭的发病紧密相关。同时,在糖基化过程中产生的活性氧可能会导致组织的氧化应激和损伤。这种糖基化反应过程还伴随着蛋白交联和蛋白功能的改变。晚期糖基化终末产物同时可能导致细胞外基质成分和其他基质成分或基质蛋白受体之间的相互作用发生异常。血液中的循环蛋白被糖基化产物修改可与糖基化产物受体结合并激活它们,导致炎性细胞因子和生长因子的产生。上述影响是造成一些糖尿病并发症的主要机制。此外,在视网膜血管壁上检测到的晚期糖基化终末产物能够引起血管闭塞并使视网膜血管内皮细胞的通透性增加,从而引起血管渗漏[79, 91]。晚期糖基化终末产物对拥有其受体的周细胞也存在毒性,而引发糖尿病人的视网膜病变[22]。眼睛晶状体的糖基化可诱导构象变化,而钠-钾 ATP 酶的糖基化会降低其活性,从而改变渗透作用下的细胞内离子浓度和水流动,导致糖尿病患者罹患白内障[84]。高血糖和晚期糖基化终末产物会促进转化生长因子-β(TGF-β)的释放转而刺激胶原基质成分的合成,使糖尿病患的肾基底膜增厚[57]。在糖尿病人体内,髓鞘也已被发现能够被糖基化。髓鞘上的糖基化产物可以捕获血浆蛋白如 IgG 和 IgM,进一步引起免疫反应,促使神经脱髓鞘病变[11, 93]。此外,发生在 DNA 和组蛋白上的糖基化反应和糖基化产物形成,可能会带来复制和转录中的错误,促使基因突变和糖尿病性胚胎综合征[32]。

在血管壁积累的晚期糖基化终末产物参与了动脉粥样硬化的发展。晚期糖基化终末产物引起的病变交联可能导致血管弹性下降和厚度增加。此外,在糖基化过程中产生的自由基被认为能够消耗一氧化氮,导致血管内皮功能障碍[91]。同时,糖基化产物修饰蛋白和糖基化产物受体之间的相互作用诱导细胞因子和生长因子的产生,从而辅助动脉粥样硬化斑块的发展[98, 102]。糖基化产物在大脑中的沉积是老化和退化的特征之一,特别体现在阿尔茨海默氏病上。糖基化产物水平上升,可能会导致大量的蛋白质交联,氧化应激和神经细胞死亡,这些现象正是阿尔茨海默氏病的病理和生化特性。此外,由于糖基化产物的形成和由此产生的氧化应激,正反馈回路会被启动,而正常的与老化有关的改变可能发展为病理级联[61]。一些研究表明,类风湿性关节炎的发病机制部分相关于糖基化产物对于骨胶原网络的有害影响[26, 94]。慢性肾脏疾病患者的血管内皮功能障碍已被证明与糖基化产物对内皮一氧化氮合成酶的抑制[47]。此外,糖基化形成的交联产物可导致血管和心肌硬化以及慢性心脏病[82]。

2.5 美拉德反应的调控方法

2.5.1 改变食品加工条件和反应前体

控制美拉德反应产物形成的食品加工条件包括温度、时间和酸碱度三个重要参数。通过调节这几种烹调参数可以有效降低热加工食品中美拉德产物中有害成分的形成。食品加工温度对丙烯酰胺形成的影响在许多文献中都有阐明。与温度因素相关的研究表明,丙烯酰胺从加热温度高达120℃时开始产生,当温度由120℃升至180℃时,丙烯酰胺的生成量持续增加。在180°C以上进一步提高温度,丙烯酰胺的浓度缓慢下降,这种现象可能源自丙烯酰胺的聚合[85]。在由不同摩尔比例的葡萄糖和天冬酰胺组成的化学系统和食品模型中,丙烯酰胺的形成都有类似的趋势。但在不同的模型中,产生最高浓度的丙烯酰胺的温度有所不同。大部分的文献都表明丙烯酰胺在水煮食品或低温加工食品中含量很低。以食品加工时间为调控因子的研究亦十分广泛。实验结果表明,在恒定200℃的炸制温度下,炸薯条的丙烯酰胺含量一开始随时间呈指数增加。但经过长时间加热,丙烯酰胺的含量反而降低。与炸薯条模型中观察到的不同,姜饼中丙烯酰胺的含量随时间呈线性增长。

控制食品的pH值也可以减少丙烯酰胺的生成。在pH值对丙烯酰胺含量的影响的探讨中指出,在pH值为7~8左右时可测得丙烯酰胺的最高含量,而极端的pH值可以减缓丙烯酰胺的形成。方式包括通过加入氢氧化钠增加pH值和通过加入盐酸、柠檬酸和抗坏血酸降低pH值[46]。在另一个在不同的pH条件下测试薯片中丙烯酰胺的形成的实验中,0.1 M的盐酸(pH值=1.3),醋(pH值=2.35)和0.1 M氢氧化钠溶液(pH值=12.4)可以使丙烯酰胺的生成降到小于20 μg/kg的低水平。更多酸化剂包括己二酸、富马酸、苹果酸、磷酸、琥珀酸和酒石酸,在1%左右的添加水平都能显著减少油炸薯片以及炸薯条中的丙烯酰胺含量[28]。可是,pH值和丙烯酰胺的抑制率之间并不存在线性关系。在众多食品酸味剂当中,对柠檬酸的测试尤为广泛,因为柠檬酸在自然界中具备广泛而丰富的含量。尽管柠檬酸具有很强的丙烯酰胺抑制活性,但柠檬酸对食品质量造成的负面影响可能会阻碍其在食品工业中的应用。

美拉德反应的机理研究证实天冬酰胺和还原糖为丙烯酰胺形成的主要前体。马铃薯产品中产生的丙烯酰胺的浓度和天冬酰胺的含量并不具备显著的相关性。还原糖的含量比天冬酰胺要少得多,被认为是实际限制丙烯酰胺形成的条件。基于这一事实,部分马铃薯品种如Panda、Saturna、Lady Clare因还原糖含量较低而不容易有丙烯酰胺的形成,可用于生产油炸薯片。然而,在考虑合适的用于生产食品的马铃薯品种方面,应该指出的是,在世界目录中列出的约4 000种的马铃薯品种中只有很少的一些种类在加工后具有可接受的感官和营养品质。马铃薯的糖含量除了由基因决定同时也受一些收成前后的因素影响。主要的收成前影响因素包括作物的成熟度、生长时的温度、矿物营养和灌溉，而重要的收成后因素包括贮藏条件等。由于天冬氨酸是一种氮储存媒介，马铃薯中的天冬氨酸含量随着含氮肥料的施加而增加。过多施加含氮肥料促进氨基酸的生物合成，却可能导致马铃薯具有较低的还原糖含量。在烹饪前处理食品原材料以进一步降低丙烯酰胺前体含量也被证明是可行的，处理方式包括冲洗、浸泡、汆烫等。将马铃薯片在水中浸泡 90 min 能够减少 30%的糖含量。汆烫能更有效地降低糖和天冬氨酸的含量从而抑制丙烯酰胺生成量，但这种处理方式会负面影响马铃薯食品的质地。在土豆泥模型中，运用酶来水解天冬氨酸可以大幅度降低天冬氨酸的含量和丙烯酰胺的生成[108]。

2.5.2 添加食品添加剂

为了从美拉德反应获取更多的理想产物和降低非可取产物，除去优化以上提到的温度、酸碱度和反应物等反应条件，一些外源性添加物也可以被用来控制美拉德反应。二氧化硫通常作为食品保鲜的化学防腐剂，通过抑制酶和非酶褐变的反应途径，防止反应引发的食品变色变味和必需氨基酸的流失。肌肽是在动物组织中大量存在的一种咪唑二肽，在脊椎骨骼肌肉中的含量区间为 1 到 50 mM。像诸多其他的抗氧化物一样，肌肽能够中和食品加工和贮藏过程中自由基的产生。肌肽还能够抑制蛋白糖基化和由还原糖或其他活性醛类化合物（比如丙二醛和甲基乙二醛）引起的蛋白交联。近期的研究说明肌肽对于核糖和半胱氨酸反应系统产生的挥发性化合物同样存在影响。具体来说，肌肽的加入会显著减少噻吩类和其他一些重要的类肉香气物质，比如 2-甲基-3-呋喃硫醇，2-糠基硫醇以及有关的二聚物的生成，反过来提高一些含氮挥发性物质如吡嗪类和噻唑类的产量[21]。半胱氨酸和硫胺在由大豆多肽和木糖组成的美拉德反应系统中被发现能够影响颜色、挥发性物质以及抗氧化物的产生[36]。半胱氨酸和硫胺具备使加工食品具有色浅、味好和更强抗氧化性的潜力，以满足食品生产商和消费者对于食品感官属性和健康特质的期待和要求。

一些常见的抗氧化物，例如维生素 E、2,6-二叔丁基对甲酚（2,6-di-tert-butyl-4-methylphenol, BHT）和（α,α′-偶氮双异丁腈，AIBN），在葡萄糖/赖氨酸系统中能够通过自由基清除原理抑制挥发性化合物的生成[5]。Schamberger 和 Labuza[74]关于半胱氨酸和绿茶提取物（含有儿茶素、表儿茶素、表没食子儿茶素）的添加对牛奶高温处理系统中美拉德反应的影响研究指出，半胱氨酸和绿茶提取物可以减少 5-羟基甲基糠醛和荧光物质的生成。表儿茶素在葡萄糖/甘氨酸的反应系统中也可以降低美拉德挥发产物的生成，而这种抑制作用与表儿茶素和二碳、三碳、四碳的糖片断之间的反应有关[86-88]。Noda 等[67]的研究结果补充说明表儿茶素、表儿茶素没食子酸酯和表没食子儿茶素在葡萄糖/甘氨酸反应系统中能够抑制生成的挥发性化合物包括吡嗪、甲基取代吡嗪和甲基环戊烯醇酮。1,3,5 -三羟基苯的结构被认为是活性最高的酚结构，能够降低美拉德反应中产生的 α -羟基和 α -双羰基糖片断，而这种糖片断捕集能力应与酚类化合物对美拉德反应挥发性化合物生成的抑制作用相关。

从植物中提取的天然产物，特别是多酚成分，具有多样的生物效应，包括抗氧化、抗突变、抗癌和抗发炎的能力等，并已被广泛用作膳食补充剂和营养品。考虑到天然提取物的低毒性和低副作用的特点，越来越多的研究者从事研究天然产物对美拉德反应有害产品潜在的抑制作用[106, 107]。竹叶提取物被发现可以减少薯片、薯条和鸡翅中丙烯酰胺的形成，而绿茶提取物具有抑制油条中丙烯酰胺形成的作用[106, 107]。初榨橄榄油和苹果提取物对油炸薯片中丙烯酰胺形成的抑制效果被认为分别来自酚类化合物和原花青素成分[18]。此外，柚皮素为一种柑橘黄酮，被认定为能够通过与丙烯酰胺的前体直接反应从而有效抑制丙烯酰胺的产生[20]。植物提取物对于美拉德反应生成杂环胺的抑制作用在许多食品模型中都被证实。例如，一些香料能够减少杂环胺在油炸肉类中的形成[62]，迷迭香提取物、樱桃组织可以降低牛肉饼中的杂环胺含量[10, 90]。绿茶、红茶和茶多酚的溶液能够抑制 MeIQx 和 PhIP 的生成[97]。番茄中含有的抗氧化物，在肉汁模型中对咪唑并喹啉(IQx、MeIQx 和 DiMeIQx)的产生有抑制功效[92]。苹果提取物不仅能有效降低总杂环胺的含量，也能抑制个别杂环胺的产生，其原花色素成分、根皮苷、绿原酸被认定为主要的有效抑制成分[19]。关于植物提取物对糖基化产物的抑制作用的研究囊括了多种多样的植物来源，包括药材、茶叶、水果、蔬菜和香料。对 25 种韩国栽种的药用植物和 11 种中国药材的提取物研究表明，抗糖基化作用与抗氧化能力存在着显著关联[42, 101]。在茶类产品中，绿茶被发现能抑制小鼠体内胶原蛋白的交联和荧光晚期糖基化终末产物的产生，而这种抑制作用主要来源于绿茶的丹宁组分[63, 73]。巴拉圭茶提取物通过阻断自由基协助下的阿马多利产物转化而表现出较强的糖基化抑制作用。在含有牛血清和葡萄糖的模型系统，罗布麻茶对荧光晚期糖基化终末产物的形成表现出明显的抑制作用，一些多酚类成分(如没食子儿茶素、表儿茶素、表没食子儿茶素、儿茶素)被进一步认定为强有力的糖基化抑制剂[105]。在蔬菜和水果类中，芥末叶、番茄酱、针叶水果和石榴都具备有效的糖基化抑制作用。香料类中，百里香、桂皮和迷迭香的提取物具有很强的阻止蛋白质糖基化的能力。这些香料中的有效成分包括槲皮素、圣草酚、5,6,4′-三羟基-7,8,3′-三甲氧基黄酮、甲基条叶蓟素、表儿茶素、儿茶素和原花青素B_2。此外,一些其他的植物提取物包括豆类、花生皮和褐藻也都显示出有效的抗糖基化效果。多酚类化合物作为植物提取物中主要的抗糖基化活性成分,对于糖基化反应的抑制机理包括:①在糖基化的早期阶段清除自由基(羟基和超氧自由基);②与过渡金属离子形成螯合物;③清除活性羰基化合物以阻止他们进一步形成晚期糖基化产物[55,100]。

2.6 结论

美拉德反应是食品工业中最重要的化学反应之一。近百年来,得益于食品科学界广泛的研究成果,对于美拉德反应的起始物、反应途径和反应产物的认识越来越丰富和深刻。基于对该反应的化学本质的理解,通过优化反应条件、添加天然提取物等手段控制美拉德反应更好地服务于食品工业界,同时也能有效降低有害副产物。相关研究的未来方向可以集中在3个方面:一是寻找更有效的美拉德反应致癌产物的抑制剂的食物来源,并将其充分利用在食品加工中;二是要分析抑制剂的化学结构和对于美拉德反应产物的抑制效果之间的关系;三是研究食品添加剂对于美拉德反应的影响机制。

参考文献

[1] Ahmed M U, Dunn J A, Walla, M D, et al. Oxidative degradation of glucose adducts to protein. Formation of 3-(N epsilon-lysino)-lactic acid from model compounds and glycated proteins [J]. J. Biol. Chem., 1988,263(18):8816-8821.

[2] Ahmed M U, Thorpe S R, Baynes J W. Identification of N epsilon-carboxymethyllysine as a degradation product of fructoselysine in glycatedprotein [J]. J. Biol. Chem., 1986,261(11):4889-4894.

[3] Ajandouz E H, Tchiakpe L S, Ore F D, et al. Puigserver, A., Effects of pH on caramelization and Maillard reaction kinetics in fructose-lysine model systems. J [J]. Food Sci., 2001,66(7):926-931.

[4] Alaiz M, Hidalgo F J, Zamora R. Effect of pH and temperature on comparative antioxidant activity of nonenzymatically browned proteins produced by reaction with oxidized lipids and carbohydrates. J. Agric. Food Chem [J]., 1999,47(2):748-752.

[5] Arnoldi A, Negroni M, D'Agostina A. Effect of antioxidants on the formation of volatiles

from the Maillard reaction [M]. In Developments in Food Science, Elsevier: 1998,40,529 - 534.

[6] Ashoor S H, Zent J B. Maillard browning of common amino acids and sugars [J]. J. Food Sci., 1984,49(4):1206 - 1207.

[7] Benjakul S, Lertittikul W, Bauer F. Antioxidant activity of Maillard reaction products from a porcine plasma protein-sugar model system [J]. Food Chem. 2005,93(2):189 - 196.

[8] Boekel M A J S v. Formation of flavour compounds in the Maillard reaction [J]. Biotechnology Advances, 2006,24,230 - 233.

[9] Bråthen E, Knutsen S H. Effect of temperature and time on the formation of acrylamide in starch-based and cereal model systems, flat breads and bread [J]. Food Chem., 2005,92(4):693 - 700.

[10] Britt C, Gomma E A, Gray J I, et al. Influence of cherry tissue on lipid oxidation and heterocyclic aromatic amine formation in ground beef patties [J]. J. Agric. Food Chem., 1998,46(12):4891 - 4897.

[11] Brownlee M, Vlassara H, Cerami A. Trapped immunoglobulins on peripheral nerve myelin from patients with diabetes mellitus [J]. Diabetes, 1986,35(9):999 - 1003.

[12] Brittebo E B, Karlsson A A, Skog K I, et al. Transfer of the food mutagen PhIP to fetuses and newborn mice following maternal exposure [J]. Food Chem. Toxicol, 1994, 32,717 - 726.

[13] Bull R J, Robinson M, Laurie, R D, et al. Carcinogenic effects of acrylamide in Sencar and A/J mice [J]. Cancer Res., 1984,44,107 - 111.

[14] Carlson G P, Fossa A A, Morse M A, et al. Binding and distribution studies in the SENCAR mouse of compounds demonstrating a route-dependent tumorigenic effect [J]. Environ. Health Perspect, 1986,68,53 - 60.

[15] Carothrs A M, Yuan W, Hingerty, B E, et al. Mutation and repair induced by the carcinogen 2 -(hydroxyamino)- 1 - methyl - 6 - phenylimidazo[4,5 - b]pyridine (N - OH - PhIP) in the dihydrofolate reductase gene of Chinese hamster ovary cells and conformational modeling of the dG - C8 - PhIP adduct in DNA [J]. Chem. Res. Toxicol., 1994,7,209 - 218.

[16] Cerny C, Briffod M. Effect of pH on the Maillard reaction of [13C5] xylose, cysteine, and thiamin [J]. J. Agric. Food Chem., 2007,55(4):1552 - 1556.

[17] Cheng K W, Chen F, Wang M. Heterocyclic amines: Chemistry and health [J]. Mol. Nutr. Food Res., 2006,50 (12):1150 - 1170.

[18] Cheng K W, Shi J J, Ou S Y, et al. Effects of fruit extraction the formation of acrylamide in model reactions and fried potato crisps [J]. J. Agric. Food Chem., 2009,58(1):309 - 312.

[19] Cheng K W, Wu Q, Zheng Z P, et al. Inhibitory effect of fruit extracts on the formation of heterocyclic amines [J]. J. Agric. Food Chem., 2007,55(25):10359 - 10365.

[20] Cheng K W, Zeng X, Tang Y S, et al. Inhibitory mechanism of naringenin against carcinogenic acrylamide formation and nonenzymatic browning in Maillard model reactions [J]. Chem. Res. Toxicol., 2009,22(8):1483 - 1489.

[21] Chen Y, Ho C T. Effects of carnosine on volatile generation from Maillard reaction of ribose and cysteine [J]. J. Agric. Food Chem. 2002,50 (8):2372 - 2376.

[22] Chibber R, Molinatti P A, Rosatto N, et al. Toxic action of advanced glycation end products on cultured retinal capillarypericytes and endothelial cells: relevance to diabetic retinopathy [J]. Diabetologia, 1997,40(2):156 - 164.

[23] Clark A V, Tannenbaum S R. Isolation and characterization of pigments fromprotein-carbonyl browning systems. Isolation, purification, and properties [J]. J. Agric. Food Chem., 1970,18(5):891 - 894.

[24] Costa G G. DNA adduct formation from acrylamide via conversion to glycidamide in adult and neonatal mice [J]. Chem. Res. Toxicol., 2003,16,1328 - 1337.

[25] Davis C D, Dacquel E J, Schut H A J, et al. In vivo mutagenicity and DNA adduct levels of heterocyclic amines in Muta mice and c - myc/lacZ double transgenic mice [J]. Mutat. Res., 1996,356,287 - 296.

[26] DeGroot J, Verzijl N, Wenting-Van Wijk M J, et al. Age-related decrease in susceptibility of human articular cartilage to matrix metalloproteinase-mediated degradation: the role of advanced glycation endproducts [J]. Arthritis. Rheum. 2001,44(11):2562 - 2571.

[27] Dittrich R, El-massry F, Kunz K, et al. Maillard Reaction Products Inhibit Oxidation of Human Low-Density Lipoproteins in Vitro [J]. J. Agric. Food Chem, 2003,51,3900 - 3904.

[28] Friedman M. Chemistry, biochemistry, and safety of acrylamide [J]. A review. J. Agric. Food Chem., 2003,51,4504 - 4526.

[29] Friedman M A, Duak L H, Stedham M A. A lifetime oncogeniciy sudy in rats with acrylamide. Fundam [J]. Appl. Toxicol, 1995,27,95 - 105.

[30] Granath F N, Vaca C E, Ehrenberg L G, et al. Cancer risk estimation of genotoxic chemicals based on target dose and a multiplicative model [J]. Risk Anal., 1999,19,309 - 320.

[31] Griffith T, Johnson J A. Relation of the browning reaction to storage stability of sugars cookies [J]. Cereal. Chem., 1957,34,159 - 169.

[32] Gugliucci A, Bendayan M. Histones from diabetic rats contain increased levels of advanced glycation end products [J]. Biochem. Biophys. Res. Commun., 1995,212(1):56 - 62.

[33] Hayashi T, Ohta Y, Namiki M. Electron spin resonance spectral study on the structure of the novel free radical products formed by the reactions of sugars with amino acids or amines [J]. J. Agric. Food Chem., 1977,25(6):1282 - 1287.

[34] Hodge J E. Dehydrated foods, chemistry of browning reactions in model systems [J]. J. Agric. Food Chem., 1953,1(15):928 - 943.

[35] Hofmann T, Schieberle P. Evaluation of the key odorants in a thermally treated solution of ribose and cysteine by aroma extract dilution techniques [J]. J. Agric. Food Chem., 1995,43(8):2187 - 2194.

[36] Huang M, Liu P, Song S, et al. Contribution of sulfur-containing compounds to the colour-inhibiting effect and improved antioxidant activity of Maillard reaction products of soybean protein hydrolysates [J]. J. Sci. Food Agric., 2010,91(4):710 - 720.

[37] Ito N, Hasegawa R, Imaida K, et al. Carcinogenicity of 2 - amino - 1 - methyl - 6 -

phenylimidazo [4,5 - b] pyridine (PhIP) in the rat [J]. Mutat. Res. 1997,376,107 - 114.
[38] Jamin E L, Arquier D, Canlet C, et al. New insights in the formation of deoxynucleoside adducts with the heterocyclic aromatic amines PhIP and IQ by means of ion trap MSn and accurate mass measurement of fragment ions [J]. J. Am. Soc. Mass Spectrom, 2007,18, 2107 - 2118.
[39] Jing H, Kitts D D. Antioxidant activity of sugar-lysine Maillard reaction products in cell free and cell culture systems [J]. Archives of Biochemistry and Biophysics, 2004,429,154 - 163.
[40] Kawakishi S, Tsunehiro J, Uchida K. Autoxidative degradation of Amadori compounds in the presence of copper ion [J]. Carbohydr. Res. , 1991,211,167 - 171.
[41] Kim D, Guengerich F P. Cytochrome P450 activation of arylamines and heterocyclic amines [J]. Ann. Rev. Pharmacol. , Toxicol. , 2005,45,27 - 49.
[42] Kim H Y, Kim K. Protein glycation inhibitory and antioxidative activities of some plant extracts in vitro [J]. J. Agric. Food Chem. 2003,51(6):1586 - 1591.
[43] Koskinen M. Specific DNA adducts induced by some monosubstituted epoxides in vitro and in vivo [J]. Chem. Biol. Interact. , 2000,129,209 - 229.
[44] Lea C H, Hannan R S. Studies of the reaction between proteins and reducing sugars in the "dry" state: I. The effect of activity of water, of pH and of temperature on the primary reaction between casein and glucose [J]. Biochim. Biophysica Acta, 1949,3,313 - 325.
[45] Lee H, Shih M K. Mutational specificity of 2 - amino - 3 - methylimidazo -[4,5 - f] quinoline in the hprt locus of CHO-K1 cells [J]. Mol. Carcinogen. , 1995,13,122 - 127.
[46] Levine R A, Smith R E. Sources of variability of acrylamide levels in cracker model [J]. J. Agric. Food Chem. , 2005,53,4410 - 4416.
[47] Linden E, Cai W, He J C, et al. Endothelial dysfunction in patients with chronic kidney disease results from advanced glycation end products (AGE) - mediated inhibition of endothelial nitric oxide synthase through RAGE activation [J]. Clin. J. Am. Soc. Nephrol. , 2008,3(3):691 - 698.
[48] Lingnert H, Waller G R. Stability of Antioxidants Formed from Histidine and Glucose by the Maillard Reaction [J]. J. Agric. Food Chem. , 1983,31,27 - 30.
[49] Loeb A L, Anderson R J. Antagonism of acrylamide neurotoxicity by supplementation with vitamin B6 [J]. Neurotoxicology, 1981,2,625 - 633.
[50] Loeb L A. Mutagenesis by apurinic/apyrimidinic sites [J]. Annu. Rev. Genet. , 1986,20, 201 - 230.
[51] LoPachin R M. The role of fast axonal transport in acrylamide pathophysiology: Mechanism or epiphenomenon [J]. Neurotoxicology, 2002,23,253 - 257.
[52] Lunceford N, Gugliucci A. Ilex paraguariensis extracts inhibit AGE formation more efficiently than green tea. Fitoterapia [J]. 2005,76(5),419 - 427.
[53] Madruga M S, Mottram D S. The effect of pH on the formation of Maillard-derived aroma volatiles using a cooked meat system [J]. J. Sci. Food Agr. , 1995,68(3):305 - 310.
[54] Mastrocola D, Munari M. Progress of the Maillard Reaction and Antioxidant Action of Maillard Reaction Products in Preheated Model Systems during Storage [J]. J. Agric. Food Chem. , 2000,48,3555 - 3559.
[55] Matsuda H, Wang T, Managi H, et al. Structural requirements of flavonoids for

inhibition of protein glycation and radical scavenging activities [J]. Bioorgan. Med. Chem., 2003,11(24):5317 - 5323.

[56] Mitsuda H, Yasumoto K, Yokoyama K. Studies on the free radical in amino-carbonyl reaction [J]. Agric. Biol. Chem., 1965,29(8):751 - 756.

[57] Monnier V M, Sell D R, Nagaraj R H, et al. Maillard reaction-mediated molecular damage to extracellular matrix and other tissue proteins in diabetes, aging, and uremia [J]. Diabetes, 1992,41(Suppl 2):36 - 41.

[58] Morales F J, Jimenez-Perez S. Free radical scavenging capacity of Maillard reaction products as related to colour and fluorescence [J]. Food Chemistry, 2001,72,119 - 125.

[59] Morgenthaler P M, Holzhauser D. Analysis of mutations induced by 2 - amino - 1 - methyl - 6 - phenylimidazo [4,5- b] pyridine (PhIP) in human lymphoblastoid cells [J]. Carcinogenesis. 1995,16,713 - 718.

[60] Mottram D S, Wedzicha B L, Dodson A T. Acrylamide is formed in the Maillard reaction [J]. Nature, 2002,419(6906):448 - 449.

[61] Munch G, Thome J, Foley P, et al. Advancedglycation endproducts in ageing and Alzheimer's disease [J]. Brain Res. Brain Res. Rev., 1997,23(1 - 2):134 - 143.

[62] Murkovic M, Sterinberger D, Pfannhauser W. Antioxidant spices reduce the formation of heterocyclic amines in fried meat [J]. Chem. Mater. Sci., 1998,207(6):477 - 480.

[63] Nakagawa T, Yokozawa T, Terasawa K, et al. Protective activity of green tea against free radical- and glucose-mediated protein damage [J]. J. Agric. Food Chem., 2002,50 (8): 2418 - 2422.

[64] Namiki M, Hayashi T. Formation of novel free radical products in an early stage of Maillard reaction [J]. Progr. Food Nutr. Sci., 1981,5,81 - 91.

[65] Namiki M, Hayashi T, Kawakishi S. Free radicals developed in the amino-carbonyl reaction of sugars with amino acids [J]. Agric. Biol. Chem., 1973,37(12):2935 - 2936.

[66] Nicoli M C, Anese M, Manzocco L, et al. Antioxidant properties of coffee brews in relation to the roasting degree. Lebensm. -Wiss. u. -Technol [J]. 1997,30,292 - 297.

[67] Noda Y, Peterson D G. Structure-reactivity relationships of flavan - 3 - ols on product generation in aqueous glucose/glycine model systems [J]. J. Agric. Food Chem., 2007,55 (9):3686 - 3691.

[68] Nursten H. Maillard reaction: Chemistry, biochemistry and implications [M]. Cambridge: Royal Society of Chemistry, 2005.

[69] Ottinger H, Soldo T, Hofmann T. Discovery and structure determination of a novel Maillard-derived sweetness enhancer by application of the comparative taste dilution analysis (cTDA) [J]. J. Agric. Food Chem., 2003,51(4):1035 - 1041.

[70] Park J, Kamendulis L M, Friedman M A, et al. Acrylamide-induced cellular transformation [J]. Toxicol. Sci.,2002,65,177 - 183.

[71] Renn P T, Sathe S K. Effects of pH, temperature, and reactant molar ratio on L - leucine and D - glucose Maillard browning reaction in an aqueous system [J]. J. Agric. Food Chem., 1997,45(10):3782 - 3787.

[72] Ryu D Y, Pratt V S, Davis C D, et al. In vivo mutagenicity and hepatocarcinogenicity of 2 -amino - 3, 8 - dimethylimidazo [4, 5 - f] -quinoxaline (MeIQx) in bitransgenic c - myc/

lambda lacZ mice [J]. Cancer Res., 1999,59,2587 - 2592.
[73] Rutter K, Sell D R, Fraser N, et al. Green tea extract suppresses the age-related increase in collagen crosslinking and fluorescent products in C57BL/6 mice [J]. Int. J. Vitam. Nutr. Res. 2003,73(6):453 - 460.
[74] Schamberger G P, Labuza T P. Inhibition of the Maillard reaction in extended shelf life milk. In 2005 IFT Annual Meeting, New Orleans, Louisiana, 2005.
[75] Schut H A, Snyderwine E G. DNA adducts of heterocyclic amine food mutagens: implications for mutagenesis and carcinogenesis [J]. Carcinogenesis. 1999,20,353 - 368.
[76] Segerback D. Formation of N - 7 -(2 - carbamoyl - 2 - hydroxyethyl) guanine in DNA of the mouse and the rat following intraperitoneal administration of [14C] acrylamide [J]. Carcinogenesis, 1995,16,1161 - 1165.
[77] Shan L, Yu M, Schut H A, et al. Susceptibility of rats to mammary gland carcinogenesis by the food-derived carcinogen 2 - amino - 1 - methyl - 6 - phenylimidazo [4,5 - b] pyridine (PhIP) varies with age and is associated with the induction of differential gene expression [J]. Am. J. Pathol., 2004,165,191 - 202.
[78] Sickles D W, Stone J D, Friedman M A. Fast axonal transport: A site of acrylamide neurotoxicity [J]? Neurotoxicology, 2002,23,223 - 251.
[79] Sitt A W. The role of advanced glycation in the pathogenesis of diabetic retinopathy. Exp. Mol. Pathol. 2003,75, (1),95 - 108.
[80] Solomon J J. Direct alkylation of 2′- deoxynucleosides and DNA following in vitro reaction with acrylamide [J]. Cancer Res., 1985,45,3465 - 3470.
[81] Stadler R H, Robert F, Riediker S, et al. In-depth mechanistic study on the formation of acrylamide and other vinylogous compounds by the maillard reaction [J]. J. Agric. Food Chem., 2004,52(17):5550 - 5558.
[82] Smit A J, Hartog J W, Voors A A, et al. Advanced glycation endproducts in chronic heart failure [J]. Ann. N. Y. Acad. Sci., 2008,1126,225 - 230.
[83] Sugimura T, Wakabayashi K, Nakagama H, et al. Heterocyclic amines: mutagens/carcinogens produced during coking of meat and fish [J]. Cancer Sci., 2004,95,290 - 299.
[84] Stevens A. The contribution of glycation to cataract formation in diabetes [J]. J. Am. Optom. Assoc., 1998,69(8):519 - 530.
[85] Tareke E, Rydberg P, Karlsson P, et al. Analysis of acrylamide, a carcinogen formed in heated foodstuffs [J]. J. Agric. Food Chem., 2002,50,4998 - 5006.
[86] Totlani V M, Peterson D G. Epicatechin carbonyl-trapping reactions in aqueous maillard systems: Identification and structural elucidation [J]. J. Agric. Food Chem., 2006,54 (19):7311 - 7318.
[87] Totlani V M, Peterson D G. Influence of epicatechin reactions on the mechanisms of Maillard product formation in low moisture model systems [J]. J. Agric. Food Chem., 2007,55(2):414 - 420.
[88] Totlani V M, Peterson D G. Reactivity of epicatechin in aqueous glycine and glucose maillard reaction models: quenching of C2, C3, and C4 sugar fragments [J]. J. Agric. Food Chem., 2005,53(10):4130 - 4135.

[89] Tressl R, Helak B, Koeppler H, et al. Formation of 2 - (1 - pyrrolidinyl) - 2 - cyclopentenones and cyclopent (b) azepin - 8 (1H) - ones as proline specific Maillard products [J]. J. Agric. Food Chem., 1985,33(6):1132 - 1137.

[90] Tsen S Y, Ameri F, Smith J S. Effects of rosemary extracts on the reduction of heterocyclic amines in beef patties [J]. J. Food Sci., 2006,71,469 - 473.

[91] Uhlmann S, Rezzoug K, Friedrichs U, et al. Advanced glycation end products quench nitric oxide in vitro [J]. Graefes Arch. Clin. Exp. Ophthalmol., 2002,240(10):860 - 866.

[92] Vitaglione P, Monti S M, Ambrosino P, et al. Carotenoids from tomatoes inhibit heterocyclic amine formation [J]. Eur. Food Res. Technol., 2002,215,108 - 113.

[93] Vlassara H, Brownlee M, Cerami A. Recognition and uptake of human diabetic peripheral nerve myelin by macrophages [J]. Diabetes, 1985,34(6):553 - 557.

[94] Wang X, Shen X, Li X, et al. Age-related changes in the collagen network and toughness of bone [J]. Bone, 2002,31(1):1 - 7.

[95] Warmbier H C, Schnickels R A, Labuza T. P.. Nonenzymatic browning kinetics in an intermediate moisture model system: Effects of glucose to lysine ratio [J]. J. Food Sci., 1976,41(5):981 - 983.

[96] Weenen H, van der Ven J G M. The formation of Strecker aldehydes [M]. In Aroma Active Compounds in Foods, American Chemical Society: 2001,794,183 - 195.

[97] Weisburger J H, Nagao M, Wakabayashi K, et al. Prevention of heterocyclic amine formation by tea and tea polyphenols [J]. Cancer Lett., 1994,83(1 - 2):143 - 147.

[98] Westwood M E, Thornalley P J. Induction of synthesis and secretion of interleukin 1 beta in the human monocytic THP - 1 cells by human serum albumins modified with methylglyoxal and advanced glycation endproducts [J]. Immunol. Lett. 1996,50(1 - 2):17 - 21.

[99] Wu R W, Wu E M, Thompson L H, et al. Identification of aprt gene mutations induced in repair-deficient and P450 - expressing CHO cells by the food-related mutagen/carcinogen, PhIP [J]. Carcinogenesis, 1995,16,1207 - 1213.

[100] Wu C H, Yen G C. Inhibitory effect of naturally occurring flavonoids on the formation of advanced glycation endproducts [J]. J. Agric. Food Chem. 2005,53(8):3167 - 3173.

[101] Xi M, Hai C, Tang H, et al. Antioxidant and antiglycation properties of total saponins extracted from traditional Chinese medicine used to treat diabetes mellitus [J]. Phytother. Res., 2008,22(2):228 - 237.

[102] Yang C W, Vlassara H, Peten E P, et al. Advanced glycation end products up-regulate gene expression found in diabeticglomeular disease [J]. Proc. Natl. Acad. Sci. U. S. A., 1994,91(20):9436 - 9440.

[103] Yilmaz Y, Toledo R. Antioxidant activity of water-soluble Maillard reaction products [J]. Food Chem., 2005,93,273 - 278.

[104] Yim H S, Kang S O, Hah Y C, et al. Free radicals generated during the glycation reaction of amino acids by methylglyoxal [J]. J. Biol. Chem., 1995,270 (47):28228 - 28233.

[105] Yokozawa T, Nakagawa T. Inhibitory effects of Luobuma tea and its components against

glucose-mediated protein damage [J]. Food Chem. Toxicol., 2004,42(6):975-981.
[106] Zhang Y, Chen J, Zhang X, et al. Addition of antioxidant of bambooleaves (AOB) effectively reduces acrylamide formation in potato crisps and French fries [J]. J. Agric. Food Chem., 2007,55(2):523-528.
[107] Zhang Y, Xu W, Wu X, et al. Addition of antioxidant from bamboo leaves as an effective way to reduce the formation of acrylamide in fried chicken wings [J]. Food Addit. Contam., 2007,24(3):242-251.
[108] Zyzak D V, Sanders R A, Stojanovic M., et al. Acrylamide formation mechanism in heated foods [J]. J. Agric. Food Chem., 2003,51(16):4782-4787.

第3章　食品添加剂化学安全

食品添加剂作为现代食品工业的重要组成部分，对于改善食品色、香、味、形，调整营养结构，改进加工条件，提高食品的质量和档次，防止腐败变质和延长食品的保存期等发挥着重要的作用。没有食品添加剂，就没有食品制造和现代食品工业。食品添加剂技术不仅为中国食品工业和餐饮业的发展提供了可靠技术支持和保障，而且已经成为促进其高速发展的动力和源泉。新食品添加剂的不断出现，保证食品工业可以提供满足消费者各种需求的食品，为国计民生发挥了重要作用。

3.1　食品添加剂概念

国际食品法典委员会(CAC)定义的食品添加剂是指有意加入到食品中，在食品的生产、加工、制作、处理、包装、运输或贮存过程中具有一定功能作用的非营养物质，其本身或者其副产品成为食品的一部分或影响食品的特性，其不作为食品消费，也不是食品特有成分的任何物质。此定义既不包括污染物，也不包括食品营养强化剂。欧盟对食品添加剂定义为：食品添加剂是指在食品的生产、加工、制备、处理、包装、运输或存储过程中，出于技术性目的而人为添加到食品中的任何物质。美国对食品添加剂的定义为：食品添加剂是“由于生产、加工、贮存或包装而存在于食品中的物质或物质的混合物，而不是基本的食品成分。”日本对食品添加剂的定义为：食品添加剂是指在食品制造过程，即食品加工中，为了保存的目的加入食品，使之混合、浸润及其他目的所使用的物质。

我国《食品安全法》中定义食品添加剂是“为改善食品品质和色、香、味，以及为防腐、保鲜和加工工艺的需要而加入食品中的人工合成或者天然物质”。

食品添加剂具有以下三个特征：一是为加入到食品中的物质，因此，它一般不单独作为食品来食用；二是既包括人工合成的物质，也包括天然物质；三是加入到食品中的目的是为改善食品品质和食品的色、香、味以及为防腐、保鲜和加工工艺的需要。

3.2　食品添加剂的功能和作用

3.2.1　食品添加剂的分类

按来源不同，食品添加剂可分为天然的或人工化学合成的两大类。天然食品添加剂是指利用动植物或微生物的代谢产物等为原料，经提取所获得的天然物质。人工化学合成的食品添加剂是指采用化学手段，通过化学合成反应而得到的物质。目前使用的大多数属于人工化学合成食品添加剂。

按功能的不同，我国的《食品添加剂使用标准》将食品添加剂分为 23 类，主要包括酸度调节剂、抗结剂、消泡剂、抗氧化剂、漂白剂、膨松剂、胶基糖果中基础剂物质、着色剂、护色剂、乳化剂、酶制剂、增味剂、面粉处理剂、被膜剂、水分保持剂、营养强化剂、防腐剂、稳定剂、凝固剂、甜味剂、增稠剂、食品用香料、食品工业用加工助剂及其他。

3.2.2　食品添加剂的作用

各类食品在加工过程中，为确保产品的质量，必须依据加工产品特点选用合适的食品添加剂。食品添加剂用于食品工业以后，发挥着以下重要作用。

1. 改善和提高食品色、香、味及口感等感官指标

食品的色、香、味、形态和口感是衡量食品质量的重要指标，食品加工过程一般都有碾磨、破碎、加温、加压等物理过程，在这些加工过程中，食品容易褪色、变色，有一些食品固有的香气也会散失。此外，同一个加工过程难以解决产品的软、硬、脆、韧等口感的要求。因此，适当地使用着色剂、护色剂、食用香精香料、增稠剂、乳化剂、品质改良剂等，可明显地提高食品的感官质量，满足人们对食品风味和口味的需要。

2. 保持和提高食品的营养价值

食品防腐剂和抗氧保鲜剂在食品工业中可防止食品氧化变质，避免营养素的损失，对保持食品的营养具有重要的作用。同时，在食品中加入营养强化剂，可以提高和改善食品的营养价值。这对于防止营养不良和营养缺乏，保持营养平衡，提高人们的健康水平具有重要的意义。

3. 有利于食品保藏和运输，延长食品的保质期

各种生鲜食品和各种高蛋白质食品如不采取防腐保鲜措施，出厂后将很快腐

败变质。为了保证食品在保质期内保持应有的质量和品质，必须使用防腐剂、抗氧剂和保鲜剂。

4. 增加食品的花色品种

食品超市的货架，摆满了琳琅满目的各种食品。这些食品除主要原料是粮油、果蔬、肉、蛋、奶以外，还有一类不可缺少的原料，就是食品添加剂。各种食品根据加工工艺的不同、品种的不同、口味的不同，一般都要选用正确的各类食品添加剂，尽管添加量不大，但不同的添加剂能获得不同的花色品种。

5. 有利于食品加工操作

食品加工过程中许多需要润滑、消泡、助滤、稳定和凝固等，如果不用食品添加剂就无法加工。

6. 满足不同人群的需要

糖尿病患者不能食用蔗糖，但又要满足甜的需要。因此，需要各种甜味剂。婴儿生长发育需要各种营养素，因而发展了添加有矿物质、维生素的配方奶粉。

3.3 食品添加剂的使用原则

3.3.1 在食品加工中具有工艺必要性

我国的《食品安全法》及其实施条例和相关法规、标准对食品添加剂的工艺必要性审查做出了明确而具体的规定，要求食品添加剂应当在技术上确有必要且经过风险评估证明安全可靠，方可列入允许使用的范围。要求食品添加剂的使用不应掩盖食品的腐败变质，不应掩盖食品本身或者加工过程中的质量缺陷，不应以掺杂、掺假、伪造为目的而使用食品添加剂，不应降低食品本身的营养价值。

3.3.2 安全可靠，不应对人体产生健康危害

食品添加剂必须经过严格的风险评估，确保其安全性。根据风险评估的结果制定食品添加剂使用范围和使用量的标准。目前，我国《食品添加剂使用卫生标准》中规定的使用范围、使用量是建立在科学的评估基础之上的，因此，能够有效保证其不会给消费者带来健康危害。

3.3.3 必须使用经过我国政府批准的食品添加剂

我国对食品添加剂实行允许名单制度，只有列入目录中的物质才可以作为食

品添加剂使用，并针对允许使用的食品添加剂制定了具体的使用范围和使用量。

3.4　食品添加剂的安全性评价

安全性是食品添加剂使用的前提条件，不论食品添加剂的毒性强弱、剂量大小，对人体均有一个剂量与效应关系的问题，即物质只有达到一定浓度或剂量水平，才显现毒害作用。国内外添加剂评审都遵循同一个原则，即风险评估，风险评估很大一部分内容是实验。食品生产经营企业只要按国家标准要求，在规定范围、规定剂量内使用食品添加剂就是安全的，消费者就可以放心食用，否则就会造成极大伤害。

食品添加剂安全性评价的技术参数有很多种，包括：日允许摄入量（accepted daily intake, ADI），其定义为在不产生显见的健康风险前提下，人一生每天以单位体重摄入食品添加剂的量，以 mg/kg bw/天表示；理论日最大摄入量（theoretical maximum daily intake, TMDI）是将国际或本国所定的各种日摄入食品的 MRL 值加和，它指示日摄入的理论极限值；估算日摄入量（estimated daily intake, EDI），估算因子主要包括食品中实际含量、良好生产规程（GMP）规定添加量、食品生产中实际添加量；半数致死量（median lethal dose, LD50），是把不同剂量的被试验物质导入实验动物（如老鼠）体内，足以使占全体数量 50%的个体在试验条件下致死的剂量称为 LD50（致死量 50%），一般用每千克体重所使用的毒物毫克数表示；公认安全性（generally recognized as safe, GRAS），公认安全性起源于美国，因其简便而扩大到其他国家，美国规定 1958 年前有安全使用历史，或已有 20 年或更长时间使用历史，且无副作用报道，或现有科学论据证明是安全的食品添加剂，是符合 GRAS 的，这种食品添加剂不需美国 FDA 批准就可投放市场。

各种食品添加剂能否使用、使用范围和使用量，各国都有严格的规定，而这些规定必须建立在一整套科学严密的毒理学评价基础上[1-3]。

3.4.1　JECFA 对食品添加剂的安全评价

1956 年，联合国粮农组织（FAO）和世界卫生组织（WHO）专门成立了食品添加剂联合专家委员会（JECFA），对食品添加剂的安全性进行评估。1962 年 FAO/WHO 联合成立了“食品法典委员会（CAC）”，下设“食品添加剂法典委员会（CCFA）”，对 JECFA 提出的各种食品添加剂的标准、试验方法、安全性评价等进行审议和认可，再提交 CAC 复审后公布，以期在国际贸易中制定统一的规格和标准，确定统一的试验方法和评价等。

食品添加剂安全性评价主要是对化学资料和毒理学资料两个方面的评价。JECFA 对食品添加剂安全性评价的一般原则包括：再评估原则和个案处理原则。分两个阶段评价：第一阶段是收集相关评价资料；第二阶段是对资料进行评价。评价的内容包括化学资料评价（如与申报的添加剂相关的化学资料、对食品成分的影响、质量规格）以及毒理学安全性评价。毒理学安全性评价程序包括：毒理学评价的终点、代谢及动力学研究、研究设计考虑的因素、人体试验、制定人群 ADI 值。

JECFA 根据安全性评价的结果，将食品添加剂分成 4 类。第一类即一般认为是安全的物质(GRAS)，可按正常需要使用。第二类为 A 类，又分为 A1 和 A2 类。A1 类：经 JECFA 评价，认为毒理学资料清楚，制定出正式的 ADI 值；A2 类：JECFA 认为毒理学资料不够完善，制定暂时 ADI 值。第三类为 B 类，JECFA 曾进行过安全性评价，但毒理学资料不足，未能制定 ADI 值。第四类为 C 类，经 JECFA 评价，认为在食品中使用不安全，或者仅可在特定用途范围内严格控制使用。

JECFA 对食品添加剂安全性评估具有很大的权威性。评价结果是 CCFA 制定食品添加剂的使用标准、规格标准以及检验方法的重要依据，同时其评价结果也被世界上许多国家、工业企业和研究中心广泛接受和使用，是各国政府对食品添加剂管理的依据。

3.4.2 美国 FDA 关于食品添加剂的安全性评价

根据 1958 年通过的联邦食品、药品和化妆品法（FD&C）食品添加剂补充法案，美国 FDA 进行食品添加剂上市前的审批，同时要求生产者证实其安全性。FDA 对食品添加剂进行安全性评价时，需要申请者提供以下几个方面的资料：①名称（通用名、商品名）、同义词、CAS 编号、结构式、分子式和分子量。对复合物要求提供成分组成和每个成分的特性；对天然来源的物质，要求提供种属、地域来源等信息。②物理和化学特性，包括熔点、沸点、折射率、旋光度、比重、pH 值、溶解度等。③生产过程，包括溶剂、加工助剂、催化剂、纯化剂等详细的生产过程以及反应条件、生产质量控制和生产方法。④质量标准，卫生指标包括杂质和污染物限量如重金属、可能的毒素、加工过程溶剂残留和副产物等。提供 5 批产品质量分析数据以及详细的分析方法。⑤稳定性资料，如保质期等。⑥应用技术效果分析资料，如抗菌剂、色素、表面活性剂、稳定剂、增稠剂的应用效果报告，功能作用应比较不同剂量水平下的应用效果，包括低于或高于建议使用水平下的效果，如一些物质使用有自限性，应提供超过该水平后口感、感观或其他不良影响的几个水平的分析技术资料，应明确应用效果、应用食品范围和达到效果的最低和最高剂量水平。⑦人群暴露，要求申请者也提供其暴露评估资料和依据，其暴露评估应依据科学的假说而不能依据申请者的市场计划进行。⑧毒理学资料，不同食品添加剂需要提供的毒理学资料依据其关注水平而定。关注水平越高，其潜在毒性就越大，安全性评价所需要提交的毒理学资料就越多；对新的食品添加剂，首先依据构效关系进行潜在毒性评估；毒理学试验方法依据 FDA 食品添加剂安全性毒理学评价原则和《红皮书 2000》推荐的试验方法进行。

3.4.3 欧盟对食品添加剂的安全性评价

欧共体理事会 89/107/EEC 号指令是关于食品添加剂的管理框架，要求所有允许使用的添加剂均要经过欧盟食品科学委员会对其安全性进行评估。

欧盟食品科学委员会要求的食品添加剂安全性评估资料应包括：①添加剂的性质，对单一化学物质，提供化学名、CAS 登记号、商品名、名称缩写、同义词、分子式和结构式、分子量、鉴定物质特异性光谱数据、纯度和检测方法、所含杂质；对混合物，提供成分组成和含量比例，各主要物质的测定方法等；对微生物，应关注是否在终产品中存在，如果存在，是活的微生物还是死的微生物，可能的致病性和毒性。②生产过程，包括生产方法、生产过程和质量控制。对于化学合成物，要求提供反应过程、副产物、产物纯化和制备过程；对提取物，要求提供提取工艺过程。③分析方法，包括添加剂本身以及降解产物的分析方法。④对食品成分的影响，包括终产品在生产、加工储存过程中，食品添加剂的稳定性、可能的降解产物及与食品成分可能的作用反应，对营养素的影响。⑤推荐使用情况，包括使用效果、目的、对健康的益处，食品中使用量、最大使用量和食品中残留水平，以及在建议使用水平下的效果研究。⑥毒理学试验资料等。

欧盟食品科学委员会要求的食品添加剂毒理学评价的一般框架为：对健康影响的评价，不仅考虑一般人群，还应考虑特殊人群包括易感人群、儿童、孕妇、病患者；添加剂毒理学资料依据其化学特性、目的和使用量，是否是一种新的添加剂或者是对已经存在的添加剂再评估决定；此外尽可能收集人群资料包括职业流行病学资料、志愿者特殊研究和人群暴露资料。毒理学试验的内容包括代谢动力学分析、亚慢性毒性试验、基因毒性试验、慢性毒性和致癌试验、繁殖和发育毒性、免疫毒性、神经毒性、致敏性和人群耐受性研究，具体依据经济合作发展组织（OECD）关于化学品测试导则进行评价。按照良好实验室规范（GLP）实施，同时考虑动物福利原则应尽量减少动物使用，采用体外替代方法等。最终依据毒理学试验结果，计算出食品添加剂的无有害作用剂量水平。

另外，食品添加剂获批还应满足3个条件：在食品中使用应达到技术效果、对消费者不产生误导、在使用条件下对健康不会产生不良影响。

3.4.4 加拿大对食品添加剂的安全性评价

加拿大卫生部发布的食品药品法规B部分中“第16章食品添加剂”按照功能作用将食品添加剂分为15类，并列出了允许使用食品添加剂的品种、使用范围和最大使用量。该章节还对食品色素的使用、规格标准、销售、进口和标签做了规定。使用、销售法规中未涉及的食品添加剂，应向卫生部提交申请，包括化学特性（名称、理化特性等）、生产工艺、质量标准、安全性资料（毒理、微生物、营养和暴露资料）、使用目的、使用水平、残留水平和最大残留水平、标签等资料。对于微生物来源的添加剂，应提供菌株分类鉴定报告、致病性、耐药性等资料。对于转基因微生物，应提供宿主和供体安全使用历史，基因修饰过程，插入、删除和修饰基因材料，基因稳定性和表达情况信息等资料。

摄入量资料依据一般人群整体消费、个体或家庭消费来计算。毒理学资料依据其结构和化学特性、代谢动力学、潜在毒性、暴露情况、是否有使用历史等决定，通过代谢动力学和动物毒理学试验资料综合评估毒性，决定人群ADI值。所有试验应遵循GLP和OECD原则，其毒理学试验包括急性毒性试验、短期毒性试验、长期毒性试验、基因突变试验、神经毒性研究、发育毒性研究、繁殖毒性研究、代谢动力学研究及对营养素影响研究等。

3.4.5 澳大利亚和新西兰对食品添加剂的安全性评价

澳新食品标准法典是澳大利亚、新西兰实施的统一的食品标准。食品标准法典将食品添加剂、维生素和矿物质、加工助剂作为单独类别归为“食品中的添加物质”。在食品标准通则中“1.3.1食品添加剂”中包括了食品添加剂的定义、禁用情况、高强度甜味剂的使用、添加剂最大用量规定、添加剂残留物、色素、合成香料等。在“1.3.4特性和纯度”中规定了食品添加剂质量标准。生产使用销售的食品添加剂必须符合该标准的规定。只有经过评估列入“食品添加剂标准1.3.1”中的添加剂方可使用。其安全性评价资料要求与美国FDA、欧盟等国家组织类似。

3.4.6　我国对食品添加剂的安全性评价

根据《食品添加剂卫生管理办法》的规定：未列入《食品添加剂使用标准》或卫生部公告名单中的食品添加剂新品种，以及已经列入《食品添加剂使用标准》或卫生部公告名单中的品种需要扩大使用范围或使用量的食品添加剂必须获得卫生部批准后方可生产经营或使用。申请生产、经营或使用需要批准的食品添加剂，必须按照管理办法的规定提供原料名称及其来源、化学结构及理化特性、生产工艺、省部级以上卫生行政部门认定的检验机构出具的毒理学评价报告、连续三批产品的卫生学检验报告、使用范围及使用量、试验性使用效果报告、食品中该种食品添加剂的检验方法、产品质量标准或规范、产品样品、标签(含说明书)等有关资料，由当地省、直辖市、自治区的主管和卫生部门提出初审意见，由全国食品添加剂卫生标准协作组预审，通过后再提交全国食品添加剂标准化技术委员会审查，通过后的品种报卫生部和国家技术监督局审核批准发布。

毒理学评价试验报告包括4个阶段的实验结果：急性毒性试验——LD50，联合急性毒性；遗传毒性试验、传统致畸试验和短期喂养试验；亚慢性毒性试验——90天喂养试验、繁殖试验、代谢试验；慢性毒性试验(包括致癌试验)。

我国《食品安全性毒理学评价程序》规定了在不同条件下可有选择地进行某些阶段或全部进行4个阶段的试验。食品添加剂选择毒性试验的原则有：①香料。凡属世界卫生组织(WHO)已建议批准使用或已制定日容许量者，以及香料生产者协会(FEMA)、欧洲理事会(COE)和国际香料工业组织(IOFI)四个国际组织中的两个或两个以上允许使用的，参照国外资料或规定进行评价；凡属资料不全或只有一个国际组织批准的先进行急性毒性试验和规定的致突变试验中的一项，经初步评价后，再决定是否需进行进一步试验；凡属尚无资料可查、国际组织未允许使用的，先进行第一、二阶段毒性试验，经初步评价后，决定是否需进行进一步试验；凡属用动、植物可食部分提取的单一高纯度天然香料，如其化学结构及有关资料并未提示具有不安全性的，一般不要求进行毒性试验。②其他食品添加剂。凡属毒理学资料比较完整，世界卫生组织已公布日容许量或不需规定日容许量者，要求进行急性毒性试验和两项致突变试验，首选Ames试验和骨髓细胞微核试验，但生产工艺、成品的纯度和杂质来源不同者，进行第一、二阶段毒性试验后，根据试验结果考虑是否进行下一阶段试验；对于由动、植物或微生物制取的单一部分高纯度的添加剂，凡属新品种需先进行第一、二、三阶段毒性试验，凡属国外有一个国际组织或国家已批准使用的，则进行第一、二阶段毒性试验，经初步评价后，决定是否需进行进一步试验。③进口食品添加剂。要求进口单位提供毒理学资料及出口国批准使用的资料，由国务院卫生行政主管部门指定的单位审查后决定是否需要进行毒性试验。

3.5 食品添加剂的风险评估

在食品添加剂的管理中，风险分析原则得到了广泛应用，食品添加剂法典委员会（CCFA）和污染物法典委员会（CCCF）制定了《食品添加剂法典委员会和食品污染物法典委员会应用的风险分析原则》，食品添加剂联合专家委员会（JECFA）专门负责食品添加剂的风险评估工作。截至目前，JECFA 已经对 1 500 多种食品添加剂进行了风险评估。欧盟、美国、日本和加拿大等国家和地区也制定了食品添加剂风险评估的原则、方法，并由专门部门来负责食品添加剂的风险评估工作。

风险评估是一个以科学为依据的过程，由危害识别、危害特征描述、暴露量评估和风险特征描述 4 个步骤组成[4-9]。

3.5.1 食品添加剂风险评估中的危害识别

食品添加剂危害识别的目的是为了确定食品添加剂可能对人体产生的潜在不良作用。危害识别常用方法包括流行病学研究、动物毒理学研究、体外试验以及最后的定量结构反应关系等。在食品添加剂的危害识别中最常用的方法是动物毒理学研究，它能够识别食品添加剂的潜在不良效应，确定产生这种效应的必需暴露条件及剂量效应关系，并确定无可见不良作用剂量（no observed adverse effect level，NOAEL），即在规定的试验条件下，用现有的技术手段或检测指标未观察到任何与受试样品有关的毒性作用的最大染毒剂量或浓度。动物毒理学研究能够为风险评估提供试验资料，还可以将从动物试验获得的数据外推到人及亚人群，在食品添加剂的危害识别中具有非常重要的作用。

3.5.2 食品添加剂的危害特征描述

食品添加剂的危害特征描述是对食品添加剂产生的不良健康影响进行本质上的定性和定量分析。常用的危害特征描述方法是阈值法，即依据人体与试验动物之间存在着合理可比的阈剂量值，用毒理学试验获得的 NOAEL 除以合适的安全系数来计算安全水平或ADI(每日允许摄入量)。

在根据动物试验结果计算ADI值时,JECFA传统上使用100作为安全因子,即将无作用剂量除以100作为食品添加剂的ADI值。100的安全因子是假设人类比试验动物敏感10倍,人种之间敏感性的差异也是10倍。但是安全因子100也不是固定不变的,在设定ADI值时,需要不同的试验资料来考虑不同的安全因子。在资料不充分的情况下,应该使用较大的安全因子。如果被评价的食品添加剂与传统食品类似,代谢后转化为正常的身体成分和没有毒性的情况则可以使用较低的安全因子。对于满足正常营养需要和维持身体健康的营养素,安全因子100也不足以提供足够高的量满足正常需要。

常见的ADI值是以区间的形式表示,从0到上限,表示被评价物质的可接受区间,强调建立的可接受水平的上限,鼓励在达到工艺可行性的前提下使用最低量。当估计的食品添加剂的摄入量远远低于可能分配给它的数值型ADI时,JECFA规定ADI无需限定。即基于已有的资料,对于被评价的食品添加剂来说,完成所预期的工艺目的必须使用量和食品中的背景含量而带来的每日总摄入量,不会带来健康危害,因此没有必要建立数值型的ADI,满足这个条件的食品添加剂必须在良好生产规范条件下使用。

3.5.3 食品添加剂的膳食暴露量评估

食品添加剂的暴露量评估是指通过食品可能摄入食品添加剂和其他来源的暴露所作的定性和定量评估。食品添加剂的暴露评估主要是依据膳食调查和食品中食品添加剂含量水平进行的定性和定量评估,综合食品的消费数据和食品中食品添加剂的含量开展食品添加剂的膳食暴露评估。

食品添加剂的暴露评估通常可以分为被批准使用之前的评估和已经进入食品链之后的评估,对于第一种情况,食品中食品添加剂的含量数据主要来源于申报者建议的最大使用量或食品生产者建议的使用量。对于后一种情况,能够从有报告的生产者使用量、食品工业调查、监督监测、总膳食研究和科学文献得到食品中食品添加剂含量数据。食品的消费量数据主要来源于全国性的食物消费量调查。

目前在对包括食品添加剂在内的食品中化学物质进行暴露评估时,多采用包含多种评估方法的分步骤的暴露量评估框架。评估框架的起始步骤往往是利用保守的筛选方法对众多的待评价物质进行筛选,如果保守估计的暴露量超过被评价物质的ADI值,则进行较为精确的确定性评估和更加精确的模型评估等膳食暴露量评估方法。

3.5.4 食品添加剂的风险特征描述

风险特征描述是风险评估中的第四步，是综合危害特征描述和暴露量的信息向风险管理者提供科学依据的过程，是综合危害识别、危害特征描述和暴露评估的结果，定性或定量评估食品添加剂在特定条件下引发人群发生不良影响的可能性和严重性，包括风险评估过程中每一步的不确定性。食品添加剂的风险特征描述是将暴露评估中人群的特定食品添加剂的摄入量与危害特征描述阶段得到的该食品添加剂的 ADI 值进行比较。如果计算的膳食暴露量低于食品添加剂的 ADI 值，是可以接受的，如果计算的膳食暴露量高于食品添加剂的 ADI 值，则需要进行具体的分析。

3.6 食品添加剂的管理与风险控制

目前，国内外均允许使用食品添加剂，建立了食品添加剂监督管理和安全性评价法规制度，规范食品添加剂的生产经营和使用管理[10-14]。

3.6.1 美国

美国是食品添加剂的主要生产国和使用国，其食品添加剂的产值和种类在世界上都位居榜首。对于食品添加剂的生产、销售和使用，美国有一套完善的管理办法。

隶属于美国卫生部的 FDA 是管理食品添加剂的负责机构，1938 年实施的《联邦食品、药品和化妆品法》(Federal Food, Drug, and Cosmetic Act, FD&C)赋予了 FDA 管理食品、食品成分的权利，规定其直接参与食品添加剂法规的制定和管理。因肉类由美国农业部(USDA)管理，用于肉和家禽制品的添加剂需得到 FDA 和 USDA 双方的认证；而酒和烟由酒烟草税和贸易局(TTB)管理，用于酒、烟的食品添加剂也实行双重管理。美国将色素从食品添加剂中划分出来单独管理。1960 年议会通过的一项关于色素管理的法案(FD&C 色素补充法案)，要求用于食品等领域内的色素在上市前必须通过 FDA 审批。食品添加剂立法的基础工作往往由相应的协会承担，如食品香精立法的基础工作由美国食品香料和萃取物制造者协会(FEMA)担任，其安全评价结果得到 FDA 认可后，以肯定的形式公布，并冠以公认安全性(GRAS)。随着科技进步和毒理学资料的积累，以及现代分析技术的提高，每隔若干年后，食品添加剂的安全性会被重新评价和公布。美国食品和药品管理法第 402 款规定，只有经过评价和公布的食品添加剂才能生产和应用，否则会被认定为不安全。含有不安全食品添加剂的食品则“不宜食用”，不宜食用的食品禁止销售。

FDA 将加入食品中的化学物质分为 4 类：①食品添加剂，需要 2 种以上的动物试验，证实没有毒性反应，对生育无不良影响，不会引起癌症等，用量不得超过动物实验最大无作用量的 1%。②一般公认为安全的，如糖、盐、香辛料等，不需动物试验，列入 FDA 所公认的 GRAS 名单，但如果发现已列入而有影响的，则从 GRAS 名单中删除。③凡需审批者，一旦有新的试验数据表明不安全时，应指令食品添加剂制造商重新进行研究，以确定其安全性。④凡食用着色剂上市前，需先经全面安全测试。关于食品添加剂本身的产品质量，美国要求必须符合美国食品用化学品法典(Food Chemicals Codex, FCC)的规定。该法典在美国具有“准法律”的地位，是 FDA 评价食品添加剂质量是否达标的一项重要依据。FCC(Ⅰ)于 1966 年问世，在此之前，FDA 一直通过法规与非正式声明等形式公布对食品添加剂的安全卫生要求。FCC 问世以来，历经补充和修正，发展至今有 5 版，其最新版(Ⅴ)已于 2004 年正式推出。FCC 作为食品添加剂行业的权威标准在国际范围内得到了广泛认可，许多食品添加化学品的制造商、销售商以及用户将 FCC 中的标准作为他们销售或购买合约的基础。

除 FD&C 外，关于食品添加剂管理的行政法规收纳在美国联邦法规(Code of Federal Regulation, CFR)第 21 卷下的 FDA 食品和药物行政法规。美国每年都要对 CFR 中的每卷进行修订，第 21 卷的修订版一般在每年的 4 月 1 日发布。最新版(2005 年 4 月)CFR 中的 70～74、80～82 部分是关于色素的管理法规，170～186 部分是关于其他食品添加剂的法规规定，包括通则、包装、标识和安全性评估等条款。

3.6.2 欧盟

欧盟有专门机构和专项法规对食品添加剂进行管理。欧委会健康和消费者保护总理事会(DGSANGO)负责欧盟食品添加剂的管理，主要负责受理食品添加剂申请列入准许使用名单的申请、审批。欧盟食品科学委员会(SCF)主要负责食品添加剂的安全性评估，如果某类食品添加剂通过评估，则该委员会就会启动法规修正程序将其加入到适当的指令中，允许其上市销售。欧盟对食品添加剂的立法采取“混合体系”，即通过科学评价和协商，制定出能为全体成员国接受的食品添加剂法规，最终以肯定的形式公布允许使用的食品添加剂名单、使用的特定条件及使用限量等。

欧盟理事会89/107/EEC号指令是关于食品添加剂的管理框架，指令要求所有允许使用的食品添加剂都要经过SCF的安全性评估。该框架指令的具体实施措施包括关于甜味剂使用方面的94/35/EEC指令、关于色素使用方面的94/36/EEC指令及关于除色素和甜味剂外的所有添加剂的95/2/EEC指令及修正指令。欧盟食品添加剂的使用原则是食品中只能含有欧盟允许使用的食品添加剂和成员国允许使用的香料，即使用食品添加剂必须符合欧盟的相关规定和一般卫生法规的要求。

随着食品工业的发展和研究的深入，欧盟不断对食品添加剂的安全标准或管理法规进行修订和更新。2002年1月28日，欧盟新食品法即欧洲议会与理事会178/2002法规正式生效，并于2003年进行了修订。新的食品添加剂规程EC 1333/2008颁布于2009年1月20日，整合了欧盟所有食品添加剂的相关要求。新食品法是欧盟迄今出台的最重要的食品法，食品添加剂是其关注的重点领域之一，这一新法为保障欧盟食品添加剂的质量安全提供了重要指导原则。

近年来，欧盟委员会通过法律强化食品添加剂安全并提高透明度，法律明确规定仅列入肯定清单中的添加剂才可以在食品工业中使用。此次通过的法律将在欧洲统一大市场内对食品添加剂明确分类，在肯定清单中列出欧盟范围内所有可以使用的食品添加剂，新食品添加剂肯定清单将于2013年4月22日开始实施，所有没有列入肯定清单的食品添加剂都将在实施18个月后完全禁止。新的肯定清单包含2 100种合法使用的添加剂，还有400种在欧盟食品安全监管局审查完毕之前将继续在市场流通。

3.6.3 日本

日本于1947年由厚生省公布了卫生法，对食品中化学品有了认定制度，但食品添加剂方面的法规到1957年才公布使用。日本将食品加工、制造、保存过程中，以添加、混合、浸润或其他方式使用的成分定义为食品添加剂。按照目前日本使用习惯和管理要求，将食品添加剂划定为四种，即指定添加剂、即存添加剂、天然香精和一般添加剂。相关法规有：1966年以公定书形式出版的“第一版食品添加物公定书”，是日本食品添加剂的标准文件，为食品添加剂制定了品种、质量标准和使用限量等法规。随着科技进步和食品工业的发展，此公定书已进行过数次修正，最新版(第七版)日本公定书于2000年9月推出；2004年实施新修订的《食品卫生法》,对食品添加剂的管理更加严格;2006年修订食品卫生法执行条例及食品和食品添加剂的标准和规范。

3.6.4 中国

1. 我国食品添加剂行业法律法规体系

为贯彻落实《食品安全法》及其实施条例,加强食品添加剂的监管,按照《关于加强食品添加剂监督管理工作的通知》(卫监督发〔2009〕89号)和《关于切实加强食品调味料和食品添加剂监督管理的紧急通知》(卫监督发〔2011〕5号)的要求,各部门积极完善食品添加剂相关监管制度。

在安全性评价和标准方面,制定了《食品毒理学安全性评价程序和方法》(GB15193)、《食品添加剂使用标准》(GB2760)、《食品营养强化剂使用标准》(GB14880)。

在食品添加剂新品种管理环节,制定了《食品添加剂新品种管理办法》、《食品添加剂新品种申报与受理规定》。2011年11月25日,卫生部发布了"关于规范食品添加剂新品种许可管理的公告",在技术必要性材料、食品添加剂质量规格要求、食品添加剂现场审核、验证食品添加剂新品种产品标准、食品添加剂新品种公告内容等诸方面提出了具体要求。

在生产环节,制定了《食品添加剂生产监督管理规定》、《食品添加剂生产许可审查通则》,提出了对食品添加剂生产企业的生产许可审查工作要求,核查形式,产品抽样和封样规定以及检验机构的职责。国家对食品添加剂的生产实行许可制度,未列入GB2760或卫生部公告名单的新食品添加剂和营养强化剂(包括从国外进口的品种),已列入GB2760或卫生部公告名单中的品种,需扩大使用范围和/或使用量的,必须向卫生部申报,并向国务院授权负责食品安全风险评估的部门提交相关产品的安全性评估材料。

在流通环节,制定了《关于进一步加强整顿流通环节违法添加非食用物质和滥用食品添加剂工作的通知》和《关于对流通环节食品用香精经营者进行市场检查的紧急通知》。

在餐饮服务环节,出台了《餐饮服务食品安全监督管理办法》、《餐饮服务食品安全操作规范》、《餐饮服务食品安全监督抽检规范》和《餐饮服务食品安全责任人约谈制度》。另外,还有正在由卫生部和国家食品药品监督管理局着手制定的《餐饮服务环节食品添加剂使用管理规范》以及餐饮中允许使用的食品添加剂品种目录,严格规范餐饮服务环节食品添加剂使用行为。

2. 我国食品添加剂行业监管系统

我国从20世纪50年代开始对食品添加剂实行管理,20世纪60年代后加强了对食品添加剂的生产管理和质量监督。2009年6月1日实行的《食品安全法》对食品添加剂的监督管理确立了分段监管的体制,明确了各部门的职责分工,卫生部负责食品添加剂的安全性评价和制定食品安全国家标准;质检总局负责食品添加剂生产和食品生产企业使用食品添加剂监管;工商部门负责依法加强流通环节食品添加剂质量监管;食品药品监管局负责餐饮服务环节使用食品添加剂监管;农业部门负责农产品生产环节监管工作;商务部门负责生猪屠宰监管工作;工信部门负责食品添加剂行业管理、制定产业政策和指导生产企业诚信体系建设。各部门监管职责明确。2013年国家食品药品监督管理总局的成立结束了我国食品添加剂由各部门分头进行管理的局面,将各部门的食品安全监督管理职责进行整合,由国家食品药品监督管理总局统一监管。

鉴于我国食品添加剂使用的严峻形势,政府还成立了全国打击违法添加非食用物质和滥用食品添加剂专项整治领导小组。从2009年12月起,卫生部联合九部委在全国范围内联合开展了"打击违法添加非食用物质和滥用食品添加剂的专项整治行动",将包括食品添加剂在内的8个行业作为整治重点,并取得了阶段性的成果。国务院专门召开严厉打击食品非法添加和滥用食品添加剂工作电视电话会议,李克强总理作了重要讲话,并发布了《国务院办公厅关于严厉打击食品非法添加行为切实加强食品添加剂监管的通知》,要求全面部署开展严厉打击食品非法添加和滥用食品添加剂的专项行动。按照《食品安全法》及其相关要求,卫生部及相关部门要着力加强食品添加剂管理法律与法规的衔接,进一步完善食品添加剂生产许可制度,修订食品添加剂使用标准,继续深入开展食品安全专项整治工作,严厉打击食品非法添加行为,严格规范食品添加剂生产、经营和使用。

3. 我国食品添加剂行业标准体系

我国食品添加剂的主要标准包括使用标准、产品标准和检测方法三类标准[15-17]。

《食品添加剂使用卫生标准》(GB2760)和《食品营养强化剂使用卫生标准》(GB14880)是我国食品添加剂使用中必须遵守的两个基础标准。《食品添加剂使用卫生标准》(GB2760)规定了我国食品添加剂的定义、范畴、允许使用的食品添加剂品种、使用范围、使用量和使用原则等,要求食品添加剂的使用不应掩盖食品本身或者加工过程中的质量缺陷,或以掺杂、掺假、伪造为目的使用食品添加剂。GB2760—2011包括2 310个食品添加剂品种,其中加工助剂59种,食品用香料

1 826种，胶姆糖基础剂物质35种，食用酶制剂51种，其他类别的食品添加剂339种。《食品营养强化剂使用卫生标准》(GB14880)，对食品营养强化剂的定义、使用范围、用量等内容进行了规定。目前，允许使用的食品营养强化剂约200种。

食品添加剂产品标准由技术指标和相应的鉴定和检测方法构成，内容包括品种特性、规格、技术指标、试验方法、检验规则，标志、标签，包装、贮藏和运输等。据初步统计，目前我国共有食品添加剂产品标准(不包括香料、营养强化剂)272项，其中食品安全国家标准84项，国家标准91项，行业标准37项；指定标准60项；共有营养强化剂品种标准39项，其中食品安全国家标准12项，国家标准8项，指定标准19项；共有香料品种标准160项(包括食用香料标准与日用香料标准)，其中食品安全国家标准2项，国家标准27项，行业标准97项，指定标准34项，其他香料香精标准9项。

食品添加剂检测方法标准包括专用食品添加剂的检测标准和可以采用的其他食品安全检测方法。据不完全统计，已有国家推荐标准(GB/T)81项；检验检疫行业标准(SN/T)19项、农业部推荐标准(NY/T)5项，商业推荐标准(SB/T)1项。我国食品添加剂检测方法标准缺乏，现有的食品中食品添加剂检测方法标准只有数十个，所涉及的食品添加剂仅几十种。检测对象主要是防腐剂、着色剂、甜味剂和抗氧化剂等。

3.7　食品添加剂的检测方法

3.7.1　食品添加剂标样的发展

食品添加剂标准样品作为食品分析用标准样品的一部分，是食品添加剂分析检测的基准，为食品添加剂的质量控制提供可靠的保证。

国外食品添加剂类标准样品的主要提供单位有英国政府化学实验室(LGC)、美国国家标准与技术研究院(NIST)、欧盟委员会联合研究中心标准样品与测量研究院(IRMM)、德国乳品工业协会(MUVA)、美国chromadex(CDX)公司和波兰有机化学工业研究院(IPO)等[18]。根据上述权威机构的调查，目前主要的标准物质种类及标准物质多是些传统物质，对一些新兴有机类添加剂(着色剂、甜味剂)研究较少。

在欧盟的二百多种食品基体标准样品中，与食品添加剂标准样品相关的产品主要涉及：食品天然色素标准样品，油脂标准样品；果蔬类标准样品；肉及肉制品标准样品，其中包括为疯牛病或疯羊病检测用质控标准样品，其余为冻干牛肉、猪肉、牛肝、猪肝、猪肾等基体标准样品；饲料用标准样品；食品包装材料标准样品；复合膳食标准样品；乳及乳制品标准样品。

美国国家标准与技术研究院(NIST)是世界上研制和销售标准样品最多、质量较好的单位之一。NIST 食品分析用标准样品资源以基体标准样品为主体，包含食品添加剂和营养成分等的组分。

我国的食品添加剂类标准样品分属于 GBW 系列类标准样品和 GSB 系列类标准样品。截止到 2010 年，我国市场上可购买的食品类标样 600 余种，涉及的食品添加剂类标样 60 余种，其中主要包括以亚硝酸盐溶液标准样品为代表的食品着色剂分析用标样、以有机酸为代表的食品防腐剂分析用标样和工作标样、食用色素分析用标准样品、食品甜味剂分析用标准样品和工作标准样品。随着国家对食品安全的重视，我国的食品添加剂类标准样品的水平取得了长足进步。2011 年，食品添加剂中二氧化碳中氧标准样品的成功研制，对统一全国食品添加剂二氧化碳中氧组分的量值、实现该组分量值的正确评价具有重要现实意义。同年诱惑红合成着色剂系列标准样品的研制成功，对保证试验室测量结果的准确可靠与互认有重要意义。

3.7.2 食品添加剂检测方法

食品添加剂种类繁多，不同类别的食品添加剂又分别含有许多种，而且同一种食品添加剂在不同基质的食品中法定含量也有一定差别，这些都给食品添加剂的检测和分析带来了困难和挑战。近 20 年来，食品添加剂的分析检测技术发展很快，高效液相色谱法、气相色谱法、高效薄层色谱、离子色谱法、高效毛细管电泳法、现代极谱法、微型光谱法等各种现代仪器分析方法以及生物分析方法在食品添加剂检测领域得到了广泛应用。目前对食品添加剂检测方法的研究主要集中于利用色谱法对食品添加剂进行定性和定量检测或多种食品添加剂同时检测。

目前食品添加剂检测研究报道较多的是食品防腐剂、甜味剂、抗氧化剂、着色剂的检测技术。

1. 食品防腐剂检测技术

食品防腐剂的检测主要集中在用气相色谱和高效液相色谱进行多种防腐剂的同时测定[19, 20]。涉及的食品防腐剂品种包括山梨酸、苯甲酸、对羟基苯甲酸酯类(甲酯、乙酯、丙酯/异丙酯、丁酯/异丁酯)、丙酸盐、脱氢乙酸等十种。涉及的样品基质包括软饮料、奶制品、果酱、酒、酱油、醋等。殷德荣[21]采用毛细管气相色谱法同时测定食品中防腐剂山梨酸、苯甲酸、脱氢乙酸和尼泊金丙酯(对羟基苯甲酸丙酯)。王莉丽等[22]用 HPLC 法检测软饮料中苯甲酸、糖精钠和山梨酸,结果较为理想。康绍英等[23]采用高效液相色谱-二极管阵列同时检测食品中的安赛蜜、苯甲酸、山梨酸、糖精钠和脱氢乙酸,利用二极管阵列检测器提供的被测组分的光谱扫描图和其相应保留时间综合定性鉴别。汪书红等[20]研究用气相色谱法同时测定食品中山梨酸、苯甲酸、脱氢乙酸,能用于果汁、果酱、饮料、酱油醋和腐乳等食品中三种防腐剂的同时测定。

对于气相色谱法检测,通常采用的样品前处理方法为:对基质简单的食品(如食醋、果汁等),可先用盐酸(1∶1)酸化,再用乙醚提取,然后用氯化钠酸性溶液洗涤,再过无水硫酸钠层,水浴挥干,再用石油醚-乙醚(3∶1)混合溶剂溶解,得到的样品进气相色谱进行分析。对基质较为复杂的食品(如肉制品、辣酱等),目前的测定方法是先将食品中的干扰成分除去,例如用亚铁氰化钾-乙酸锌体系作为沉淀剂,氢氧化钠-硫酸锌作为沉淀剂,利用苯甲酸和山梨酸在碱性环境中溶于水,酸性环境中不溶于水的特点,在碱性条件下去除油脂,然后再用与简单基质食品相似的方法测定。

对于高效液相色谱法检测,通常采用的样品前处理方法为:对基质简单的食品(汽水、果汁、配制酒类等),可将试样用水溶解,调 pH 值后定容离心。对基质复杂的食品(如糕点、酱油等),也可先将食品中的干扰成分除去,如用亚铁氰化钾-乙酸锌体系作为沉淀剂,然后再用适当的方法提取[24]。

2. *食品甜味剂检测技术*

食品甜味剂的检测多采用高效液相色谱法、离子色谱法、气相色谱法、薄层色谱法、紫外分光光度法和毛细管电泳法,其中高效液相色谱法占主导地位,它能进行大多数甜味剂的分析,且能使多种甜味剂同时分离[25-33]。常见的食品甜味剂有糖精钠、乙酰磺胺酸钾(安赛蜜)、天门冬酰苯丙氨酸甲酯(甜味素)等。

对于高效液相色谱法检测,在样品前处理方面,因大多数甜味剂都溶于水,用水作提取溶剂的前处理技术占绝大多数,如汽水、可乐等碳酸型饮料;对于本底复杂的酱油、果奶型饮料、肉制品等样品,则需采用水提取、沉淀蛋白等净化技术;对组分更为复杂样品,要求净化技术更高,有的采用蒸馏除去干扰成分,有的需用固相萃取技术如硅藻土固相萃取柱净化、C18 固相萃取柱净化、中性氧化铝柱净化等。液相色谱柱一般选择 C18 反相柱,流动相较多使用甲醇和水配比,并加入磷酸及其盐、醋酸铵、柠檬酸铵等离子对试剂改善色谱分离效果。在分析糖类和糖醇类甜味剂时多采用糖柱或氨基柱。大多数甜味剂可选择示差折光检测器或蒸发光散射检测器来提高检测灵敏度。

对于气相色谱法检测，以甜蜜素为例，样品前处理方法为：利用亚硝酸钠分解食品中的甜蜜素，产生的环己醇在酸性条件下酯化成易挥发的环己醇亚硝酸酯之后进行气相色谱法测定。具体步骤为：将样品置于冰水浴中，加入亚硝酸钠和硫酸溶液，摇匀，于冰水浴中放置一段时间，然后加入正己烷和氯化钠，振荡，静止分层，得到正己烷提取液，用气相色谱法进行分析。

3. 食品抗氧化剂检测技术

食品抗氧化剂的检测可以采用气相色谱法和高效液相色谱法，目前常用的是高效液相色谱法，可同时测定多种抗氧化剂。如有研究报道用反相高效液相色谱法测定油脂中 9 种酚类抗氧化剂[34]，采用甲醇-水-乙酸体系为流动相，采用梯度洗脱，可在 30 min 内将 9 种物质完全分离并定量测定，测定线性范围为 1 ～ 200 mg/L(R ＝ 0.998 5 ～ 0.999 7)，检测限为 2 mg/kg，回收率为 82.4％～98.7％，RSD 为 1.01％～4.74％。还有报道用液相色谱-串联质谱法同时检测了基质成分较为复杂的饲料中的 6 种抗氧化剂[35]，包括丁基羟基茴香醚(BHA)、没食子酸丙酯(PG)、特丁基对苯二酚(TBHQ)、没食子酸辛酯(OG)、正二氢愈创酸(NDGA)、没食子酸十二酯(DG)，检出限为 2 mg/kg，线性、回收率、精密度均可满足残留分析要求。

对于气相色谱法检测，通常采用的样品前处理方法为[36]：用已烷溶解油脂，用乙腈和乙醇的混合液萃取，萃取得到的样品除去溶剂，经硅烷化处理后，用气相色谱法进行检测。对于高效液相色谱法检测，通常采用的样品前处理方法为：用正已烷、乙醚等非极性溶剂萃取，然后再用乙腈等极性溶剂进行分离，取极性溶剂进行旋蒸浓缩、定容、过膜后进行测定。

4. 食品着色剂检测技术

食品中合成色素的检测，主要采用高效液相色谱法[37-40]，一般分 3 个步骤：样品预处理、净化提取色素和合成色素测定。其中，净化提取色素是关键性操作，要求制得的测试样品，不含杂质或含极微量不影响测定的杂质，并且要求色素不损失。随着现代样品前处理技术的进步，食品色素的提取方法也越来越多，包括固相萃取法、季胺滤柱法、助滤剂 Celite545 柱层析法、聚酰胺吸附法、液液分配法等。而现代分析技术的飞速发展也促使食品色素分析方法不断更新，主要包括 HPLC - ESI - MS 法、HPLC - UV 法、毛细管电泳法、离子色谱法、导数伏安法等。国标 GB/T5009.35—2003《食品中合成着色剂的测定》的首选方法是 HPLC 法。近年来，已经有报道将电喷雾质谱技术(ESI - MS)与 HPLC 法联用，可同时检测5种水溶性色素和4种油溶性色素。

用高效液相色谱法检测食品着色剂时，根据样品基质不同选择不同的样品前处理方法：①对于基质简单的样品，如果冻、碳酸型和酒精型饮料，可将样品直接用水溶解，调到合适pH值后，定容过膜测定。②对于基质较为复杂的样品，如果汁等，可采用聚酰胺吸附法，用柠檬酸钠调节样品溶液的pH值为6，加入聚酰胺粉搅拌，过滤，水洗可除去水溶性杂质，甲醇、甲酸可洗去天然色素。水洗至中性，用氨水-乙醇解吸色素，溶液蒸除氨后定容。聚酰胺对含有单偶氮结构的日落黄、柠檬黄、胭脂红、诱惑红等和三苯甲烷族的亮蓝、靛蓝有较强吸附能力。③对于含脂肪和蛋白质较高的样品，可以用氨水形成碱性环境，色素容易释出，然后再用硫酸-钨酸钠沉淀蛋白质，也可以先用乙醚或正己烷去除油脂后，再进行提取。

3.8　影响食品添加剂安全风险控制的主要因素

尽管我国食品添加剂的监管体系不断发展，但是由于食品添加剂产业发展较快，仍有些管理机制尚未完善和健全，再加上一些企业盲目逐利等因素，使得围绕食品添加剂的安全问题时有发生。食品加工厂在使用食品添加剂时存在着不同程度的违禁使用、超范围和超量使用食品添加剂的现象。

3.8.1　违禁使用非法添加物

将严禁在食品中使用的化工原料或药物当成食品添加剂来使用。众所周知的三聚氰胺“毒奶粉”事件，是违法将工业添加剂当成食品添加剂使用的典型；辣椒酱及其制品、肯德基、红心鸭蛋等食品中发现苏丹红；工业用火碱、过氧化氢和甲醛处理水发食品；工业用吊白块用于面粉漂白；双汇“瘦肉精”事件；在馒头制作过程中滥用硫磺熏蒸馒头，致使馒头中维生素B_2受到破坏；将荧光增白剂掺入面条、粉丝用于增白；采用农药多菌灵等水溶液浸泡果品防腐；甲醛用于鱼类防腐。国家规定必须使用食品级的添加剂，而有些食品生产单位为了降低成本使用工业级的添加剂，如工业级碳酸氢铵作食品疏松剂。还有为掩盖食品质量问题使用食品添加剂，如在不新鲜的卤菜中加防腐剂，在变质有异味的肉制品中加香料、色素等。

3.8.2　超范围使用食品添加剂

超范围使用食品添加剂是指超出了强制性国家标准《食品添加剂使用卫生标

准》所规定的某种食品中可以使用的食品添加剂的种类和范围。如《食品添加剂使用卫生标准》明确规定膨化食品中不得加入糖精钠和甜蜜素等甜味剂,但不少膨化食品中添加了糖精钠和甜蜜素。《食品添加剂使用卫生标准》要求山葡萄酒中不允许添加香精、甜味剂、色素,但一些企业将勾兑的"三精水"冠以山葡萄酒名称销售,从而牟取暴利。再如上海的"染色馒头"事件;粉丝中加入亮蓝、日落黄、柠檬黄和胭脂红 4 种人工合成色素,以不同的比例充当红薯粉条和绿豆粉丝;碳酸饮料、果汁饮料和果冻等食品中添加色素,都属于超范围使用食品添加剂。

3.8.3 超量使用食品添加剂

目前造成食品添加剂超量使用的原因主要有以下三个方面:

(1) 缺乏精确的计量设备和专业技术人员。食品添加剂为天然或化学合成物质,在规定使用量内是安全的,超量对人体健康就会造成一定的危害。使用食品添加剂时要根据用量多少使用天平、秤规范计量,而在相当一部分企业里,由于缺乏精确的计量设备,造成食品添加剂超量。2003～2004 年中国疾病预防控制中心对 13 个省市的有关食品进行甜味剂、防腐剂和着色剂 10 种食品添加剂的含量检测,结果发现,甜味剂中的甜蜜素和糖精钠过量添加,特别是陈皮和话梅类,甜蜜素含量为 11.56 g/kg,超标率 43.84%,最大值 49 g/kg,超过国家标准 6 倍,有的蜜饯类食品中糖精钠最高含量甚至超出允许限量 12 倍之多;防腐剂中的苯甲酸过量添加严重,在酱类食品中全国平均值为 0.911 g/kg,超标率 44.59%,最大值为 13.30 g/kg;在肉制品加工中超量使用护色剂亚硝酸盐[41]。

(2) 重复使用食品添加剂。复合型食品添加剂就是将几种单一的食品添加剂按一定比例混合,再标一个新的名称,在配料表上只标出几个无关紧要的原料,为了产品配方保密,真实成分不标。食品加工企业在生产过程中添加了单一的食品添加剂再加复合型食品添加剂。如肉罐制品检验结果中亚硝酸盐超过国家标准规定的,几乎都是在加工过程中按标准规定添加了亚硝酸盐,又加入了灌肠乳化剂。

(3) 多环节使用食品添加剂。如原料生产中、销售商销售中、小作坊生产中均使用添加剂,致使最终产品中严重超标。如已经禁用的面粉增白剂过氧化苯甲酰。

3.8.4 食品包装标识标注不当

一些企业在食品添加剂和食品的实际生产经营过程中无视《食品安全法》、

《预包装食品标签通则》等法律法规的要求，不正确或不真实地标识食品添加剂，存在误导和欺骗消费者的现象，严重侵犯了消费者的知情权。这些问题不仅使食品添加剂滥用成为媒体抨击的内容和关注的焦点，也加深了消费者对食品添加剂的疑惑。

事实上，在食品生产过程中很难做到不使用任何添加剂，超市货架上除了纯净水等少数几种食品不应用食品添加剂外，绝大部分食品都应用了食品添加剂，消费者一日三餐中一般也都含食品添加剂。在食品包装上标注“不含任何食品添加剂”，违反了食品添加剂的标识规定，不符合国家有关包装标签法规和标准，这种宣传不利于我国食品和食品添加剂行业的良性发展，不利于消费者对食品的科学选购。

3.8.5 其他问题

在食品的生产过程中并没有添加有关超范围的食品添加剂，但是在食品的质量抽查中却发现有该类超范围的食品添加剂存在，这是由于其中的生产原料含有该类食品添加剂而带入了最终的食品中。例如肉制品中检测出微量的防腐剂苯甲酸钠，就是由于原料中添加了酱油，而酱油中含有防腐剂苯甲酸钠。

参考文献

[1] 李宁，王竹天. 国内外食品添加剂管理和安全性评价原则[J]. 国外医学卫生学分册，2008，35(6)：321－327.

[2] Walton K, Walker R, Van de Sand t, et al. The application of in vitro data in the derivation of the acceptable daily intake of food additives [J]. Food and Chemical Toxicology, 1999,37:1175－1197.

[3] World Health Organization Evaluation of certain food additives and contaminants [M]. Geneva: WHO Press, 2007.

[4] 张俭波. 食品添加剂管理中风险评估的应用[J]. 中国卫生标准管理，2010，1(4)：48－51.

[5] 卢斌斌，毛健，孙世豪. 食品添加剂的风险评估[J]. 河南工业大学学报(自然科学版)，2012，33(5)：103－106.

[6] 韦宁凯. 食品安全风险监测和风险评估[J]. 铜陵职业技术学院学报，2009，(2)：32－36.

[7] 李伟，刘弘. 食品中化学污染物的风险评估及应用[J]. 上海预防医学，2008，20(1)：26－28.

[8] 张俭波，刘秀梅. 食品添加剂的危险性评估方法进展与应用[J]. 中国食品添加剂，2009，(1)：45－47.

[9] Renwicka AG, Barlow SM, Hertz-Picciottoc, et al. Risk characterization of chemicals in food and diet [J]. Food and Chemical Toxicology, 2003,41:1211－1271.

[10] 柴秋儿.国外食品添加剂的管理法规及安全标准现状[J].中外食品,2006,(3):67-69.
[11] 赵同刚.食品添加剂的作用与安全性控制[J].中国食品添加剂,2010,(3):45-50.
[12] 钱和,韩婵,刘利兵.食品中化学添加剂的功能与风险控制[J].化学进展,2009,21(11):2424-2434.
[13] 周应恒,彭晓佳.风险分析体系在各国食品安全管理中的应用[J].世界农业,2005,(3):4-6.
[14] 赵丹宇,张志强,李晓辉.危险性分析原则及其在食品标准中的应用[M].北京:中国标准出版社,2001.
[15] 王静,孙宝国.食品添加剂与食品安全[J].科学通报,2013,58(26):2619-2625.
[16] 邹志飞.食品添加剂使用标准之解读[M].北京:中国标准出版社,2011.
[17] 邹志飞,林海丹,易蓉,等.我国食品添加剂法规标准现状与应用体会[J].中国食品卫生杂志,2012,24(4):375-382.
[18] 王志刚,林琼,李乃洁.食品添加剂类标准样品研究进展[J].冶金分析,2012,32(增:RM&PT):381-383.
[19] 潘晴,武致,杨芳,等.高效液相色谱法测定复杂基质食品中的防腐剂[J].食品科学,2007,28(8):350-353.
[20] 李林,汪书红.3种食品防腐剂的气相色谱法检测研究[J].现代预防医学,2009,36(17):3343-3345.
[21] 殷德荣.毛细管气相色谱法同时测定食品中山梨酸、苯甲酸、脱氢乙酸、尼泊金丙酯[J].中国卫生检验杂志,2004,14(4):469-470.
[22] 王莉丽,宋宇.HPLC法快速测定软饮料中苯甲酸、糖精钠、山梨酸的含量[J].渤海大学学报(自然科学版),2007,28(2):129-131.
[23] 康绍英,张继红.二极管阵列-高效液相色谱同时检测食品中的安赛蜜、苯甲酸、山梨酸、糖精钠和脱氢乙酸[J].食品与机械,2007,23(5):118-120.
[24] 陈俊,周路明.亚铁氰化钾——乙酸锌在HPLC测定酱油中防腐剂的应用[J].中国调味品,2007,(10):72-74.
[25] 李学梅,商晓春.反相高效液相色谱法快速测定维生素C、安赛蜜、糖精钠、苯甲酸、山梨酸[J].中国卫生检验杂志,2001,11(5):566-567.
[26] 杨章萍,李学梅,丁友昌.HPLC法同时测定维生素C、糖精钠、苯甲酸、山梨酸[J].浙江预防医学,2002,14(3):73-75.
[27] 卢忠魁,常海华,黄越,等.反相高效液相色谱法同时测定糖精钠、咖啡因、苯甲酸、山梨酸[J].中国卫生检验杂志,2002,12(5):568.
[28] 黄百芬,张文娟,沈向红.高效液相色谱法同时测定酱油或饮料中的8种防腐剂和3种甜味剂[J].中国卫生检验杂志,2005,15(10):1208-1211.
[29] 潘智慧.HPLC法测定瓜子中糖精钠的样品前处理方法探讨[J].中国卫生检验杂志,2003,13(3):352.
[30] 鲁琳,杭义萍,高燕红,等.食品甜味剂分类及其检测技术现状[J].现代预防医学,2009,36(11):2033-2035.
[31] 陈金东,李蔚.高效液相色谱法同时测定食品中阿斯巴甜、阿力甜[J].中国卫生检验杂志,2006,16(9):1069-1070.
[32] 杨柳桦,王林,孙成均.高效液相色谱法测定保健食品和饮料中的阿斯巴甜[J].分析试验室,2007,26(7):79-82.

[33] 顾建华,徐爱萍.毛细管气相色谱法测定黄酒中甜蜜素含量[J].中国卫生检验杂志,2007,17(5):940-941.

[34] 胡小钟,余建新,钱浩明,等.油脂中九种抗氧化剂的反相高效液相色谱法分离和测定[J].分析科学学报,2000,16(1):23-26.

[35] 林安清,张曼,唐丹舟,等.液相色谱-串联质谱法同时检测饲料中多种抗氧化剂[J].分析测试学报,2007,26(增刊):278-280.

[36] 许彩芸,郭建,韩淑霞,等.直接甲醇提取气相色谱测定 BHA、BHT[J].中国卫生检验,2005,15(8):954-955.

[37] 李帮锐,冯家力,潘振球,等.高效液相色谱-质谱/质谱联用法测定饮料中的人工合成色素[J].中国卫生检验杂志,2007,17(4):579-580.

[38] 刘永强,董静,宫小明.食品添加剂检测技术与方法研究进展[J].畜牧与饲料科学,2009,30(1):153-155.

[39] Huang H., Shih Y., Chen Y. Determination eight colorants in milk beverages by capillaryelectrophoresis [J]. Journal of Chromatography A, 2002,959:317-325.

[40] Ma M., Luo X., Chen B., et al. Simultaneous determination of water soluble and fat soluble synthetic colorants in foodstuff by high performance liquid chromatography-diode array detection electrospray mass spectrometry [J]. Journal of Chromatography A, 2006, 1103:170-176.

[41] 王茂起,刘秀梅,王竹天.中国食品污染监测体系的研究[J].中国食品卫生杂志,2006,18(6):491-496.

第4章　粮食主要污染真菌毒素

真菌毒素(Mycotoxin)源自于希腊语“Mykes”和拉丁语“Toxicum”，是一类由真菌产生的毒性次级代谢产物，目前已确认化学结构的真菌毒素约有400多种。在种植、收储、运输和加工过程中，粮油食品极易受真菌毒素的污染。粮油食品中常见的真菌毒素包括黄曲霉毒素(aflatoxins)、赭曲霉毒素(ochratoxin)、玉米赤霉烯酮(zearalenone)、伏马毒素(fumonisins)、脱氧雪腐镰刀菌烯醇(deoxynivalenol)、T-2毒素(T-2 toxin)、杂色曲霉素(sterigmatocystin)、环匹阿尼酸(cyclopiazonic acid)、麦角生物碱(ergot alkaloids)、展青霉素(patulin)、细交链孢菌酮酸(tenuazonic acid)等。

公元前430年至18世纪，欧洲人民因为食用严重污染了麦角菌的黑麦而发生麦角中毒，造成大量伤残、死亡。1950年，科学家从导致真菌中毒的粮食和饲料中分离真菌，并进行动物实验，开始了真菌毒素的研究。1950～1975年，科学家已经分离了许多种真菌毒素。1960年英国发生了10万只火鸡中毒事件，经研究确定为火鸡饲料中的花生粉中的一种荧光物质引起，这种物质由黄曲霉产生，从而定义为黄曲霉毒素。这次事件，掀起了粮油食品饲料真菌毒素研究的高潮。大量研究表明，食用受真菌毒素污染的粮食及其制品，极易导致人或动物发病，如癌症、肝损害、肾功能障碍、大骨节病、克山病、动物流产、生殖障碍等。为此，全世界已有100多个国家规定了粮食中主要真菌毒素的限量，中国也规定了粮食中黄曲霉毒素B_1(AFB_1)、脱氧雪腐镰刀菌烯醇(又称呕吐毒素，DON)、玉米赤霉烯酮(ZEN)和赭曲霉毒素A(OTA))4种真菌毒素的限量(GB2761—2011《食品中真菌毒素限量》)。

世界各国经常发生粮油食品被真菌毒素污染的事件。据联合国粮农组织(FAO)估计，全世界每年约25%的粮食作物受到真菌毒素产毒菌的污染，每年因真菌毒素污染导致的粮食损失巨大。Edward S. 报道，英国小麦中镰刀菌毒素的调查报告中显示，在2001～2006五年期间，镰刀菌毒素超过该国限量的样品比例为0.4%～11.3%，超标的主要是呕吐毒素和玉米赤霉烯酮。中国的粮食也经常发生真菌毒素污染，2009年小麦粉、玉米制品DON、ZEN检出率在53.42%～

100%之间，2010年小麦粉、玉米样品DON、ZEN检出率在69.3%～96.8%之间，与国家限量相比，玉米样品ZEN超标率较高，2009年和2010年分别为15.56%和10.70%[4,11]。2010年，粮食部门在例行监测时发现，江淮部分地区小麦在生长期因感染赤霉病，新收获小麦DON污染严重，在全面排查完成后，封存了170余万吨毒素超标粮食[29]。另外，粮食受多种真菌毒素协同污染现象普遍存在。

粮食及其制品中的真菌毒素污染是一个不可避免的问题，每年因真菌毒素污染而导致大量粮食及其制品损失、人畜致病。因此，世界各国非常关注粮食及其制品中真菌毒素的研究，研究内容包括真菌毒素的代谢机制，产生条件，检测技术与装备，预警、预测，致毒机理，风险分析与评估，监测管理，降解及处置技术等方面。近年来，分子生物学、生物工程学、分子毒理学、统计学、食品工程学、免疫化学、仪器分析、微生物代谢组学、风险评估等不断用于粮油食品中真菌毒素的研究，真菌毒素的研究更加系统、成熟、深入，有利于人类更好地了解预测防控真菌毒素对人类的危害。

4.1　粮食及其制品中常见的真菌毒素及其产毒真菌

粮油食品中常见的能对人和动物造成危害的真菌毒素主要有黄曲霉毒素、赭曲霉毒素、脱氧雪腐镰刀菌烯醇、T-2毒素、玉米赤霉烯酮、伏马毒素、串株镰刀菌素(moliniformin)、麦角生物碱、展青霉素(patulin)、橘霉素(citrinin)、黄绿青霉素(citreoviridin CIT)等。这些毒素由于来源不同、化学结构不同，在人和动物机体内的代谢方式不同，导致其致毒机制和毒性有明显差异，如表4-1所示。“GB2761—2011食品安全国家标准——食品中真菌毒素限量”规定了食品中黄曲霉毒素B_1、黄曲霉毒素M_1、脱氧雪腐镰刀菌烯醇、展青霉素、赭曲霉毒素A及玉米赤霉烯酮的限量指标。

表4-1　真菌毒素的毒性作用

真菌毒素	毒性作用	污染粮油食品
黄曲霉毒素	致畸性，肝毒性，肾毒性，致突变，免疫抑制，出血	花生、玉米、稻谷、小麦、坚果、棉籽、咖啡豆等及相关制品
赭曲霉毒素A	致突变，肾毒性、肝脏毒性、致畸性、抑制蛋白合成	水果、花生、豆制品、咖啡、粮食及制品
玉米赤霉烯酮	雌激素毒性、睾丸萎缩、流产	玉米、小麦、大麦及其制品
脱氧雪腐镰刀菌烯醇	免疫抑制剂，神经毒性，胃肠道出血，呕吐，拒食，减少体重增加，抑制蛋白质合成	玉米、小麦、大麦、稻谷及其制品

（续表）

真菌毒素	毒性作用	污染粮油食品
T-2毒素	免疫毒性、血液毒性、胃肠道出血、神经毒性、抑制蛋白合成	玉米、小麦、大麦、稻谷及其制品
伏马毒素	肝脏毒性，脑水肿，骨坏死，免疫毒性	玉米、小麦、大麦、稻谷及其制品
杂色曲霉素	肝、肾坏死、肝硬化、肿瘤、肝癌	大米、玉米、花生和面粉
麦角碱	阵发性惊厥、运动失调、有的视力减弱或失明、心律不齐等，慢性病例主要表现为神经末梢组织发生干性坏疽，表现出跛行，步态不稳的症状，重的发生腹泻。呕吐、腹痛以及头痛、头晕、耳鸣、乏力等，重者知觉会发生异常	小麦、大麦、大米、小米、玉米、高粱、燕麦
黄绿青霉素	心脏血管毒性、神经毒性、遗传毒性，其急性中毒症状主要有瘫痪、麻痹、呕吐和呼吸衰竭。	稻谷、小米、大米
橘霉素	肾中毒	稻谷、小麦、大麦、玉米
展青霉素	浮肿、出血、毛细管损伤、运动神经麻痹、致癌	水果及其制品

4.1.1 黄曲霉毒素

黄曲霉毒素（aflatoxins，AF）是黄曲霉（*aspergillus flavus*）、寄生曲霉（*A. parasiticus*）和模式曲霉（*A. nomius*）等在合适的温度、湿度条件下产生的真菌毒素，是一组化学结构类似的二呋喃香豆素的衍生化合物，对人畜有强烈的致病性、致癌性，严重危害人体健康，是危害最严重的真菌毒素，被世界卫生组织的癌症研究机构（IARC）划为Ⅳ A级（Ⅰ类）危险物，在自然界中广泛存在，主要污染花生、玉米、坚果、棉籽等粮油及相关食品。

1. 化学结构

黄曲霉毒素属于二呋喃氧杂萘邻酮的衍生物，其分子结构中含有一个二呋喃环和一个氧杂萘邻酮（香豆素）环，现已分离出 B_1、B_2、G_1、G_2、B_{2a}、G_{2a}、M_1、M_2、P_1 等18种之多，图4-1为15种黄曲霉毒素的分子结构，其中以黄曲霉毒素 B_1（AFB_1）的毒性和致癌性最强。在食物中通常只发现黄曲霉毒素 B_1、B_2、G_1、G_2。AFB_2 和 AFG_2 是在母本上加了两个氢原子的衍生化合物。黄曲霉毒素 M_1 和 M_2

是 AFB_1 和 AFB_2 的羟基化代谢产物，由牛和其他反刍动物食用了污染有真菌毒素的饲料后产生。它们主要存在奶中，并随之污染其他日用品，如干酪和酸乳酪。

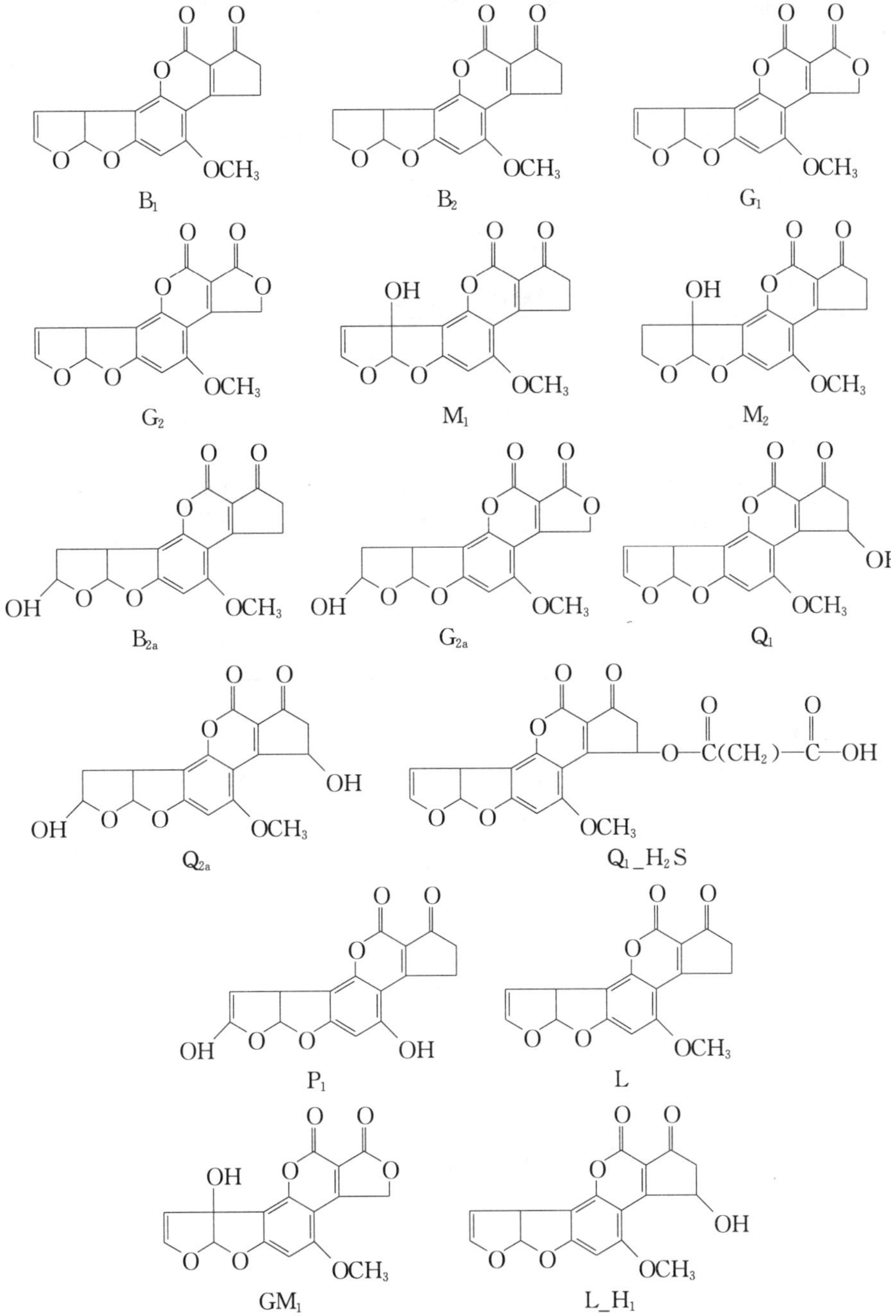

B_1　B_2　G_1

G_2　M_1　M_2

B_{2a}　G_{2a}　Q_1

Q_{2a}　Q_1_H_2S

P_1　L

GM_1　L_H_1

图 4-1　黄曲霉毒素分子结构

2. 物理化学性质

黄曲霉毒素的分子量为 312～346,熔点为 200℃～300℃,如表 4-2 所示,在熔解时,黄曲霉毒素也会随之分解[14]。溶于氯仿(chloroform)、甲醇(methanol)、二甲基亚砜(dimethyl sulfoxide)、乙醇、丙酮、二甲基甲酰等极性有机溶剂,难溶于水、己烷、石油醚,在水中的最大溶解度为 10～20 mg/L。黄曲霉毒素的热稳定性非常好,分解温度高达 280℃。紫外线照射下显蓝绿荧光。在低温、不见光的条件下,溶解在氯仿和苯中的黄曲霉毒素可以保存几年。内酯环很容易发生碱水解,与氧化剂反应分子将失去荧光特性。

表 4-2 黄曲霉毒素的物理和化学性质

黄曲霉毒素	分子式	分子量	熔点	在甲醇中的紫外线最大吸收	
				265	360～362
B_1	$C_{17}H_{12}O_6$	312	268～269	12 400	21 800
B_2	$C_{17}H_{14}O_6$	314	286～289	12 100	24 000
G_1	$C_{17}H_{12}O_7$	328	244～246	9 600	17 700
G_2	$C_{17}H_{14}O_7$	330	237～240	8 200	17 100
M_1	$C_{17}H_{12}O_7$	328	299	14 150	21 250(357)
M_2	$C_{17}H_{14}O_7$	330	293	12 100(264)	22 900(357)

3. 危害及作用机理

黄曲霉毒素是强烈的致病、致癌物质,可致畸形,可导致肝坏死,胃、肠、肾出血,肝纤维化,胆管增生,肝癌,同时也是一种免疫抑制剂。

黄曲霉毒素经食物从口摄入后,被胃肠道吸收,经血原性输送(hemogenous delivery)后,在胃肠道的黏膜细胞、肝脏、肾脏中被代谢活化,由依赖细胞色素 P-450 进行环氧化作用,将黄曲霉毒素代谢为 8,9-环氧化物(活性 AFT),活性 AFT 中间体与生物大分子的亲核中心反应,生成 DNA、RNA 以及蛋白质和类脂的结合物,引起细胞死亡或致癌,与核酸鸟嘌呤(guanine)的 N7 结合在靶细胞中生成加合物导致 GT 颠换(transversion)、DNA 修复(repair)、损伤、变异以至于肿瘤的发生。其他毒性还包括破坏凝血机制,生成脂质过氧化物,从而对肝细胞构成损伤和抑制环核苷酸二酯酶(cyclic nucleotide phos-phodiesterase)的活性等。

当活性 AFT 中间体代谢为其他产物时,如与谷胱甘肽转移酶(GST)、尿苷二磷酸-葡糖醛酸基转移酶(UDP-GT)或磺基转移酶结合,受环氧化物酶(Eli)的催化水解，就被称为解毒。

JECFA 曾在第 31 次、46 次、49 次和 56 次会议上多次评价了黄曲霉毒素，认为黄曲霉毒素是可能导致人类肝癌的强致癌物，乙肝病毒可能会加强黄曲霉毒素的致癌力，应将膳食中黄曲霉毒素的摄入量降低到尽可能低的水平，减少黄曲霉毒素对人类的危害。亚洲、非洲的一些国家每年约 25 万人死于肝癌，认为其原因是摄入了过多的黄曲霉毒素(1.4 mg/d)和 B 型肝炎的高发病率，如表 4-3 所示。

表 4-3 黄曲霉毒素的摄入量与肝癌发生率的关系[26]

国家	摄入量[mg/(kg·d)]	发病率(发病人数/百万人/年)
肯尼亚	5.8	0.29
泰国	45.0	0.60
莫桑比克	222.4	1.30
索马里	43.1	0.97

4.1.2 赭曲霉素

赭曲霉毒素主要由赭曲霉菌(aspergillus ochraceus)、疣被青霉(penicillium verrucosum.)、洋葱曲霉(A. alliaceus)、硫色曲霉(A. sulphureus)、蜂蜜曲霉(A. melleus)、孔曲霉(A. ostianus)、佩特曲霉(A. petrakii)和菌核曲霉(A. sclerotiorum)、黑曲霉(A. niger)等产生，对人、动物具有致病、致癌作用，其中赭曲霉毒素 A 毒性最大，被 WHO 的国际癌症研究组织列为 2B 级可疑致癌物质，易污染玉米、大麦、小麦、燕麦、高粱、绿咖啡豆、豌豆、豆类、花生、面包、橄榄、啤酒、饲料、肉、奶酪、奶粉、干草、葡萄干、坚果。在中国的粮食中很少有 OTA 超标的样品。

1. 化学结构

赭曲霉毒素是一组结构类似化合物，包括赭曲霉素 A、B、C、D、α 等 7 种。赭曲霉素 A 是最重要的化合物(经常缩写为 OTA 或 OA)，由聚酮化合物衍生的二氢异香豆素半族通过 12-羧基苯丙氨酸联合构成(见图 4-2)，英语名称为 N-[(3R)-(5-chloro-3,4-dihydro-8-hydroxy-3-methyl-1-oxo-7-isocoumarin)carbonyl]-L-phenylalanine。赭曲霉毒素 B 少了一个氯原子，也能天然产生，但毒性较小。另外还有赭曲霉毒素 C，赭曲霉毒素 α 和赭曲霉毒素 β。赭曲霉毒素酚羟基相邻的羰基中的氧原子或酰胺基中的氧原子都能与分子内的 H 原子相结合，因此分子结构有很大差异。

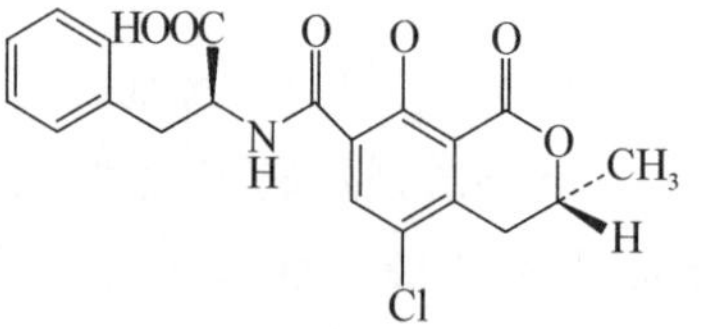

图 4-2　赭曲霉毒素 A

2. 物理化学性质

赭曲霉毒素 A 是一种无色晶体化合物，在二甲苯中可形成纯的结晶。钠盐可溶解于水。作为一种酸，它可以溶解在诸如氯仿、甲醇和乙腈中，微溶于水和稀的碳酸氢盐中。在酒精中冷冻避光可保存至少 1 年。具有耐热性，用普通加热法处理不能将其破坏。在紫外光下显蓝色，在不同的 pH 值极性溶剂中有不同的吸收，在乙醇(e = 36 800 和 6 400)中吸收波长分别是 213 nm 和 332 nm，荧光的最大发射波长为 428 nm。赭曲霉毒素 A 酸水解，它可以生成苯丙氨酸、旋光活性内酯酸和赭曲霉素 α。在甲醇＋HCl 中反应可生成甲酯，用重氮甲烷甲基化后可生成 O-甲基甲酯。

3. 危害及作用机理

赭曲霉毒素 A 分子中带有氯原子，因此毒性极强，主要引起肝、肾中毒，可致突变、致畸性，能抑制蛋白的合成，被 WHO 的国际癌症研究组织列为 2B 级可疑致癌物质。赭曲霉毒素 A 通过瘤胃和肠道内的微生物群转化为赭曲霉毒素 α(对人和动物无毒)，其随尿液和粪便排出，称为解毒。

OTA 能引起活性氧的生成，活性氧通过脂质过氧化、降低抗氧化物酶活性、诱导 DNA 损伤等而对机体产生毒性作用。OTA 能诱导脂质过氧化和 DNA 损伤，形成对脑部的氧化压力，并严重消耗脑部的纹状体多巴胺。

OTA 能够抑制大鼠肝脏细胞的呼吸作用，导致 ATP 的消耗，并对线粒体的形态有一定的影响。可能机制为：OTA 通过竞争性抑制定位在线粒体内膜上的载体蛋白，从而导致线粒体内磷酸盐转运被抑制，或者是 OTA 抑制琥珀酸盐相关的电子活动从而影响电子传递链。

OTA 可以对多个代谢通路的蛋白(包括酶)、调节因子的表达进行上调或下调，从而影响细胞中某些信号的转导，通过非遗传毒性机制来控制关键基因表达，这也可能是其致毒机理的一个重要方面。OTA 诱导的细胞变化能引起细胞凋亡，对细胞凋亡机理的研究也可能是揭示 OTA 致毒的一条途径。OTA 能导致 DNA 的非时序性合成(unscheduled DNA synthesis)以及继发的损伤、修复。可导致上尿道上皮细胞肿瘤的发生，即所谓的巴尔干地方性肾病。OTA 在食物及体内并不是单独存在的，与其他物质的相互影响会决定其最终的毒性。这方面的研究还比较少，还有待进一步研究[41]。

4.1.3　玉米赤霉烯酮

玉米赤霉烯酮(zearalenone，ZEN)主要由木贼镰刀菌(*fusarium. equiseti*)、尖孢镰刀菌(*fusarium. oxysporum*)、禾谷镰刀菌(*fusarium. graminearum*)、三线镰刀菌(*fusarium. trcinctum*)、茄病镰刀菌(*fusarium. solani*)、串珠镰刀菌(*fusarium. moniliforme*)等产生。ZEN是一种生殖系统毒素(雌性激素)，有强烈的致畸作用，被国际癌症研究中心归类为3类致癌物。主要污染小麦、大麦、水稻、玉米等。面粉、啤酒等农产品加工品中也常能检测到该毒素的存在。

1. 化学结构

ZEN又称F-2毒素，化学名称为6-(10-羟基-6-氧基-1-碳烯基)-β-雷锁酸-μ-内酯，英语名称为6-(10-hydroxy-6-oxo-trans-1-undecenyl)-beta-resorcyclic-acid-lactone，非甾体化合物，具有独特的大环内酯结构。结构类似物为玉米赤霉烯醇，如图4-3所示。

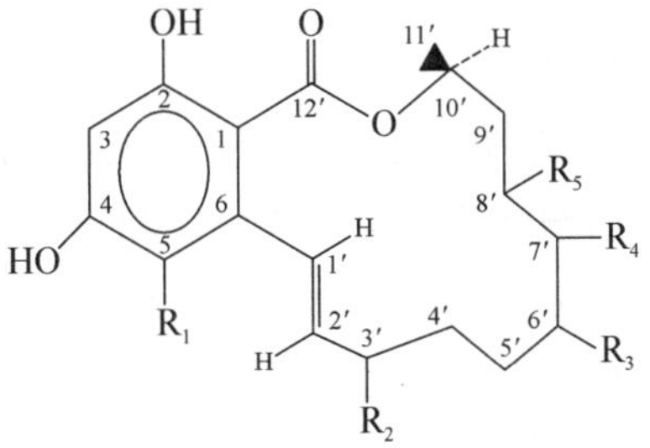

	R_1	R_2	R_3	R_4	R_5
玉米赤霉烯醇(ZON)	H	H_2	OH	H_2	H_2
玉米赤霉烯酮(ZOL)	H	H_2	O	H_2	H_2
8′-羟基玉米赤霉烯酮(非对映异构体)	H	H_2	O	H_2	OH
6′,8′-二羟基玉米赤霉烯二醇	H	H_2	OH	H_2	OH
3′-羟基玉米赤霉烯酮(非对映异构体)	H	OH	O	H_2	H_2
5′-甲酰基玉米赤霉烯酮	CHO	H_2	O	H_2	H_2
7′-脱氢玉米赤霉烯酮	H	H_2	O	H	H

图4-3　玉米赤霉烯酮及7种衍生物的分子结构[27]

2. 物理化学性质

ZEN是一种白色结晶化合物，分子式为$C_{18}H_{22}O_5$，相对分子量为318，熔点为164℃～165℃，对热稳定(120℃加热4 h未分解)。溶于碱性水溶液，在苯、乙腈、二氯甲烷、甲醇、乙醇和丙酮中的溶解度依次增多。水中的溶解度为0.002 g/100 mL，在己烷中有微弱的溶解性。在波长为360 nm的UV照射下显蓝色荧光，在260 nm波长的UV照射下先更强烈的绿色荧光。在甲醇溶液中，UV的最大吸收波长为236 nm(e＝29 700)、274 nm(e＝13 909)和316 nm(e=6 020)。在乙醇中，ZEN的最大荧光发生在314 nm和450 nm。红外光谱最大吸收为970 nm。

3. 危害和作用机理

玉米赤霉烯酮是一种生殖系统毒素(雌性激素)，毒性较低，但对动物的影响较大，具有较强的生殖毒性和致畸作用，可引起动物发生雌激素亢进症，导致动物不孕或流产。1 ng/kg ZEN就会使动物产生雌性化，高浓度(50～100 ng/kg)的玉米赤霉烯酮对怀孕、排卵、胎儿的发育、新生动物的生存力产生不利的影响。ZEN还具有免疫毒性，对肿瘤发生也有一定影响，引起肝脏病变，还能导致大鼠的肺功能降低。在谷物中，ZEN可以直接进入食物链，比原始谷物的雌性激素作用要强烈[33]。对人体，玉米赤霉烯酮能够降低女性子宫内黄酮体分泌和影响子宫组织形态，导致生殖疾病；最新研究发现，其还可能通过调控雌性激素而诱导女性乳腺癌的发生，被国际癌症研究中心归类为3类致癌物。具有类似雌激素的毒副作用，可与雌激素(estrogen)受体结合而影响细胞核的雌激素转录，可刺激含雌激素受体的乳腺癌细胞增长。

玉米赤霉烯酮通过诱导DNA加和物的形成导致动物或人类肝脏、肾脏等病变。最近发现，玉米赤霉烯酮能够作用于线粒体和溶酶体而诱发脂质过氧化，抑制蛋白质和DNA合成，并最终造成细胞病变和死亡[28]。

ZEN可增加人外周血淋巴细胞姊妹染色单体交换率，引起染色体损伤，导致肿瘤发生。ZEA和α-ZOL可显著抑制人绒毛膜促性腺激素诱导的睾酮分泌，这种抑制作用与3β-羟基类固醇脱氢酶(3β-HSD-1)、细胞色素P450侧链分裂酶(P450scc)和生成类固醇的敏感调节蛋白质(StAR)的转录下降相关。

4.1.4 单端孢霉烯族毒素

单端孢霉烯族毒素主要是由镰刀菌在低温条件下产生的重要次生代谢产物，在自然界中广泛存在，误食后易导致严重疾病甚至死亡。由镰刀菌产生的该类毒素有60多种，但天然污染农作物的只有几种，包括有A、B型两种不同的化学结构形式，A型主要是T-2毒素(毒性很强)、B型主要是脱氧雪腐镰刀菌烯醇毒素(deoxynivalenol, DON)，主要污染小麦、大麦、燕麦、玉米、稻谷等。

1. 脱氧雪腐镰刀菌烯醇

脱氧雪腐镰刀菌烯醇，又名呕吐毒素，是由镰刀菌属(fusarium)的禾谷镰刀菌、黄色镰刀菌、头孢菌属、漆班菌属、木霉属等菌株产生的代谢产物，主要污染小麦、玉米、大麦等，具有很强的毒性。2003 年我国对小麦、玉米、稻谷中 DON 的污染情况调查显示小麦、玉米 DON 污染较稻谷严重[12]。脱氧雪腐镰刀菌烯醇可以引起人类恶心、呕吐、胃肠不适、腹泻及头痛。1993 年 IARC 将脱氧雪腐镰刀菌烯醇列入第 3 类，即“无法分类为对人类有致癌效应”的物质。

1) 化学结构

脱氧雪腐镰刀菌烯醇是一种倍半萜烯化合物，由一个 12，13－环氧基、3 个—OH 功能团和一个 α、β－不饱和酮基组成，其化学名称为 12，13－环氧－3，7，15－三羟基－单端孢－9 烯－8 酮（12，13－epoxy－3，4，15－trihydroxytrichothec－9en－8one)，分子式为 $C_{15}H_{20}O_6$，相对分子量为 296.3，结构类似物 3－乙酰脱氧雪腐镰刀菌烯醇(3－AC－DON)、15－乙酰基脱氧雪腐镰刀菌烯醇(15－AC－DON)，如图 4－4 所示，常与 DON 同时存在于谷物中。

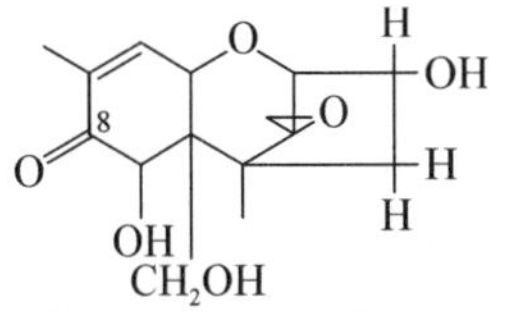

图 4－4　脱氧雪腐镰刀菌烯醇[32]

2) 物理化学性质

脱氧雪腐镰孢菌烯醇是一种无色针状结晶，熔点为 151～152℃，易溶于水、乙醇、甲醇、乙腈等溶剂中，性质稳定，具有较强的抗热能力，加热到 110℃以上才被破坏，121℃高压加热 25 min 仅少量被破坏，在 210℃加热 30～40 min，才可被破坏。干燥的条件下酸不能影响其毒性，但是加碱或高压处理可破坏部分毒素。一般的蒸煮及食物加工都不能破坏其毒性，但用蒸馏水冲洗谷物三次，其中的 DON 毒素含量可减少 65%～69%，用 1 mol/L 的碳酸钠溶液冲洗谷物，DON 毒素的含量可减少 72%～74%。用 0.1 mol/L 碳酸钠溶液浸泡谷物 24～72 h，DON 毒素的含量可减少 42%～100%。

3) 危害及作用机理

脱氧雪腐镰刀菌烯醇可引起动物神经性中毒(导致呕吐)、厌食等；可以引起人恶心、呕吐、胃肠不适、腹泻及头痛。1993 年 IARC 将脱氧雪腐镰刀菌烯醇列入第 3 类，即“无法分类为对人类有致癌效应”的物质。

DON 激活体内细胞中丝裂原活化蛋白激酶(MAPKs)信号通路，引起机体各种生理反应，如肠道炎症。当 DON 进入细胞内后，会强烈地与核糖体结合，并给蛋白激酶和造血细胞激酶(HcK)转导 1 个信号，从而引起 MAPKs 磷酸化失活，其信号传导的具体机制尚不是很清楚，可能是由蛋白质介导的，也可能是由于DON损害了28S rRNA基因造成的，如图4-5所示[36]。

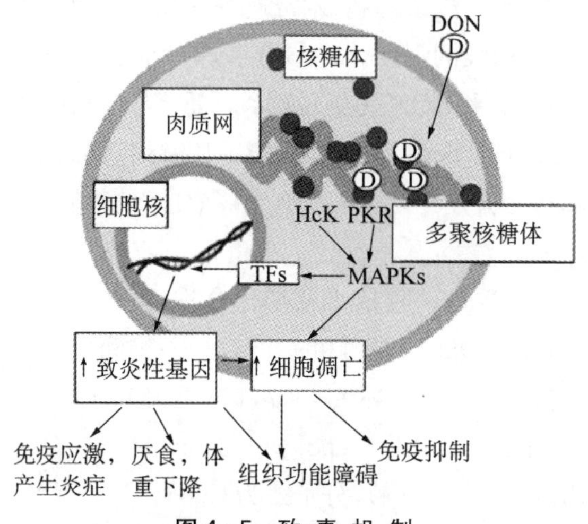

图4-5 致毒机制

DON有很强的细胞毒性，能够对生长较快的细胞（如胃肠道黏膜细胞、淋巴细胞、胸腺细胞、脾细胞、骨髓造血细胞等）的生长、凋亡和免疫细胞因子的释放产生重要影响，影响免疫系统功能。DON对基因的转录具有很大的影响。DON能够抑制细胞内mRNA的正常翻译，使得蛋白质的合成受阻，影响基因转录，但其具体作用机制尚未完全清楚，仍需在基因表达、信号传导等分子水平上进行深入研究[19]。

2. T-2毒素（T-2 toxin）

T-2毒素由禾谷镰刀菌、三线镰刀菌、尖孢镰刀菌、梨孢镰刀菌（Fusarium. poae）等产生，是单端孢族化合物之一，可引起人和动物恶心、呕吐、腹痛、腹胀、腹泻、血便、头晕、寒战等免疫毒性和血液毒性。1993年IARC将T-2毒素列为第3类毒性物质。主要污染小麦、玉米、燕麦、大麦、大米、大豆等谷物及其加工制品。

1) 化学结构

T-2毒素是单端孢族化合物之一，是一种倍半萜烯化合物，化学名称为4β，15-二乙酰基-8α-（3-甲基丁酰氧基）-12,13-环氧单端孢霉-9-烯-α醇。分子式为$C_{24}H_{34}O_9$，分子量为466.51，结构类似物包括HT-2毒素、蛇形菌素、新茄镰孢菌醇、单乙酸基藨镰刀菌烯醇等，如图4-6所示。

HT-2毒素是T-2毒素在哺乳动物肠道内的初级代谢产物，并被吸收入血。

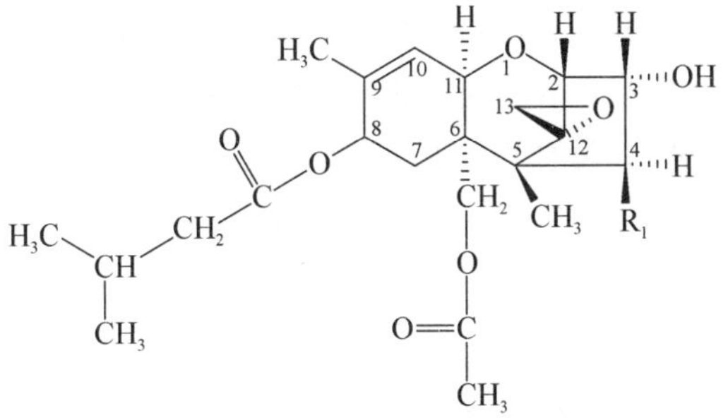

图 4-6　A 类单端孢霉烯族化合物（T-2：R_1 = OAc；HT-2：R_1 = OH）

2）物理化学性质

T-2 毒素为白色针状结晶，熔点为 150℃～151℃，难溶于水，易溶于三氯甲烷、醋酸盐、丙酮、乙酸乙酯等极性溶剂，在紫外灯下不显荧光。性质稳定，一般的食物烹调加热方法不能破坏其结构，在室温下放置 6～7 年或加热至 200℃持续 1～2 h毒力仍无减弱，碱性条件（如次氯酸钠溶液）可使之失去毒性，其氧环和双键被认为是活性单位[32]。

3）危害及作用机理

T-2 毒素可引起呕吐、腹泻、腹痛等记性中毒症状，还可引起心肌受损、胃肠上皮黏膜出血、皮肤组织坏死、造血组织破坏和免疫抑制、神经系统紊乱、心血管系统破坏等，严重的可引起死亡。具有致畸性，有较弱的致癌性。JECFA 第 56 次会议首次评价了 T-2 毒素和 HT-2 毒素，委员会在猪的 3 周喂养实验中改变白细胞和红细胞数量的剂量，即 T-2 毒素的 LOEL（每日 0.029 mg/kg）以及以 500 倍的安全因子为基础，得出 T-2 毒素的每日最大耐受摄入量为 60 ng/kg。

T-2 毒素的环氧环和双键被认为是毒性基团，当环氧环被打开后，毒素毒性作用基本消失，烷基侧链 $OCOCH_2CH(CH_3)_2$ 与毒力也有密切关系，主要作用于增殖活跃的细胞，如骨髓、肝、黏膜上皮和淋巴细胞等，抑制这些器官细胞蛋白质和 DNA 合成；其对淋巴细胞的损害最为严重，能引起淋巴细胞中 DNA 单链的断裂；能抑制细胞蛋白质及 DNA 合成，可作用与氧化磷酸化的多个部位，干扰生物体能量和脂质代谢，对生物膜功能及多种酶活性也有明显作用。此外，T-2 毒素还可引起机体过氧化损伤。

4.1.5　伏马毒素

伏马毒素是一组由串珠镰刀菌（fusarium moniliforme）、多育镰刀菌

(fusarium proliferatum)、轮状镰刀菌(fusarium verticillioides)和尖孢镰刀菌(fusarium oxysporum)等产生的真菌毒素，可导致马产生白脑软化症(ELEM)、神经性中毒，猪肺水肿，人类食管癌和肝癌等，国际癌症研究机构(IARC)1993 年将其归为 2B 类致癌物，主要污染玉米及玉米制品，在大米、高粱、面条、啤酒中也有存在。

1. 化学结构

迄今为止，已经鉴定到 28 种伏马毒素类似物，它们被分为 4 组，即 A、B、C 和 P 组。B 组伏马毒素是野生型菌株中产生量最丰富的，其中 FB_1 占了总量中的 70%左右，FB_1 的分子式为 $C_{34}H_{59}NO_{15}$，分子量为 721。FB_1 是所有伏马毒素中毒性最强的。B 组伏马毒素的化学结构是一个线型的 20 个碳原子的主链，轻基、甲基和丙三梭酸基等配基连接在主链的不同位置上[22]，如图 4-7 所示。

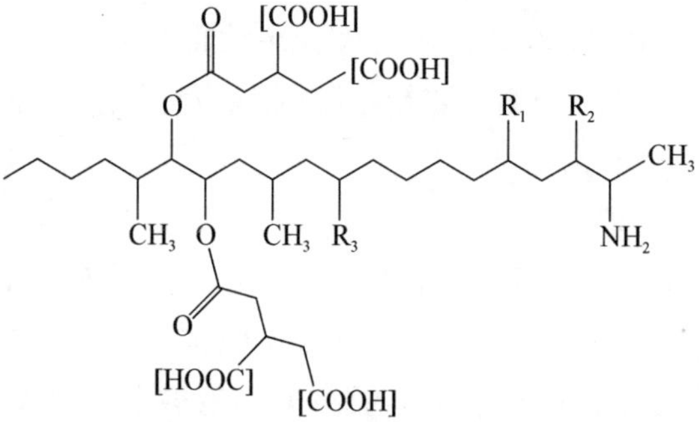

图 4-7 伏马毒素 $B_1 \sim B_4$(B_1: R_1 = OH; R_2 = OH; R_3 = OH; B_2: R_1 = OH; R_2 = OH; R_3 = H; B_3: R_1 = OH; R_2 = OH; R_3 = H; B_4: R_1 = H; R_2 = OH; R_3 = H)

2. 物理化学性质

伏马毒素为一种白色吸湿性粉末。因为有 4 个自由羧基、羟基和氨基，易溶于水；溶于乙腈-水和甲醇，不溶于氯仿、己烷。FB_1 和 FB_2 在－18℃能够稳定储存，在 25℃及以上温度稳定性将下降。在乙腈-水溶液(1∶1)中 25℃可以储存 6 个月。在甲醇中不稳定，可降解产生单甲酯或双甲酯。

3. 危害及作用机理

伏马毒素可导致马产生白脑软化症(ELEM)、神经性中毒，猪肺水肿，人类食管癌和肝癌等，国际癌症研究机构(IARC)1993 年将其归为 2B 类致癌物。

FB_1 主要通过抑制一些细胞酶活性的作用，如蛋白质磷酸酶(protein

phosphatase)、精氨基琥珀酸合成酶(arginosuccinate synthetase),其后果是抑制了鞘磷脂、蛋白质和尿素的代谢,从而导致中毒。FB_1 有致癌作用,致癌机制是髓鞘样碱基的堆积导致DNA的非时序性合成。另外,被FB污染的粮食常常伴有黄曲霉毒素的存在,这更增加了对人和牲畜危害的严重性。

据报道,发生在印度的急性腹痛、腹泻症的原因是伏马 B_1 中毒。又有报告认为中国的食管癌与伏马毒素有关,但由于众多的混杂因素尚未廓清,迄今并未为国际癌研究组织所认可。

4.1.6 麦角生物碱

麦角生物碱(ergot alkaloids, EA),简称麦角碱,是由麦角菌属(claviceps)侵染黑麦、大秒、小麦、裸麦、燕麦以及多种禾本科植物而产生的生物碱毒素。麦角毒素的毒性效应主要是外周围和中枢神经效应。麦角中毒的症状主要有两类,即坏疽性麦角中毒和痉挛型麦角中毒。麦角碱主要污染黑麦、小麦、大麦、燕麦、高粱等谷类作物及牧草,也污染粮食制品,如面包、饼干、麦制点心等。另外,在动物的奶、蛋中均发现有麦角碱残留[3]。

1. 化学结构

麦角碱的活性成分主要是以麦角酸为基本结构的一系列生物碱衍生物。目前已经从麦角中提取了40多种生物碱。天然的生物碱结构都是相似的,都有四核环-麦角灵(ergoline),在N6位甲基化,C8位被不同的取代基取代,这也是生物碱的不同之处。大部分麦角生物碱在C8、C9(A8,9 - ergolenes)或者在C9、C10(A9, 10 - ergolenes)有双键,新麦角烯(ergolene)派生物在C5、C10或者在C5、C8有两个不对称中心。由于在C8位有不对称原子,可发生异构化(由8R转变成8S)形成不具生理活性的差向异构体。根据在C8位的取代基的结构不同可将麦角碱分为4类:主要由雀稗麦角菌和C. fusiformis产生的棒麦角生物碱;简单麦角酸衍生物,由雀稗麦角菌产生;肽型生物碱,由黑麦麦角菌产生;酰胺类麦角生物碱(麦角它曼)。

2. 物理化学性质

麦角碱为白色结晶,具有碱的所有化学性质,与酸反应生成盐;对热不稳定,见光易分解,在紫外灯下发蓝色荧光且随光照时间的延长其荧光强度减弱;特异性的反应为与二甲氨基甲醛反应生产蓝色溶液。其中,麦角胺是一种肽型生物碱。分子式为 $C_{33}H_{35}N_5O_5$,无色晶体,熔点为213℃~214℃(分解),比旋光度 $-160°$(氯仿,C=1),易溶于氯仿、吡啶、冰醋酸,可溶于乙酸乙酯,稍溶于苯。麦角胺很不稳定，对光和空气都敏感，遇酸很易异构化。麦角胺盐酸盐的熔点为212℃(分解)；硫酸盐熔点为207℃(分解)；磷酸盐熔点为200℃(分解)。

3. 危害及毒性机理

麦角碱的危害非常广泛，主要为引起作物减产、人和家畜中毒，会造成巨大的经济损失。麦角毒素的毒性效应主要是外周围和中枢神经效应。麦角中毒的症状主要有两类，即坏疽性麦角中毒和痉挛型麦角中毒。坏疽性麦角中毒的症状包括剧烈疼痛，肢端感染和肢体出现灼焦和发黑等坏疽症状，严重时可导致断肢。痉挛性麦角中毒的症状是神经失调，主要包括麻木、抽搐、运动失协、呼吸困难、脉搏加快、流涎、呕吐、失明、瘫痪和痉挛等症状，有的还会感觉神经紊乱而出现幻觉。

麦角毒素的毒性效应根据其作用的位置可分成3组：外周围效应、神经体液的效应和对中枢神经系统的效应。最明显的外周围效应是可使子宫平滑肌的收缩，因此麦角生物碱可引起生育能力的降低和坏疽。该病在德国、爱尔兰、美国、英国等地均有报道，主要它发生于牛、猪、绵羊、家禽和马，而且也发生于人。畜禽发生中毒时，急性病例主要表现为无规则的阵发性惊厥、步态蹒跚、运动失调、有的视力减弱或失明、心律不齐等，重的昏迷死亡。慢性病例主要表现为神经末梢组织发生干性坏疽，表现出跛行，步态不稳的症状，重的发生腹泻。人食入麦角毒素后会引起呕吐、腹痛以及头痛、头晕、耳鸣、乏力等，重者知觉会发生异常。由于麦角中毒是人畜共患的疾病，所以在进行卫生评价与处理时要考虑中毒的方式、剂量、毒物在体内的代谢情况以及有无继发感染或并发症等。

麦角碱对神经受体有不良作用。麦角碱与α肾上腺受体结合可抑制β受体而使血管收缩，还可通过刺激多巴胺受体而抑制催乳素的分泌。麦角具有类似生物胺的物质，对生物胺受体有作用，因而可影响神经系统的传导功能[39]。

4.1.7 黄绿青霉素

黄绿青霉素（Citreoviridin, CIT）主要由黄绿青霉菌（Penicillium Citreoviridin)、棕蛙色青霉(P. ochrosalmoneum)、P. pulvillorum、P. fellalanum和P. charlessi等产生的具有生物活性的代谢产物，由Ushinshy于20世纪40年代首次发现并分离提纯。CIT是一种具有心脏血管毒性、神经毒性、遗传毒性的真菌毒素，其急性中毒症状主要有瘫痪、麻痹、呕吐和呼吸衰竭，主要污染稻谷、小米等[38]。

1. 化学结构

黄绿青霉素是黄色有机化合物，分子式为 $C_{23}H_{30}O_6$，相对分子质量为 402，化学结构如图 4－8 所示。

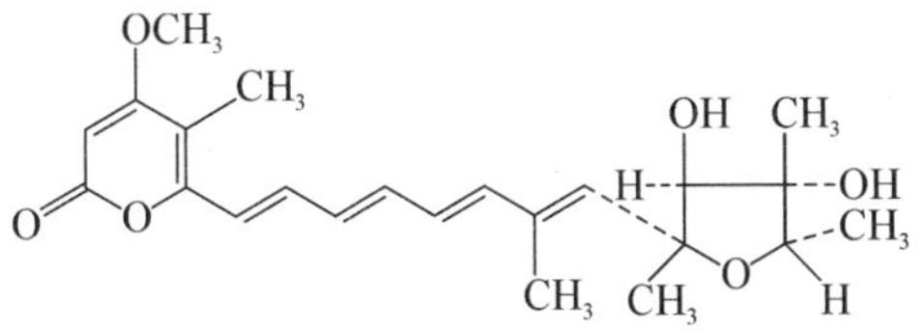

图4－8　黄绿青霉素

2. 物理化学性质

黄绿青霉素是黄色有机化合物，熔点为 107℃～111℃，易溶于乙醇、乙醚、苯、氯仿和丙酮，不溶于已烷和水，其紫外线的最大吸收为 388 nm。在紫外线照射下，可发出金黄色的荧光。CIT 被加热到 270℃时可失去毒性，经紫外线照射 2 h 也会被破坏其毒性[2]。

3. 危害及作用机理

黄绿青霉素具有心脏血管毒性、神经毒性、遗传毒性，其急性中毒症状主要有瘫痪、麻痹、呕吐和呼吸衰竭。CIT 对小白鼠的 LD50：静脉注射为 2.0 mg/kg；皮下注射为 8.3 mg/kg；腹腔注射为 8.2 mg/kg；口服为 29.0 mg/kg。

CIT 可抑制实验动物活动能力，出现自主运动减退，水平运动和垂直运动均减少。CIT 可导致小白鼠体温下降，出现痛觉减弱和强直。动物实验显示，CIT 可致兔的脑电图异常活跃，心血管产生毒性，心率降低，血压降低，呼吸衰竭。CIT 可致细胞 DNA 损伤，有一定的遗传毒性。用 CIT 做大鼠染毒试验，可见心肌坏死、线粒体破坏，与人类克山病相似。流行病学调查发现致病物质是通过当地产的小米、大米之类霉变的谷物进入人体的[6]。

4.1.8　串株镰刀菌素

串珠镰刀菌素(moniliformin，MON)是一种由镰刀菌产生的水溶性真菌毒素。已陆续发现共计有 18 种镰刀菌可以产生 MON，其中串珠镰刀菌和胶孢镰刀菌(fusarium. subglutinans)是玉米、水稻、小麦等粮食中常见的污染菌。串珠镰刀菌素对不同种动物皆具有急性毒性，按照毒理学急性毒性剂量分级标准评定，该毒素属于剧毒级，可致心脏病、克山病等，各实验动物以不同途径染毒后，均会在 1～2 小时内死亡[5]。

1. 化学结构

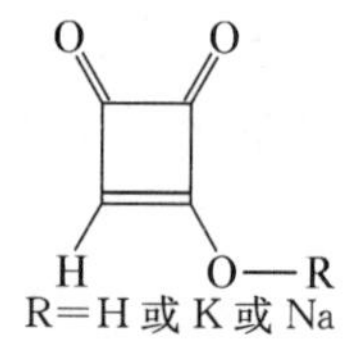

图 4 - 9　串珠镰刀菌毒素分子结构

串珠镰刀菌素是一种由镰刀菌产生的水溶性真菌毒素，分子式为 C_4HO_3R(R = H 或 Na 或 K)，化学名称为 3 -羟基环丁- 3 -烯- 1,2,二酮(3 - hydrox ycyclobutene - 1,2 - dione)，在自然界通常以钠盐或钾盐的形式存在[18]，分子结构见图 4 - 9。

2. 物理化学性质

MON 为淡黄色针状结晶，易溶于水和甲醇，不溶于二氯甲烷和三氯甲烷。紫外光谱在 230 和 260 nm 有最大吸收峰。红外光谱在 1 780，1 709，1 682，1 605，1 107 和 846 cm^{-1}均有吸收。

3. 危害及作用机理

MON 对动物有较强的毒性作用，属于剧毒级。主要作用于增殖活跃的细胞，如肝、脾、心肌、骨骼肌和软骨细胞，通过抑制细胞蛋白质 DNA 合成，干扰细胞分裂增殖，抑制丙酮酸脱氢酶(pyruvate dehydrogenase)的活性以及谷胱甘肽过氧化物酶(glutathione peroxidase)、谷胱甘肽还原酶(glutathione reductase)活性，引起机体过氧化损伤。中毒症状均出现渐进性肌无力、心跳加快、呼吸困难、发绀、昏迷直至死亡。病理学检查发现，病变主要在心肌。俄罗斯及非洲一些以玉米为主食的国家都有类似心肌损伤疾病的报道。

真菌毒素是粮油及其制品中常见的危害物质，它的污染量尽管是微量的，但是长期摄入必定引起或促进生物细胞的变性、坏死，引起肿瘤、心、脑血管疾病的多发，同时导致大量粮油食品的浪费。因此，必须加强真菌毒素检测、预防方面的研究工作，开展相应科普宣传工作，防止真菌毒素造成危害。

4.2　真菌毒素的代谢机制及产生条件(加工/贮藏过程中的生成/产生机制)

粮油食品在生产种植、收获储藏、运输加工过程中，因为遇到昆虫、啮齿类动物啃噬等生物性危害而造成粮粒损害，引发真菌感染，如果水活度(aw)>0. 65，且温度等其他条件适宜，真菌将大量繁殖并产生真菌毒素污染。真菌毒素在粮油食品中的污染不是单一的，而是多种毒素共存。在粮食中，真菌毒素有时被植物转化为对自身无害的隐蔽性毒素，无法用现有方法检测出来，这种物质被人和动物吸收后，在体内释放出来，造成危害。

4.2.1 真菌毒素产生的外在环境

真菌要产生真菌毒素，除了必须要求一定的水分和温度外，外在环境条件的刺激起到了重要作用，包括氧气、干旱、过涝、光照、碳源、氮源、pH值、真菌种间竞争。

1. 氧化应激与真菌毒素的生物合成

真菌是一类好氧生物，必须依靠氧气才能存活。在环境压力下，通过NADPH氧化酶和其他氧化酶作用（葡萄糖的呼吸作用和脂肪酸的代谢作用），真菌细胞会产生活性氧物质，这些物质统称为活性反应组分（reactive species，RS，如来自于不饱和脂肪酸的超氧阴离子、羟自由基、纯态氧、过氧化氢或者氧脂素）。RS在细胞内会造成氧化应激现象，对有机体是有害的。当RS积累发生后，可以观察到氧化剂和抗氧化剂之间的平衡被打破，造成细胞膜和新陈代谢诶的损害。细胞能耐受小量的氧化应激反应，细胞通过合成抗氧化剂合成酶来恢复氧化剂和抗氧化剂的平衡。细胞产生抗氧化剂分子（α-生育酚、抗坏血酸、胡萝卜素、还原性谷胱甘肽）和激活酶（过氧化氢酶CAT、谷胱甘肽过氧化物酶GPX、超氧化物歧化酶SOD）来抵抗过量的氧化剂。丝状真菌的氧化应激反应不仅基于抗氧化剂的刺激，当RS积累发生后，一些次级代谢产物通过真菌在形态和代谢转换期间合成。有报道称在粗糙链孢霉和寄生曲霉中，在孢子萌发为菌丝、菌丝转变为分生孢子的形态转变过程中有大量的RS产生，并且显示寄生曲霉在这过程中有真菌毒素的合成。当真菌毒素进入分化期（走向衰老的第一步），氧化大量发生，黄曲霉毒素（AF）合成途径的开始，氧化应激和AF的合成紧密相关。在这些研究中，研究者们间接论证了培养基中的氧化压力（≥200倍）能刺激AF的生物合成。

环境的氧化压力刺激AF的生物合成，而且影响其他真菌毒素的合成。在培养基中增加过氧化氢和二酰胺（一种向谷胱甘肽一样的硫醇氧化剂）将导致B型单端孢霉烯（TR）、DON、15-乙酰DON的生物合成。过氧化氢（H_2O_2）增加了TR基因的表达，刺激了DON、15-ADON的生物合成，向液体培养基中添加过氧化氢酶，清除过氧化氢，TRI基因表达被向下调控，毒素的生成减少。这种氧化压力和真菌毒素生物合成之间的关系在禾谷镰刀菌和大刀镰刀菌中也得到了确认。当使用阿魏酸和其他抗氧剂，黄曲霉、寄生曲霉产生的AFB_1、AFG_1减少了，轮枝样镰刀菌产生FB_1的量也同样减少了。在培养基中添加氢过氧化油酸（HPODE），增加了赭曲霉产生赭曲霉毒素。酒盒红色浆果中的天然抗氧化剂抑制了脂氧化酶、环化酶的酶活，从而抑制了赭曲霉产生OTA。通过向受伤的苹果中添加从香菇中提取的抗氧化剂和栎皮酮、7-羟基香豆素抗氧化剂，能抑制青霉合成PAT毒素[34]。

2. 光对次级代谢调控的影响

真菌对光也有反应(光响应)。构巢曲霉在有光的情况下形成无性孢子，在黑暗条件下形成闭囊壳。在有性期，天鹅绒基因veA(调控有性/无性的关键因素)增加。有光时，光减弱了将veA转入细胞核的能力，仍停留在细胞质中；无光时，veA能进入细胞核，调控光依赖发育和杂色曲霉素(ST)的生物合成。当没有光时，一种名叫velvet的三聚复合物(VelB-VeA-LaeA)负责发育和代谢的同步改变。VelB在真菌中是一种保守蛋白，与VeA有18%的相同氨基酸，但没有细胞核型定位标志。VeA和VelB形成复合物后，可以将VelB转入细胞核。VeA将VelB桥接细胞核的次级代谢调控者LaeA。现在还不清楚光信号是怎样传到VeA的。可能有三个因素，植物色素FphA和两个蓝光受体系统LreA和LreB，但它们之间的连接还不完全清楚。如何准确建立这种关系是种挑战。必须提到的是，光也是氧应激反应(如纯态氧)的发生器，这些氧化物由于光的原因可能与真菌毒素相关。

3. 营养因素对真菌毒素生物合成的影响

营养物质特别是碳源和氮源影响AF的生物合成。脯氨酸、天门冬氨酸、色氨酸可以增加寄生曲霉合成AFB_1、AFG_1。然而，色氨酸导致黄曲霉产生的AFB_1减少了33%。色氨酸在寄生曲霉中扮演的是向上调控的角色，在黄曲霉中扮演的是向下调控的角色。一些氮源在转录水平上对赭曲霉产生OTA可能没有积极作用，反而有抑制效果。然而醋酸铵的存在并不有助于与OTA相关的聚酮合成酶(pks)的表达水平。不过，这个化合物导致了OTA产量的增加，这为由于环境存在的后转录调控提供了线索。

碳源对AF和OTA生物合成的影响也是相互矛盾的。决定碳源是否有助于真菌生长和AF产生的关键因素就是磷酸己糖途径和糖酵解途径。经研究已经确认了一套基因(包括*enoA*、*pbcA*基因)，前者与烯醇脢有较高的同源性，后者与丙酮酸脱羧脢有同源性，这些基因在补充蔗糖时是正向调控。增加不同的单糖在OTA的生物合成中却有相反的结果。然而乳糖存在提升了OTA的生物合成；葡萄糖对OTA的生物合成起抑制作用。

4. 环境因素影响真菌毒素的生物合成

水活度、温度、pH值等环境因素，严重影响真菌毒素的生物合成，如OTA、TR、AF的生物合成。除水活度、温度、pH值以外，当杀真菌剂浓度不够时，也会促进真菌毒素的生物合成。环境因素在真菌毒素生物合成的转录水平上起到作用。例如镰刀菌,杀真菌剂提高了 *tri5* 基因(TR 生物合成途径的关键基因)的表达。在温和的条件下(0.95 aw, 20℃、pH 值为 5.0),毒素生物合成基因的表达和毒素的产生都很低,尽管调节真菌毒素的基因簇处在优化或温和应激条件下。这个结果可以用触及代谢是真菌最佳生长率的表征来解释。能源和前体转向初级结构导致了真菌毒素基因簇开关的延迟。温度对 AF 合成的影响比 pH 值大得多。pH 值低于 4.0 对真菌毒素合成是必须的,pH 值越低,真菌毒素的产量越高。曲霉的真菌毒素合成和孢子形成都受 pH 值影响。pH 值对毒素生物合成效果也受生长培养基成分的影响。pH 值在 FB_1 的生物合成中也起重要作用。FB_1 合成的最佳 pH 值为 4.0~5.0,由于淀粉降解而使衰老玉米组织呈酸性,FB_1 产生。

5. 气候变化对真菌毒素的影响

气候变化影响食品中真菌毒素,这种影响因素包括温暖的天气,热浪,冰雹和干旱。农作物受湿度影响产生真菌毒素比受温度影响产生真菌毒素更复杂。在世界各地区,包括非洲、欧洲、亚洲、北美洲、拉丁美洲等,真菌毒素的污染主要由气候原因造成。增加真菌毒素、UV 照射,都有可能导致真菌变异,从而产生不同的真菌毒素。

4.2.2 黄曲霉毒素

黄曲霉的产生菌黄曲霉、寄生曲霉是中温型微生物,生长与产毒的温度一般在 19~35℃之间,28℃为最适生长温度,水活度为 0.73 时也能生长;水活度为 0.85, pH 值为 6 左右,28~30℃时产生黄曲霉毒素。培养基质不同,黄曲霉的产毒条件有不同。

1. 生物合成

黄曲霉毒素生物合成途径是一个极为复杂的过程,至少经过 23 步酶促反应,由 24 个结构基因和一个调控基因 *aflR* 控制,这些基因组成一个约 70 kb 的基因簇。黄曲霉毒素 B_1 和 G_1 的化学结构均含有二氢二呋喃环,黄曲霉毒素 B_2 和 G_2 的化学结构均含有四氢二呋喃环。合成黄曲霉毒素 B_1 和 G_1 的前体均为 O-甲基杂色曲霉素(OMST),而合成黄曲霉毒素 B_2 和 G_2 的前体均为二氢-O-甲基杂色曲霉素(DHOMST)。杂色曲菌素 B 是合成 O-甲基杂色曲霉毒素与二氢-O-甲基杂色曲霉素的共同前体。黄曲霉毒素生物合成的初级阶段类似于脂肪酸的生物合成,即乙酰 CoA 作为起始单位,而丙二酸单酰 CoA 作为延长单位,在聚酮化合物合成酶(PKSA)催化作用下形成黄曲霉毒素的聚酮骨架,具体流程如下:

乙酰 CoA→己酰 CoA→降散盘衣酸(norsolorinic acid)→奥弗尼素(averantin)→奥弗尼红素(averufin)→杂曲半缩醛乙酸(versiconal hemiacetal acetate)→杂曲霉素(versiconal)→杂色曲霉素 B→杂色曲霉素 A→杂色曲霉素→O-甲基杂色曲霉素→AFB_1、AFG_1→杂色曲霉素 B→二氢杂色曲霉素→二氢 O-甲基杂色曲霉素→AFB_2、AFG_2[17]。

2. 生产、储藏、加工环节的产生情况

黄曲霉属于高温(19～35℃)高湿菌,农作物在田间生长期时,很难发生黄曲毒素污染;但是在收获、储藏过程中,如果环境长时间湿度大、温度高,极易发生黄曲霉的繁殖和黄曲霉毒素的产生。在加工环节,由于高温高湿环境时间较短,黄曲霉的生长周期长,产生黄曲霉毒素的几率下降,如图 4-10、图 4-11 所示。黄曲霉产生 B 类黄曲霉毒素,寄生曲霉产生黄曲霉毒素 B 和 G。40%的黄曲霉产生黄曲霉毒素,所有的寄生曲霉都产生毒素。

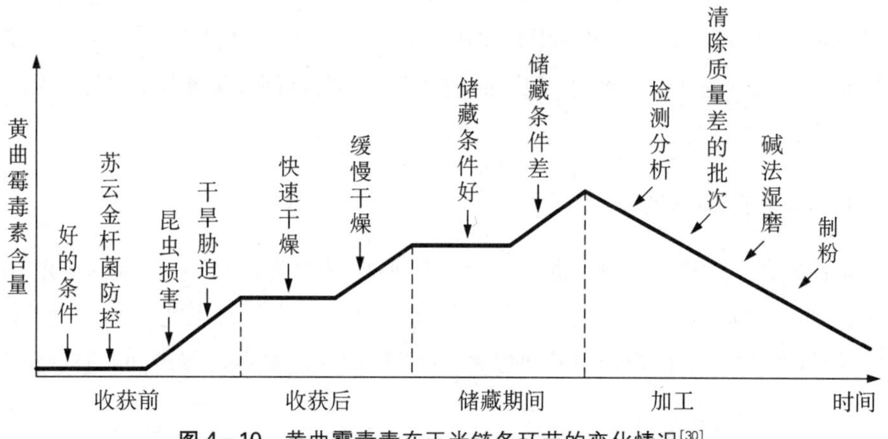

图 4-10 黄曲霉毒素在玉米链各环节的变化情况[30]

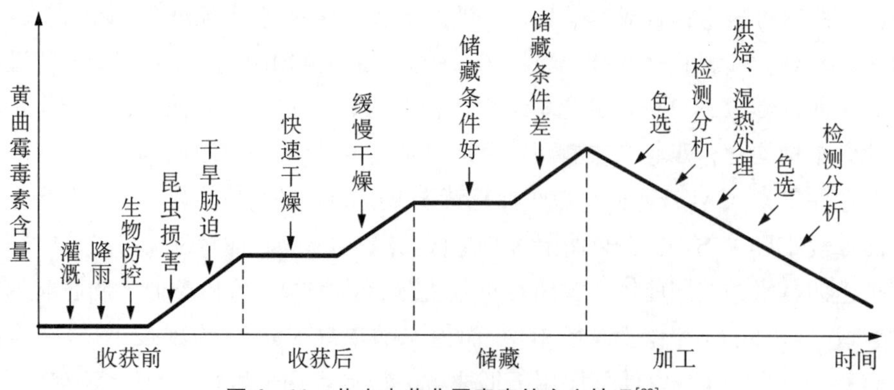

图 4-11 花生中黄曲霉毒素的产生情况[30]

粮食在产前和产后都会发生黄曲霉毒素污染，产前很少发现黄曲霉毒素污染。稻谷生长在水中，黄曲霉在稻谷生长过程中很少发生。新收获的稻谷和糙米也很少发生黄曲霉的污染。但是在收获后，在由湿变干的过程中，黄曲霉的感染增加，黄曲霉毒素产生更容易，如图 4 - 12 所示。田间玉米易受不同的飞行昆虫的啃噬，因此易发生黄曲霉毒素污染；苏芸金杆菌玉米具有抗虫性，能有效地减低黄曲霉毒素的污染。产后，非洲的玉米水分很低，很少受黄曲霉毒素的污染。在东亚和东南亚，收获玉米水分高，易发生黄曲霉毒素污染。在中国北部，由于极度低温的原因，发生黄曲霉毒素污染的风险较小。储藏期间，如果粮食储藏在条件优良的仓房中，不易发生黄曲霉毒素的污染。在一些发展中国家，由于储藏条件差，使用不保温的金属仓、漏雨屋顶、泥土地面、户外木制仓，都会增加黄曲霉毒素污染的风险。

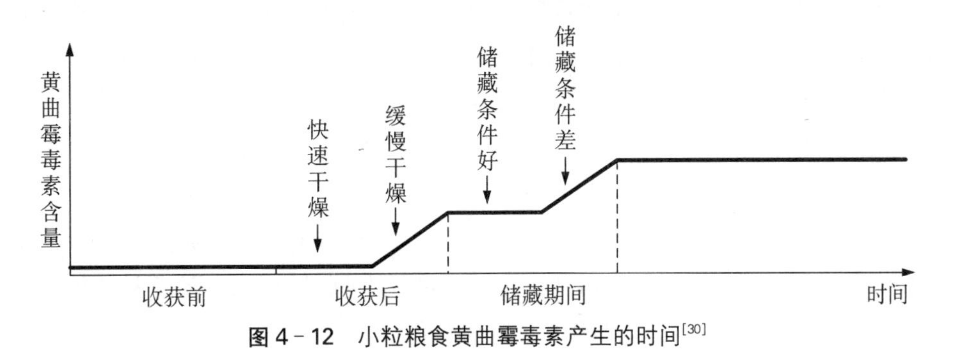

图 4 - 12　小粒粮食黄曲霉毒素产生的时间[30]

粮油食品加工过程中，黄曲霉毒素污染的风险很少增加，同时，通过检测技术，可以有效避免原料带来的黄曲霉毒素风险。但是，霉菌发酵加工的食品，如果菌种和发酵条件控制不好，黄曲霉毒素污染的风险会增加。碱化湿磨法有利于减少玉米中黄曲霉毒素的量。

4.2.3　赭霉毒素 A

赭曲霉毒素 A 产生的最适温度为 20℃，次为 15℃，再次为 30～37℃，相比之下，30℃是霉菌的最适生长温度。炭黑曲霉纯种培养显示，水活度为 0.92～0.99 时，赭曲霉毒素 A 将产生，在水活度为 0.95～0.99 时有最大积累。杀真菌剂和防霉剂能降低赭曲霉毒素 A 污染的风险，CO_2 对赭曲霉毒素的产生也有影响[21]。

1. 生物合成途径

研究发现,OTA 的苯基丙氨酸部分来自于莽草酸途径,二氢异香豆素部分来自于聚五酮途径。异香豆素聚酮化合物合成的第一步是一个乙酸盐基团和四个丙二酸盐基团缩合在一起,该步反应需要聚酮合成酶的活化。聚酮化合物长链经过形成内酯环和羰基化修饰,并由氯化物过氧化物酶将氯原子加入形成 OTα,最后,OTA 合成酶催化 OTα 连到苯基丙氨酸,合成 OTA。O'Callaghan 等通过抑制消减杂交 PCR 克隆得到 OTA 生物合成途径中的 *pks*(*polyketide synthase*)基因,并通过 RT - PCR 研究发现,pks 基因只有在毒素合成的早期且 OTA 允许的环境下才能表达[41]。

2. 生产、储藏、加工过程中赭曲霉毒素 A 的产生情况

在粮油及其制品中,产生赭曲霉毒素 A 的主要是纯绿青霉、碳黑曲霉和黑曲霉。在欧洲和加拿大,产生赭曲霉毒素 A 的主要是纯绿青霉。在非洲的玉米等谷物中检测到 OTA,主要是由碳黑曲霉或黑曲霉(A. niger)产生,但污染风险比黄曲霉毒素和伏马毒素小。

欧洲小粒谷物赭曲霉毒素 A 的产生情况如图 4 - 13 所示,产前,很少发生粮食受纯绿青霉侵染而产生 OTA 污染的风险。产后,如果空气湿度和粮食水活度足够,温度适宜,小麦、大麦、玉米会增加 OTA 污染的风险。在亚洲,如中国,粮食在储藏期间不易发生 OTA 污染。在加工过程中,加强粮油食品原料的检测和过程控制,OTA 污染的风险几乎不会增加。

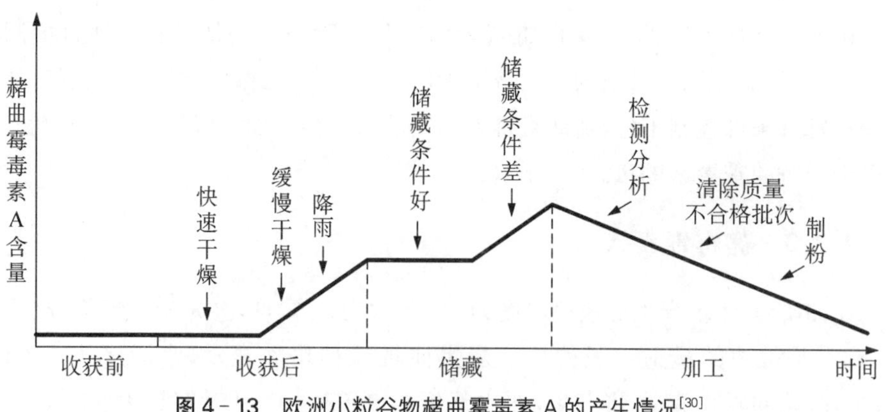

图 4 - 13 欧洲小粒谷物赭曲霉毒素 A 的产生情况[30]

4.2.4 玉米赤霉烯酮

水活度>0.97,温度为 20℃～25℃,是玉米赤霉烯酮(ZON)的最佳产毒条件。

有报道显示:用禾谷镰刀菌(fusarium graminearum)研究在不同的水活度、温度和培养时间下该菌产生 ZON 情况,在培养 35 d 后都得到了最大的毒素量,获得最高 ZON 产量的条件是在 28℃时培养 16 d 后,再 12℃培养至 35 d (36.7 mg/kg)。当培养温度恒定在 28℃,到第 35 d ZON 的产生量(3.0 mg/kg)明显低于 22℃培养的产量(12.3 mg/kg)。在 37℃条件下禾谷镰刀菌不能产生 ZON,温度对 ZON 产生的影响见表 4-4[35]。

表 4-4 玉米培养基上禾谷镰刀菌产生 ZON 的条件

培养时间(d)	培养温度(℃)以及 ZON 和 DON 的产量(mg/kg)			
	22	28	28+12	37
	ZON	ZON	ZON	ZON
14	2.3	1.2	—	ND
21	4.5	2.8	13.1	ND
28	12.0	2.8	35.7	ND
35	12.3	3.0	36.7	ND
42	11.8	0.7	30.3	ND
49	6.8	0.5	28.3	ND
56	4.2	0.2	27.8	ND

注:ND 表示未检出,—,未分析。

1. 生物合成机制

在玉米赤霉中,从乙酰辅酶 A 开始,逐步增加 8 个丙二酰-辅酶 A 的乙酰基,在聚酮合成酶(Polyketide Synthase, PKS)催化下,形成一个聚酮化合物链,最终合成 ZON。Erik 等研究表明:对于 ZON 生产,有 4 个基因产物必不可少,它们是两个聚酮化合物合成酶(PKSs) PKS4 和 PKS13,乙醇氧化酶 FG12056 和转录因子 FG02398[24]。

2. 生产、储藏、加工中的产生情况

粮食产生玉米赤霉烯酮污染主要发生在田间,在收获且干燥后,以及食品加工过程中,很少发生玉米赤霉烯酮污染。玉米在种植生长期间,造成玉米赤霉烯酮污染的因素是多方面的,主要包括土壤、种子、由风传播的外地区污染,成熟期的玉米由于昆虫、鼠等啃噬引起玉米籽粒破损,也会增加感染真菌的几率,增加玉米污染玉米赤霉烯酮的风险;污染主要发生在扬花期、灌浆期的花穗和果穗上。玉米在种植期间(田间)污染源较多且不易防控,如果遇上阴雨天气,很容易造成大规模的玉米赤霉烯酮污染。

玉米收获后，在干燥储藏期，由于得不到及时干燥，或者储藏期间降水量大，储藏条件不好等原因，极易继续发生玉米赤霉烯酮污染。如中国北方地区，玉米收获后储藏在户外，如果为地趴粮、玉米堆等简易储藏方式，链孢菌将继续繁殖（低温高湿），从而导致玉米赤霉烯酮污染。如果用玉米篓、储粮仓等有利于通风降水的储藏方式，玉米水分下降较快（2 个月就可以下降到 15%左右），在温度较低时（从农户储藏开始的每年 10 月中旬到次年的 2～3 月份，温度长期低于 4℃），镰刀菌不会生长，玉米赤霉烯酮污染风险不会增加，如图 4－14 所示。在中国南方地区，玉米赤霉烯酮的发生主要是因为遇到长期高湿天气（每年的 9 月份左右，南方温度已经下降，且经常下雨），玉米得不到及时干燥，也易发生玉米赤霉烯酮污染。

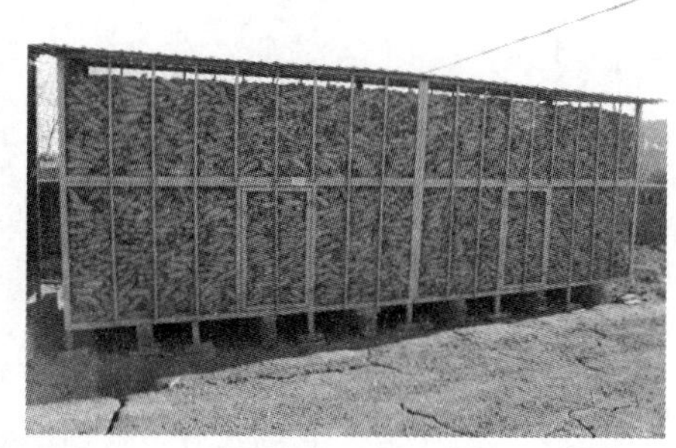

图 4－14　中国北方玉米的不同储藏方式

中国玉米在北粮南运过程中，由于发生水分转移、温度升高等，链孢菌也会增殖，导致玉米赤霉烯酮污染风险增加。加工过程有利于降低玉米赤霉烯酮污染的风险。

4.2.5　单端孢霉烯族化合物

1. 脱氧雪腐镰刀菌烯醇

镰刀菌产生 DON 和 NIV 的水活度范围为 0.995～0.95，生长的水活度维持在 0.90aw。最佳条件是 25℃下，水活度分别为 0.995 和 0.981，大致相当于粮食水分为 30%和 26%。在 25℃时产生的毒素比 15℃高（整个实验为 40 d）。杀真菌剂（fungicide）在一定的条件下有可能刺激毒素的产生。根据数据显示，禾谷镰刀菌的最适生长水分活度是 0.88，而黄色镰刀菌是 0.87。Martins 等研究发现，DON 的最适繁殖温度是 22℃～28℃，37℃条件下镰刀霉菌不会产生 DON，镰刀菌产生毒素的湿度为 40%～50%，例如，在中国沿淮地区以及长江中下游地区阴雨天较多，DON污染情况最严重，这就说明了DON毒素容易在多雨水的地区繁殖。如果适当控制温度为室温，降低谷物的水分含量则可以达到降低DON含量的目的。用禾谷镰刀菌（fusarium graminearum）研究在不同的水活度、温度和培养时间下该菌产生DON情况。这两种毒素在培养35 d后都得到了最大的毒素量。在35 d后，能够使菌株产生更多DON的温度条件是22℃和28℃（分别为6.0和5.5 mg/kg）。在28℃培养16 d后，再在12℃时培养16 d，DON的产量较低（为1.1 mg/kg）。在37℃条件下禾谷镰刀菌不能产生DON如表4－5所示。

表4－5 玉米培养基上禾谷镰刀菌产生DON的情况[35]

培养时间(d)	培养温度(℃)以及DON的产量(mg/kg)			
	22 DON	28 DON	28＋12 DON	37 DON
14	—	—	ND	ND
21	2.6	2.2	0.6	ND
28	0.7	2.3	0.9	ND
35	6.0	5.0	1.1	ND
42	4.5	4.4	0.9	ND
49	4.0	4.0	0.5	ND
56	3.7	3.8	0.3	ND

注：ND表示未检出。

1）生物合成机制

目前已知至少有10个基因参与单端孢霉烯族类毒素的生物合成，并且这10个基因紧紧围绕*tri5*基因排列在1个长约25 kb的DNA片段上形成基因簇。*tri6*基因有一个651 bp的开放读码框（open reading frame，ORF），不含有内含子，它编码一个含有217个氨基酸、分子量为25 327Da的蛋白质。实验表明，即使加入6种不同的中间产物，拟枝孢镰孢的*tri6*－菌株也不能产生单端孢霉烯族类毒素，只积累少量的单端孢霉二烯，这说明*tri6*－菌株的所有编码催化这些中间产物反应的酶基因的转录受阻，因此，*tri6*基因被认为是所有单端孢霉烯族类毒素生物合成有关基因的正调控因子，但实验也证明，在缺少*tri6*基因产物时，还存在可以激活*tri5*基因进行低水平转录的其他转录因子[37]。

2）在生产、储藏、加工中的产生情况

农作物在生长成熟期间，特别是扬花期，如果遇到高湿天气，极易发生脱氧雪腐镰刀菌烯醇的污染。在储藏加工过程中，由于温度或水活度的原因，不易发生DON的污染，如图4－15所示。

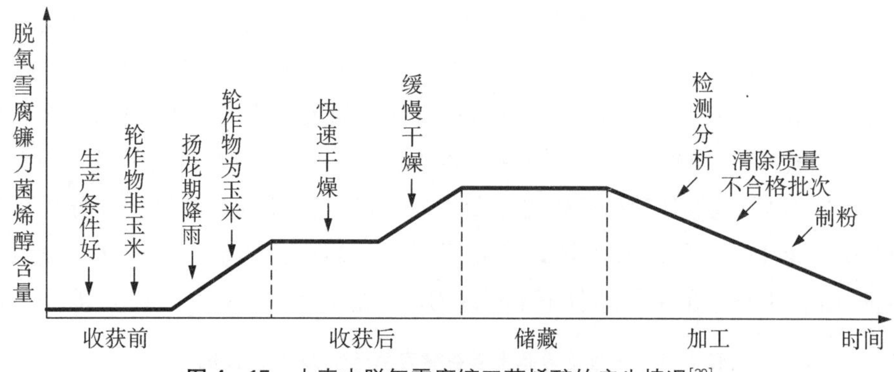

图 4-15　小麦中脱氧雪腐镰刀菌烯醇的产生情况[30]

镰刀菌感染农作物后，在温度逐渐回升、雨水足够充足的条件下，DON 大量产生。雨水多则增加赤霉病的风险，扬花期过度湿润也将增加赤霉病的污染。在适宜的天气情况下，上季种植玉米，将增加小麦发生赤霉病的风险。小麦生长的早期需要雨水，但在成熟期需要天气热、干燥。呕吐毒素和雪腐镰刀醇在较冷且潮湿的环境下易产生。昆虫的啃噬在田间不会明显造成小粒粮食的感染。收获后，高湿(雨水和大雾)将增加 DON 和 NIV 的浓度。禾谷镰刀菌只能在水活度大于 0.9 的条件下生长，因此一旦水活度小于 0.9，DON 和 NIV 的代谢将中止。储存条件也为一个影响因素。在储藏期，因为粮粒的水活度小于 0.9，DON 和 NIV 不会增加。在粮食加工过程中，通过外观检测、镰刀菌检测、赤霉病粒检测等，可以有效控制 DON 的污染，如果超标但又适合作动物饲料，则可以转做饲料。

2. T-2 毒素

自然界多种农作物致病菌可以产生 T-2 毒素，其中多来自镰孢菌属，如拟孢镰刀菌(*fusarium Sporotrichoides*)、枝孢镰刀菌(*fusarium Sporotrichiella*)、梨孢镰刀菌(*fusarium Poae*)和三线镰刀菌(*fusarium tricincutum*)等。产毒能力随真菌种类不同而异，同时受环境因素的影响。真菌在玉米和黑麦中产毒能力最强，其次为大麦、大米和小麦。玉米上的镰刀菌霉最初出现时是白色的，一段时间后可能出现粉色至微红，经常在穗尖出现，壳和穗柄出现蓝黑色的斑点表示被霉污染。枝孢镰刀菌的最适产毒环境为湿度为 40%～50%，温度为 3～7℃。三线镰刀菌在相对湿度为 80%～100%，且低温条件下产生 T-2 毒素。三线镰刀菌株在 5℃～20℃时产毒能力随温度上升而下降。镰刀菌产毒与温度、湿度和环境值关系极为密切，总的产毒趋势是变温>低温>高温；高水分含量>低水分含量；

酸性＞碱性。

农作物在田间期间，如果被镰刀菌侵染，同时遇到高湿气候，极易发生 T-2 毒素污染。粮食及其制品在加工、运输、贮存、过程中，遇到合适的条件，镰刀菌生长繁殖也会引起 T-2 毒素的污染。未经干燥的粮食含水量高，易于发霉。粮食及时收割晾晒，控制其湿度，使贮存时的含水率小于 14%，是防止 T-2 毒素产生的关键。在加工期间，如果周期较长，又没有良好的控制措施，易发生 T-2 毒素的污染。良好的储藏条件是控制镰刀菌侵染繁殖和 T-2 毒素产生的良好措施。

4.2.6　伏马毒素

在轮枝镰刀菌中，最适合产生伏马毒素的 pH 值环境是 3～3.5，pH 值高于 3.5 能促进轮枝镰刀菌生长但抑制伏马毒素的生物合成。此外，外界环境的碳氮比在伏马毒素生产调控上也具有重要作用。分析表明，糖与伏马毒素的产生存在一定的正相关，外界糖浓度的增加有利于伏马毒素的生物合成。相反，氨基酸等氮源与伏马毒素的生产存在显著的负相关；当改用铵盐作为氮源时，同样表现为高浓度抑制伏马毒素的产生。基因分析表明，在低氮的条件下，FUM1 和 FUM8 等 FUM 家族基因表达水平明显增加，这进一步验证了在氮饥饿情况下，更容易诱导 FUM 基因的表达，从而增加伏马毒素的产量。还有研究指出，支链淀粉含量也是影响轮枝镰刀菌伏马毒素合成的重要环境因素，高支链淀粉含量有利于伏马毒素的产量增加。然而，外界环境的碳、氮等营养原料的改变与 pH 值变化具有怎样的相互关系，又是如何具体参与到伏马毒素的生物合成和调控过程等，则需进一步研究。

1. 伏马毒素的生物合成机制

伏马毒素的生物合成起始于 Fumlp 催化的碳链的组装，之后是 Fum5p 催化的丙氨酸的缩合，产生的中间产物能进一步被 Fum6p 和其他酶氧化。根据这些研究结果，提出了伏马毒素生物合成途径的假设，这一途径分为 4 个阶段，第一个阶段是乙酰辅酶 A，丙二酰辅酶 A 和 S 腺苷甲硫氨酸在重复元件聚酮化合物合成酶 Fumlp 的催化下，通过聚酮机制组装成双甲基化的碳主链(C-3 到 C-20)，聚酮化合物合成酶是参与合成包括抗生素、抗癌药物、免疫抑制剂和降胆固醇药物在内的许多代谢产物的多功能酶或单功能酶复合体。第二个阶段是在丝氨酸-十六酰基转移酶(α-氧代胺合成酶)同系物 Fum8p 的催化下，丙氨酸与聚酮主链脱梭缩合产生含一个 3-酮基团的 20 碳中间产物。第三个阶段是 3-酮中间产物的氧化还原反应，包括 Fum13p 催化的从 3-酮到 3-羟基的立体专一性还原，以及分别在 C-14，C-15，C-10 位置上被 P45O 单加氧酶(Fum6p，Fum12p 和 Fum15p)羟化，最后一步是在非核糖体肽合成酶复合体(Fumlop-Fum14p-Fum7p，在体内可能还需要假定的三梭酸盐运输蛋白参与)催化下，在 C-14 和 C-15的羟基上加三羧酸基团，实现轻化中间产物的酯化。与聚酮化合物合成酶一样，非核糖体肽合成酶也是参与合成众多具生物活性代谢产物的多功能酶或单功能酶复合体，当 Fum3p 催化 c-5 位置加上最后一个羟基后生物合成过程就完成了[10, 23]。

2. 伏马毒素在生产、储藏、加工中的产生情况

串珠镰刀菌等镰刀菌产生伏马毒素的条件是低温和高湿。因此，农作物在田间生长期间，如果遇到高湿天气，极易发生伏马毒素污染。在储藏、加工过程中，粮食及食品水分如果大于 14%，且被镰刀菌侵染，又没有采取有效措施，也会发生伏马毒素的污染，如图 4-16 所示。

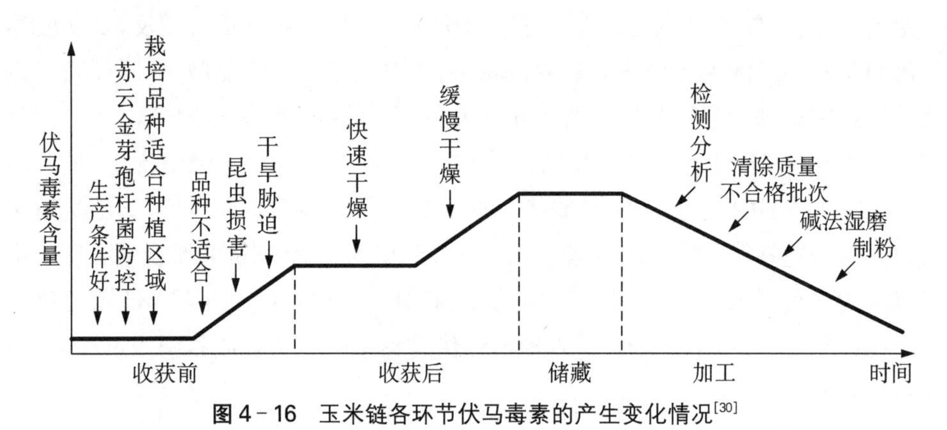

图 4-16 玉米链各环节伏马毒素的产生变化情况[30]

轮枝镰孢菌在玉米中是常见菌，经常发生污染。在玉米生长较好的情况下，该菌能与玉米共生，几乎对玉米粒不造成伤害，也不形成伏马毒素。然而，在干旱胁迫和昆虫啃噬情况下，链孢菌大量繁殖，产生伏马毒素。Bt 抗性玉米能抑制鳞翅类昆虫繁殖，在一些地方该昆虫是主要的玉米粒损害生物。快速干燥对抑制伏马毒素的产生非常重要，因为链孢菌在水活度低于 0.9 后生长繁殖将停止，因此一旦籽粒水分下降到这个指标以下，伏马毒素的产生也将中止。由于储藏期间的水活度一般低于 0.9，因此伏马毒素在储藏期间一般不产生。即使因为雨水等原因导致高水活度，其他微生物的竞争也会防治伏马毒素的产生。磨粉、胚芽和麸的分离都可以增加玉米淀粉的可食用性(伏马毒素不造成危害)。碱化湿磨法能

去除黄曲霉毒素和伏马毒素。

4.2.7 麦角生物碱

麦角生物碱由麦角菌(claviceps purpurea)产生。在黑麦开花期,麦角菌在风力、昆虫的作用下在农作物花蕊中侵染,在适合的条件下,产生麦角碱。

1. *麦角生物碱的生物合成机制*

胡晨曦等报道,麦角碱生物合成首先是合成麦角灵环,由乙酰辅酶A生成的甲戊二羟酸(MVA)是生物碱合成的起始物,进而形成焦磷酸二甲烯丙酯,在二甲烯丙基色氨酸合酶(dimethylallytrytophan synthase, DMATS)催化下与L-色氨酸发生环合得到二甲烯丙基色氨酸(dimethylallytrytophan, DMAT)。DMAT在甲基转移酶催化下发生N-甲基化,之后脱羧并环合形成裸麦角碱(chanoclavine-1),再经氧化、环合得到田麦角碱(agoclavine)。田麦角碱在田麦角碱-17-单加氧酶催化下形成野麦角碱(elymoclavine),而后经野麦角碱-17-单加氧酶作用形成雀稗草酸(paspalic acid),雀稗草酸可自发地异构化成D-麦角酸(D-lysergic acid),至此已完成麦角灵环的生物合成。在雀稗麦角菌菌株中,生物合成途径在形成D-麦角酸之前终止,其终产物为棒麦角碱类,多为田麦角碱和野麦角碱及其衍生物。而雀稗麦角菌和黑麦麦角菌的生物碱合成途径则继续下去,从D-麦角酸合成麦角酰胺类或麦角肽碱。麦角肽碱衍生自D-麦角酸-三肽内酰胺前体。它是从D-麦角酸开始构建,在一种典型的非核糖体肽合成酶(non-ribosomal peptide synthetase, NRPS)——D-麦角酸肽合成酶催化下将氨基酸逐个加上去[3]。

2. *麦角碱在生产、储藏、加工中的产生情况*

麦角生物碱是由麦角属的一些菌侵染谷物后产生的代谢产物,可污染小麦、大麦、黑麦、大米、小米、玉米、高粱和燕麦等谷物。谷物扬花期,如果遇到携带有麦角菌的昆虫授粉,麦角菌菌丝体将感染谷物的花,并植入花的子房和母体结构的周边,继续繁殖为菌核,从植株上掉到土壤中过冬,或者随谷物种子收获回家,进入谷物中,导致麦角生物碱中毒。粮油食品在储藏加工过程中增加麦角生物碱污染风险的可能性较小。注意加强原料检测和麦角去除工作,将有效地避免麦角生物碱的危害。

4.2.8 串珠镰刀菌素

已陆续发现共计有18种镰刀菌可以产生MON,其中串珠镰刀菌和胶孢镰刀菌(*fusarium*. *subglutinans*)是玉米、水稻、小麦等粮食中常见的污染菌,曾报道一株胶孢镰刀菌在玉米固体培养基25℃培养5周时产毒量高达33.7 g/kg培养物。

决定MON产生及产量的主要因素有菌株、基质、温度和时间等。串珠镰刀菌和串珠镰刀菌胶胞变种产MON量最高。同一菌种,不同的菌株,产毒量也不同。培养基质不同,产毒量有差异,玉米粒基质产毒量最高。MON产生菌一般在25℃时培养21 d为宜,但镰形镰刀菌在34℃时产毒量最高,另外培养过程中间断性低温可诱导产毒。MON主要污染玉米等粮食作物,在自然界污染严重。

4.3 真菌毒素的检测技术

粮油食品中常见对人和动物产生危害的真菌毒素主要有黄曲霉毒素B_1、赭曲霉毒素A、玉米赤霉烯酮、伏马毒素、脱氧雪腐镰刀菌烯醇等,它们的结构和性质不同,检测方法也有差异。随着科学技术的进步,真菌毒素的检测方法也在发生变化。主要有薄层色谱法(TLC)、酶联免疫法、液相色谱法、气相色谱法、液质联用法、气质联用法、毛细管电泳法、荧光分光光度法、紫外分光光度法、胶体金试纸条法、生物传感器(生物芯片)检测法、X光射线法、近红外光谱法等。根据应用的不同,可分为快速筛查法和实验室准确定量法。

根据粮油食品存在多毒素协同污染的现象,基于液相色谱-质谱联用技术,开发了多毒素同时检测的方法。方法具有极高的检测灵敏度,并且它的前处理比较简单,不需进行费时的衍生化步骤,结果准确可靠,在食品中真菌毒素检测上应用广泛。

毛细管电泳技术是20世纪80年代发展起来的一种新型液相分离技术,它融合了HPLC和常规电泳两项技术的优点,具有快速、自动化、可有效分析复杂成分等特点。

胶体金试纸法。金标试纸法是利用单克隆抗体而设计的固相免疫分析法,由此产生的一步式黄曲霉毒素快速检测试纸可在10 min左右完成对样品中黄曲霉毒素(AF)的定性测定。

此外,生物芯片分析法和噬菌体展示技术等分子生物学技术应用于食品中真菌毒素检测的研究,近年来不断有新的成果出现并显示出广阔的应用前景。

4.3.1 黄曲霉毒素

目前AF的检测方法主要有薄层色谱法、胶体金试纸条法、酶联免疫法、超高效液相色谱法、液相色谱法或液质联用法等方法,检测标准如表4-6所示。薄层色谱法由于操作复杂，目前应用较少；胶体金和酶联免疫方法用于快速筛查；普通液相色谱方法目前应用较多，但分析时需要柱前或柱后衍生，检测步骤增加、分析速度较慢，耗费溶剂较多，成本增加；液质联用仪检测需要高端的质谱仪。超高效液相色谱法检测速度快、耗费溶剂少、标准品的使用量少，是一种快速、准确、环保的方法。

表4-6　现有黄曲霉毒素检测标准

标准号	标准名称
GB/T8381—2008/ISO6651：2001代替GB/T 8381—1987	饲料中黄曲霉毒素 B_1 的测定　半定量薄层色谱法
GB/T17480—2008代替GB/T 17480—1998	饲料中黄曲霉毒素 B_1 的测定　酶联免疫吸附法
GB/T23212—2008	牛奶和奶粉中黄曲霉毒素 B_1、B_2、G_1、G_2、M_1、M_2 的测定　液相色谱-荧光检测法
GB/T5009.22—2003	食品中黄曲霉毒素 B_1 的测定
GB/T5009.23—2006	食品中黄曲霉毒素 B_1、B_2、G_1、G_2 的测定
GB/T5009.24—2003	食品中黄曲霉毒素 M_1 与 B_1 的测定
GB/T18979—2003	食品中黄曲霉毒素的测定　免疫亲和层析净化高效液相色谱法和荧光光度法
GB/T18980—2003	乳和乳粉中黄曲霉毒素 M_1 的测定　免疫亲和层析净化高效液相色谱法和荧光光度法

1. *薄层层析法*

1968年，国际分析化学家协会(AOAC)提出了微柱-薄层色谱法检测花生和花生制品中的黄曲霉毒素，其后，检测其他商品中黄曲霉毒素的薄层色谱(TLC)检测方法也相继推出。该方法是最经典、传统的方法，但是操作繁琐、耗费有机溶剂量大、重现性和灵敏度差，对环境和实验室操作员存在安全隐患。国际组织和中国都制定了TLC检测黄曲霉毒素的标准。

TLC法的操作步骤为：样品提取、柱层析、洗脱、薄层分离、紫外灯检测等步骤，薄层析板在365 nm紫外光下观察时，AFB_1、AFB_2、AFG_1 和 AFG_2 分别显蓝紫色、蓝紫色、绿色和蓝色荧光。

2. *胶体金免疫层析法*

胶体金免疫层析法是20世纪80年代发展起来的一种将胶体金免疫技术和色谱层析技术相结合的固相膜免疫分析方法，具有快速、灵敏度高、特异性强、稳定性好、操作简便、无需任何仪器设备等优点，结果判断直观可靠、容易被基层单位人员掌握,现已广泛应用于临床诊断及药物检测等领域。检测黄曲霉毒素 B_1 的胶体金产品已经有很多,价格和质量参差不齐。由于准确性不高的原因,目前还没有相应的国标方法。

胶体金免疫层析法的原理是使样品中的黄曲霉毒素 B_1 首先与胶体金颗粒表面的抗 AFB_1 单克隆抗体反应,如果样品中 AFB_1 的含量超过限值,胶体金的抗体位点将不再有剩余,当胶体金颗粒层析经过检测线时,胶体金颗粒将不会停留在该线的所在位置,继续上行时与质控线上喷涂的羊抗鼠 IgG 反应,呈现出胶体金的红色条带。如果样品中不含 AFB_1 或 AFB_1 含量低于限值,胶体金表面的抗体将与检测线上的化合物反应呈现出红色条带,质控线也呈现红色条带。金标抗体试纸条可以现场检测 AFB_1,在食品和饲料中,整个分析时间小于或等于为 10 分钟。

由于一些新材料的采用,基于横向测流层析技术的胶体金检测法正不断得到提升,其准确性、适应性正在不断加强。黄曲霉毒素 B_1 的胶体金检测法的准确性已经较高,但由于抗体之间的交叉反应,准确性仍有待提高;黄曲霉毒素总量的检测方法仍然需要开发,以适应食品安全的需要。另外,胶体金试纸条法的现场适应性还有待提高。有关胶体金试纸条法的检测标准正在制定中。

3. *酶联免疫吸附法*

基于酶联免疫技术开发的黄曲霉毒素检测方法及试剂盒,因其具有一次做多个样品、操作简单、检测时间短等特点,得到广泛的应用。其基本流程是:利用固相酶联免疫吸附原理,将黄曲霉毒素 B_1(AFB_1)特异性抗体包被于聚苯乙烯微量反应板的孔穴中,再加入样品提取液(未知抗原)及酶标 AFB_1 抗原(已知抗原)使两者与抗体之间进行免疫竞争反应,然后加酶底物显色,颜色的深浅取决于抗体和酶标 AFB_1 抗原结合的量,即样品中 AFB_1 多则被抗体结合的酶标 AFB_1 抗原少,颜色浅;反之则深。该法适用于食品、饲料、粮油、酒类、常用药材等产品。市面上已经有多种产品供选择。酶联免疫检测和胶体金试纸条检测一样,还不能准确测定黄曲霉毒素总量。

4. *荧光光度法*

荧光分光光度计的灵敏度较高,操作简便,目前市场上已经有多种基于提取、净化荧光检测的黄曲霉毒素专用设备。免疫亲和柱净化、荧光分光光度计检测就是其中的一种方法。其基本原理是:试样提取液经过滤、稀释后,通过黄曲霉毒素免疫亲和柱。黄曲霉毒素免疫亲和柱是由偶联有黄曲霉毒素抗体的免疫亲和微球填充而成的,而此抗体对黄曲霉毒素具有专一性,样液中黄曲霉毒素被黄曲霉毒素免疫亲和微球上的抗体捕获，杂质随洗涤液流出微柱，再以甲醇将黄曲霉毒素洗脱，洗脱液通过荧光光度法根据黄曲霉毒素检测工作曲线测定黄曲霉毒素的含量。微柱法虽然所需仪器简单，操作容易，比薄层法省时，便于普及，但此法所测结果只能作为参考，不能做正式依据，因为所得数据除误差大之外，还可能有假阳性。英国格林威治大学开发了基于计量化学的黄曲霉毒素荧光检测法，已经推向市场。

5. 高效液相色谱法及超高效液相色谱法

普通高效液相色谱法是目前黄曲霉毒素检测常用的方法，AOAC 和中国国家标准中主要采用该方法准确定量黄曲霉毒素。操作步骤为：样品纯化、衍生，最后经 HPLC 检测，大多数采用的色谱条件为：C18 柱，流动相为甲醇、水，有的采用乙腈、异丙醇。衍生有柱前衍生和柱后衍生两种。衍生剂包括 0.01%的溴水、三氟乙酸、光化学衍生、电化学衍生等。该方法能准确检测黄曲霉毒素 B_1、B_2、G_1、G_2 的量。但是检测时间较长、有机试剂耗费量大、毒素标准品消耗量大，对待测溶液的浓度要求较高，在前期净化时需要较大柱容量的亲和柱，增加了检测成本。

超高效液相色谱具有高分辨率、高灵敏度的特点，已经广泛用于检测分析工作。谢刚等建立了免疫亲和柱净化-超高效液相色谱法快速测定粮食中黄曲霉毒素(Aflatoxins, AF)的检测方法。样品经提取后，用免疫亲和柱净化、浓缩，Waters Acquity UPLC BEH C18(50 mm×2.1 mm, 1.7 μm)色谱柱分离，以甲醇：水为 40：60 为流动相，流速为 0.2 mL/min，进样量为 1 μL，用 Acquity 荧光检测器激发波长为 360 nm，发射波长为 440 nm 处进行检测，无需衍生，黄曲霉毒素 B_1、B_2、G_1、G_2 的保留时间小于 5 min，从样品前处理到分析整个过程小于 45 min。根据 3 倍信噪比的峰响应值，确定黄曲霉毒素(B_1、B_2、G_1、G_2)检出限分别为 0.15、0.05、0.40、0.06 pg，4 种毒素分别在 0.4～60.0 pg、0.2～15.0 pg、1.5～60.0 pg 和 0.2～15.0 pg 范围内呈线性相关，相关系数 R2 值分别为 0.999 9、0.999 9、0.999 8 和 0.999 2；在小麦、玉米、稻谷 3 类样品中加标回收率为 77.4%～104.2%，精密度为 1.8%～8.9%。本方法简便快速、灵敏度高、重现性好、溶剂用量少，无需衍生可同时测定 4 种黄曲霉毒素，适用于粮食中黄曲霉毒素的快速测定[13]，图 4-17 为黄曲霉毒素的色谱图。

6. 液质联用法

液质联用法是利用液相分离技术得到纯物质，再在质谱仪中先将待测化合物的分子离子化(M→M+)，再在电场和磁场作用下，将所得不同质荷比的离子(包括分子离子和碎片离子)分离，从而得到一组特征质谱图。由于特定分子在确定

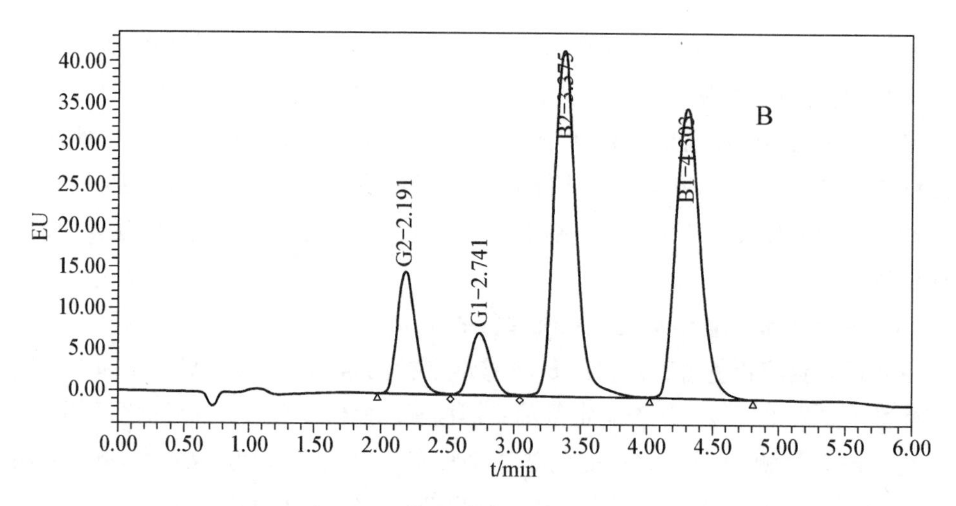

G_2. AFG_2；G_1. AFG_1；B_2. AFB_2；B_1. AFB_1.

图 4-17 黄曲霉毒素的色谱图，流动相为甲醇-水(40∶60，V/V)[13]

的质谱分析条件下，具有特征的碎裂和离子化规律，并呈良好的重现性，因此，质谱分析可为未知组分的分析提供丰富的结构信息，是最有效的定性分析手段之一。质谱分析对样品纯度要求较高，其样品预处理过程十分繁复。郑翠梅等建立了液相色谱-飞行时间质谱(LC-TOF MS)联用技术同时检测小麦和玉米中镰刀菌、曲霉菌和青霉菌产生的13种真菌毒素的分析方法。样品经乙腈∶水∶乙酸(84∶15∶1，体积比)混合溶剂提取，Mycosep 226多功能净化柱和强阴离子交换柱净化后，采用LC-TOF MS检测。在电喷雾正离子模式下，以保留时间和化合物精确分子离子质量对真菌毒素进行识别，以10 ppm为提取离子窗口进行定量。结果表明，13种真菌毒素在一定的线性范围内线性关系良好，相关系数均大于0.99，质量精确度均小于5 ppm，回收率为70%～113%，相对标准偏差为0.2%～14.5%。该方法可用于粮食中多种真菌毒素的同时测定。

7. 近红外光谱检测法

快速无损检测对粮油食品收购时的安全性保障、储藏加工过程监测都非常重要。V. Fernández-Ibanez等[40]研究了近红外光谱法快速检测玉米和大麦中黄曲霉毒素B_1的方法，通过标准正态变量和消除长期趋势(SNVD)作为散射修正，获得最好的检测玉米中AFB_1的模型(r2 = 0.80和0.82；交叉检验标准误差(SECV)=0.211和0.200)。在大麦中，使用近红外仪器的标准正态变量和消除长期趋势修正(r2 = 0.85和SECV = 0.176)和使用光谱数据作为log 1/R for FT-NIRS(r2 = 0.84和SECV = 0.183)获得大麦的最佳检测模型。本研究用了两种近红外仪器。福斯的NIRSystems 6500分光光度计(带有单色镜和运输模块),扫描波长为400～2 500 nm,傅里叶近红外分光光度计。该方法检测20 ppb的谷物样品具有快速无损性,优于其他快速检测方法。

4.3.2 赭曲霉毒素A

粮油食品中赭曲霉毒素A的检测方法主要有:薄层层析法(thin-layer chromatography, TLC)、高效液相色谱法(high-performance liquid chromatography, HPLC)、酶联免疫吸附法(enzyme-linked immunosorbent assay, ELISA)。这几种方法各有利弊,且不断进行改进以满足实际需求。另外还有时间分辨酶联免疫荧光光度法、胶体金试纸条法等,与黄曲霉毒素检测方法的基本原理类似。现有国家标准如表4-7所示。

表4-7 现有国家标准

标准号	标准名称
GB/T23502—2009	食品中赭曲霉毒素A的测定 免疫亲和层析净化高效液相色谱法
GB/T5009.96—2003	谷物和大豆中赭曲霉毒素A的测定
GB/T19539—2004	饲料中赭曲霉毒素A的测定
GB/T25220—2010	粮油检验 粮食中赭曲霉毒素A的测定 高效液相色谱法和荧光光度法
GB/T5009.111—2003	谷物及其制品中脱氧雪腐镰刀菌烯醇的测定
GB/T8381.6—2005	配合饲料中脱氧雪腐镰刀菌烯醇的测定 薄层色谱法

1. *薄层层析法*

薄层层析法是较早应用于OTA检测的一种方法,具体方法是:用三氯甲烷-0.1 mol/L磷酸或石油醚-甲醇-水提取样品中的OTA,提取液经液液分析后,根据其在365 nm紫外光灯下产生的黄绿色荧光,在薄层色谱板上与标准品比较测定含量。薄层层析法可以进行毒素的定量和半定量检测,廉价、易操作,能够很容易的识别目标物质,但灵敏度较差、耗时、试剂繁多、重现性差。

2. *高效液相色谱法及超高效液相色谱法*

HPLC法检测OTA是使用较多且被国际社会所认可的检测方法,具有较高的灵敏度,可精确地对样品中的OTA进行定性、定量分析,但仪器价格昂贵,对样品的前处理要求高。近几年高效液相色谱法与荧光检测器、质谱(mass spectrometry, MS)、电喷雾电离的串联质谱(electrospray tandem massspectrometry, ESI-MS/MS)等方法联合使用使得OTA的检测更为方便和灵敏。

Ghali 等应用免疫亲和柱-高效液相色谱法(IAC - HPLC)对突尼斯 180 份食物样本进行 OTA 分析,样品萃取采用氰化甲烷/水(80∶20,v/v),并通过免疫亲和性管柱进行纯化。使用氰化甲烷和酸化的水(2%的醋酸)作为流动相并根据阻滞时间不同进行样品分离,则重现性很好,用 310 nm 激发波、465 nm 发射波时,监测和定量限分别为 0.1 ng/mL 和 0.2 ng/mL,只需要 10 g 样品即可进行 OTA 分析,简化了除杂、液液分流、IAC 清除等步骤,并且脱脂步骤中乙烷的使用等使得到的色谱图更单一可信。Mario Vega 等用碳酸氢钠溶液提取,利用 SPE 柱净化,流动相为乙腈/甲醇/正磷酸(0.15 mol/L)、1∶1∶1,体积比,以 0.8 mL/min,检测了谷物中的 OTA,检测限为 0.6 μg/kg,定量限为 2.1 μg/kg。同黄曲霉毒素一样,超高效液相色谱法正用于赭曲霉毒素 A 的检测。

3. *酶联免疫吸附法*

在合适的载体上,酶标记的抗体(抗原)与相应的抗原(抗体)形成复合物,在酶底物存在时,复合物上的酶催化底物使其显色。在一定条件下,酶降解底物程度和颜色深浅是成一定关系的,通过分光光度计测定 OD 值即可计算出参与反应的抗原和抗体的含量。ELISA 的核心反应为抗原抗体的特异结合,只需要较小体积的样品且样品除杂较快。ELISA 简单、快速、特异性好、灵敏度高,对样品中 OTA 净化纯度要求不高,能同时对多个样品定性或定量检测,适于 OTA 批量检测。但是相对于层析法,有时 ELISA 会产生系统的高偏差,抗体经常对与毒素相似的物质表现出交叉反应性能,造成假阳性,检测结果重现性差,酶稳定性差,因此一般需用其他方法验证。

4. *其他方法*

OTA 的检测方法还有免疫亲合柱-荧光光度法、时间分辨荧光免疫法、胶体金免疫层析技术和免疫传感器法、液质联用法等。I. Bazin 等研究了肽与 OTA 的结合:一种新的生物传感器设计和化学合成模拟表位肽模拟真菌毒素特殊抗体。肽能与特殊的化学结构或分子结构结合。因此,由主要氧化还原蛋白衍生而来的多种肽被选择和生产,用化学固相合成。氧化还原酶衍生而来的肽 NF04 能与 OTA 特意结合。Zamfir 等近期利用高灵敏性的、不需要标签的、有磁性的纳米粒子分别与电化学阻抗光谱 EIS 和表面等离子共振 SPR 结合形成生物传感器来检测样品中的 OTA 含量。发现前者检测限为 0.01 ng/mL,灵敏性较好,后者检测范围较大为 1~50 ng/mL,结果与酶联免疫吸附试剂盒结果一致,检测效果很好。

4.3.3　玉米赤霉烯酮

ZEN及其衍生物可通过很多方法检测，包括薄层色谱法（thin layer chromatography，TLC），气相色谱-质谱联用法（gas chromatography-mass spectrometry，GC－MS），高效液相色谱法（high-performance liquid chromatography，HPLC），高效液相色谱-质谱联用法（liquid chromatography-mass spectrometry，LC－MS）和免疫学检测法。现行国家标准如表4－8所示。

表4－8　现行玉米赤霉烯酮国家标准

标准号	标准名称
GB/T23504—2009	食品中玉米赤霉烯酮的测定　免疫亲和层析净化高效液相色谱法
GB/T5009.209—2008	谷物中玉米赤霉烯酮的测定
GB/T19540—2004	饲料中玉米赤霉烯酮的测定

1. *薄层色谱法*

TLC简单、成本低，但灵敏度较其他方法低。美国官方分析化学师协会(Association of Analytical Communities，AOAC)规定的TLC法为：样品用三氯甲烷提取，用色谱硅胶柱层析净化，甲醇-三氯甲烷洗脱ZEN，其检出限为300 ng/g，灵敏度不高。

2. *气相色谱-质谱联用法*

GC－MS可同时检测不同的毒素，且具有较高的灵敏度。Rupp等利用GC－MS检测果汁中的ZEN，最低检测限为30 ng/mL，该方法现为AOAC官方检测方法。Blokland等用GC－MS检测了欧盟范围内牛尿及牛肉中的ZEN、α－zearalenol、β－zearalenol，检测效果较好，与LC－MS/MS的实验结果有很好的相关性。

3. *高效液相色谱法*

ZEN本身具有较强的荧光特性，HPLC方法经常使用荧光检测，方法的灵敏度高、重现性好、准确性高。S. De Saeger等用乙腈∶水(9∶1，体积比)提取，免疫亲和柱净化，流动相为乙腈∶水(50∶50，体积比)，流速为1.0 mL/min的条件下，检测了玉米中的玉米赤霉烯酮，回收率为89%～110%。Jianwei Wu等用QuEchERS方法提取材料，提取溶剂为甲醇，提取了大麦中的玉米赤霉烯酮，方法的检测限为1 248 pg，回收率为83%～91.5%。超高效液相色谱法也用于玉米赤霉烯酮的检测，方法具有灵敏度高，重现性好，耗费有机试剂少，检测时间短等特点。

4. 液相色谱质谱联用法

LC - MS 是一种非常灵敏的检测方法。Peter Zollner 等研究了谷物中玉米赤霉烯酮(ZON)的 LC - MS - MS 检测方法。样品用乙腈-水提取后用 RP - 18 柱或免疫亲合柱净化。ZON 的选择通过空气压力化学电离分离。使用负离子模式可以最低检测 0.5 μg/kg 的纯品和谷物中 1.0 μg/kg 的毒素含量,比阳离子模式要灵敏 100 多。

5. 酶联免疫吸附测定法

ELISA 是一种准确、可靠、快速、特异的检测方法,适合于大批样品 ZEN 的快速筛选。王玉平等研制了 ELISA 快速检测试剂盒,采用间接竞争 ELISA 法,最低检出浓度为 1 ng/mL,对玉米和小麦的平均加标回收率分别为 96.5%和 95.5%,试剂盒在 4℃保质期超过 6 个月,对相关真菌毒素的交叉反应率均<1%,实验室内的变异系数<15%,实验室间变异系数<20%。这种方法与 HPLC 相比较,结果均在允许范围之内,且两种检测方法基本无差别。因此,ELISA 可用于大规模样品的检测,而且具有准确、快捷、成本低、特异性好、灵敏度高等优点,特别适合于基层大批量检测筛选样品,在我国具有广泛的应用前景。阳性结果可再用 HPLC 等进一步确证。

6. 胶体金检测法

Anna 等对脱氧瓜蒌镰菌醇和玉米赤霉烯酮进行了以免疫胶体金试纸为基础的多重检测。结果表明,免疫胶体金试纸可以在短时间(10 min)内,有效检测出样品中的脱氧瓜蒌镰菌醇或玉米赤霉烯酮,当两种毒素都含有时,也可检测出来,检测限分别为 1 500、100 μg/kg。以免疫胶体金试纸为基础的多重检测已经成为免疫学方法检测毒素的新趋势。一方面可以实现半定量/定量检测和检测多元化;另一方面简单、快速,可以节约成本。特别适合粮食收购现场检测和食品加工现场监测。

7. 其他检测方法

屠蔷等[15]采用时间分辨荧光技术建立高灵敏的玉米赤霉烯酮间接竞争免疫分辨荧光免疫分析(ZEN - TRIFA)。用稀土离子 Eu3+标记的羊抗鼠抗体进行示踪,该方法的灵敏度为 0.01 μg/L,测量范围为 0.01~20.00 μg/L,批内和批间差异分别为 7.2%和 14.6%,平均回收率为 94.4%,与玉米赤霉醇(ZER)的交叉反应率为 15.16%。该分析方法稳定性好,可测范围宽,具有很好的应用前景。何庆华等利用噬菌体展示技术对一些真菌毒素进行模拟抗原的研究,通过大量制备模拟抗原,利用竞争性间接 ELISA 的方法对样品进行检测,避免了直接加入毒素标品,降低了实验成本,保护了实验人员的身体健康,从而为建立无毒检测食品、谷物和粮食中的真菌毒素体系提供了新的思路。

4.3.4　脱氧雪腐镰刀菌烯醇

目前脱氧雪腐镰刀菌烯醇(DON)的检测方法主要有薄层色谱、胶体金试纸条法、气相色谱或气质联用、液相色谱或液质联用、酶联免疫法、免疫亲和层析净化高效液相色谱法、超高效液相色谱法等方法。酶联免疫、试纸条等方法不能用于准确定量;普通液相色谱方法的灵敏度相对较低,分析速度较慢,耗费溶剂较多,在食品安全标准规定的限量附近分离效果有时不理想;气相色谱或气质联用需衍生后检测;液质联用仪检测需要高端的质谱仪。超高效液相色谱法灵敏、高效、低溶剂量、不需要衍生、不需要昂贵仪器。现行国家标准如表4-9所示。

表4-9　现行国家标准

标准号	标准名称
GB/T23503—2009	食品中脱氧雪腐镰刀菌烯醇的测定　免疫亲和层析净化高效液相色谱法
GB/T5009.111—2003	谷物及其制品中脱氧雪腐镰刀菌烯醇的测定
GB/T8381.6—2005	配合饲料中脱氧雪腐镰刀菌烯醇的测定　薄层色谱法

1. 薄层色谱法

粮食样品经提取(三氯甲烷-无水乙醇)、净化(中性氧化铝、甲醇-水)、浓缩、硅胶G薄层(添加三氯化铝作为显示剂)展开,在365 nm紫外光下显蓝色荧光。不同浓度的标准品和样品同时点样展开。将标准品与样品的比移值(Rf)进行定性检测,或在激发波长340 nm,发射波长400 nm条件下用薄层扫描仪检测光密度,比较标准品和样品的光密度值进行定量检测。

2. 气相色谱或气质联用

Eliana B. Furlong等用带火焰电离检测器的毛细管气相色谱方法检测和鉴别已知谷物中的7种单端孢霉烯。样品用甲醇水KCl溶液抽提,用硫酸铵净化后用氯仿分离,使用木炭-氧化铝-寅式盐柱净化。单端孢霉烯用七烯丁酰氟(heptafluorobutyryl)衍生后用花生酸甲酯(methyl eicosanoate)定量。鉴别是通过乙酰化作用和水解后确认A簇,通过乙酰化作用和还原确认B簇。检测的范围是0.1～0.5 μg/g。双乙酸基草镰刀菌醇(DAS)和雪腐镰刀菌醇(NIV)的7个污染水平的样品检测平均回收率分别是88%和93%。DON、NIV、DAS、T2tetraol、T2triol在相同污染水平下的回收率是85%、87%、83%、87%、

91%。检测天然污染样品的相对偏差范围是 2.8%～12.9%，检测人工添加毒素的样品其相对偏差范围是 4.6%～11.9%。

Henryk 等进行了无需样品净化，应用二维气相色谱联用飞行时间质谱(GC×GC TOF MS)检测小麦中单端孢霉烯族毒素的研究。这种方法的优点是能简化样品制备程序，消除由繁琐的净化步骤导致的回收率的影响。

3. 高效液相色谱法和超高效液相色谱法

中国国家标准采用的准确定量方法主要为高效液相色谱法，主要操作步骤为：样品粉碎，甲醇/水或乙腈/水溶液提取，免疫亲和柱净化，甲醇洗脱，高效液相色谱分离，紫外检测器检测 DON 的含量。

超高效液相色谱也应用到 DON 的检测中[8]，见表 4-10。样品经水提取后，用免疫亲和柱净化、浓缩，Waters Acquity UPLC BEH C18(2.1×50 mm，1.7 μm)色谱柱分离，以甲醇：水(10：90)为流动相，流速为 0.1 mL/min，进样量为 1 μL，用 Acquity 紫外检测器在 220 nm 处进行检测，保留体积不到 0.5 mL(检测时间小于 5 min)，从样品前处理到分析整个过程低于 45 min。呕吐毒素在 0.5～10.0 ng 范围内线性关系良好，相关系数为 0.999 9；检出限(S/N=3)为 0.15 ng，定量下限(S/N=10)为 0.5 ng，加标回收率为 84%～98%，相对标准偏差为 2.9%～6.0%。该方法简便快速、灵敏度高、重现性好、溶剂用量少且环保，适用于原粮中呕吐毒素的快速测定。

表 4-10　超高效液相色谱方法与其他液相色谱方法的性能比较[8]

序号	基质	提取净化	流动相/保留时间	灵敏度 ng	回收率 R/%
1	粮食	聚乙二醇、水提取，免疫亲和柱净化	0.1 mL/min 甲醇：水(1：9)/2.9 min	LOD＝0.15 LOQ＝0.5	86～98
2	婴儿食用谷物	聚乙二醇、水提取，免疫亲和柱净化	0.4 mL/min 氢氰酸：水(1：9)/7.94 min	LOD＝1 LOQ＝2	78～89
3	食品	聚乙二醇、水提取，免疫亲和柱净化	0.8 mL/min 甲醇：水(2：8)/12 min	LOQ＝12.5	70～100
4	食品	氯仿-乙醇/液液萃取	0.5 mL/min 甲醇：水(8：2)	LOD＝4.2	76～81
5	小麦	乙腈-水(85：15)/分子印迹	1.0 mL/min 水：氢氰酸：甲醇(90：5：5)/6.9 min	LOD≈6	92～96
6	小麦	聚乙二醇、水提取，免疫亲和柱净化	0.6 mL/min 氢氰酸：水(1：9)/5.3 min	LOD≈4.2	81～100

（续表）

序号	基质	提取净化	流动相/保留时间	灵敏度 ng	回收率 R/%
7	谷物及其产品	氢氰酸∶水	1.0 mL/min 水∶甲醇(85∶15)/None	LOD≈0.75～4.5	78～87
8	谷物	聚乙二醇、水提取，免疫亲和柱净化	1.0 mL/min CH_3OH∶H_2O(2∶8)/5.867 min	LOD = 0.5 LOQ = 2	80～110
9	饲料及其原料	聚乙二醇、水提取，免疫亲和柱净化	1.0 mL/min 甲醇∶水(2∶8)/6.91 min	LOD = 2.5 LOQ = 8.5	84.0～97.2

4. 基于稳定同位素的液质联用检测法

在高效液相色谱—质谱联用(LC-MS)的离子化过程中，样品基体的复杂成分可能造成离子抑制效应，影响准确度和可靠性，所以逐步发展了C稳定同位素内标的检测方法，采用同位素内标的优点在于：同位素内标物和分析物在样品制备过程中和质谱离子源界面非常相似，但由于不同的分子量可以被质谱辨别和分离。Haubl等第一次将C_{13}同位素内标引入DON的检测中来，该方法直接用液质联用(L-MS/MS)来检测DON，无需净化，在玉米和小麦中采用c同位素内标检测DON提高了准确度和可靠性，结果表明，小麦的回收率达到95%±3%，玉米的回收率为99%±3%。

5. 免疫学方法

免疫法检测DON的方法有多种，包括酶联免疫法、荧光分辨免疫法、胶体金免疫法、生物芯片检测法、磁珠检测法等多种方法。市场上产品也较多，已经能满足现阶段粮油食品DON筛查和监测控制的需要。

6. 生物传感器法

生物传感器是指被测物质与分子识别元件上的敏感物质具有生物亲合作用即二者能特异地相结合，同时引起敏感材料的分子结构和/或固定介质发生变化，产生输出信号，从而测定被测物质的含量。Ngundi和Chris M. Maragos发展和利用竞争免疫技术，采用生物传感器检测不同食品基体的DON。生物传感器的优点是由选择性好的主体材料构成分子识别元件，一般不需进行样品的预处理；它利用特异的选择性把样品中被测组分的分离和检测统一为一体，可以在线监测，反复多次使用。另外，传感器连同测定仪的成本远低于大型的分析仪器，因而便于推广普及。但是存在背景干扰大、模型建立较难等问题，实用性有待提高。

7. 傅里叶变换近红外光谱法

红外光谱是分子振动光谱，能提供丰富的结构信息。Abramovic等利用傅里叶变换近红外光谱分析方法进行 DON 的鉴定和定量，结果表明 1 709 cm^{-1} 和 1 743 cm^{-1} 波长处的吸收值可以快速评估 DON 的含量，其优点是快速、可在线分析、可降低样品量至最低限量；可以一次检测大量样品，而且无须复杂的样品制备(浓缩净化等)，只需粉碎即可，目前主要的限制是受基体影响大，没有合适的校正标准，近红外测定精度与参比分析精度直接相关，在参比方法精度不够的情况下，无法得到满意结果。

4.3.5 伏马毒素

伏马毒素的检测，目前主要是指伏马毒素 B1 和 B2 的检测方法，主要有薄层色谱法、气相色谱法、免疫分析法、液相色谱法、液质联用法等，现行国家标准见表 4-11。

表 4-11 现行国家标准

毒素	标准号	标准名称
伏马毒素	SW/T 1572—2005	进出口粮谷、饲料中伏马毒素检验方法 液相色谱法
	SN/T 1958—2007	进出口食品中伏马毒素 B_1 残留量检测方法 酶联免疫吸附法
	GB/T25228—2010	粮油检验 玉米及其制品中伏马毒素含量测定 免疫亲和柱净化高效液相色谱法和荧光光度法

1. *薄层色谱法*

玉米中的 FB_1 的 TLC 检测方法，精确性略低，但费用相对较低，且耗时相对短。在一定范围内，TLC 法与 HPLC 法一致性较高，可作为一种辅助的检测方法。

2. *气相色谱质谱法*

通过酸性水解产生丙三羧酸，并且利用异丁醇与丙三羧酸的酯化作用验证该水解产物中含有丙三羧酸，从而证明伏马毒素的存在。丙三羧酸可以通过气相色谱-质谱联用(GC-MS)来检测。虽然气相-质谱联用的方法可以作为一种非常重要的检测方法广泛应用，且其灵敏性和特异性也较好，但该法需要水解以去除丙三羧酸基团，并需要将氨基进行衍生化以增强挥发度，耗时较长，且需要贵重的仪器设备和专职技术人员，所以逐渐被其他检测方法取代。

3. *高效液相色谱法*

伏马毒素结构相对简单，无紫外吸收基团，无荧光特性，因此在用高效液相色谱检测前必须选用合适的衍生剂(邻苯二甲醛、萘-2,3-二羧醛)进行处理。

Ncediwe Ndube 等建立了玉米中伏马毒素的高效液相色谱紫外检测方法,用甲醇(3∶1,体积比)提取,离子交换柱净化,以甲醇∶0.1 mol/L 磷酸二氢钠溶液(77∶23,体积比)为流动相,检测限 FB_1 为 1、FB_2 均为 1.2 ng;定量限 FB_1 为 2.3、FB_2 均为 2.7 ng。Masayo Kushiro 等建立了稻谷中伏马毒素的高效液相色谱荧光检测方法,方法的检出限 FB_1、FB_2 均为 0.4 ng。

超高效液相色谱也用于伏马毒素的检测。王军淋等[9]比较伏马毒素 4 种柱前衍生(邻苯二甲醛(OPA)、萘-2,3-二甲醛(NDA)、丹磺酰氯、6-氨基喹啉-N-羟基琥珀酰亚胺氨基甲酸酯(AQC))效果的优劣,并选择一种衍生剂用于玉米样品中伏马毒素 B_1(FB_1)、B_2(FB_2)、B_3(FB_3)的检测,建立柱前衍生-超高压液相色谱法同时测定玉米中伏马毒素 B_1、B_2 和 B_3 的方法。方法采用乙腈∶水(50∶50,体积比)溶液提取玉米中的伏马毒素 B_1、B_2 和 B_3,涡旋震荡及离子交换柱净化对玉米样品中的伏马毒素 B_1、B_2 和 B_3 进行提取与净化,经衍生后进行超高压液相色谱-荧光检测器检测。结果最终选择 OPA 衍生作为本研究的衍生方法。3 种伏马毒素的线性范围分别为 50～1 000 ng/mL、25～500 ng/mL、25～500 ng/mL,相关系数 R2 均大于 0.999;最低定量限 LOQ 分别为 25.0、14.0、17.0 μg/kg; 3 个浓度的加标回收率分别为 (75.6±1.6)% ～ (83.4±2.3)%,(78.9±5.4)% ～ (90.0±0.7)%,(83.7±8.2)% ～ (88.6±1.0)%; FB_1、FB_2 和 FB_3 的日间精密度分别为 3.62%、3.41%、4.77%。

4. *液相色谱质谱联用法*

Masayo Kushiro 等利用液质联用法建立了稻谷中伏马毒素的检测方法。样品经离子交换柱净化后用液相分离,质谱检测,FB_1 检测限为 20 μg/kg, FB_2、FB_3 的检测限为 10 μg/kg。Teresa Gazzott 等建立了玉米中 FB_1、FB_2 的液质联用方法(LC-ESI-MS-MS),提取溶剂为甲醇∶水(3∶1,体积比),FB_1 检测限为 3.5 μg/kg, FB_2 为 2.5 μg/kg。方法的检测限为低于已公布的其他检测方法,总的分析时间小于 30 分钟。

5. *免疫学方法*

伏马毒素也可用免疫学方法进行检测。现有方法主要由酶联免疫试剂盒法,免疫化学发光法,胶体金试纸条法。这些方法在市场上都有产品销售,已经得到广泛的应用。免疫胶体金方法检测时间短,但不同浓度的区分度较差,适合于粮食收购现场检测。酶联免疫试剂盒法适合于大规模样品的筛查,如粮油食品污染伏马毒素的风险评估,加工企业的来样筛查等。

4.3.6 T-2毒素

近年来,随着消费者对食品安全关注度的提高,T-2毒素监测控制得到越来越广泛的关注和重视。对T-2毒素检测方法的研究得到了快速发展。现行T-2毒素国家标准如表4-12所示,检测方法如表4-13所示,检测方法主要包括薄层色谱法、气相色谱法、酶联免疫法、高效液相色谱法。

表4-12 现行T-2毒素国家标准

标准号	标准名称
GB/T23501—2009	食品中T-2毒素的测定 免疫亲和层析净化高效液相色谱法
GB/T5009.118—2008	谷物中T-2毒素的测定
GB/T8381.4—2005	配合饲料中T-2毒素的测定 薄层色谱法

表4-13 T-2毒素检测方法[16]

检测技术	常用方法	机理	优缺点	备注
生物学检测	皮肤毒性试验、鸡胚毒性试验、细胞培养实验等	某些生物个体对T-2毒素具有易感性	方法简单但耗时长、特异性差	已较少应用
免疫学检测	酶联免疫、放射免疫和免疫荧光法	抗原抗体的特异性结合,利用已知的抗原/体检测未知的抗体/原	快捷、灵敏,但定量准确性不高	非放射性标记应用较多
物化法检测	薄层层析法(TLC)	吸附剂对样品中各成分吸附能力不同,及展开剂对它们的解吸附能力的不同,使各成分达到分离	操作简便、成本低、应用广,但检出限高,随机误差大,耗时长	高效薄层色谱法现已广泛应用,其高效,灵敏,重现性好
	液相色谱法(LC)		快速、准确、稳定、灵敏、自动化高,但设备昂贵	常用高效液相色谱法
	气相色谱法(GC)		高效、灵敏、分析快速,但设备昂贵、前处理较繁琐	

（续表）

检测技术	常用方法	机理	优缺点	备注
	色谱联用法		专一性强，灵敏度高，效果好，但设备昂贵，前处理繁琐	常用气质法（GC-MS）和液质法（LC-MS）
其他方法	核磁共振、红外吸收光谱、极光谱、光学生物			

薄层色谱法。试样中的 T-2 毒素经乙腈-水提取，用多功能净化柱 MultiSep216、Mycosep227 净化，用薄层色谱测定，外标法定量。

气相色谱法和气相色谱质谱联用法。气相色谱法应用比液相色谱法广泛，灵敏度更高，特别气质联用不仅能检测低含量的化合物，而且能确定混合物中的某一化合物。在 T-2 毒素以及其他真菌毒素检测中应用广泛。采用负化学离子化气相色谱质谱联用可检出低至 10～15 pg 的 T-2 毒素。

免疫检测法。T-2 毒素检测的免疫学方法主要有放射免疫法、酶联免疫吸附法及免疫荧光法。免疫学检测优点是快速、简单、灵敏，但存在交叉反应的干扰，定量不够准确。由于放射性同位素储存、使用不便，近年非放射性标记应用较多。

高效液相色谱法及液相色谱质谱联用法。Schmidt 等采用反相高效液相色谱（C18 柱）检测了谷物中 T-2 毒素，其检测限为 $2 \sim 5 \times 10^{-6}$ g，回收率为 80%。和质谱联用后，可检出 $1 \sim 20 \times 10^{-7}$ g 的 T-2 毒素，回收率提高到 99%。高效液相色谱法灵敏、稳定、重复性好、操作简单。

生物学测定法。即利用某些生物个体对 T-2 毒素的易感性进行检定。方法简单，但特异性不足，耗时，故多用于确证试验，近年来已很少用。常用的生物学检定法有：皮肤毒性试验、盐水虾存活试验、鸡胚毒性试验、小鼠饮水拒绝试验、植物细胞生长抑制试验、细胞培养试验，以及致呕吐试验等。

4.3.7　麦角碱

目前报道的麦角生物碱检测方法主要比色法（colorimetry）、薄层色谱法（TLC）、酶联免疫分析法（ELISA）、高效液相色谱法（HPLC）、液相色谱质谱联用法和气相色谱质谱联用法。

1. 比色法

比色法检测黑小麦中的生物碱，但此方法不能区分麦角生物碱的差向异构体。用亚硝酸钠代替氯化铁，使此方法更加敏感、快速，反应更加稳定。

2. 薄层色谱法

由于大部分天然的麦角生物碱拥有 C9 ═C10 双键（棒麦角素生物碱除外），因此，可通过它们的荧光性在紫外可见光下检测。Szepesi 等采用盐酸蒸气显色，在紫外可见光下（580 nm 波长）检测到 2 μg 的麦角新碱。Puech 等采用水合乙醛酸作为显影剂，得到吲哚类生物碱的检测限为 0.05～0.1 μg/kg，判定有效的检测农产品中麦角生物碱 TLC 方法标准是溶剂系统。

3. 高效液相色谱法

Lehner 等用 HPLC 联合 ESIMS 方法检测马血清中的麦角生物碱，检测限是 1 pg/mL。Storm 等采用固相阳离子萃取，HPLC 分离，荧光检测黑麦粉中的麦角考宁、麦角隐亭、麦角克碱、麦角新碱、麦角胺，平均回收率为(61±10)%，检测限范围是 0.2～1.1 μg/kg，24 个样品麦角生物碱平均含量是 46 μg/kg，最高含量 234 μg/kg。

4. 液相色谱质谱联用法

液相色谱串联质谱（LC－MS－MS）、液相色谱-质谱联用（LC－MS）、气相色谱-质谱联用（GC－MS）及电离子质谱分析法用来分析谷物、食品和牧草中麦角生物碱已被报道，Burk 等采用 LC－MS－MS 方法对 5 种麦角生物碱的检测限降低到 0.1～1 μg/kg，回收率为 65%～82%。Krska 等采用 LC－MS－MS 方法对谷物和食品中 6 种麦角生物碱：麦角新碱、麦角胺、麦角生碱、麦角克碱、麦角隐亭、麦角考宁和它们的差向异构体进行定量检测，检测限是 0.17～2.78 μg/kg，回收率为 69%～105%。

5. 免疫检测法

麦角碱的免疫检测法主要包括放射免疫检测（radioimmunoassay，RIA）和酶联免疫吸附法。放射免疫检测法特异性强、灵敏度高，但是检测中使用放射性标准品，对工作人员有害，很少有报告。竞争抑制 ELISA 使用多抗已作为成熟的技术运用在肽型麦角碱上，Molloy 等采用竞争 ELISA 检测高粱和混合饲料中的双氢麦角胺（DHES），回收率为 77%～103%，多抗和单抗都能检测到 0.01 mg/kg 以上的双氢麦角胺（DHES），定量检测限是 0.1 mg/kg；采用单抗和多抗分析交叉反应率，麦角胺和双氢麦角胺仅仅在 10 000 ng/mL 或更高的质量浓度有较小的交叉反应;与 HPLLC 分析结果有着较高的一致性。

4.4 粮食及其制品中真菌毒素的监测预警与控制

粮食及其制品中真菌毒素污染是一个无法避免的问题。真菌毒素对人和动物有致病、致癌等危害。因此,必须加强真菌毒素的监测与预警研究,开展风险等级评价研究。将真菌毒素超标的粮食和食品排除在食物链以外,以保障人和动物的健康。

国内外对开展粮食及其制品真菌毒素监测的研究和日常工作已经有很多年。中国从 2005 年开始,也在粮食系统大规模开展粮食真菌毒素污染监测工作。科研人员围绕真菌毒素的预测、预警,也做了大量的工作。如小麦镰刀菌毒素危害预测模型,黄曲霉毒素风险等级预测模型等。这些工作,有力地保障了消费者的健康。

4.4.1 监测预警、预报研究的基础

通过多年的研究,常见粮食及制品中真菌毒素都有了检测方法和标准,一些新的检测技术在不断的推出,从技术上保障了监测的开展。另外,现有的粮食及其制品监测体系,为监测开展提供了良好的硬件保障。仅粮食行业就有 700 多家的监测检验机构。

例如,C. E. Garrido 等用 TLC 方法检测了阿根廷 1999—2010 年来粮食的真菌毒素污染情况,包括总黄曲霉毒素、呕吐毒素、玉米赤霉烯酮等,用 HPLC 检测了每一种黄曲霉毒素、串珠镰刀菌毒素。总共取了来自不同地区的 3 246 个样品,包括 1 655 个新收获样品,1 591 个储存样品。除了 2003 年新收获的样品,2007 年的储藏样品外,其他样品真菌毒素的含量都较低。新收获玉米样品的 aflatoxin B_1 含量为 0. 38～2. 54 mg/kg,储藏玉米样品的含量为 0. 22～4. 5 mg/kg。十二年中,低含量的呕吐毒素和玉米赤霉烯酮发生较频繁、平均。玉米赤霉烯酮监测情况,新收获玉米的含量在未检出到 83 mg/kg 之间,储存玉米的含量在未检出到 17 mg/kg 之间。呕吐毒素污染方面,新收获玉米从未检出到 140 mg/kg 之间,储藏样品从未检出到 14 mg/kg。串珠链孢菌素污染率为 90%～100%,新收获玉米平均含量为 1 773～9 093 mg/kg,储藏玉米平均含量在 2 525～11 528 mg/kg 之间。黄曲霉毒素和串珠链孢菌素的协同污染率为 8. 4%,玉米赤霉烯酮和串珠链孢菌素的协同污染率为 2%。每个样品的扦样量为 5 kg,全部粉碎到通过 20

目筛，再取 200 g 储存在－18℃作为检测样品。

真菌毒素的污染来自于真菌的繁殖和代谢。真菌的繁殖和代谢与生境中的营养物质、温度、水分、供氧量、光照、氧化剂、pH 值、降水量等密切相关。因此，通过研究这些因素与真菌毒素产生的关系，可以预测预报当年粮食真菌毒素污染情况，为有的放矢的开展真菌毒素防控工作提供帮助。

例如，镰刀菌的生态学研究，抗性的培养，更多有效的杀真菌剂，生物防治的研究，有效的干燥、储藏和保存系统研究，这些都有助于预防和减少消费者与单端孢霉烯醇系列毒素以及其他真菌毒素的接触与危害。镰刀菌产生 DON 和 NIV 的水活度范围为 0.95～0.995，生长的水活度维持在 0.90 aW。最佳条件是 25℃时，水活度分别为 0.995 和 0.981，大致相当于粮食水分为 30%和 26%。在 25℃时产生的毒素比 15℃高。杀真菌剂(fungicide)在一定的条件下有可能刺激毒素的产生。F. culmorum 和 M. nivale 使用 azoxystrobin 可以减少植物疾病(如 FEB)的产生，但是在粮食中 DON 的含量会增加。很多研究表明，在开花的中期使用适量的杀真菌剂(针对镰刀菌)可以有效地防治 FHB、DON 和 NIV 的产生。在产前使用 HACCP 存在的问题包括：在田间对于 FHB 和真菌毒素发生的因素是复杂的，仍旧缺乏相关的科学知识；目前没有防控 FHB 和真菌毒素产生的有效方法；经济因素制约着田间的实践特别是在田间管理、种植体系和农药的使用都反映在经济问题上，而不是在疾病的减少上；在食品加工中，HACCP 用于防控疾病主要还是在水分和温度上，有些专家甚至认为在产前用 HACCP 防控 FHB、DON 和 NIV 是有问题的。

粮食在收获后进入加工厂和粮库干燥前的短期储藏中，由于储藏条件的限制，为镰刀菌(镰刀菌毒素)和其他毒素的产生提供了可能，特别是在收获季节下雨，问题尤其突出。收获是通过控制湿度防止真菌毒素产生的第一步。湿度管理包括在干燥过程中及时准确的水分检测方法。在这一阶段还应注意对粮食诸如 FEB 的疾病评价，这需要有效的能从完好粮粒中分离疾病粮粒的方法。到目前为止，在干燥和储藏过程中，在粮堆生态系统中破坏真菌之间的交互作用以及真菌毒素产生的研究工作仍然做得很少。当条件改变(特别是水分改变)，粮食的优势菌将发生改变。通常，在粮堆中的小生境中的温度和水活度是一个动态的系统，因此，对干燥机械和技术的要求也增高了。另外，昆虫及螨内也可与真菌发生交互作用。丁基羟基茴香醚(BHA)、白黎芦醇(抗氧化剂)、双羟基苯甲酸丙酯(PP)、肉桂油等防腐剂在小麦使用可以减少 90%以上的 DON 和 NIV，特别是白黎芦醇具有广谱抗菌性。

通常，粮食储藏的水活度要求低于70%（粮食水分小于14.5%）。在储藏期间最重要的防控手段包括：经常性的准确的湿度检测；有效、及时的干燥，这与干燥的时间和温度有很大关系；建立快速反应机制，包括分离和运输条件的准备；在储藏期间严格控制温度和粮堆湿度，准备防虫和防止湿空气的进入；有效控制真菌及真菌毒素的含量，制定严格的限量标准；制定严格的供应商体系，包括拒收和收购的标准与组织。

在面粉生产过程中，磨粉过程、转运材料、包装材料、储藏过程、面包等烤制中都有可能存在真菌毒素的危害。目前的重点是研究面粉加工中的真菌及真菌毒素的危害。L. A. M. Keller等开展了青贮玉米发酵前后真菌和真菌毒素污染风险监测工作，研究表明，青贮饲料真菌的含量较高。黄曲霉、桔青霉、轮枝链孢菌是优势菌。黄曲霉毒素在发酵前后的含量为2～45 μg/g和2～100 μg/g；Ochratoxin A，FB_1和DON在发酵前比发酵后的含量高；在巴西牛饲料中，发酵前后产毒真菌和真菌毒素都有检出；黄曲霉毒素B_1在发酵后增加，其他3种毒素在发酵后降低。

真菌毒素的发生是复杂的，协同污染普遍存在，因此在预警研究中，应注意多种毒素协同污染现象。Romina P. Pizzolitto等研究认为在食品中，曲霉和镰刀菌能同时发生，证明FB_1和AFB_1能同时发生污染，FB_1和AFB_1的协同出现。

4.4.2　粮食中真菌毒素风险预测、预警研究

粮食中的真菌毒素风险预测、预警研究，目前主要在于镰刀菌毒素污染的预警研究方面。

镰刀菌毒素是粮食作物生长阶段最主要的污染真菌毒素，包括脱氧雪腐镰刀菌烯醇（DON）及其衍生物、T-2毒素、HT2毒素、伏马毒素（FBs）、雪腐镰刀菌烯醇（NIV）、玉米赤霉烯酮（ZEN）等。研究表明气候条件、农艺、虫害等是田间镰刀菌毒素产生的常见影响因素。

影响田间镰刀菌毒素产生的气候条件，包括温度、湿度、干旱、降水等，扬花期和收获期间的气候条件对粮食作物真菌毒素的产生影响更大。农业生产是影响田间镰刀菌毒素产生的另一个重要因素，如作物品种、前轮作物情况、耕作管理等。因为玉米对镰刀菌感染的抵抗力较差，更易引起下一轮作物病害的发生。虫害有利于镰刀菌的传播，从而加重小麦赤霉病和玉米穗腐病的浸染，研究表明虫害和气候条件都是影响镰刀菌毒素产生的重要因素。此外，地形也能够影响镰刀菌毒素的产生，山顶和洼地土壤水分和空气湿度空间分布的不均一，导致不同地

形谷穗上镰刀菌毒素(DON, ZEA)污染存在明显差异。

气候变化将对产毒真菌侵染谷物进而产生毒素且有明显作用,而气候变化对诸如害虫、土壤条件和营养状态、农艺措施等因素的影响将成为潜在和间接地导致霉菌繁殖和毒素产生的触发器。

通过对影响镰刀菌毒素产生因素的研究,结合数学模型,建立了不同镰刀菌毒素的污染预测模型。模型的输入因素,包括种植管理、轮作情况、杀菌剂使用、品种抗性、虫害以及降水、干涸、温度、湿度等。

英国 Home-Grown Cereal Authority(HGCA)机构根据2001年到2005年英国小麦中镰刀菌真菌毒素污染情况与农艺、天气等因素相关性,研究建立了镰刀菌真菌毒素风险评估模型,用于预测收获前英国小麦中 DON 和 ZEN 的风险等级。2006～2008年,HGCA 继续监测小麦中镰刀菌真菌毒素污染情况,不断对模型进行修正和改进。目前风险模型中影响真菌毒素污染水平的因素有地域、轮作农作物、耕作方式、小麦品种、杀真菌剂、扬花期降雨量和收获前降雨量等。

先正达公司进行了大量的田间调查,在法国和比利时采集了农艺因素、气候因素和谷物样品进行真菌毒素的分析,开发了软麦、杜伦麦和玉米中 DON、ZEN 和 FBs 三种镰刀菌类真菌毒素的预测模型(Qualimètre®)。小麦中 DON 的污染,扬花期气象是主要因素。玉米中 DON/ZEN/FBs 的污染,扬花到收获期间的气候是主要因素,另外,收获时情况(日期和谷物水分)、玉米螟危害、抗性等也影响真菌毒素的产生。Qualimètre®模型在法国和比利时首次开展了镰刀菌毒素的污染预测服务。

Hooker 等发展了小麦中 DON 的预测模型,模型包括的因子有降水、温度等,在多年监测数据的基础上,开发了有名的 DONcast 预测模型,这个模型在商业上的应用已经多年。2004年,该模型首次建立了基于 web 交互的模式,允许输入特定场地的一些天气和农业因素变量,获得预报结果。Franz 等评价了 DONcast 模型在荷兰的应用情况,结果表明预测效果不理想,霉菌种群的地区差异可能是其原因。同时基于荷兰的多年数据,研究发展了适合本区域的预测荷兰冬小麦 DON 污染模型。

Maiorano 等初步建立了田间玉米伏马毒素污染动态风险评估模型(FUMAgrain),该模型建立在玉米、串珠镰孢菌(fusarium verticillioides)、欧洲玉米螟病害系统上,通过校验,该模型能够较好地模拟意大利玉米上伏马毒素的产生,为农场主及时采取农艺措施避免伏马毒素污染提供决策支持,也为终端用户、粮食收购商以及农业服务机构等提供帮助。

Dammer 等应用多光谱系统检测了小麦赤霉病的严重程度，有助于在收获前监测赤霉病和镰刀菌毒素污染情况。人工感染田间试验表明多光谱系统的图像和可见病害成线性相关，能够准确识别无病麦穗。

其他一些模型建立在实验室水平，这些模型描述了真菌毒素产生的环境条件影响如温度和水活度，可以作为大田模型的基础。

总之，基于田间研究的数据基础上，这些模型已经被用来描述或预测小麦和玉米上黄曲霉毒素、呕吐毒素、伏马毒素或玉米赤霉烯酮的发生，另外一些用来描述或预测各种镰刀菌的侵染。模型的变量典型的包括温度、降水和其他天气信息、害虫种群、农业措施等，有时也包括经济因素。

4.5 粮食中真菌毒素的降解及处置技术

真菌毒素的脱毒方法一般有物理脱毒法、化学脱毒法、生物降解脱毒法，以及添加营养素等。物理方法主要通过热处理、微波、紫外线、漂洗、溶剂提取（超滤/渗滤）、脱胚处理（主要用于玉米脱毒）和吸附添加剂等减少粮食和食品中真菌毒素的含量。化学方法是通过强碱强酸或强氧化剂等的作用，真菌毒素结构被彻底破坏，转变为无毒或低毒物质。生物学方法主要是通过某些微生物的生物转化作用和酶的降解作用，破坏真菌毒素的化学结构，降低真菌毒素的毒性。营养素主要通过缓解机体对真菌毒素的吸附能力，增加机体对真菌毒素造成伤害的修复能力来降低毒素的危害。

真菌毒素脱毒的基本准则：①毒素必须被失活或转化成无毒的物质；②没有新的毒素产生；③产品的营养价值不能被严重的破坏；④不能改变产品的物理和感官状态成分；⑤必须经济实用。

4.5.1 黄曲霉毒素

黄曲霉毒素的脱毒方法一般有物理脱毒法、化学脱毒法、生物降解脱毒法，以及添加营养素等。

1. *物理方法*

凹凸棒土由于具有独特的三维空间结构和较大的比表面积，同时带有不饱和负电荷及具有阳离子交换能力，因而具有不同寻常的胶体性质和吸附性能，可用于食品、化工、环境等领域，而且其储量丰富，价格便宜，可作为黄曲霉毒素 B_1（AFB_1）的吸附剂。通过选择凹凸棒土对黄曲霉毒素 B_1 的吸附热力学和动力学特性进行研究，得出其吸附为简单的单分子层优惠吸附，属于二级吸附过程。生产中常采用的方法是在日粮中添加吸附剂来吸附动物消化道内的AF，阻止机体对毒素的吸收，从而降低毒素对动物体的危害和毒素在动物产品中的残留。

Youjun Deng等研究了班脱土（皂土）用于减少被黄曲霉毒素污染的饲料和食品的真菌毒素生物药效率（生物利用度）的方法。在干燥条件下，蒙脱土与黄曲霉毒素B_1之间的吸附主要是离子偶极相互作用和可交换阳离子、羰基之间的协调作用（Ion-dipole Interactions）。在湿度条件下，蒙脱土与黄曲霉毒素B_1之间的吸附主要是可交换阳离子水合作用与羰基之间的氢键作用。

物理方法存在效果不稳定、营养成分损失较大以及难以规模化生产等缺点。但是凹凸棒土吸附可以解决大规模生产的问题。目前还有添加霉菌吸附剂的办法，这种方法在吸附毒素的同时会吸附一些营养成分，也不能彻底去除黄曲霉毒素的毒性，动物生产性能仍然受到很大的影响。

2. *化学方法*

Rethinasamy Velazhahan等研究了印度茴香种子提取物用于降解黄曲霉毒素。多种药用植物的叶或种子提取物都能降解黄曲霉毒素G_1，印度藏茴香种子提取物能有效的降解AFG_1（降解率65%）。透析产物比粗提物的降解效果好，降解率大于90%，提取物在100℃条件下沸腾10 min，其降解黄曲霉毒素的活性急剧下降。印度茴香也能降解其他毒素，如AFB_1，可降至61%，AFB_2，可降至54%，AFG_2，可降至46%。AFG_1的降解研究显示，500 μl提取物处理50 ng AFG_1，在37℃下处理6小时，降解率为78%，24小时后为91%。质谱检测AFG_1的降解产物，在正离子下的离子峰分子丰度为m/z 288.29。二级质谱分析，母离子为m/z 288.29，与此相一致的碎片离子为m/z 270.16，少了18D。质量光谱分析显示，降解物结构是AFG_1一个内酯环结构改变。40 mg/L浓度的AFG_1可导致玉米大于2%的染色体畸变。用提取物处理后的AFG_1没有导致染色体畸变，这证明了印度藏茴香能防止AFG_1对禽肝脏的损害，以及其他食品由于AFG_1引起的危害。

K. S. McKENZIE等研究了臭氧降解真菌毒素的效果。浓度为32 μM的AfB_1、AfB_2、AfG_1、AfG_2、CPA（cyclopiazonic acid）、FB_1、OTA、棒曲霉素（Patulin）、SAD（Secalonic Acid D）、ZON水溶液分别用2、10、20%（重量百分比）的臭氧（O_3）处理5 min，然后用HPLC分析。结果显示2%的臭氧可以迅速降解AfB_1、AfG_1，降解AfB_2、AfG_2需要20%的臭氧。用臭氧降解棒曲霉素、

CPA、OTA、SAD、ZON15 s后用HPLC检测不到副产物。

用臭氧连续或间断处理低水分(15%以下)粮食9 h,粮食中污染的黄曲霉毒素B_1去除率可达90%以上;同一粮种,低水分粮食的去毒效果比高水分粮好;不同的粮种去毒效果有差异,对稻谷效果最好,其次是小麦和玉米;粮食中污染的黄曲霉毒素B_1在臭氧处理的最初1~2小时去除速度最快,毒素含量可下降80%以上。对于低水分(15%以下)粮,如果黄曲霉毒素B_1含量在100 ppb以内,经20~50 ppm的臭氧处理9小时后,其黄曲霉毒素B_1含量就可降至5 ppb以下。研究结果表明,臭氧处理法可以发展成为一种具有实际应用前景的去除粮食中污染的黄曲霉毒素B_1的有效方法。谷物类的氨化处理也是一种有效的解毒方法,在一定条件下可以大大降低花生粕和棉籽粕中的AF,如果反应时间足够长的话,毒素结构的变化是不可逆的。用氨盐或氨水处理玉米、花生饼粕、棉籽可以将其霉变水平下降约99%。

3. *生物学方法*

黄曲霉毒素生物降解,是指黄曲霉毒素分子的毒性基团被微生物产生的次级代谢产物或者所分泌的胞内、胞外酶分解破坏,同时产生无毒的降解产物的过程,毒素生物降解是一种化学反应的过程,不是对毒素的物理性吸附作用。目前国内外众多研究者已经发现包括细菌、真菌及酵母菌在内的大约上千种微生物能够使黄曲霉毒素含量降低,但是大多研究只证明了所发现的微生物发酵液能显著降低黄曲霉毒素的浓度,没有进一步证明这种作用是微生物的物理性吸附作用还是生物酶的生物降解作用。

A. Hernandez-Mendoza等报道乳酸杆菌通过吸附和降解食物传播的致癌物,减少人类对这些有毒物质的暴露风险。研究了在水溶液中能吸附黄曲霉毒素B_1的8株乳酸杆菌的能力。另外评估了添加了胆盐的培养基中乳酸杆菌对黄曲霉毒素B_1的吸附效果。被测试的8株菌来自于不同的生境(奶酪、玉米青贮饲料、人体排泄物、发酵饮料)。这些菌株对黄曲霉毒素B_1有不同的吸附能力,吸附能力最高的是L. casei L30,达到49.2%(4.6 μg/mL)。一般来说,来自于人体的菌株吸附黄曲霉毒素B_1最多,来自于奶酪的菌株吸附最少。在乳酸杆菌与黄曲霉毒素复合物的稳定性方面(多次洗涤),L. casei 7R1 - aflatoxin B_1复合物最稳定。胆汁盐对L. casei L30(来自于人体)菌株的抑制作用最小。胆汁盐增加了乳酸杆菌细胞对黄曲霉毒素B_1的吸附(在不同菌株中是有差异的),有利于减少暴露值。培养好乳酸菌后,将菌株放在水溶液中,与黄曲霉毒素发生吸附反应。Katarzyna Slizewska等评估了微生物制剂减少黄曲霉毒素B_1的基因毒素性。

4. 营养素法

维生素缺乏，可加剧 AF 中毒，反之便会减弱或失活。添加维生素，尤其是维生素 A、D、E、K，可缓解 AF 的中毒效应。补加烟酸和烟酸胺，可以加强谷胱甘肽转移酶的活性，增加解毒过程中与黄曲霉毒素 B_1 的结合。

最近的一些研究表明[31]，饮食因素对黄曲霉毒素 B_1 的生物转化有影响，一些甚至能预防 AFB 的基因毒性。一些动物实验显示，降低 AFB 的致癌性的关键因素就是一些解毒诱导酶如谷胱甘肽-s-转移酶(GST，通过 Keap1-Nrf2-ARE 信号途径)。尽管一些研究利用十字花科蔬菜的硫糖甘水解物(Dithiolthiones)药物作为抗氧化剂，啮齿类动物实验显示，莱菔素(SFN)也是食物成分的有效解毒诱导物；然而，至少在人的肝细胞上，GST(谷胱甘肽酶)没有 SFN 那样的广泛诱导性，人类 GST 中只有一种酶-GSTM1 被检测到对黄曲霉毒素 B1-8,9 环氧化物(AFBO，AFB 的基因毒性代谢物)有催化活性，即使显示在人的肝细胞中 GST 能有效防止 AFB 的 DNA 伤害。尽管解毒途径诱导是化学预防的主要机制，通过食物成分降低 AFB 向 FBO 的激活率，这种预防作用的效果正在增加。伞状花科蔬菜的某些食物能抑制人类 CYP1A2 的活动，并且已经证明那些蔬菜中的一些成分能抑制人 CYP1A2 的活动，从而减少 AFB 的诱变作用。另外，不同来源(芸薹属蔬菜、啤酒花)的食物成分能改变人肝脏酶(包括 AFB 的氧化)的表达。莱菔素(SFN)通过有效减少 AFB 在人体内的生物指标和人体肝细胞中 AFB 加合物的形成，能预防 AFB 引起的肿瘤，尽管这种预防作用是通过抑制人肝脏细胞 CYP_3A_4 的表达，而不是 GSTs 的诱导保护实现。假如在人体中这种机制能发生作用，SFN 将作为一种重要的安全药物。一种饮食化学保护途径(独立于 AFB 的生物转化)能代表有效果的食物成分，如叶绿酸(Chlorophyllin)能吸附减少黄曲霉毒素的生物利用度。叶绿酸也显示能降低 AFB 对人的基因毒性，可以有效地减少 AFB 导致的肝癌。最近的一些报道是吸纳在人体内 DNA 的修复系统是可诱导的，一些食物成分能有效提高一些能降解 AFB-DNA 加合物的酶的基因表达。然而，通过食物调制的 DNA 修复的安全性和化学预防 AFB 导致肝癌的有效性还需进一步确定。

5. 黄曲霉毒素及其他真菌毒素降解前景展望

粮油食品、饲料中的黄曲霉毒素是可以通过物理吸附、臭氧氧化、生物酶降解作用得以去除的，美国和巴西已经批准了以膨润土、黏土等为原料的真菌毒素吸附剂产品的销售，化学方法主要用于粮食加工前处理，如润麦时通臭氧气体，可以有效地降解粮粒表面的真菌毒素，有些地区（中美洲）通过在食品加工时加碱，可以降低真菌毒素的风险，反应激烈的化学方法由于对粮食食品本身的风味、营养等会造成伤害，使用较少；生物酶在适宜的条件下降解真菌毒素不会产生其他有毒的化学物质，也不会损失或极少损失饲料中的营养物质，但是仍然有许多不足之处，微生物生物酶产量低、分离纯化过程复杂、酶性质的不稳定性和酶作用条件苛刻性等原因，对黄曲霉毒素解毒酶在实际生产应用的研究很少。因此，筛选出能够产高效降解黄曲霉毒素的酶的菌株以及通过酶工程、基因工程等手段获得解毒作用条件更宽的解毒酶，是目前研究的热点。用益生菌吸附降解真菌毒素，现在研究较多，一方面，通过益生菌发酵，可以吸附降解真菌毒素，另一方面又增加了食品、饲料的营养。通过营养素来修复由于真菌毒素导致的DNA等的修复，目前还停留在研究阶段，但不失为一种很好的解毒方式。

4.5.2 赭曲霉毒素A

OTA毒性强、结构比较稳定，脱毒较困难，主要的方法是物理吸附、化学降解、生物酶降解等方面，包括吸附剂、氧化剂和生物酶制剂的研究等方面。

1. *物理脱毒法*

物理脱毒主要是通过吸附、辐照等手段达到脱毒的效果。Espejo等对用酿酒的葡萄汁进行了活性炭的吸附实验，发现在活性炭为0.24 g/L时可以吸附葡萄汁约70%的OTA。除了活性炭之外，目前比较有效果的有沸石。但是在体内实验中，除了活性炭之外其他均未达到预期效果，并且有可能会导致必需营养物质滞留和动物中毒。通过吸附只是将毒素转移并没有将毒素破坏或者降解，因此还存在二次污染的问题。γ射线辐照，能破坏毒素结构从而脱毒，但是不易操作，需要专门的设备。

2. *化学脱毒法*

化学脱毒主要是对毒素进行修饰等使之变为不具毒性的物质。碱性的过氧化氢，氢氧化钠，氨基甲烷以及氢氧化钙铵盐能有效减少基质中的OTA。电化学技术产生的臭氧也能降低OTA。

3. *生物脱毒法*

生物脱毒主要是通过生物代谢或者酶促反应降解毒素或者修饰毒素分子而达到脱毒目的，并且以其脱毒效果好、对营养物质无损伤、污染小、快速等特点已成为目前的研究热点。羧肽酶是较早发现的能够降解OTA的一种酶，除此之外也有某些金属酶被发现可以降解OTA。如梁晓翠通过筛选，从土壤中得到

BD189 菌株在 24 h 内能去除实验体系中 80%以上的 OTA，降解 OTA 的产物为 OTα，且没有产生毒性更强的新毒性物质，达到了脱毒目的。其最适反应温度为 30℃，最适反应 pH 值为 8.0。属于乳酸菌（lactobacillus acidophilusVM 20）、不动杆菌、酵母菌（phaffiarhodozyma）、地衣芽孢杆菌（bacilluslicheniformis）等属的某些微生物和某些曲霉属真菌，在体外实验中降解 OTA 高达 95%以上，并且他们中的一部分在体外实验中也表现出降解特性且多数将 OTA 降解为毒性较小的 OTα。微生物菌群，如牛和羊的瘤胃，小鼠的大肠和盲肠，人的肠道微生物，均可一定程度的降解 OTA。研究还发现，有一些物质虽不能直接脱毒但是却可以抵消或降低 OTA 产生的毒性效应，例如：褪黑激素（N-乙酰-5-甲氧基色胺），儿茶酚类物质，维生素 E 等。

4. *加工脱毒法*

虽然 OTA 比较稳定，但是在特定的高温、高酸、高碱及生物酶解则会发生结构的改变，因此，加工工艺对产品中 OTA 含量也是有影响的。通过清洗除尘、清除坏掉的部分可以减少一部分 OTA，但是去除量小（约 2%～3%）且与农产品本身的状况相关。研磨洗擦去掉粮食表皮也可以去掉表皮上积累的 OTA。但是由于研磨并不是破坏或者降解毒素，可能只是将毒素重新分布或者导致研磨部件毒素的积累，这就引起了二次污染的问题。OTA 具有相对的热稳定性，但是对于不同的温度其稳定性则不同。例如烘焙饼干时可以导致部分的 OTA 被破坏或者被固定，当然其含水量低也在其中有一定的影响。通过对咖啡豆两种不同的炙烤技术（旋转圆柱形和流床式）分别在 230℃下 0、3、6、9、12、15 min 和 0、0.9、1.7、2.6、3.5 和 4.3 min 炙烤，对比后发现最长炙烤时间下 OTA 的减少率相似，且旋转圆柱形效果很好，88%的 OTA 降解。但在该实验中（230℃）并未发现 OTA 的完全降解，可能有水分参与的热降解使之异构化成其他物质。

在一些发酵食品中，酵母可以有效地降低 OTA 的含量，Masoud 等曾研究了阿拉比卡咖啡发酵中的酵母对赭曲霉的生长和 OTA 的含量的影响，发现异常汉逊酵母，克鲁维毕赤酵母菌和葡萄汁有孢汉逊酵母能抑制赭曲霉的生长，并且在麦芽膏琼脂培养基上，这三种酵母均能够抑制赭曲霉产生 OTA。除此之外，烧烤、油炸、次氯酸盐处理等工艺也能减少一部分 OTA。

4.5.3 玉米赤霉烯酮

粮油及其制品中玉米赤霉烯酮的脱毒降解方法，主要包括物理方法、化学方法、微生物吸附降解和酶降解等方法。

1. 物理脱毒法

物理脱毒法是利用各种吸附剂能吸附结合玉米赤霉烯酮的能力，在动物饲料中添加一定量的吸附剂，在动物进食后，使其在动物肠道中吸附 ZEN，并随粪便排出体外，从而达到脱毒的目的。从啤酒酵母细胞壁中提取的葡聚糖在体外可以有效地结合不同 pH 值水溶液中的 ZEN。重要的是，研究也表明啤酒酵母细胞壁成分对饲料中营养物质的吸附能力较低，还能提高动物的免疫系统功能。很多研究人员也发现，活性炭、蒙脱石特别是改性蒙脱石、高岭土和消胆胺等在体外也有很好的 ZEN 结合能力，但它们对饲料中的一些重要的营养物质如氨基酸和维生素的结合能力也较强。

2. 化学脱毒法

化学脱毒法主要是利用氧化剂如臭氧、双氧水等处理被 ZEN 污染的食品和饲料原料，达到氧化降解毒素的目的。高浓度的臭氧溶液对玉米赤霉烯酮有脱毒作用，向含 ZEN 的水溶溶中通入 10%(质量分数)的臭氧，保持 15 s 后，高效液相色谱分析发现 ZEN 几乎完全降解，降解生成了弱紫外吸收和荧光吸收的产物。高浓度的 H_2O_2 水溶液对谷物饲料中 ZEN 也有降解效果。此类方法的毒素去除率较高，适合一些霉变较严重的谷物饲料脱毒，但费时费工，而且对营养成分造成极大的破坏，可能产生一些对动物健康有害的化学物质[7]。

3. 生物脱毒法

生物转化脱毒法主要是通过微生物的作用将 ZEN 类毒素降解或转化为无毒的产物。很多研究发现，酵母菌中的醇脱氢酶能将 ZEN 还原为玉米赤霉烯醇。某些芽孢杆菌和一些霉菌也具有将玉米赤霉烯酮还原为玉米赤霉烯醇的能力，此外这些菌体细胞还能催化玉米赤霉烯酮或玉米赤霉烯醇生成极性更强的葡萄醛酸结合物或磺酸苷结合物。这些葡萄醛酸结合物或磺酸苷结合物在胃肠道中很容易被酸或肠道微生物产生的糖苷酶水解生成玉米赤霉烯酮或玉米赤霉烯醇。上面提到的这些玉米赤霉烯酮转化都不是真正意义上的脱毒，因为转化后的产物仍然具有较大的雌激素毒性。只有通过一些细胞毒性测试，证明 ZEN 的降解或转化产物是低雌激素活性后，才可以称为真正意义上的脱毒。泛解酸内酯水解酶解毒的推测途径是先通过加氢还原反应，打开 ZEN 12c 的酯键，接着脱羧反应，去掉 12c 羧基，形成裂解产物[1 -(3,5 二羟苯基)- 10c 羟基- 1c 烯- 6c 酮]。

4.5.4　脱氧雪腐镰刀菌烯醇(DON)的脱毒方法

脱氧雪腐镰刀菌烯醇的脱毒方法包括物理吸附降解、化学降解、生物吸附和降解、酶降解、加工去除等方法。

1. 物理降解

DON的耐热性虽然较好,但是在高温处理下,DON含量会显著下降。紫外线也能有效降解饲料中的DON。中等强度的紫外光照射下,DON的浓度随着时间的推移逐渐减少,60 min后便检测不到DON,而高等强度的紫外光条件下,DON的含量减少得更加迅速。运用微波诱导等离子处理DON,利用薄层色谱和高效液相色谱(HPLC)法检测DON的含量,5 s后DON被彻底清除。不同的时间(15、30、60 min)条件下检测不同的温度(100、120、170℃),不同的pH值(4.0、7.0、10.0)对脱氧雪腐镰刀菌烯醇稳定性的影响。实验结果发现当DON毒素在pH值为4.0条件,只有170℃、60 min过后才观察到DON部分被破坏。在pH值为7.0的条件下,DON则很稳定,只有170℃的条件下15 min就被破坏。而pH值为10.0的条件下,DON在100℃经过60 min就能被部分破坏,在120℃条件下30 min或170℃条件下15 min就能完全被破坏。

2. 化学降解

氧化能够引起分子结构的改变从而改变生物活性。臭氧能降解DON的含量,25 mg/m3的臭氧能将真菌毒素降解到不能被UV或MS检测出来的水平。NaClO能在室温下将DON转化为单产物,该产物无毒性。Young等发现1%的氯气含量也能降低发霉玉米中DON的含量。在22℃条件下用2%的抗坏血酸处理感染小麦24 h,发现DON的含量降低了50%。用$NaHSO_3$处理的小麦,其面粉中DON污染率只有5%,用含22%水分和1% $Na_2S_2O_5$的饱和蒸汽处理发霉小麦15 min,DON含量从7.6 mg/kg降到0.28 mg/kg。$NaHSO_3$和$Na_2S_2O_5$能够将DON转化为DON-磺酸盐。该物质的毒性要比DON的毒性低。

DON在碱性条件下,12,13-环氧基被打开,由于C12和C13位的环氧基团对DON的致呕吐毒性有重要作用,所以DON的毒性很被大程度降低。NH_3和NaOH是食品工业的常用碱液。用碱液处理发霉的玉米1 h和18 h后发现DON的浓度分别减少了9%和85%。用0.1 mol的NaOH溶液处理DON, 1 h后发现DON被分解为3种同分异构体,它们的毒性都比DON的毒性低。

3. 生物学法

在一定的温度、pH值条件下,一些细菌、真菌可将DON转化为其他产物,从而起到脱毒的作用,但代谢产物是否安全还需要进一步做毒理学实验。一种土壤中的农杆菌能将DON转化为3种产物。一种从土壤中分离得到的Aspergillus菌种能在无机盐培养基中把DON当做唯一碳源,将94.4%的DON转化成一种化学物质，这种化学物质的分子质量比 DON 的高 18.1，然而该种化学物质的化学结构和毒性还没有研究。

4. 加工去毒

DON 毒素可以通过湿磨的方法，溶解于液体中，清除粮食中的 DON 毒素。镰刀霉菌感染谷物是在水解酶的作用下通过种皮，穿过细胞最后到达胚乳，谷物被镰刀霉菌污染最严重的部位是外壳部分。将感染镰刀霉菌大麦的外壳去除后，检测脱氧雪腐镰刀菌烯醇含量，发现第一次去除硬质小麦的壳，即移除了 10%谷物组织后，DON 的含量减少了 45%，第二次去壳，即移除了 35%谷物组织后，DON 的含量只剩 30%。因此对于带壳的粮食作物通过去壳比研磨更能有效地去除谷物中 DON 的含量。

4.5.5　伏马毒素

粮食及其制品中伏马毒素的去除降解方法包括物理吸附降解法、化学降解法、生物吸附降解法、加工去除法。

1. 物理方法

通过筛选去除杂质和不完善粒，可以减少粮食中伏马毒素的含量。此法简单易行但脱毒不彻底。密度分离技术及洗涤可去除伏马毒素此法不具有特异性，脱毒不完全，但适于谷物类的湿磨加工和碱处理。热处理对伏马毒素的脱毒都不完全。微波处理能高水平地破坏单端孢霉烯。肖丽霞等报道，微波处理在 12 min 内即可除去 90%以上的毒素，是一种方便快捷的方法。在质量浓度为 30%以上的 NaCl 水溶液中浸泡 10 min，能去除 99%的毒素，且操作简便，成本较低。

杨静通过 60 Coγ 射线辐照伏马毒素 B_1（0.1 mg/L、1 mg/L），伏马毒素 B_1 溶液在 10 kGy 时降解率达到 90%以上。伏马毒素 B_1 可以通过辐射进行降解，且辐射剂量越大，真菌毒素的降解率越高。

2. 化学方法

加还原糖的热处理能降解伏马毒素，毒理学和降毒稳定性还不确定。碱处理水解可逆降解部分降解伏马毒素，毒性仍然存在。过氧化氢或重碳酸钠可以降解伏马毒素。

用氨氧化去除天然污染玉米中伏马毒素 B_1，能降解 30%～45%。J. Dupuy 等在不同的温度（50℃、75℃、100℃、125℃、150℃）条件下，用不同的时间处理降解玉米中污染的伏马毒素，结果发现随着时间的延长，毒素的降解没有显著性增加，不同的处理温度也有这种情况，温度的升高与伏马毒素的降解效果没有关系，75℃效果最好。建议降解玉米总伏马毒素，应与其他方法联用。用氨化法在高压（60 lb/inch2）、低温（20℃）情况下，可以有效地降低伏马毒素含量，降解率为79%。

3. 生物学方法

Blackwell BA 等用酵母菌产生的酶对伏马毒素进行氧化脱氨基作用，使伏马毒素得到有效降解。来自植物的酚类化合物高黄绿桑、绿柄桑、苯甲酸、咖啡酸、香草酸能有效地抑制镰刀菌的繁殖，同时能有效地降低伏马毒素 B_1 的含量（chlorophorin 能降低94%，咖啡酸、阿魏酸、香草酸能降低09～91%）。降解伏马毒素 B_1 通常包括脱脂作用和脱氨基作用两步。Heinls 发现一株细菌产生的两种酶具有脱脂和脱氨基作用，可以用于伏马毒素 B_1 的降解。尤其是在厌氧环境下，效果更好。

4. 加工去毒

膨化加工可降解伏马毒素，降解效果与加工温度及挤压螺旋速度有关。通过湿磨生产的淀粉不含或几乎不含玉米赤霉烯酮、伏马霉毒素和黄曲霉毒素。不过，T-2毒素增加。

5. 膳食干扰

胆碱、蛋氨酸、维生素、蛋白质、膳食脂肪、抗氧化剂及代谢酶诱导剂等添加到动物饲料中能降低因谷物中真菌毒素引起的毒性。

4.5.6 T-2毒素

降解或去除粮油食品中T-2毒素的方法主要有物理方法、化学方法和生物学方法[20]。

1. 物理方法

长期加热对T-2毒素有一定破坏作用，毒素吸附剂如硅铝酸盐类、沸石、膨润土、活性炭、酯化甘露聚糖等也表现出很好的脱毒效果。伊利石、绿泥石可吸附T-2毒素。

2. 化学方法

5%～8%苛性钠、苛性钾效果最好，T-2毒素能被破坏85.5%～90.7%，但碱浓度过高，饲料不能饲用；碳酸铵也可除去1/2毒性，碳酸氢钠、次氯酸钠也具有一定的脱毒效果。

3. 生物方法

利用能够降解单端孢霉烯族毒素的环氧结构的细菌品系，通过发酵工艺使其具有高水平的生物转化功能。在饲料中添加可以分解 T-2 毒素的酶，也可以起到降解毒素的作用，如酪米可以将 T-2 毒素分解为无害的代谢物，脱环氧基酶可以去除 T-2 毒素的毒性基团环氧基，从而显著降低 T-2 毒素的毒性。Halsz 等用 C 射线照射培养于大米中的三线镰刀菌，发现照射剂量为 1～3 kGy(千戈瑞)时产毒能力增强，而剂量达 9 kGy(千戈瑞)时，培养物中即无毒素检出。

4.5.7 麦角碱

麦角毒素广泛存在于谷物及以谷物为基础的食品和饲料、牧草中。由于建立了有效的谷物清洁程序，人类麦角中毒基本上已经被控制，但是，在畜牧养殖业仍然是个重要问题，特别是牛、马、猪、羊、鸡中毒时常发生。麦角碱主要污染黑麦、小麦、大麦、燕麦、高粱等谷类作物及牧草，也污染粮食制品，如面包、饼干、麦制点心等。另外，在动物的奶、蛋中均发现有麦角碱残留。麦角碱在谷物中的污染状况与产毒菌株、温度、湿度、通风、日照等因素有关。

4.5.8 串珠镰刀菌毒素

章红等曾采用传统的物理化学方法对粮食和水中的串珠镰刀菌素进行了去毒研究。其中 O_3 等脱毒方法虽去毒效果较好，但大规模应用尚有困难，且影响粮食外观和质地。探索一条生物降解的途径，筛选能够降解 MON 的微生物，并将编码降解该毒素的酶基因克隆到镰刀菌污染作物(如玉米)上的生物解毒方法，不仅能从根本上大大降低粮食中 MON 含量，且能减少 MON 引起的植物病害和粮食减产，避免使用化学物质(杀真菌剂或抗性诱导剂)或引进生物防治微生物等引起的环境公害，从而有着广泛的经济和环境效应。

陈卫琴等从黑龙江省镜泊湖附近的草甸土中筛选到一株能以串珠镰刀菌素为唯一碳源和能源生长的菌株。该菌在含 500 μg/mL MON 的基础培养液中菌数从 107 增长至 1 010。根据常规形态特征分析、生理生化性状、G+Cmol%含量测定及 16S rDNA 基因序列分析将其鉴定为根瘤菌科的苍白杆菌属(Ochrobactrum)。静息细胞试验证实该菌株细胞内确实存在能够降解 MON 的酶系。

4.6 问题与展望

从标准物质到降解的全过程，粮食真菌毒素的研究工作已经开展了很多。目前存在的问题是精准定量检测方法大多需要繁琐的提取净化步骤和昂贵的仪器，快速检测方法的适用性有待加强，快速检测和精确定量检测大多需要有机溶剂提取，增加了环境污染和对人体的损害；风险监测预警的理论还有待完善，针对不同的粮种、不同的毒素，风险监测和分析的方法还有待研究，适用于不同地区的风险评估机制和模型还要加强研究；污染真菌毒素的粮食的应用方式和方法还有待研究开发；适用于不同国家和地区的粮食真菌毒素限量研究还有待深入；不同地区、不同粮种、不同真菌毒素的粮食基体标准物质还有待开发。

针对以上问题，可以在世界粮农组织或世界卫生组织的统一协调下，在各个国家有关单位的组织下：

(1) 开展绿色环保、快速准确的检测技术研究。

(2) 扩大粮食真菌毒素风险监测规模和广度。

(3) 研究粮食真菌毒素风险分析评估与管理的基础理论和有关模型。

(4) 研究开发适用于不同国家和地区的粮食真菌毒素粮食基体标准物质。

(5) 开展基于不同人种的真菌毒素毒理学研究，对粮食真菌毒素限量进行重新定义，以满足不同地区不同人种的耐受需要，最大限度地减少因真菌毒素限量不恰当而造成不必要的粮食损失。

(6) 开展污染真菌毒素的粮食的应用工艺研究，减少因真菌毒素超标而造成的粮食损失。

(7) 加强政府间和贸易商之间有关粮食真菌毒素的沟通与联系，减少贸易摩擦。

参考文献

[1] 杜政，朱之光，王松雪. 粮食真菌毒素监测预警与处理技术发展现状与趋势[J]. 食品科学，2011，33(增1)：66-74.

[2] 侯海峰，齐永秀，费洪荣. 黄绿青霉毒素的高效液相色谱检测法的改进[J]. 泰山医学院学报，2004，29(6)：530-531.

[3] 卢春霞，王洪新. 麦角生物碱的研究进展[J]. 食品科学，2010，31(11)：282-288.

[4] 马皎洁，邵兵，林肖惠，等. 我国部分地区2010年产谷物及其制品中多组分真菌毒素污染状况研究[J]. 中国食品卫生杂志，2011(6)：481-488.

[5] 彭双青. 串珠镰刀菌素及其毒理学研究进展[J]. 国外医学—卫生学分册，1993，20(3)：157-161.

[6] 青雪梅，刘宁，姚红菊. 黄绿青霉素致细胞DNA损伤的单细胞电泳实验观察[J]. 中国地方

病杂志,2002,21(1):2-4.

[7] 饶正华,李兰,苏晓鸥.玉米赤霉烯酮解脱毒技术研究进展及发展趋势[J].饲料工业,2010,31(22):58-61.

[8] 谢刚,王松雪,张艳.粮食中呕吐毒素含量的免疫亲和柱净化超高效液相色谱法快速测定[J].分析测试学报,2011,30(12):1362-1366.

[9] 王军淋,胡玲玲,蔡增轩,等.超高压液相色谱法同时检测玉米中的伏马毒素 B_1、B_2、B_3 [J].食品安全质量检测学报,2013,4(1):215-223.

[10] 汪俏梅,王建升,余凤安,等.真菌毒素伏马毒素对健康的影响及其生物合成机理[J].自然科学进展,2006年,16(2):190-198.

[11] 王伟,邵兵,朱江辉,等.中国谷物制品中重要镰刀菌毒素膳食暴露评估研究[J].卫生研究,2010,39(6):709-714.

[12] 谢刚.粮食污染主要真菌毒素的研究[D].成都:四川大学,2005.

[13] 谢刚,王松雪,张艳,超高效液相色谱法快速检测粮食中黄曲霉毒素的含量[J].分析化学,2013,41(2):223-228.

[14] 谢光洪,陈承帧,徐闯,等.黄曲霉毒素检测方法的研究[J].饲料工业,2007,28(6):53-57.

[15] 屠蔷,黄飚,金坚,等.玉米赤霉烯酮的高灵敏时间分辨荧光免疫分析[J].农业生物技术学报,2007,15(4):689-693.

[16] 薛山,李洪军.食物中T-2毒素检测及脱除研究进展.食品科学,网络出版时间:2013-01-17.2013,34(15):349-354.

[17] 徐进,罗雪云.黄曲霉毒素生物合成的分子生物学[J].卫生研究,2003,32(6):628-631.

[18] 徐艺,王治伦,吕旌乔.串珠镰刀菌素(MON)研究进展[J].地方病通报,1998,13(3):109-113.

[19] 尹杰,伍力,彭智兴,等.脱氧雪腐镰刀菌烯醇的毒性作用及其机理[J].动物营养学报,2012,24(1):48-54.

[20] 邹忠义,贺稚非,李洪军,等.单端孢霉烯族毒素转化降解研究进展[J].食品科学,2010,31(19):443-488.

[21] Abarca M L, Accensi F, Bragular M R, et al. Ochratoxin A production by strains of Aspergillus niger var. niger [J]. Appl. Environ. Microbiol., 1994,60(7):2650-2652.

[22] Bezuidenhout S C, Gelderblom W C A, Gorst-Allman C P, et al. Structure elucidation of the fumonisins, myeotoxins from Fusariom moniliforme [J]. J. Chem. Soc. Chem. Commun, 1988,(11):743-745.

[23] Desai K, Sullards M C, Allegood J, et al. Fumonisins and fumonisin analogs as inhibitors of ceramide synthase and inducers of apoptosis [J]. Biochimica et Biophysica Acta (BBA)—Molecular and Cell Biology of Lipids, 2002,1585(2-3):188-192.

[24] E rik L, K arenR B, Sonja S K. Realtime quantitative express ion studies of zearalenone biosynthetic gene cluster in Fusarium graminearum [J]. Mycology, 2009,99(2):176-184.

[25] F. Berthiller, R. Schuhmacher, G. Adam, et al. Determination and significance of masked and other conjugated mycotoxins [J]. Anal. Bioanal. Chem., 2009,395(5):1243-1252.

[26] Groopman J. D., Cain L. G, Kensler T. W. Aflatoxin exposure in human populations:

measurements and relationship to cancer [J]. Crit. Rev. Toxicol. , 1988,(19):113 - 146.
[27] Hagler W M, Mirocha C J, Pather S V, et al. Identification of thenaturally occurring isomer of zearalenol produced by Fuariumroseum "Gibbosum". in rice culture [J]. Applied and Environm ental Microbiology, 1979,37(5):849 - 853.
[28] Hassen W, Ayed-Boussema I, Oscoz A A. The role of oxidative stress in zearalenone-mediated toxicity in HepG2 cells: Oxidative DNA damage, gluthatione depletionand stress proteins induction [J]. Toxicology, 2007,232(3):294 - 302.
[29] *http://www.chinagrain.gov.cn/n16/20110620/7.html*
[30] Pitt J I, Marta H, Taniwaki, M B Cole. Mycotoxin production in major crops as influenced by growing, harvesting, storage and processing, with emphasis on the achievement of Food Safety Objectives [J]. Food Control, 2013,32(1):205 - 215.
[31] Kerstin Gross-Steinmeyer, David L Eaton. Dietary modulation of the biotransformation and genotoxicity of aflatoxin B_1 [J]. Toxicology 299(2012)69 - 79.
[32] K Holadová, J Hajšlová, J Poustka, et al. Determination of trichothecenes in cereals [J]. J. Chromatogr. A, 1999,830(1):219 - 225.
[33] Minervini, F, Dell' Aquila M E, Maritato F, et al. Toxic effects of the mycotoxin zearalenone and its derivatives on in vitro maturation of bovine oocytes and 17β - estradiol levels in mural granulosa cell cultures [J]. Toxicol. In Vitro 2001,15(4 - 5):489 - 495.
[34] Massimo Reverberi, Alessandra Ricelli, Slaven Zjalic, et al. Natural functions of mycotoxins and control of their biosynthesis in fungi [J]. Appl Microbiol Biotechnol, 2010,87(3):899 - 911。
[35] M Ligia Martins, H Marina Martins. Influence of water activity, temperature and incubation time on the simultaneous production of deoxynivalenol and zearalenone in corn (Zea mays) by Fusarium graminearum [J]. Food Chemistry, 2002,79(3):315 - 318.
[36] Moon Y,Uzarski R, Pestka J. Relationship of trichothecene structure to COX - 2 induction in the macrophage: selective action of type B(8-keto) tri-chothecenes [J]. Journal of Toxicology and Environ-mental Health: Part A, 2003,66(20):1967 - 1983.
[37] Proctor R H, Hohn T M, McCormick S P, et al. Tti6 encodes an unusual zinc finger protein involved in regulation of trichothecene biosynthesis in Fusarium sporotrichioides [J]. App. l Environ. Microbio. l, 1995,61(5):1923 - 1930.
[38] Sakabe N, Goto T,Hirat a Y. The st ructure of citreoviridin, a t oxic compound produced by P. citreoviridin molded on rice [J]. Tetrahedron Lett, 1964,27(5):1825 - 1830.
[39] Silvestrini F,Liuzzi A,Ciodini P G. Ef-fect of ergot alkaloid in humans [J]. Pharmacology, 1978,16:78 - 87.
[40] Fernández-Ibanez V, Soldado A, Martínez-Fernández A, et al. Application of near infrared spectroscopy for rapid detection of aflatoxin B_1 in maize and barley as analytical quality assessment [J]. Food Chemistry, 2009,113 (2):629 - 635.
[41] Xiao H,Srinivasa M,Marquar R R,et al. Toxicity of Ochratoxin A, Its Opened Lactone Form and Several of Its Analogs: Structure-Activity Relationships [J]. Toxicol Appl pharmacol, 1996,137(2):182 - 192.

第 5 章　食品中反式脂肪酸及其安全性

5.1　反式脂肪酸结构

食物中的脂类中有 99%为脂肪酸甘油酯，此外还含有少量的磷脂和固醇类物质。脂肪酸是天然脂肪经水解而得的脂肪族一元羧酸，是构成三酰基甘油的基本单位。按其饱和程度可分为饱和脂肪酸(saturated fatty acids, SFA)、单不饱和脂肪酸(monounsaturated fatty acids, MUFA)和多不饱和脂肪(polyunsaturated fatty acids, PUFA)。按脂肪酸双键的空间结构不同可分为顺式脂肪酸(*cis* fatty acids)和反式脂肪酸(*trans* fatty acids, TFAs)。所谓顺式脂肪酸是指二个氢原子在双键同侧的脂肪酸，而二个双键氢原子分布在双键两侧则为反式脂肪酸(TFA)。食品中反式脂肪酸是指分子中含有一个或多个反式(*trans*)双键的非共轭不饱和脂肪酸。天然脂肪酸中的双键多为顺式(cis)。其结构可如图 5－1 和图 5－2 所示：

$CH_3(CH_2)_7$　　H
C=C
H　　$(CH_2)_7COOH$

反式脂肪酸(反油酸)

H　　H
C=C
$CH_3(CH_2)_7$　　$(CH_2)_7COOH$

顺式脂肪酸(油酸)

图 5－1　顺式脂肪酸与反式脂肪酸结构

反式异构体的双键键角小于顺式异构体，其锯齿形结构在空间上为直线型的刚性结构，这些结构上的特点使其具有比顺式脂肪酸更高的熔点和更好的热力学稳定性，性质更接近饱和脂肪酸，如图 5－3 所示。反式脂肪酸的熔点受双键的数量、结合形状和位置的影响。顺式油酸熔点为 13.5℃，而反式油酸的熔点则为 46.5℃，室温下呈半固态或固态。

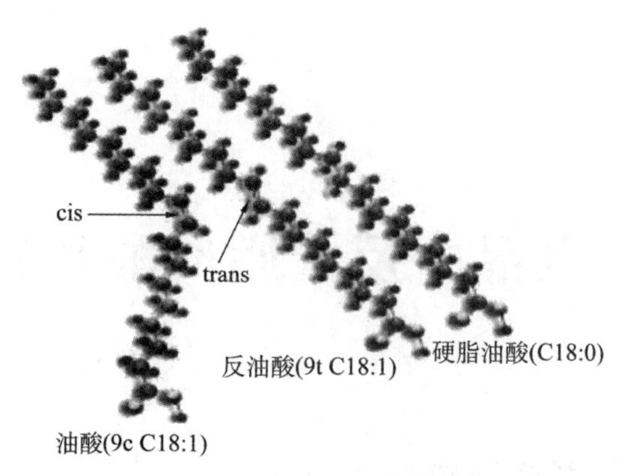

图5-2　反式油酸和油酸、硬脂酸的化学结构

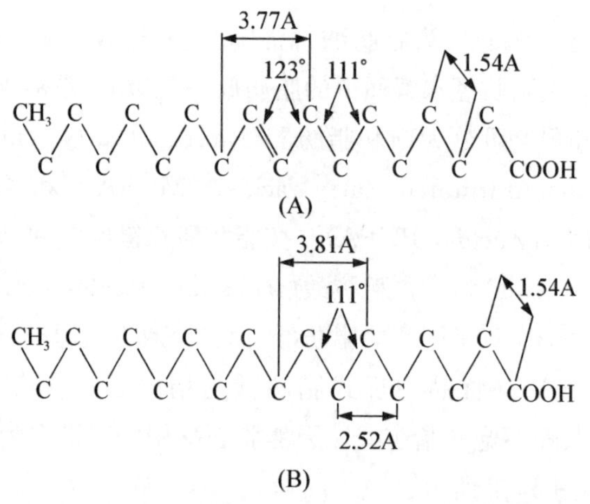

图5-3　反式油酸和硬脂酸的分子结构(A:反式油酸,B:硬脂酸)

5.2　食品中反式脂肪酸的来源

5.2.1　食品中反式脂肪酸的天然来源

食物中的天然反式脂肪酸主要来自于反刍动物如牛、马、羊的肉和乳制品,但含量很低,且以 11t C18∶1 为主。饲料中的部分不饱和脂肪酸经反刍动物瘤胃中微生物的生物氢化作用生成反式脂肪酸。生物氢化作用是将不饱和脂肪酸转变为饱和度较高的终产物的过程,是反刍动物瘤胃内优势菌群的一个独特的生化反应过程。瘤胃中共生的多种瘤胃细菌共同参与完成这个生物转化过程:瘤胃细菌可以分成 A/B 两组,A 组可以氢化亚油酸和 α-亚麻酸生成 11t C18∶1,但不能氢化 18∶1

脂肪酸；B组细菌可以氢化油酸、11t C18∶1 和亚油酸生成硬脂酸。在这种由异构酶催化的过程中，反式脂肪酸作为不饱和脂肪酸转变为硬脂酸的中间体而产生。[30]

乳制品中反式脂肪酸的含量会随季节、地区、饲料组成和动物品种的不同而产生较大差异，羊奶中的反式脂肪酸含量就低于牛奶。

5.2.2 油脂加工和使用过程中产生反式脂肪酸

1. 油脂的氢化

植物油含较高的不饱和脂肪酸，不易保存并影响食品加工特性。采用油脂氢化的工艺手段，有助于增加油脂塑性和稳定性并延长货架期。传统的油脂氢化加工是在镍(Ni)催化剂的作用下，将氢原子直接加成到脂肪酸不饱和位点处。氢化过程中，油先与催化剂(通常是镍)混合，加热到所需温度(140～225℃)，在搅拌情况下与氢作用，压力可达 413.69 kPa(表压)。在此过程中不仅一些双键被饱和，而且一些双键也可重新定位或转变为反式构型(这部分产物即为反式脂肪酸)。氢化后的油脂呈固态或半固态。

反式脂肪酸的含量随着氢化条件、氢化深度和原料中不饱和脂肪酸含量的不同而有较大的波动。传统的氢化工艺产生的反式脂肪酸较多，但通过控制工艺参数可一定程度上降低反式脂肪酸的形成量。氢化油中的反式脂肪酸一般以反式 9t C18∶1 为主。

2. 油脂的精炼

天然植物油在进行精炼、脱臭时，油脂中的不饱和脂肪酸会暴露在空气中，油脂中的二烯酸酯、三烯酸酯等发生热聚合反应，易发生异构化，使反式脂肪酸含量增加。通常在脱臭过程中会形成 3～6%反式异构体，形成反式异构体的多少和加热温度、保持时间和植物油种类有关。脱臭温度越高，高温状态保持时间越长，反式脂肪酸形成量也就越多。

5.2.3 食品加工和保藏过程中产生反式脂肪酸

日常食品加工也可能增加食品中的反式脂肪酸。加工过程中光、热和其他催化作用，顺式脂肪酸可通过异构化转变为反式脂肪酸。未添加氢化油脂的焙烤食品中反式脂肪酸主要产生于加热过程中[3]。食物高温烹调过程中可遇到光、热和其他催化作用，顺式脂肪酸在这些条件作用下，可通过异构化转变为反式脂肪酸。在大部分的油炸食品中，11t C18∶1，9c C18∶1，6c C18∶1，11c C18∶1 等的含量比油炸前的食品要低，而 9t C16∶1 和 9t C18∶1 在大部分油炸食品中的含量比油炸前食品中的高。

此外，辐照剂量控制不当也能增加食品中反式脂肪酸的含量。对牛肉进行的辐照试验中，TFAs 的含量随着辐照剂量的增加而增加，其他不饱和脂肪酸含量也增加，当辐射剂量达到 7 kGy 时产生的 TFAs 最多，因此在选用辐照方法保藏食品时应注意辐射剂量的控制。

一些焙烤和油炸食品如油饼、丹麦馅饼、炸鸡、炸土豆条等，以及假奶酪、人造奶油、冰淇淋、糖果的 TFAs 含量可能较高，其中有很大部分是由于加工时使用了部分氢化油脂所致，也有的是加工过程中由于热作用产生的，其 TFAs 含量随加入的氢化油量的不同而产生较大差异。

5.3 反式脂肪酸的测定方法

反式脂肪酸的分析方法包括气相色谱（gas chromatography，GC）、气相色谱-质谱联用（gas chromatography-mass spectrometry，GC - MS）、红外光谱（infrared spectroscopy，IR）、银离子技术的应用以及毛细管电泳法。

5.3.1 气相色谱法

气相色谱法是目前最常用的脂肪酸分析方法，可根据保留时间和峰面积确定脂肪酸的组成及含量，检测方便、准确性高，在中国已用于 TFAs 的测定。必要时将气相色谱与质谱联用能大大提高分析的准确性。AOCS Ce 1h - 05、AOCS Official Method Ce 1k - 07 和 ISO 15304:2002 中均使用了气相色谱法分析反式脂肪酸[4]。用 GC 分析前，须根据样品中脂肪酸种类不同采用适当的方法将脂肪酸衍生为易挥发的脂肪酸甲酯。分析复杂的脂肪酸时采用较长的毛细管柱能大大提高分离度。

高极性毛细管色谱柱对脂肪酸甲酯的分离是基于各组分碳链长度、不饱和程度、空间构型和不饱和双键位置的不同。研究者一直在探索气相色谱毛细管柱的载体和长度对脂肪酸分离测定的影响，现多采用 100 m 以上的极性毛细管柱，例如，使用 CP - Sil 88 100 m 毛细管柱进行分离，能使大部分脂肪酸达到很好的分离效果。但由于反刍动物脂肪中部分 C18：1 反式异构体出峰时间与顺式异构体非常接近，气相色谱不能使其完全分离。

采用超声波萃取提取脂肪，用 GC - MS 测定面包产品中的反式脂肪酸，结果表明此法不会降解目标分析物，是一个可用的方法。样品不经提取直接甲酯化，减少了操作步骤，但此法只适用于特定样品的分析。

5.3.2 红外光谱法

美国分析化学家协会(Association of Official Analytical Chemists, AOAC)和美国油脂化学家学会(American Oil Chemists' Society, AOCS)最初用于检测TFAs的标准方法是红外吸收光谱法。TFAs中的反式双键在969 cm^{-1}处有强吸收,可根据吸收强度对TFAs含量进行测定。红外光谱法最大的优点是样品不需复杂的预处理即可直接检测,简单快捷,但不能同时获得异构体组成的信息。在分析TFAs时,反式双键的最大吸收波长会受到甘油三酯的宽吸收带和样品中共轭双键的吸收带的干扰使基线向下倾斜,导致TFAs含量低的样品测量准确性差,当含量低于1%时不易检出,如果油脂中含有超过30%不饱和酸时也会影响检测的准确性。傅里叶转换红外光谱(fourier transform infrared spectroscopy, FTIR)能与工作站相连,数据处理便捷,一定程度上提高了测定准确性。将化学计量学的统计分析方法用于傅里叶转换红外光谱的数据处理能得到更合理的结果[2]。

将傅里叶转换红外光谱和气相色谱相结合测定食品的TFAs含量和异构体组成,一定程度上弥补了二者各自的不足,但由于红外区域的吸收易受干扰,方法仍有一定的缺陷。

5.3.3 银离子技术的应用

研究反式脂肪酸异构体组成时,为了获得更全面的异构体信息和提高测定结果的准确性,需使用银离子薄层色谱(Ag^+-TLC)、银离子固相萃取(Ag^+-SPE)或银离子高效液相色谱(Ag^+-HPLC)等方法对其进行预分离,三者的原理基本相同。

银离子薄层色谱(silver-ion thin-layer chromatography, Ag^+-TLC)是根据银离子对不饱和双键的结合作用来分离复杂的脂质混合物,结合强度随双键数的增加而增强、随链长的增加而减弱,并且银离子与顺式脂肪酸异构体的结合比反式异构体牢固,因此Ag^+-TLC可以将脂肪酸甲酯中的顺式和反式异构体分离。

用Ag^+-TLC预分离后,再用气相色谱分析各条带的脂肪酸,能避免样品整体分析时顺式和反式脂肪酸异构体的色谱峰重叠,使TFAs得到更好的分离[15]。Ag^+-TLC与GC结合用于反式脂肪酸分析,既能避免整个样品分析时色谱峰的重叠使反式脂肪酸得到很好的分离,又能得到各异构体的含量,是研究各TFAs的重要分析方法。

银离子高效液相色谱(silver-ion high performance liquid chromatography, Ag^+-HPLC)与 Ag^+-TLC 的分离原理基本相同,是根据银离子能与不饱和脂肪酸结合的性质,对脂肪酸进行分离,有很好的效果。Ag^+-HPLC 的分析中反式脂肪酸出峰时间与气相色谱不同,但反式脂肪酸异构体分离结果可与 GC 分析结果对照、互补。它利用 Ag^+ 浸渍色谱柱,能有效地完成 TFA 和甲酯异构体的分离。将多根色谱柱串联其分离效果逐步提高,通常两根或三根色谱柱串联完全可以满足大多数分析的要求。但液相色谱使用的价格较高,色谱柱需每天清洗,维护繁琐。

银离子固相萃取(silver-ion solid-phase extraction, Ag^+-SPE)是将银离子结合到固相载体上,通过用不同溶剂洗脱,实现对样品中顺反异构体的分离,如 Supelco 的 Discovery Ag^+-SPE。

5.3.4 毛细管电泳法

采用带有 224 nm 紫外间接检测器的毛细管电泳可测定食物中的反式脂肪酸含量。该电解液为 pH 值为 7.5 的 15 mmol/L 的磷酸缓冲液,它同 4 mmol/L 的 12-烷基苯磺酸钠、10 mmol/L 聚氧化乙烯月桂醚(Brij35)、2%辛醇和 45%的乙腈组成,在最优化的条件下,10 种脂肪酸(C12:0, C13:0, C14:0, C16:0, C18:0, c-C18:1, t-C18:1, c,c-C18:2, t,t-C18:2, c,c,c-C18:3)在 10 min 内可被分离出来。对模拟样品在高温高压长时间氢化反应后可检测出反式脂肪酸 t-18:1,具有快速定量检测的特点,但分离效果显然不及气相色谱法、银离子高效液相色谱法,而且报道和应用都不多。

5.4 常见食品中反式脂肪酸的含量

氢化油脂广泛用于食品加工行业,因为它不但能够延长食品的保质期,还可增加食物的口感,而且价格低廉。欧美等国已经对反式脂肪酸的使用进行了严格规定,我国也正在加紧制定相关政策。表 5-1 列出了上海地区部分市售食品中反式脂肪酸的含量。

表 5-1 上海地区部分市售食品中反式脂肪酸含量(毫克/100 克)

种类	食品名称	总 TFAs	种类	食品名称	总 TFAs
植物油	油茶籽油	605.96	乳及乳制品	原味芝士	605.96
	葵花籽油	464.82		全脂奶粉	464.82

（续表）

种类	食品名称	总 TFAs	种类	食品名称	总 TFAs
	高钙奶粉	435.52		精肉培根	14.71
	全脂奶粉	319.33		猪肉火腿	14.63
	全脂纯牛奶	71.22	快餐食品	炸鸡米花	78.89
	原味酸牛奶	57.91		炸鸡翅	73.47
调味品	火锅底料 A	331.07		炸鸡腿堡	45.46
	牛肉汤底	210.21		烤鸡腿堡	33.85
	牛肉豆豉	166.93		油条	18.31
	日式咖喱	144.42		炸鸡块	14.03
	沙拉酱	107.02	饮料	3 合 1 咖啡 A	140.67
	老母鸡汤底	86.31		原味奶茶 A	134.00
	猪骨汤底	68.07		巧克力奶茶	130.80
	沙茶酱	64.82		原味奶茶 B	107.62
	千岛酱	62.32		咖啡伴侣	106.25
	花生酱	20.85		冰激凌	77.93
	火锅底料 B	13.45		果汁乳饮料	60.13
	鸡精	8.84		3 合 1 咖啡 B	41.91
禽畜肉及制品	腊肉	218.08		黑芝麻糊	30.18
	熏肉	175.15		豆奶粉	24.64
	包心贡丸	83.62		黑豆奶	17.93
	咸肉	66.65		大豆奶	16.63
	火腿肠	54.03		黑咖啡	0.00
	猪肉松	49.64	休闲食品	巧克力派	1 711.58
	大红肠	48.65		蛋黄派	948.39
	猪肉脯	43.53		焦糖布丁	814.05
	猪肉松	40.23		牛奶巧克力糖	768.99
	牛肉火腿	37.26		花生巧克力	339.78
	五香牛肉干	21.09		原味蛋挞	294.48
	鸭肫	15.72		牛奶巧克力	243.73

（续表）

种类	食品名称	总 TFAs	种类	食品名称	总 TFAs
	微波爆米花	194.51		肉松面包	354.27
	奶香白巧克力	184.40		曲奇饼干	271.34
	奶香味威化	162.85		牛奶夹心饼干	268.31
	薯片 A	118.47		叉烧包	154.52
	黑巧克力	94.37		油面筋	137.61
	薯片 B	87.00		蛋黄酥性饼干	120.76
	巧克力威化	44.06		油酥饼	112.90
	牛奶糖	40.66		油氽猪皮	96.19
小吃、甜饼	乳酪蛋糕	800.82		高纤消化饼干	69.22
	奶油蛋糕	622.31		巧克力饼干	69.21
	熏鱼	76.48		奶盐苏打饼干	65.64
	火腿五仁月饼	58.79		法式香奶面包	41.50
	沙琪玛	54.45		生煎包	36.10
	锅巴	49.04		素鸡	34.23
	桃酥	47.03		油豆腐	32.19
	麻球	26.64		猪肉白菜水饺	27.62
方便食品	菠萝面包	1 073.20		方便面 A	23.63
	金牛角面包	713.77		方便面 B	19.27
	方便面调味酱	566.09		千层饼	17.48
	原味吐司	437.43		方便面调味粉	6.97
	牛油曲奇饼干	357.26		无糖豆浆	5.04

5.5 反式脂肪酸的危害

5.5.1 反式脂肪酸在组织中的存在

人体摄入的反式脂肪酸可以通过正常的脂质吸收代谢途径进入人体组织。反油酸在正常人心脏中的含量为：心肌磷脂为 0.5%～0.1%，心肌甘油三酯为(3.4±1.3)%，脂肪组织为(3.4±1.2)%。TFAs 在大脑、肝脏、脂肪组织、脾脏、血浆和奶中都有一定量的存在，但实验动物的脑有一定的抗 TFAs 蓄积作用。由于组织对 TFAs 的吸收有一定调控能力，因此体内比食物中含量低，但体内 TFAs 的含量仍会随着食物中的 TFAs 含量的升高而增加。人奶中 TFAs 的含量约为 2%～5%，当摄入氢化脂肪较多时可以达到 7%。

在泌乳期大鼠饲料中添加反式脂肪酸后发现母鼠乳腺和肝脏中反式脂肪酸的含量明显增加，而子宫组织附近减少。乳腺中的脂肪酶活力增强，乳中必需脂肪酸含量减少。实验将 14C 标记的 9t C18∶1 和 9t12t C18∶2 注入小鼠胎盘发现 TFAs 能通过胎盘转移。也有人得到相反的结果，他们在刚出生的小猪体内并没发现明显的 TFAs 的存在，但这可能只是个特例。很多实验表明胎盘组织对反式脂肪酸的吸收虽然有一定的屏蔽作用，但反式脂肪酸仍可通过、并出现在胎盘中。当母鼠摄入含高达 40.7%反式脂肪酸的饲料时，母体中反式脂肪酸含量为 1.5%～6.8%，仔鼠肝脏或体质组织中含有约 0.5%[18]。

5.5.2 反式脂肪酸对心血管疾病的影响

反式脂肪酸对心血管系统的影响是研究的焦点，虽然其作用机制目前还没有肯定的结论，但大量流行病学调查和实验表明反式脂肪酸对心血管系统确实存在不良影响。

1. 流行病学研究

脂肪组织中的反式脂肪酸含量可以反映几个月至一年的反式脂肪酸摄入情况，而血浆中的反式脂肪酸可以反映最近几天到几个月的摄入情况，因此，研究人员以此来探索 TFAs 摄入与心血管疾病的联系。由于变量太多、规模也不够，早期的几项研究都没有得到明确的结果，挪威的一项研究在 100 例患心肌梗死和 98 例无心脏病的病例对照试验中，发现患病组的脂肪组织中的 TFAs 含量明显高于对照组[33]。1997 年美国护士健康研究项目在对 80 082 名 34～59 岁妇女进行为期 14 年的跟踪实验中发现，当膳食中碳水化合物供能的 5%由饱和脂肪代替时，其心脏病发病率的比值比(odds ratio, OR)为 1.17(confidence interval, CI=0.97～1.41)，而当碳水化合物供能的 2%由反式不饱和脂肪酸代替时心脏病发病率为原来的 1.93 倍(CI=1.43～2.61)，因此他们推论用单不饱和脂肪酸与多不饱和脂肪酸代替饱和脂肪酸与 TFAs，将比单纯降低总的脂肪摄入能更有效地降低心脏病危险性[17]。在芬兰的一项涉及 21 930 名 50～69 岁男性吸烟者的病例对照研究中[29]，他们发现 TFAs 的摄入与冠心病死亡的危险性呈显著正相关，每日的 TFAs 摄入量为 6.1 g 者与摄入 1.3 g 者相比，其死于冠心病的相对危险性是 1.39(95% CI=1.09～1.78)。荷兰一项对 667 名 64～84 岁老年人长达 10 年的调查显示[27]，在调整了年龄、体质指数、吸烟等干扰因素后，TFAs 的摄入量与慢性病的发生呈正相关，TFAs 所提供的能量增加 2%，冠心病相对危险性为 1.28(95% CI=1.01～1.61)。

通过测定患者和对照组红细胞膜中的 TFAs 发现细胞膜 TFAs 与早期心脏骤停存在一定的相关性，反式异构体中的反式亚油酸能使发病率显著增加，反式油酸则没有显著的影响。同时指出反式亚油酸和反式油酸的区别有待进一步证实。

通过横断面分析[38]，研究了处于 4 个不同阶段(冠心病急性冠脉综合症-ACS，慢性冠心病-CCAD，冠心病高危人群-HRP 和健康正常人群-HV)2 713 人的血液、血清和血红细胞膜中脂肪酸及 5 种反式脂肪酸的分布，发现 ACS 人群血红细胞膜中工业产生的 TFA(ITFA)含量高、食品中天然存在的 TFA(RTFA)低，而正常人群血红细胞膜中 RTFA 高，而 ITFA 含量低。提出和建立了将 ITFA 和 RTFA 统一的 TFA 指数，ACS，CCAD，HRP 和 HV 各组血红细胞膜中 TFA 指数分别为 7.12，5.06，3.11 和 1.92；研究发现血红细胞膜中 TFA 指数和 10 年心血管患病率显明显的正相关。

2. 反式脂肪酸对多不饱和脂肪酸代谢的影响

体内的反式脂肪酸会干扰正常脂质代谢。反式脂肪酸在合成组织时优先占据细胞膜磷脂的 sn-1 位，取代饱和脂肪酸；少数的反式 C18：2 会结合在 sn-2 位与多不饱和脂肪酸形成竞争。反式脂肪酸能抑制花生四烯酸(arachidonic acid，ARA)的合成。无论早产儿还是正常儿童血液中 ARA 和花生四烯酸生物合成的产物 n-6 C20：4 和底物 n-6 C18：2 之比与主要的反式脂肪酸 9t C18：1 和 7t C18：1 含量都成反相关，二者一致抑制花生四烯酸的生物合成，并呈剂量依赖性。进一步研究发现，当有适量亚油酸存在时，TFAs 对花生四烯酸的合成影响不大。实验中，大动脉合成的前列腺素和 12-羟基-十七碳三烯酸、12-羟基-二十碳四烯酸和大动脉磷脂与血小板中的 ARA 含量成线性关系，而与食物中 TFAs 含量无关。这表明有亚油酸存在时 TFAs 不再直接影响参与 ARA 生物合成的酶类，即使饲料中饱和脂肪酸和 ARA 含量增高时，TFAs 也不会影响血小板脂质中花生四烯酸含量。

反式脂肪酸能通过对对 6 脱氢酶和对 9 脱氢酶活性的作用影响多不饱和脂肪酸的合成。用必需脂肪酸不足或不含必需脂肪酸的饲料喂养大鼠的实验表明，TFAs 能抑制对 6 脱氢酶活性，特别是缺乏必需脂肪酸的大鼠；TFAs 在必需脂肪酸不足的条件下不会抑制对9脱氢酶活性[12]，而在无必需脂肪酸的环境中能刺激对9脱氢酶的活性。对人类皮肤组织纤维细胞的研究也发现，皮肤组织的顺式脂肪酸和反式脂肪酸对对6和对9脱氢酶的作用具有选择性。人类皮肤组织的纤维细胞能在无脂介质中增强硬脂酸和亚油酸的对6和对9脱氢酶的去饱和作用。加入顺式脂肪酸的介质能抑制对9脱氢酶的去饱和作用；而9t C18：1对其则有刺激作用。反式油酸和反式亚油酸能有效抑制对6脱氢酶活性，而11t C18：1的抑制效果为9t C18：1的50%。综上所述，顺式脂肪酸和反式脂肪酸在细胞培养液中对纤维细胞对6脱氢酶和对9脱氢酶的作用与在体内细胞和微粒体中不同，其代谢可能会受到细胞液培养体系的影响。

3. 反式脂肪酸对血脂的影响

反式单不饱和脂肪酸对人类血脂水平有消极影响，相对于顺式脂肪酸，反式脂肪酸能增加总胆固醇（total cholesterol, TC）和低密度脂蛋白（low density lipoprotein, LDL，约含25%蛋白质与49%胆固醇及胆固醇酯）含量，减少高密度脂蛋白（high density lipoprotein, HDL，约含6%胆固醇、13%胆固醇酯与50%蛋白质）含量，使患冠心病等心血管疾病的风险增加。当以反式脂肪酸代替饱和脂肪酸时发现它能更多地升高LDL/HDL的比例，增加载脂蛋白(a)（Lipoprotein (a), Lp(a)）和甘油三酯的含量。

反式脂肪酸对LDL和HDL的作用与摄入量直接相关，其增加TC的程度与C12：0～C16：0相似，可能是反式脂肪酸增加了LDL的产生或减缓了LDL代谢。在降低HDL方面，反式脂肪酸与饱和脂肪酸不同，研究表明，TFAs增加了血清中胆固醇酯转移蛋白的活性，加速了HDL中的胆固醇酯向LDL的转移。TFAs对人类血脂的消极影响能使摄入其过多者患心血管疾病的危险增加。

但是，反式脂肪酸对人血清脂质的反作用也可能是特定异构体的作用，这还有待进一步证实。TFAs具有升高血浆载脂蛋白A－I（apolipoprotein A－I, apoA－I）水平和降低载脂蛋白B（apoB－100）含量的作用。TFAs也有增加血液黏稠度和凝聚力的作用，实验证明，TFAs的摄入量达到总能量的6%时，人群的全血凝集程度比TFAs摄入量为2%的人高，因而容易使人产生血栓[36]。而血浆TC和甘油三酯水平升高、apoB水平的降低、血黏稠度的升高都是动脉硬化、冠心病和血栓形成的重要危险因素。

也有一些研究认为，反式脂肪酸与细胞膜磷脂结合，从而改变膜脂分布，直接改变膜的流动性、通透性，影响膜蛋白结构和离子通道，改变了心肌信号传导的阈值，可能是TFAs导致心肌梗死等疾病发病率增高的重要原因。

此外，动物来源的 TFAs 和氢化油中的 TFAs 对心血管疾病的影响尚存在争议，有人发现增加动物来源的 TFAs 摄入，患冠心病的风险表现出不同程度的降低，或至少没有增加。许多研究证实氢化油中的反式脂肪酸能使患病的风险增加，但牛奶中含量最高的反式脂肪酸异构体——11t C18∶1 还没有发现有类似的有害作用。因此，反式脂肪酸对血清脂质的不良作用不仅与 TFAs 摄入量有关，还可能与 TFAs 的模式有关，可能是特定异构体的作用。有研究证实 11t C18∶1 在人体内经对 9 脱氢酶作用可转化为能降低动物体内脂肪含量的共轭亚油酸(conjugated linoleic acids, CLA)——9c11t C18∶2，使其含量增加[1]。也有研究认为这种转化率有限，当 11t C18∶1 超过一定量时，其危害也与其他 TFA 相同。但关于各种反式脂肪酸异构体对人体的影响尚未完全阐明，有待于进一步深入研究。

5.5.3 反式脂肪酸与婴儿发育

由于反式脂肪酸能够少量通过胎盘和进入乳汁，它对脂肪酸代谢的干扰也影响婴儿的生长发育。研究证实早产儿和足月婴儿体内 TFAs 含量都与其体重呈负相关。

反式脂肪酸使体内多不饱和脂肪酸的生成受到抑制，直接影响婴儿的正常生长。TFAs 含量较高的膳食能使人奶中亚油酸含量增高，但多不饱和脂肪酸含量不受影响。摄入该母乳的婴儿体内亚油酸含量增高，而相应 C20∶4 和 C22∶6 的含量降低，这表明反式脂肪酸抑制了肝脏中脂肪酸对 6 脱氢酶脱氢酶活性。同时也说明当乳母 TFAs 摄入过多时，即使增加乳母亚油酸的摄入也不能提高母乳和婴儿体内多不饱和脂肪酸的含量。以不同浓度的 TFAs 饲料喂养怀孕母鼠时，发现其产仔数量没有变化，母鼠、幼鼠组织中和胎盘中 TFAs 含量较高，亚油酸含量非常高，二十二碳六烯酸(docosahexaenoic acid, DHA)含量很低，再次证实幼鼠肝脏中对 6 脂肪酸脱氢受到反式脂肪酸的抑制。

但是，无论 TFAs 浓度如何变化，母鼠和幼鼠脑中的脂肪酸组成基本不受影响。由于婴幼儿的调节能力较差，TFAs 对多不饱和脂肪酸代谢的干扰会导致胎儿和新生儿体内必需脂肪酸的缺乏，这对中枢神经系统的发育十分不利。

5.5.4 反式脂肪酸与癌症

反式脂肪酸是否有致癌效应尚存在争议。对欧洲八国和以色列人的脂肪组织中主要脂肪酸与乳腺癌、结肠癌和前列腺癌的关系进行的调查研究发现[5]，反式脂肪酸与这些疾病的发病率有关。对患乳腺癌的绝经妇女与对照组妇女臀部脂肪中反式脂肪酸含量进行比较后，发现 TFAs 使欧洲绝经妇女患乳腺癌的可能性增加。但在研究脂肪和脂肪酸与乳腺癌的关系的实验并未发现任何一类脂肪酸与乳腺癌的发生有关。2002 年的调查进一步肯定了 TFAs 摄入与乳腺癌存在显著的相关性。这些不同的结果可能与研究方法和 TFAs 用量的选择有关。

有研究发现在校正变量后发现反式脂肪酸高水平摄入有导致女性结肠癌的风险（OR＝1.5，95％ CI＝1.1～2.0），男性没有这种联系，对于67岁以上的老人其影响略为明显（男性 OR ＝ 1.4，95％ CI ＝ 0.9 ～ 2.1；女性 OR ＝ 1.6，95％CI＝1.0～2.4）[35]。未服用阿司匹林或非甾类消炎药的人摄入过多TFAs后患结肠癌风险上升；雌激素水平低的女性，患结肠癌的风险较高。而接受雌激素治疗或未绝经的女性无论摄入多少 TFAs 都不会患结肠癌。

此外，也有研究发现 9t C18∶1、trans C18∶2 和总 TFAs 与非恶性前列腺肿瘤有关，而与晚期前列腺癌无关[10]。有人探讨高加索人体内 TFAs 与早期前列腺癌的内在机制，发现高水平反式脂肪酸摄入引发受 *RNASEL* 基因（R462Q）对前列腺癌的调控，QQ/RQ 基因型的人患前列腺癌与 TFAs 摄入量有关，而 RR 基因型的人的患病率与反式脂肪酸摄入无关。

5.5.5 其他

反式脂肪酸摄入过多会增加妇女患Ⅱ型糖尿病的概率。研究发现，脂肪总量、饱和脂肪酸或单不饱和脂肪酸均与患糖尿病发病率无关，但摄入的 TFAs 却能显著增加患糖尿病的危险。实验表明 TFAs 能使脂肪细胞对胰岛素的敏感性降低，从而增加机体对胰岛素的需要量，增大胰腺的负荷，容易诱发Ⅱ型糖尿病。这可能也与 TFAs 进入内皮细胞导致内皮细胞功能障碍，影响与炎症反应相关的信号传导有关[24]。

此外，反式脂肪酸能使脾脏内生成的前列腺素 E2 减少而血浆中 Ig－G 和 T 淋巴细胞含量升高。另外，国际儿童哮喘和过敏研究组织对世界 13～14 岁儿童的研究表明他们过敏症状的出现与 TFAs 的摄入存在明显的相关性。结合欧洲国家反式脂肪酸调查结果，他们认为在氢化植物油摄入较多的情况下相关性更加显著。

5.6 反式脂肪酸引起动脉损伤及可能的机理

心脑血管疾病主要是由动脉粥样硬化（atherosclerosis， AS）所引发的，目前已经成为危害人类身心健康的主要疾病之一。随着人们对 AS 的研究越来越重视，医学界研究的热点也随之集中于此。自 1976 年 Ross 提出“损伤反应假说”和“炎症说”以来，学术界目前认为：动脉粥样硬化的本质是由损伤造成的。当动脉内皮细胞的功能受到损伤后，会分泌相关炎症因子诱导中膜的平滑肌细胞(vascular smooth muscle cells, VSMC)向内膜迁移、分化和增殖。血管内皮细胞损伤是动脉粥样硬化形成的始动环节。血管内皮细胞是所有心血管疾病风险因子共同的靶点，内皮功能障碍可致血管收缩异常，血小板黏附、聚集、血栓形成及平滑肌细胞增殖，因此血管内皮损伤对冠状动脉疾病的发生、发展起着始动和促进作用。内皮损伤导致内皮细胞的功能异常的表现主要包括：细胞间黏附分子(ICAM-1)、血管细胞黏附分子(VCAM-1)表达上调，内皮素(ET)合成和释放增多，而内皮源性舒张因子(NO)合成和释放的减少，乳酸脱氢酶泄漏，前列环素和纤溶酶原激活物减少等。

通过病例对照和横断面的研究，证明了 TFA 摄入量与心肌梗塞发病危险呈显著正相关。TFA 能够促进动脉粥样硬化的发生，来自七个国家的研究都报道了 TFA 与冠心病的密切关系。有研究报道当人摄入 TFA 后，会引发系统炎症和内皮损伤，并进一步诱发心血管疾病的发生和发展，但具体机制目前仍不清楚。内皮损伤与冠状动脉粥样硬化密切相关，研究 TFA 作用于机体炎症和内皮损伤的效果，能更好地解释 TFA 和糖尿病、冠心病等疾病的关系[23]。

5.6.1 TFA 与系统炎症

在机体内，内皮细胞与炎症细胞通过相互作用来共同调节系统的炎症反应。尽管研究发现有许多介质在炎症不同阶段都参与调节，但炎症反应的主要扮演者是内皮细胞和白细胞。当出现系统炎症时，内皮细胞介导炎症细胞向感染部位和损伤的组织聚集，同时并释放相关生长因子和细胞因子与白细胞进行信号交流。据研究报道，内皮细胞在肿瘤坏死因子-α(TNF-α)、细菌脂多糖(LPS)等炎症因子的刺激下会产生和释放细胞因子等，并能够上调黏附因子如 VCAM-1、ICAM-1、E-selectin 的表达。由外界刺激所诱导的细胞因子不仅能影响内皮细胞与炎症细胞之间的相互作用，还能直接影响内皮细胞的存活和增殖，并能够诱导促炎症表型的内皮细胞产生。

近年来研究表明，TFA 能促进炎症反应。在 86 例心力衰竭患者中，检测到红细胞膜总 TFA 含量与血浆肿瘤坏死因子(TNF-α)、TNF 受体-1、白细胞介素-6(IL-6)、单核细胞趋化蛋白-1(MCP-1)、C 反应蛋白(CRP)等多种炎症因子的表达呈显著正相关。而且还发现：当红细胞膜的 TFA 含量每升高 1%时，TNF 受体- 2、TNF 和 IL - 6 的表达就会增加 2～4 倍[31]。

目前学术界认为 TFA 是一个全身性的导致炎症反应的危险因素。高血清总胆固醇(TC)血症患者在对比食用天然大豆油(TFA 占总能量 0.6%)和人造大豆油(TFA 占总能量 6.8%)1 个月后，摄食人造大豆油的患者的单核细胞比摄食天然大豆油的患者分泌更高水平的 TNF - α 和 IL - 6。通过对比食用油酸和含 TFA 占总能量 8%的饮食 5 周后，与食用油酸组相比，发现后者 CRP 和 IL - 6 的血浆水平显著升高[37]。

另有研究发现，妇女摄入大量 TFA 后，能导致肿瘤坏死系统(TNF)活性、C - 反应蛋白和 IL - 6 的水平升高。通过对心脏病患者细胞膜水平的脂肪酸含量的检测发现，摄入 TFA 的生物标志物 IL - 6、TNF - α、TNF 受体和单核细胞趋化蛋白都与系统炎症的激活紧密相关。由于系统炎症在动脉粥样硬化中是一个独立的危险因素，因此，TFA 的致炎症作用至少可以部分地解释它造成动脉粥样硬化的机制。例如，以 C 反应蛋白与心血管疾病呈正相关为前提条件，一组摄入 TFA 占 2.1%(总能量摄入的比例)，对照组 TFA 占 0.9%，检测 C 反应蛋白水平的变化，结果显示：TFA 摄入量高的实验组比对照组致心血管疾病的几率要增加 30%[6]。

5.6.2　TFA 与内皮细胞功能损伤

为了观察 TFA、饱和脂肪酸(SFA)和不饱和脂肪酸(UFA)对大鼠细胞膜流动性的差异，在雄性大鼠用不同含量的饲料饲养 12 周后，发现只有 TFA 组能够显著降低雄性大鼠的细胞膜的流动性，这也就证实了 TFA 对细胞膜功能具有损伤作用。在受试者摄入 TFA 后，发现由臂动脉血流所介导的舒张功能比对照组降低了 29%左右，结果表明：TFA 对内皮细胞功能具有明显的损伤作用。另外一项研究结果发现：当受试者摄入过量的 TFA 后，内皮细胞损伤标志物如可溶性细胞间黏附因子- 1(ICAM - 1)、可溶性血管细胞黏附因子- 1(VCAM - 1)和 E -选择素的表达显著上调[11]。这同样证明了 TFA 对血管内皮细胞的功能具有损伤作用。

血管内皮细胞损伤是动脉粥样硬化及其他许多心血管疾病的始动环节。内皮细胞损伤后所发生的功能异常贯穿了整个动脉粥样硬化发生、发展的各个阶段，同时也是动脉粥样斑块破裂、血栓形成的促发因素之一。内皮功能异常在 AS 的发生、发展过程中占有重要地位，其重要表现形式包括：血管内皮细胞一氧化氮游离基(NO·)的合成减弱、释放功能障碍等。

临床上,判断病人是否发生动脉粥样硬化的早期指标之一是以 NO·分泌量是否降低来衡量。NO·是大动脉和阻力血管主要的内皮依赖型血管舒张介质,在生理情况下主要由一氧化氮合酶(NOS)催化生成。NO·具有抑制单核细胞与内皮细胞黏附的作用,当内皮受到损伤后,NO·的分泌量会减少,这就增加了单核细胞与内皮细胞的黏附性能;内皮受到损伤时还会造成凝血酶原活性的降低,导致产生较多的促血栓物质,进而有利于斑块的形成,多种机制最终导致动脉粥样硬化的形成和发展。

TFA 作用于内皮细胞后,内皮型一氧化氮合酶(eNOS)的活性受到抑制,而"诱导型"NOS(iNOS)的活性基本没有变化,同时 NO·的分泌量显著下降。通过 RT-PCR 也同样检测到 eNOS 的 mRNA 在受到 TFA 的诱导后,表达显著下调,iNOS 的 mRNA 表达不受 TFA 的影响。因此 TFA 诱导内皮细胞的损伤可能是通过下调 eNOS 活性和 mRNA 表达进而诱导 NO·分泌量的下降导致。NO·供体能显著抑制 TNF-α 刺激的 ET-1 的表达和 NF-κB 的活性,NO·供体在猪动脉内皮细胞中可以有效地抑制 ET-1 的分泌[26]。硝普钠(SNP-NO 供体)可以保护内皮细胞免受 TFA 造成的损伤,而 LNAME(NOS 抑制剂)则加剧了 TFA 造成的内皮细胞损伤,这进一步说明 NOS-NO 系统是 TFA 造成内皮细胞损伤的重要机制之一。

5.6.3 TFA 诱导血管内皮细胞凋亡的 caspase 通路

细胞凋亡(apoptosis)是正常机体细胞在受到生理和(或)病理性刺激后,其自身内部机制激活 DNA 内切酶自发启动,而导致的一种细胞自发性死亡过程,它对于维持多细胞生物的器官发育、组织分化的稳定存在着重要的意义。

内皮细胞数量稳定的维持和血管功能正常的保持依赖于内皮细胞凋亡与增殖之间的动态平衡。然而,内皮细胞凋亡过度却是造成内皮细胞功能障碍的初始环节,内皮细胞凋亡在早期的动脉粥样硬化过程中扮演着非常重要的角色。

血管内皮损伤、继发性单核-巨噬细胞增多、白细胞与内皮细胞黏附及单核-巨噬细胞向内皮下迁移,是 AS 发生的主要病理机制之一。Caspase 是引起细胞凋亡的关键酶,属于半胱氨酸蛋白酶家族,当其被相关凋亡信号途径激活后,会降解细胞内的蛋白质,使细胞走向不可逆的死亡。

多数的 caspase 与细胞凋亡有关,启动性 caspase(initiator caspase)包括 caspase-2、-8、-9 能介导相应凋亡信号的转导;效应 caspase(effector caspase)

包括:caspase-3、-6、-7等通过裂解细胞内的结构蛋白以及功能蛋白等使细胞解体。不同的启动性caspase介导不同通路的凋亡信号,如caspase-8介导死亡受体的相关信号,而caspase-9则介导细胞线粒体通路的信号。在线粒体通路中,细胞应激可以诱导细胞色素c从线粒体脱离,脱落的细胞色素c能够与凋亡蛋白酶活化因子-1(Apaf-1)结合形成凋亡小体,进而激活caspase-9,最后由caspase-9激活相应的下游caspase执行酶而导致细胞凋亡。在死亡受体通路中,Fas(死亡受体)和TNF-α(肿瘤坏死因子-α)可以激活细胞内死亡复合体相关的调节蛋白和caspase前体(procaspase)从而形成死亡复合体,死亡复合体接下来会激活一系列的上游启动性caspase如:caspase-8,这些上游启动性caspase会激活下游的caspase蛋白酶,细胞的凋亡主要是通过下游的caspase促使执行的。

线粒体信号的转导通路过程如下:外界的一些凋亡刺激因素能够使线粒体膜的通透性转换孔(permeability transition pore, PTP)打开,使线粒体膜电位发生变化,促使线粒体释放凋亡启动因子(Cyto-C, AIF, APaf-1)、Smac/DIABLO和Caspase-3前体(procaspase-3)进入胞浆,最终导致细胞凋亡的发生[20]。

当在细胞培养液中添加9t C18∶1后,caspase-3的活性显著升高,这就意味着9t C18∶1造成的内皮细胞凋亡与caspase-3酶活性的升高密切相关。反油酸(9t C18∶1)和反亚油酸能够通过激活caspase-3诱导内皮细胞凋亡。9t C18∶1能够通过激活caspase-3、-8来诱导HepG2细胞凋亡。因此,9t C18∶1在不同的细胞系内能够诱导不同的caspase的激活。caspase-8抑制剂(z-IETD-fmk)和caspase-9抑制剂(z-LEHD-fmk)都能够完全抑制caspase-3的活性,并且caspase-8抑制剂(z-IETD-fmk)同样能够抑制caspase-9的活性。caspase-8的激活是9t C18∶1诱导内皮细胞凋亡的早期发生事件,caspase-8的激活说明9t C18∶1诱导内皮细胞凋亡是由死亡受体通路介导的。9t C18∶1诱导内皮细胞凋亡过程中,所激活的caspase-9和caspase-3能够被caspase-8抑制剂(z-IETD-fmk)完全抑制,这表明caspase-9可能是通过线粒体通路被激活,而线粒体通路的激活则依赖于死亡受体通路下游的Bid蛋白的激活,Bid蛋白是Bcl-2家族中促凋亡类的蛋白[39]。

5.6.4 TFA影响内皮细胞相关黏附因子的分泌

目前的研究认为,由黏附分子所介导的炎症反应在动脉粥样硬化(AS)的形成过程中起着至关重要的作用。在AS病变早期,黏附分子能够使单核细胞向内皮细胞发生黏附、迁移，随着AS病变的发展，黏附分子能够促进内皮细胞与其他细胞之间的相互作用，从而介导更多的细胞进入AS斑块，促使粥样斑块的形成和发展。研究证明，摄入较大量的反式脂肪酸与内皮损伤过程中几个标志物的升高密切相关，如细胞间黏附分子-1(ICAM-1)、血管细胞黏附分子-1(VCAM-1)、E-选择素等。通过4年跟踪采集730名无心血管疾病、癌症、肥胖症的妇女，在其摄入了反式脂肪酸后的血液中发现VCAM-1、ICAM-1、E-selectin的水平均比原来升高10%以上，并且与反式脂肪酸的摄入量呈正相关。TFA的不同单体9t C18：1和9t,12t C18：2都能够使内皮细胞相关黏附分子：VCAM-1、ICAM-1、E-selectin的mRNA和蛋白的水平表达的升高[8]。

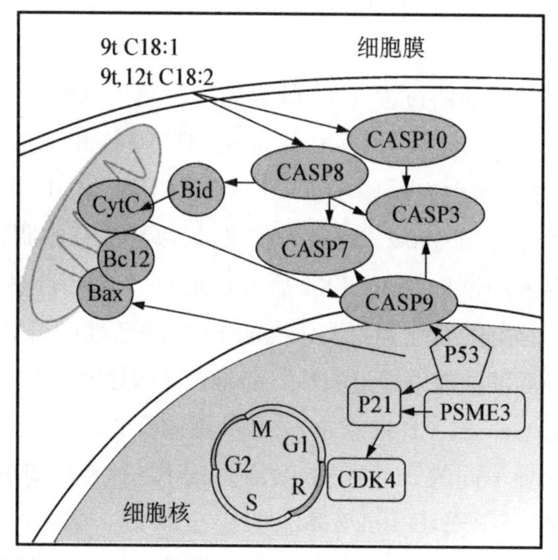

图5-4 TFA诱导人类血管内皮细胞凋亡的分子机制

5.7 减少反式脂肪酸的措施

5.7.1 国外关于反式脂肪酸的控制措施

丹麦营养委员会多次公布的TFAs对健康不良影响的报告引起了各国学术界和政府对反式脂肪酸的关注。丹麦政府也在其推动下于2003年立法，要求丹麦市场上销售的食品中TFAs含量不得高于脂肪含量的2%，这使丹麦食品中TFAs含量有效降低，近年来人均日摄入量已降低到0.2 g以下，同时心血管疾病的发病率也明显下降。世界卫生组织和联合国粮农组织于2003年发表的膳食、营养与慢性病预防专家委员会报告指出，为增进心血管健康，应尽量控制饮食中的反式脂肪酸，最大摄取量最好不超过总能量的1%。

美国从2006年1月1日开始在食品营养标签中增加了饱和脂肪酸含量及反式脂肪酸的含量。食品药品监督管理局的文件指出短期内TFAs摄入量小于或等于0.5 g时对健康影响不大，因此规定每份食品中TFAs含量大于0.5 g时须在标签中注明。加拿大为了把食品中反式脂肪酸含量降到最低，鼓励用其他健康替代品来代替反式脂肪酸含量高的动物油和植物油，并从2005年12月开始在食品营养标签中标示TFAs的含量，2013年11月7日美国食品药品监督管理局(FDA)发布“食品中使用含反式脂肪酸(TFA)的部分氢化油脂不再是‘通常被认为安全’(GRAS)的初次裁定通告”，建议禁止加工食品使用反式脂肪。巴西于2007年7月31日开始强制要求在包装食品的营养标签中标注包括SFA、TFAs和钠含量的信息；荷兰及瑞典等国有望将油脂食品中TFAs含量限制在5%以下。在亚洲地区，韩国食品从2007年12月起在包装上标示TFAs含量，成为亚洲最早对反式脂肪酸做出规定的国家。日本于2007年修订了人造奶油中TFAs含量的限制标准，并提醒消费者减少含饱和脂肪酸与反式脂肪酸的食品的摄入。我国也于2008年和2011年分别两次对我国食品中反式脂肪酸进行了全国性调查，2012年1月起必须在食品标签中标示反式脂肪酸的含量，2012年12月19日我国发布了《中国居民反式脂肪酸膳食摄入水平及其风险评估》报告。

5.7.2 减少食品中反式脂肪酸含量的方法

各界对反式脂肪酸的关注和越来越多的法律法规的出台引起了油脂工业的改革，除了改进油脂精炼工艺减少反式异构体的产生，还在积极寻找反式脂肪酸油脂的替代品，以减少或除去产品中的TFAs。食品加工企业通过改善配方，在去除TFAs的同时维持产品的口感、状态和风味。丹尼斯克中国有限公司已开发出了新型复合乳化剂、助晶剂等产品，可提高不含TFA油脂的结晶速度，并且使产品特性优于传统的含TFAs的产品。

膳食中的反式脂肪酸主要来自氢化油脂，为消除或减少食品中的反式脂肪酸，通过工艺的改进特别是改进氢化技术和使用酯交换技术可以减少食品中TFA的含量。日本的Enova公司、丹麦的Benefat Salatrim公司、欧洲的Unilever公司等都已推出了不含反式脂肪酸的产品；在美国心脏协会的反式脂肪委员会的会议中也有多家企业表示正在使用能降低反式脂肪酸产生的新工艺[32]。Bunge油脂公司的氢化技术专利用TFAs含量为6%的棉籽油生产出了

TFAs含量低于10%的氢化油，该公司已经有两种低TFAs的起酥油和两种低TFAs的人造奶油投入市场。有报道用超临界二氧化碳、氢气和镍制造低氢化豆油的工艺，也有报道用镍、钯混合催化剂制造反式脂肪酸含量低的氢化菜籽油的工艺。

通过控制油料作物栽种过程或使用基因技术可生产出具有特定脂肪酸组成油料，例如低芥酸菜籽油，有些可以作为原料来生产零TFAs的氢化食用油。此外热带植物油（如棕榈油、椰子油等）含有高于50%的饱和脂肪酸，熔点较高可代替氢化植物油用于焙烤或糖果加工，不同熔点范围的产品可以有不同的用途。

5.7.3 零/低反式脂肪酸人造塑性油脂的研究与生产

在欧美，一般人造黄油的油脂含量不低于80%，人造黄油大都采用经过氢化或结晶化的植物油作原料，氢化或结晶化的目的是使植物油具备适当的涂抹结构。人造黄油最初是由于价格低廉，富含不饱和脂肪酸，防止肥胖而广泛应用于欧美国家，但研究表明人造黄油里有高含量的TFA，其TFA含量是黄油的8倍[9]，这就增加了患心血管、糖尿病、癌症等疾病的几率。近年众多科研人员开始专注于零/低反式脂肪酸人造黄油（奶油）的工艺研究。

5.7.4 新型氢化油脂技术

氢化是在催化剂作用下，油脂中不饱和双键与氢发生加成反应。它是一种有效的油脂改性手段，能提高油脂熔点，改变塑性，增强抗氧化能力。传统工艺是在110～190℃、200～500 kpa的批式搅拌反应器中，添加0.01%～0.15%（wt%）镍作催化剂（以硅藻土、$SiO_2-Al_2O_3$、碳作支持物）来氢化油料[28]。但传统氢化工艺存在两大缺点：一是植物油中营养成分的丢失；二是氢化过程会生成TFA，危害人体健康。目前研究降低TFA的新工艺氢化方法中主要从以下几个方面改进。

1. 催化剂

催化剂可以从种类、颗粒大小、前体、支持物、结构修饰等几个方面进行改进，从而降低TFA的含量。传统氢化工艺通常选择来源广泛、价格低廉的镍做催化剂，但其催化活性、选择性以及降低TFA的能力远不如钯、铑、钌、铂等贵重金属。对催化剂、支持物种类和含量在工业条件和实验室条件下进行氢化葵花籽油测试。结果表明铂的催化活性不如钯，但可降低产品中TFA含量；$\gamma-Al_2O_3$、ZrO_2、TiO_2分别作为催化剂支持物在170℃、3 bar条件下催化活性无显著差异，其中 1.98% Pt/TiO_2 生成反式量较低；当工作压力增加至 10 bar，反应温度降低到 100℃时，TFA 水平可以进一步降低。

在油脂氢化过程中，催化剂表面氢气浓度下降是导致形成大量 TFA 的主要原因。催化剂颗粒减小可增加其在体系中的分散程度，增大与氢气的接触面积。有研究显示催化剂直径小于 2 nm[34]，使用银对催化剂做结构修饰等都可降低产品中 TFA 含量。

2. 新型反应器

电化学氢化和超临界氢化能显著降低 TFA 产生量，并保持传统氢化产品的物理特性[22]。此外还有超声波氢化、膜反应器氢化等，但其对 TFA 的降低并无明显效果。

传统氢化工艺需要有专门的供氢系统来提供加氢过程中的氢气，且氢压力高，危险程度增加；而电化学催化氢化工艺是借助于系统本身发生的氧化还原反应产生所需的氢原子，反应温度低，热耗少，易控制，降低了 TFAs 的形成[13]。对质子转移膜式电化学氢化产品的反式脂肪酸进行定性和定量分析。结果表明，当大豆油脂氢化产品的碘价由原料油的 130.04 g I_2/100 g 下降到 88.86 g I_2/100 g 时，总反式脂肪酸质量分数为 8.62%，氢化反应产生的 TFA 远低于传统的气体氢化方式。

超临界氢化反应中，H_2 与超临界流体混溶，可降低传质阻力，加快反应速率；在均相环境中，催化剂表面氢气较为充足，可在较低温度下进行，减少高温副产物生成，提高反应选择性。此外，超临界流体还可减少催化剂表面积碳现象，大大延长催化剂使用次数。有研究用葵花油在丙烷和二甲醚的超临界体系中由 Pd 催化进行氢化反应，比较了混流反应器和活塞流反应器对生成 TFA 影响，表明混流反应器生成的反式量要低得多；同时，降低温度使油酸/硬脂酸的选择性更好。

3. 其他反应条件

另有研究表明降低反应温度、加快搅拌速度、增加氢气压力亦可降低 TFA 水平[21]。

5.7.5 酯交换技术

酯交换在改善油脂功能特性的过程中不会产生反式脂肪酸，因此在制造零/低反式脂肪酸人造奶油中得到广泛应用。下面概述了影响酯交换生产零/低 TFA 人造油脂的主要因素。

1. 基料油脂

1) 基料油种类

由于人造塑性油脂75%以上为油脂,因此油脂的优劣决定了产品的质量。利用富含癸酸、月桂酸等中碳链的脂肪酸的樟树籽油来制备低/零TFA塑性油脂[16]。该方法不仅扩展了樟树籽油的用途,也提高了人造黄油所需基料油的品质。表5-2列出了生产黄油的常用油脂原料。这些原料与棕榈硬脂混合加工可得到与商品氢化油类似的塑性油脂,但TFA含量大大降低。

表5-2 常用基料油

种类		特点
植物油	大豆油、亚麻籽油	亚麻籽油α-亚麻酸含量高,稳定性好;大豆油亚油酸含量高,富含磷脂
	菜籽油、棕榈油	菜籽油中缺少亚油酸等人体必须脂肪酸,黏度大,芥酸含量高;棕榈油具有较好的氧化稳定性
	葵花籽油、棉籽油、花生油、米糠油、红花籽油、玉米胚芽油等	含油酸、亚油酸较高、饱和脂肪酸<20%,生理营养价值高。米糠油的红花籽油对降低血清胆固醇含量十分有效
动物油脂	猪脂	起酥性非常好,氧化稳定性差,酪化性差,β型结晶粗糙,胆固醇含量高
	牛、羊脂	饱和脂肪酸含量高,口溶性差,有腥味
	海产动物油	富含多不饱和脂肪酸,不稳定

2) 基料油比例

以棕榈硬脂、米糠油为原料,对酯化生产的零反式起酥油进行理化性质评价,当以40∶60, 50∶50和60∶40比例混合后,显示其最高的熔融峰温度和固体脂肪含量大幅下降,并且较好保留了植物化学物[25]。

2. 催化剂

催化剂的种类、用量及水分活度等都可影响产品的脂肪酸构成及一些物理化学性质。

根据催化剂种类不同,可把反应划分为化学酯化和酶法酯化。化学酯交换是利用碱金属、碱金属氢氧化物及碱金属烷氧化物等作为催化剂。酶法酯交换是利用微生物、植物、动物等提取的脂肪酶作催化剂。常用的脂肪酶如Lipozyme RM IM(米黑根毛霉),Lipozyme TL IM(米曲霉),Novozyme 435(南极假丝酵母);Lipase PS-C(洋葱伯克霍尔德菌)和Lipase PS-D(洋葱伯克霍尔德菌)。酶法酯化反应是一个连续的过程，没有催化剂残留被释放到环境，且反应可在较低的温度如 75℃左右（化学过程一般在 100℃以上）进行，亦有助降低能源成本，因此是常用的零反式油脂研究方法。

3. 水分活度

水在脂肪酶催化酯化中扮演着多重角色。首先水是酶发挥催化功能的必备条件，因为它直接或间接的参与所有非共价相互作用，维持酶构象的催化部位。另一方面，水量又影响酯化/水解反应的平衡。当含水量增加，酯化率降低，副产物增多[7]。

4. 作用浓度

根据催化剂的种类及活性不同，作用浓度也略有不同。化学酯交换常用甲醇钠作催化剂，作用浓度一般为 5%，酶酯交换常用 Lipozyme RM IM，浓度常为 10%。近几年研究人员还利用基因工程、蛋白质工程等技术，提高酶活性，降低酶成本，使之成为环保、健康和经济的催化剂，并能更高效地生产出零/低反式脂肪酸人造油脂，这给油脂行业带来新的契机。

5. 反应器

分析和比较批式反应器和连续反应器制造的零反式起酥油，结果显示连续型所得的产品质量较高。近年研究人员在酯交换体系中应用超临界、膜等反应器等，可提高酯化效率，增加油脂选择性，减少原料与催化剂浪费。利用响应面法对超临界二氧化碳下酶法酯交换进行了条件优化，结果显示 10 MPa，40℃，SSS/CHF 为 1∶1，含水量为 10%(w/w)，反应时间 3 h，完成最大转化[14]。

6. 温度

酶种类不同其活性温度也不同，温度一般控制在 50～75℃之间。KIM 的专利(20090155412)使用温度渐变的方法[19]，使剩余酶的活性增加，延长酶的使用时间，且水解反应程度降低，游离脂肪酸、单甘酯和甘油等副产品的产量减少，从而降低了成本。此外，由于油脂对高温敏感，使用温度的逐步变化，可减少因自由基引起的油脂酸败，从而提高油和脂肪的质量。

综上所述，食品中反式脂肪酸主要来源于工业氢化油脂和高温加工的油脂，其异构体主要为 9t 18∶1，天然反刍动物制品中也含有反式脂肪酸，但主要异构体为 11t 18∶1。反式脂肪酸通过干扰必需脂肪酸正常代谢影响婴儿的生长发育，还引起心血管、癌症、糖尿病等疾病。反式脂肪酸引起动脉粥样硬化可能与系统炎症和内皮细胞功能损伤密切相关。因此应该积极采取新型的氢化油脂技术和酯交换技术来生产零/低反式脂肪酸人造塑性油脂、改进油脂精炼技术和食品加工技术以减少食品中的反式脂肪酸含量。政府应该加强反式脂肪酸危害的研究和宣传、制定有关政策限制食品中反式脂肪酸含量。

参考文献

[1] Adlof R O, Duval S, Emken E A. Biosynthesis of conjugated linoleic acid in humans [J]. Lipids, 2000, 35: 131-135.

[2] Alfred A Christy, Per K Egeberg, Eilif Tøstensen. Simultaneous quantitative determination of isolated trans fatty acids and conjugated linoleic acids in oils and fats by chemometric analysis of the infrared profiles [J]. Vibrational Spectroscopy, 2003, 33: 37-48.

[3] Antonio Romero, Carmen Cuestab, Francisco J, et al. Trans fatty acids production in deep fat frying of frozen foods with different oils and frying modalities [J]. Nutrition Research, 2000, 20: 599-608.

[4] AOCS Official Method Ce 1h-05. Determination of *cis*, *trans*, Saturated, Monounsaturated and Polyunsaturated Fatty Acids in Vegetable or Non-ruminant Animal Oils and Fats by Capillary GLC [S]. 2005.

[5] Bakker N, Vant Veer P, Zock P L. Adipose fatty acids and cancers of the breast, prostate and colon: an ecological study. EURAMIC Study Group [J]. International Journal of Cancer, 1997, 72: 587-591.

[6] Bare D J, Judd J T, Clevidence B A, et al. Dietary fatty acids affect plasma markers of inflammation in healthy men fed controlled diets: a randomized crossover study [J]. Am J Clin Nutr, 2004, 79: 969-973.

[7] Camacho Páez B, Robles Medina A, Camacho Rubio F. Modeling the effect of free water on enzyme activity in immobilized lipase-catalyzed reactions in organic solvents [J]. Enzyme and Microbial Technology, 2003, 33: 845-853.

[8] Bin Qiu, Jiang-Ning Hu, Rong Liu, et al. Caspase pathway of elaidic acid (9t-C18∶1)-induced apoptosis in human umbilical vein endothelial cells. Cell Biol. Int. 2012, 36: 255-260.

[9] Birschbach P, Fish N, Henderson W, et al. Enzymes: Tools for creating healthier and safer foods [J]. Food Technology, 2004, 58: 20-26.

[10] Chavarro Jorge E, Stampfer Meir J, Campos, Hannia. A Prospective Study of Trans-Fatty Acid Levels in Blood and Risk of Prostate Cancer [J]. Cancer Epidemiology Biomarkers and Prevention, 2008, 17: 95-101.

[11] De Roos N M, Bots M L, Katan M B. Replacement of dietary saturated fatty acids by trans fatty acids lowers serum HDL cholesterol and impairs endothelial function in healthy men and women [J]. Arterioscler Thromb Vasc Biol, 2001, 21: 1233-1237.

[12] De Schrijver R, Privett O S. Interrelationship between dietary trans Fatty acids and the 6- and 9-desaturases in the rat [J]. Lipids, 1982, 17: 27-34.

[13] Detlev Fritsch, Gisela Bengtson. Development of catalytically reactive porous membranes for the selective hydrogenation of sunflower oil [J]. Catalysis Today, 2006, 118: 121 - 127.
[14] D Li, P Adhikari, J A Shin, et al. Lipase-catalyzed interesterification of high oleic sunflower oil and fully hydrogenated soybean oil comparison of batch and continuous reactor for production of zero trans shortening fats [J]. LWT - Food Science and Technology, 2010, 43: 458 - 464.
[15] Frédéric Destaillats, Pierre Alain Golay, Florent Joffre, et al. Comparison of available analytical methods to measure trans-octadecenoic acid isomeric profile and content by gas-liquid chromatography in milk fat [J]. Journal of Chromatography A, 2007, 1145: 222 - 228.
[16] List G R, Neff W E, Holliday R L, et al. Hydrogenation of soybean oil triglycerides: effect of pressure on selectivity [J]. Journal of the American Oil Chemists Society, 2000, 77: 311 - 314.
[17] Hu F B, Stampfer MJ, Manson J E, et al. Dietary fat intake and the risk of coronary heart disease in women [J]. New English Journal of Medicine, 1997, 337: 1491 - 1499.
[18] International Life Sciences Institute expert panel on trans-fatty acids and early development. Trans fatty acids: infant and fetal development [J]. American Journal of Clinical Nutrition, 1997, 66: 715 - 731.
[19] KIM. In Hwan. Lee, Sun Mi, Lee. Bo Mi. Enzymatic Interesterification Using Stepwise Changes In Temperature For Development of Trans Fat-Free Fats and Oils. Seoul, KR : 20090155412 [P], 2009, 618.
[20] Kroemer G, Galluzzi L, Brenner C. Mitochondrial membrane permeabilization in cell death [J]. Physiol Rev, 2007, 87: 99 - 163.
[21] Mayorga M J, Ahrweiller C, Cuevas D, et al, Effect of reactor type on *trans* fatty acid and stearate formation in fat hydrogenation in SCF solvent [J]. J. of Supercritical Fluids, 2009, 48: 21 - 32.
[22] Miroslav Stankovi, Margarita Gabrovsk, Jugoslav Krsti, et al. Effect of silver modification on structure and catalytic performance of Ni - Mg/diatomite catalysts for edible oil hydrogenation [J]. Journal of Molecular Catalysis A: Chemical, 2009, 297: 54 - 62.
[23] Moens A L, Goovaerts I, Claeys M J, et al. Flow-mediated vasodilation: a diagnostic instrument, or an experimental tool? [J]. Chest, 2005, 127: 2254 - 2263.
[24] Mozaffarian D. Trans fatty acids-effects on systemic inflammation and endothelial function [J]. Atherosclerosis Supplements, 2006, 2: 29 - 32.
[25] Reshma M V, Saritha S S, Balachandran C, et al, Lipase catalyzed interesterification of palm stearin and rice bran oil blends for preparation of zero trans shortening with bioactive phytochemicals [J], Bioresource Technology, 2008, 99: 5011 - 5019.
[26] Ohkita M, Takaoka M, Sugii M, et al. The role of nucleara fctor-kpapa B in the regulation of endothelin - 1] production by nirtic oxide [J]. Eur J Pharmacol, 2003, 472: 159 - 164.
[27] Oomen C M, Ocke M C, Feskens E J, et al. Association between *trans* fatty acids intake and 102year risk of coronary heart disease in the Zutphen Elderly Study: a prospective population2based study [J]. Lancet, 2001, 357: 746 - 751.

[28] Peter L Zock, Martijn B. Katan, Butter, margarine and serum lipoproteins [J]. Atherosclerosis, 1997, 131: 7-16.

[29] Pietinen P, Ascherio A, Korhonen P, et al. Intake of fatty acids and risk of coronary heart disease in a cohort of Finnish men. The alpha-tocopherol, beta -carotene cancer prevention study [J]. American Journal of Epidemiology, 1997, 145: 876-887.

[30] Proell J, M Mosley E, E Powell G L, et al. Isomerization of stable isotopically labeled elaidic acid to cis and trans monoenes by ruminal microbes [J]. Journal of Lipods Research, 2002, 43: 72-76.

[31] Ridker P M, Hennekens C H, Buring J E, et al. C-reactive protein and other markers of inflammation in the prediction of cardiovascular disease in women [J]. N. Engl. J. Med., 2000,342:836-843.

[32] Robert H Eckel, Susan Borra, Alice H Lichtenstein, et al. Understanding the complexity of *trans* fatty acid reduction in the American diet: American Heart Association Trans Fat Conference 2006: Report of the Trans Fat Conference Planning Group [J]. Circulation, 2007, 15: 2231-2246.

[33] Roberts T L, Wood D A, Riemersma R A, et al. Trans isomers of oleic and linoleic acids in adipose tissue and sudden cardiac death [J]. Lancet, 1995, 345: 278-282.

[34] Shane McArdle, Sripriya Girish, J. J. Leahy, et al. Selective hydrogenation of sunflower oil over noble metal catalysts [J]. Journal of Molecular Catalysis A: Chemical, 2011, 351: 179-187.

[35] Slattery M L, Benson J, Ma K N. Trans-fatty acids and colon cancer [J]. Nutrition of Cancer, 2001, 39: 170-175.

[36] Stender S, Dyerberg J. Influence of trans fatty acids on health [J]. Annual Nutrition Metabolism, 2004, 48: 61-66.

[37] Teng K T, Voon P T, Cheng H M, et al. Effects of partially hydrogenated, semi-saturated, and high oleate vegetable oils on inflammatory markers and lipids [J]. Lipds, 2010, 45: 385-392.

[38] Xiao-Ru Liu, Ze-Yuan Deng, Jiang-Ning Hu, et al. Erythrocyte membrane trans-fatty acid index is positively associated with a 10-year CHD risk probability [J]. British Journal of Nutrition, 2013,109:1695-1703.

[39] Yin X M, Wang K, Gross A, et al. Bid-deficient mice are resistant to Fas-induced hepatocellular apoptosis [J]. Nature, 1999, 400: 886-891.

第6章 肉类食品中抗微生物药、抗寄生虫药和激素残留

6.1 概述

我国是畜牧业大国，畜禽养殖总量位居世界前列。特别是党的十六大以来，我国畜牧业综合生产能力持续增强，畜牧业生产规模不断扩大，肉、蛋、奶等畜产品产量实现了10年来的稳步增长。据国家统计局和农业部畜牧业司统计，2011年我国生猪存栏量达4.7亿头，牛存栏量达1.0亿头，羊存栏量达2.8亿只。全年肉类产量达7 957.8万吨，比2002年增长27.6%，稳居世界第一位，人均肉占有量为59.1千克，比2002年增加了10.5千克，人均肉类消费达到中等发达国家水平[1]。

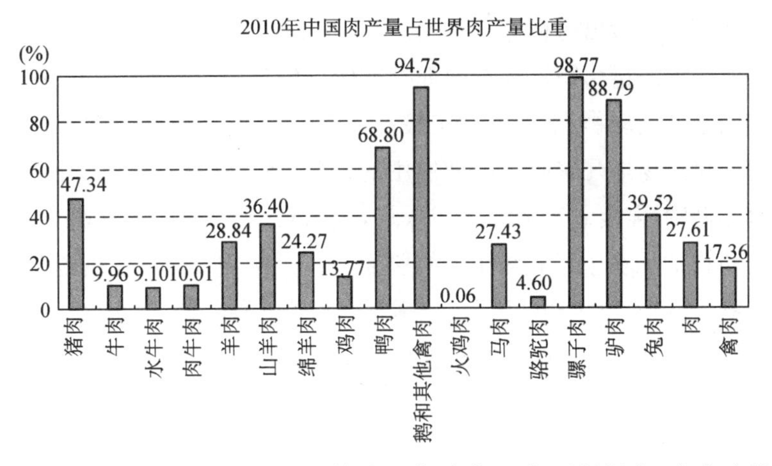

伴随畜禽养殖总量的增加，我国养殖业集约化程度不断提高，疫病防控成为关键。在巨大养殖规模的背后，是大量的抗生素、抗寄生虫药物、激素及药物添加剂的使用。据兽药协会统计信息，2009年我国抗微生物药生产能力6.2万吨，产能利用率为47.74%；抗寄生虫药生产能力1.09万吨，产能利用率44.95%，这些药物主要用于我国养殖过程中疾病的预防和治疗。此外，为了提高生产性能，大量的激素及药

物添加剂也被用于养殖动物以达到促进生长的作用。而在养殖环节中，任意加大剂量、延长用药时间或改变使用对象，屠宰前不遵守休药期规定的情况也很普遍。

动物用药以后，药物以原形或代谢物的形式在动物肌肉组织中蓄积留存，并进入肉类食品中，给肉类食品的安全带来了威胁。超剂量的药物残留不仅可以直接对人体产生急、慢性毒性作用，增加细菌耐药性，还可以通过环境和食物链的作用对人体健康造成潜在危害，近年来在国际上形成了一个新的研究热点[2-8]。

本章主要围绕畜禽养殖过程中广泛使用的抗生素、抗寄生虫药物、激素及药物添加剂等，开展肉类食品的安全问题的探讨。

兽药是指用于预防、治疗、诊断畜禽等动物疾病，有目的调节其生理机能并规定作用、用途、用法和用量的物质。

按用途主要可分为抗微生物类药物、抗寄生虫类药物、激素类药物和其他药物。

常用抗微生物类药物可分为抗生素和合成抗菌药物，其中抗生素类又可以分为β-内酰胺类、大环内酯类、氨基糖苷类、四环素类、氯霉素类、多肽类等；合成抗菌药物又可分为磺胺类及磺胺增效剂、喹诺酮类、硝基咪唑类、硝基呋喃类、喹噁啉类等；常用抗寄生虫类药物包括苯并咪唑类、阿维菌素类、聚醚类等；常用激素类药物包括雄激素、雌激素、孕激素、糖皮质激素、非甾类同化激素等。

按残留危害程度可分为允许使用无限量、允许使用有限量、允许治疗不得检出和禁止使用不得检出药物等。

允许使用无限量药物指凡农业部批准使用的兽药，按质量标准、产品使用说明书规定用于食品动物，不需要制定最高残留限量，包括水杨酸等 88 种药物；允许使用有限量药物指凡农业部批准使用的兽药，按质量标准、产品使用说明书规定用于食品动物，需要制定最高残留限量，包括阿维菌素等 94 种药物；允许治疗不得检出药物指凡农业部批准使用的兽药，按质量标准、产品使用说明书规定用于食品动物，不得检出兽药残留限，包括氯丙嗪等 9 种药物；禁止使用不得检出药物指农业部明文规定禁止用于所有食品动物的兽药，包括氯霉素等 31 种药物。

6.2 性质与化学结构

6.2.1 抗生素

1. β-内酰胺类

以青霉素类和头孢菌素为代表的β-内酰胺类抗生素(β - lactam antibiotics)

是历史最悠久的抗微生物药物，同时也是普及率最高和最重要的一类抗生素[9, 49]。β-内酰胺类抗生素能与细菌胞质膜上的青霉素结合蛋白 PBP 结合，使其活性丧失，造成敏感菌内黏肽的交叉联结受到阻碍，抑制细菌细胞壁的合成，菌体内的高渗透压使细胞外的水分不断进入菌体内，引起菌体膨胀变形，加上激发细菌自溶酶的活性，从而达到抑制或杀灭细菌的作用，因此属于繁殖期杀菌药[29, 36, 46, 52]。

β-内酰胺抗生素的结构特点是含有 β-内酰胺基母核。按照母核结构的差异可分为青霉素类(penicillins, PENs)、头孢菌素类(cephalosporins, CEPs，又称先锋霉素类)、头霉素类(甲氧头孢，oxacephems)、碳青霉烯类(carbapenems)和单环 β-内酰胺类(monobactams)。它们的结构特征如图 6-1 所示。

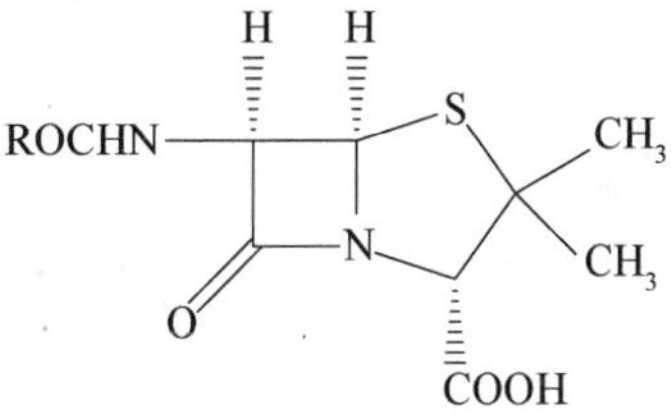

青霉素类 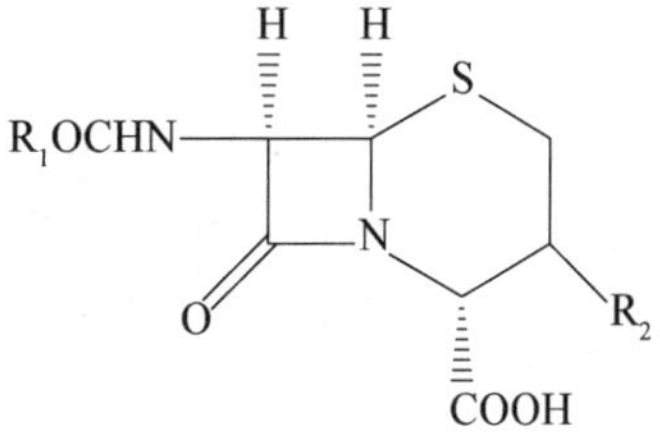　　头孢菌素类

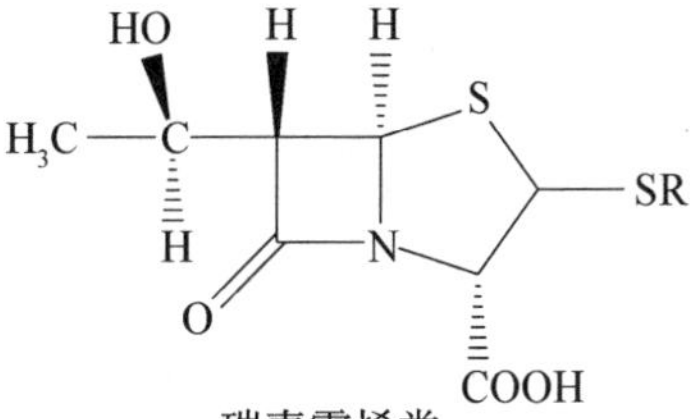

碳青霉烯类 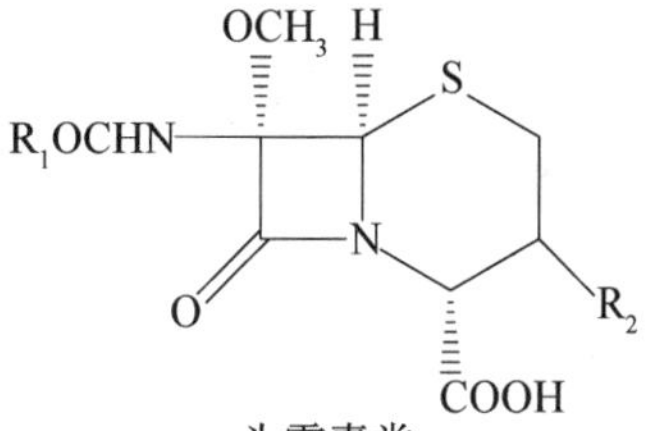　　头霉素类 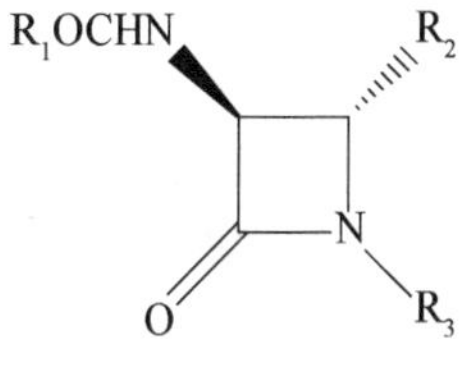　　单环β-内酰胺类

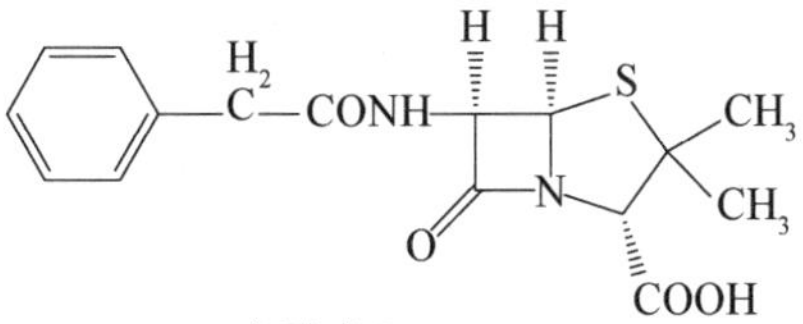

青霉素G 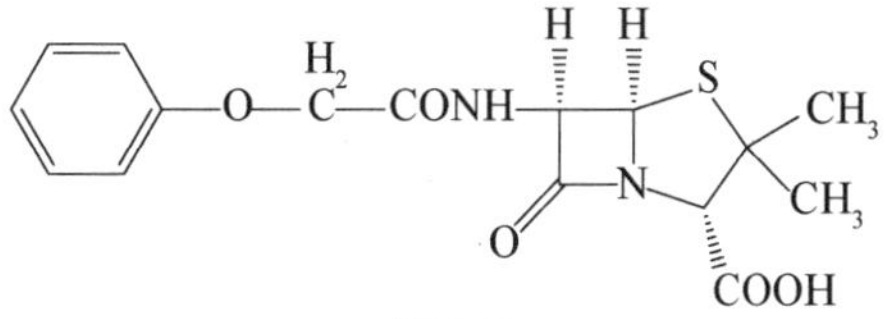　　青霉素V

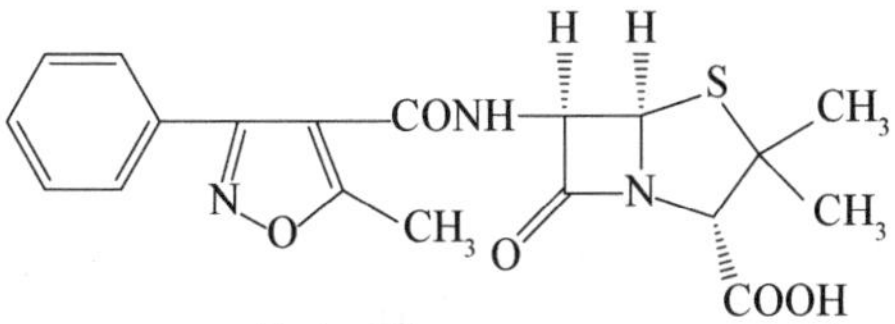

苯唑西林 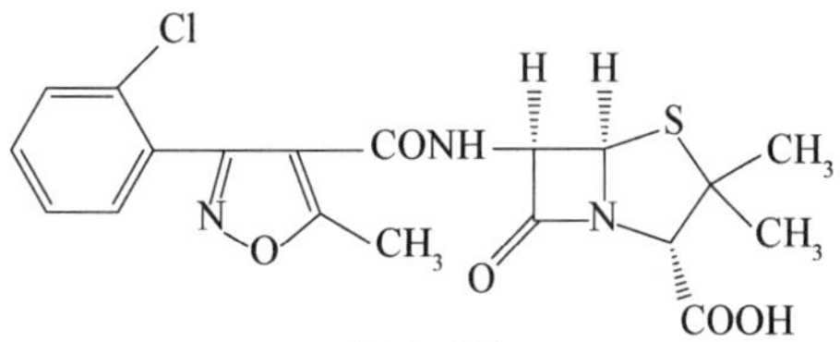　　氯唑西林

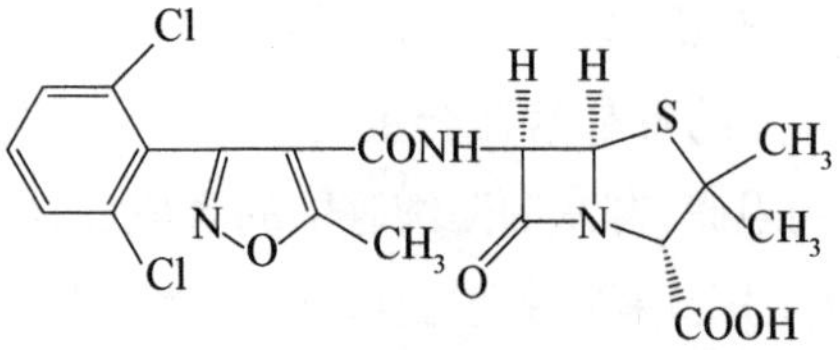

双氯西林

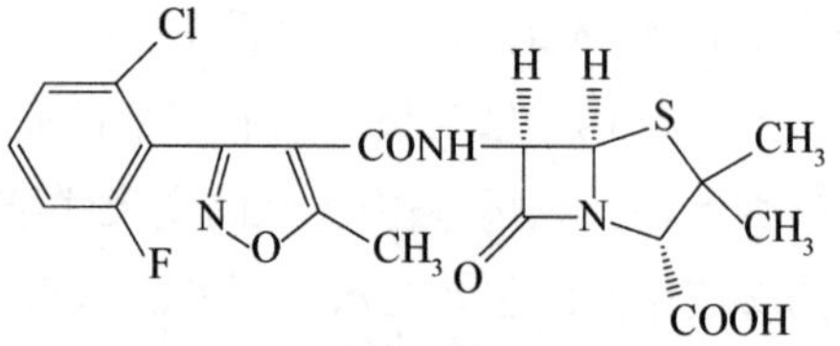

氟氯西林

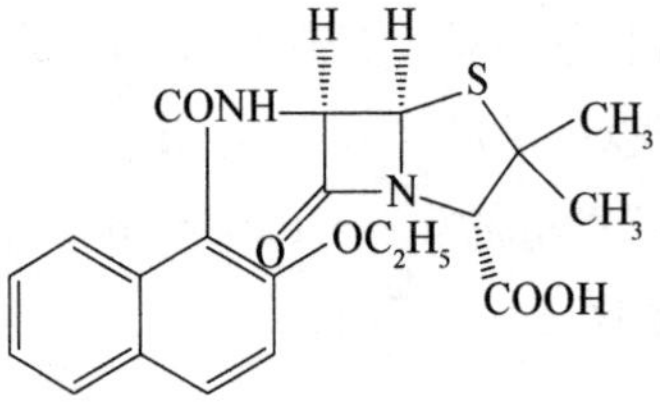

萘夫西林

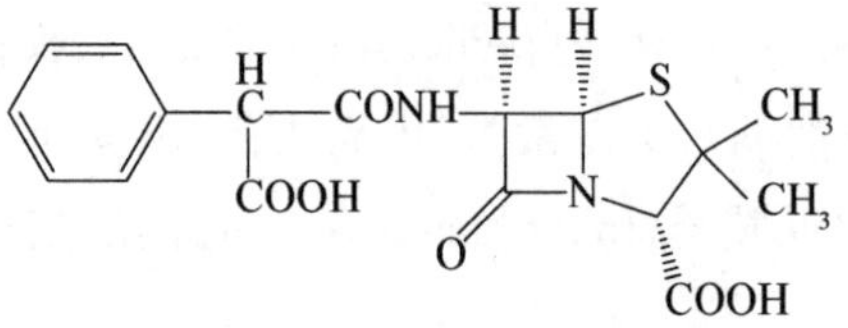

羧苄西林

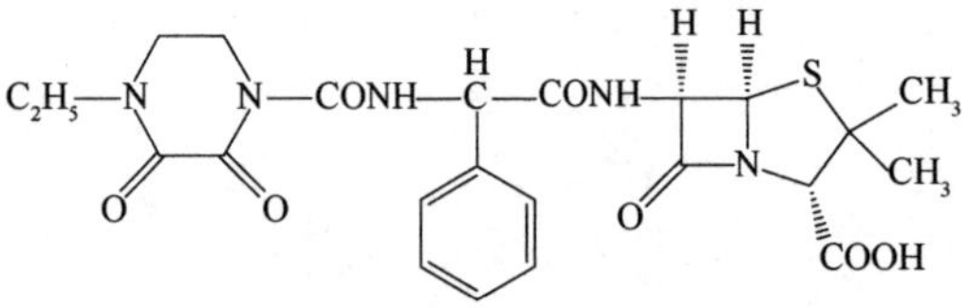

哌拉西林

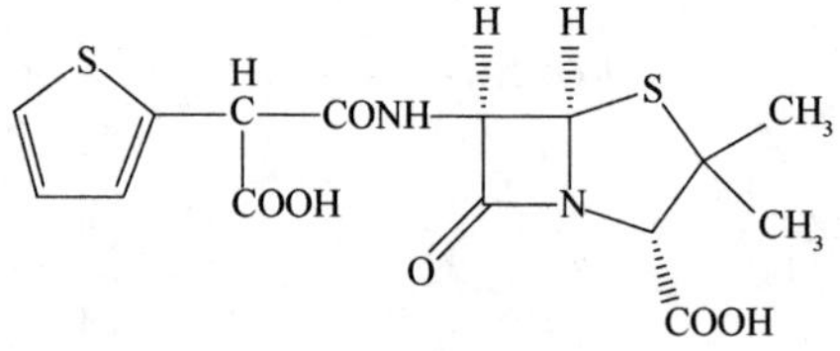

替卡西林

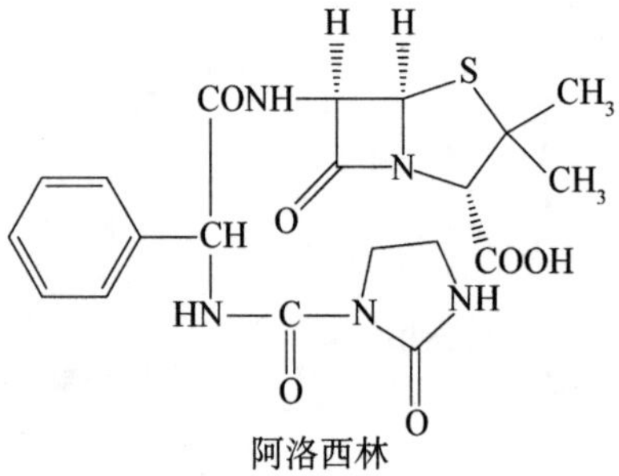

阿洛西林

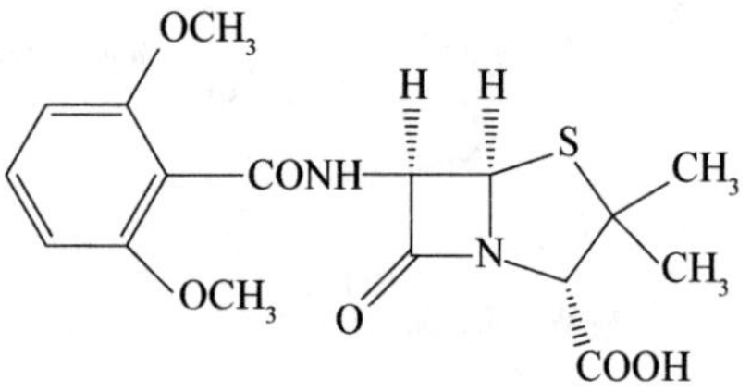

甲氧西林

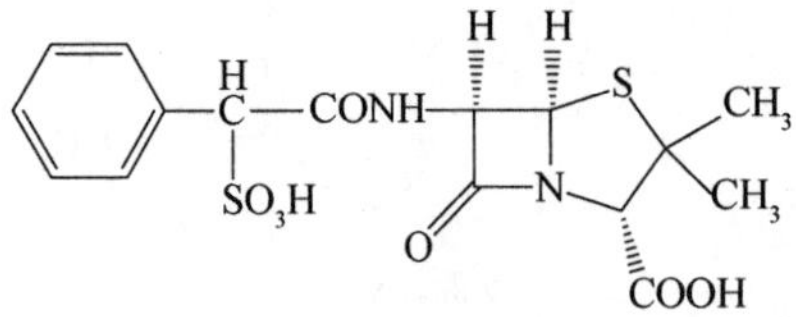

磺苄西林

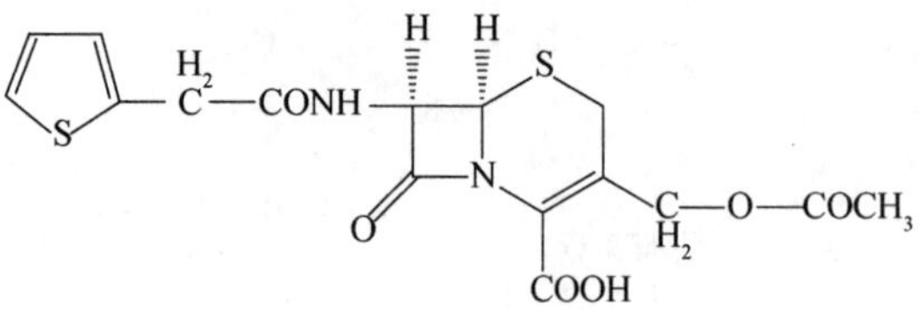

头孢噻吩

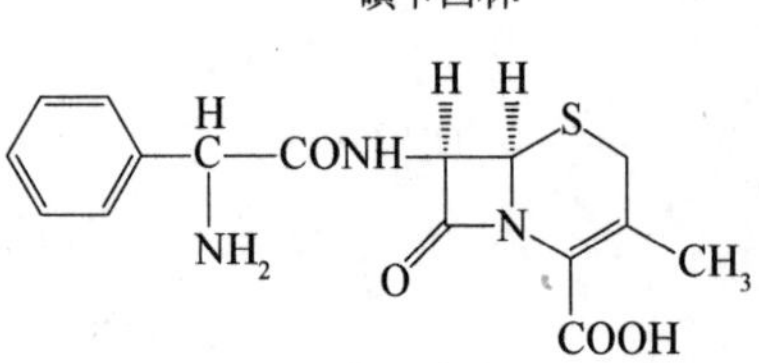

头孢氨苄

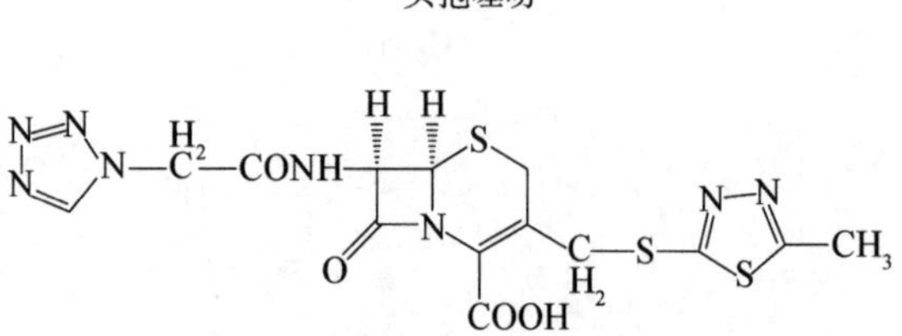

头孢唑林

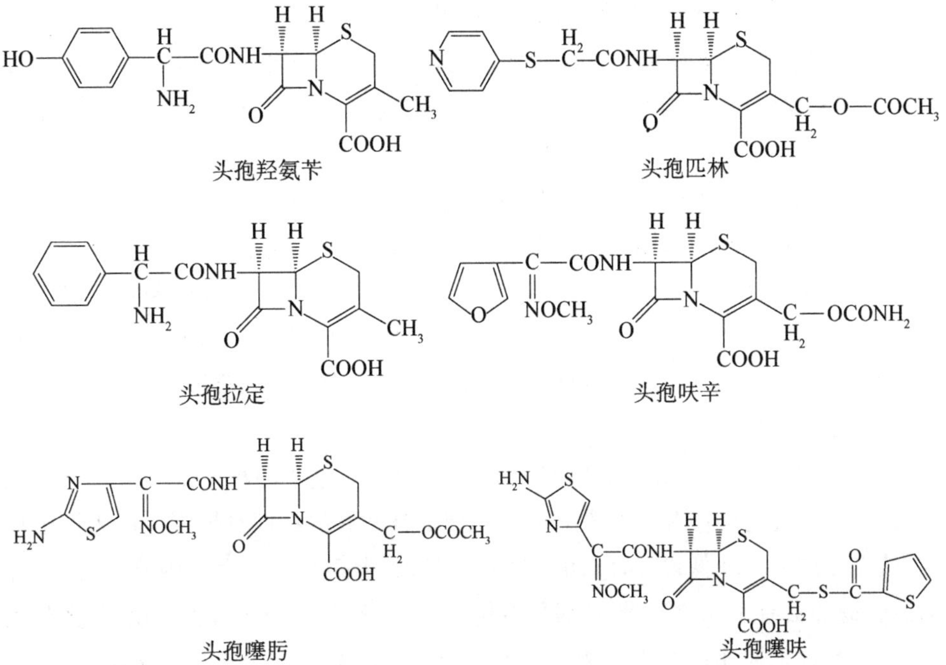

头孢羟氨苄　头孢匹林

头孢拉定　头孢呋辛

头孢噻肟　头孢噻呋

图6-1　抗生素结构特征

β-内酰胺抗生素中以PENs和CEPs发展迅速，品种很多[10]。常用的PENs品种有：天然青霉素类-青霉素G(penicillin G, PEN G)、普鲁卡因青霉素(procaine benzylpenicillin)、苄星青霉素(benzathine benzylpenicillin)、青霉素V(penicillin V, PEN V)；半合成青霉素类-苯唑西林(oxacillin, OXS)、氯唑西林(cloxacillin)、双氯西林(dicloxacillin, DIC)与氟氯西林(flucloxacillin)、萘夫西林(nafcillin)、氨苄西林(ampicillin, AMP)、阿莫西林(amoxycillin)、羧苄西林(carbenicillin, CB)、哌拉西林(piperacillin, PIP)、替卡西林(ticarcillin, TIC)、阿洛西林(azlocillin, AZL)、甲氧西林(methicillin, MET)、呋苄西林(furbenicillin)、磺苄西林(sulbenicillin)、匹氨西林(pivampicillin)等。

常用的CEPs品种有很多，可分为：第一代：头孢噻吩(cephalothin, CF)、头孢氨苄(cefalexin, CEL)、头孢唑林(cefazolin, CFZ)、头孢羟氨苄(cefadroxil, CFR)；第二代：头孢孟多(cefamandole, CFM)、头孢西丁(cefoxitin, FOX)、头孢克洛(cefaclor, CFr)、头孢呋辛(cefuroxime, CFX)；第三代：头孢噻肟(cefotaxime, CTX)、头孢唑肟(ceftizoxime, CZ)、头孢曲松(ceftriaxone, CTR)、头孢哌酮(cefoperazone, CFP)、头孢他啶(ceftazidime, CAZ)、头孢噻呋(ceftiofur)；第四代：头孢吡肟(cefepime, Cpe)、头孢匹罗(cefpirome)、头孢喹诺

(cefquinome)等。其中头孢噻呋和头孢喹诺为动物专用药。

β-内酰胺类抗生素多为有机酸性物质，难溶于水。PENs 和 CEPs 游离羧基的酸性相当强(pKa 值为 2.5～2.8)，易与无机碱或有机碱成盐，临床上一般用其钾盐或钠盐，易溶于水，但难溶于有机溶剂；有机碱盐的溶解性恰好相反。β-内酰胺环是该类药物的化学结构中最不稳定的部分，在中性或生理条件下即可发生水解或分子重排而失去药效，酸、碱、某些重金属离子(氧化剂)或细菌的青霉素酶(一种 β-内酰胺酶)能加速降解反应。由于侧链结构的不同，各种药物的稳定性存在差异。其中，对青霉素 G 的降解反应研究的比较详细。干燥状态下青霉素 G 相当稳定，但水溶液状态 β-内酰胺环易发生断裂产生一系列降解产物[11,43,45]。

2. 大环内酯类

大环内酯类(macrolides, MALs)是一个庞大和重要的抗生素类群。这类抗生素的结构、理化性质和生物学效应很相似。其共有的特征是抗革兰氏阳性菌活性、抗支原体活性和低毒性；结构中含有十二元、十四元或十六元内酯环母核，并通过苷键加接有 1～3 个中性或碱性糖链。1957 年，Woodward 首次使用"大环内酯"这一名称来描述这类化合物。绝大多数大环内酯类抗生素由链霉菌属产生，仅少数是由小单孢菌产生的。目前已发现的大环内酯类抗生素达 100 多种，目前常用品种包括红霉素(erythromycin, ERM)、竹桃霉素(oleandomycin, OLD)、螺旋霉素Ⅰ(spiramycin, SPM)、泰乐菌素(tylosin, TYL)、替米考星(tilmicosin, TIL)、北里霉素(kitasamycin, KIT)、交沙霉素(josamycin, JOS)、美罗沙霉素(mirosamicin, MIS)、塞地卡霉素(sedecamycin, SED)等。

红霉素是本类化合物中第一个在临床上取得广泛应用的药物[12]，随着更多 MALs 的出现和商品化，MALs 已经广泛用于畜禽细菌性和支原体感染的化学治疗[13]。特别是在低剂量下，MALs 具有良好的促生长作用，因此亦是重要的药物添加剂，有些已经成为畜禽专用抗生素，如泰乐菌素、替米考星、北里霉素。

MALs 属中谱抗生素，对革兰氏阳性菌和支原体具有突出的抗菌活性，对螺旋体、立克次体和霉形体亦有效。其中红霉素对革兰氏阳性菌作用最强，泰乐菌素对支原体作用最强。其作用机理为：抑制细菌蛋白质的合成[34]，即能与敏感菌的核蛋白体 50S 亚基结合，通过对转肽作用或 mRNA 位移的阻断，来抑制肽链的合成和延长，从而影响细菌蛋白质的合成[30]。此类药一般起抑菌作用，高浓度时能杀灭敏感菌。对革兰氏阳性菌如金黄色葡萄球菌[47](包括对青霉素耐药的菌株)、链球菌、肺炎球菌、猪丹毒杆菌、梭状芽胞杆菌、炭疽杆菌等有较强的抑制作用；但难以通过革兰氏阴性菌如巴氏杆菌、布鲁氏杆菌等的菌体外膜，因此对革兰氏阴性菌作用较弱[14]。化学结构如图 6-2 所示。

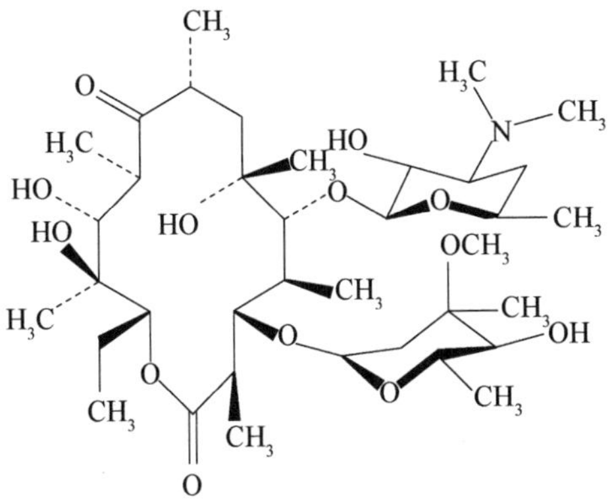

红霉素A

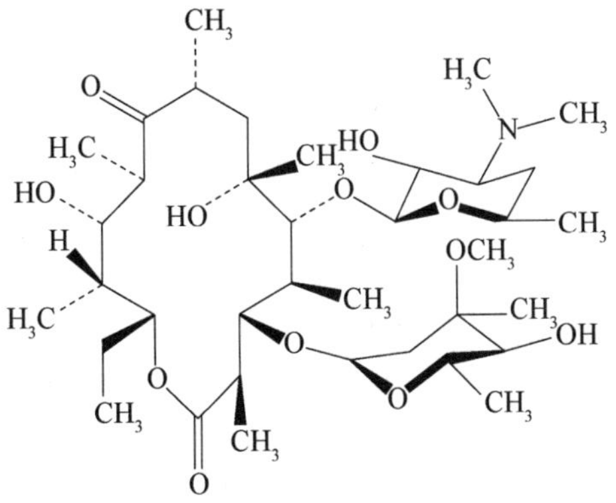

红霉素B

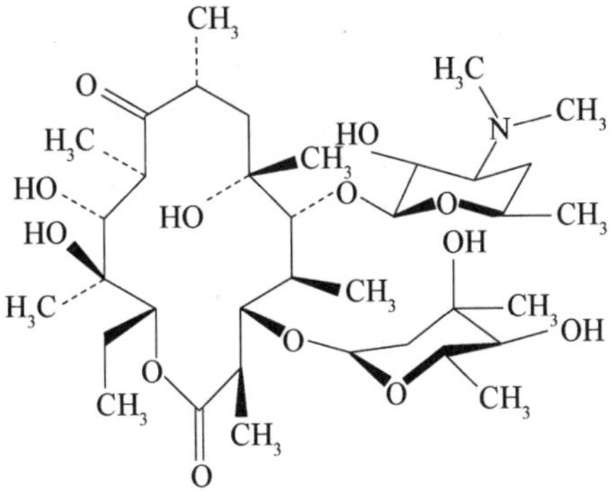

红霉素C

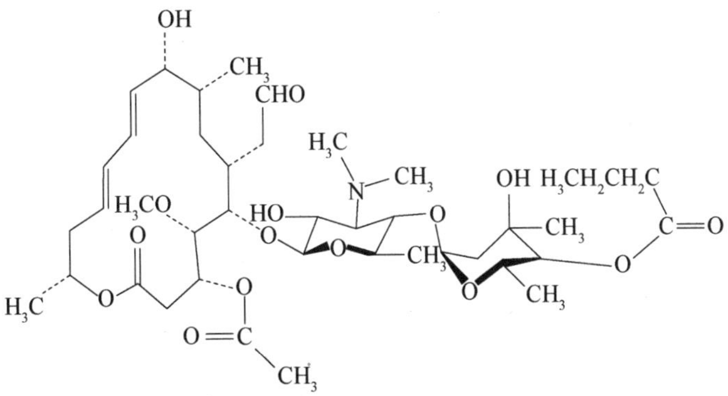

白霉素A4

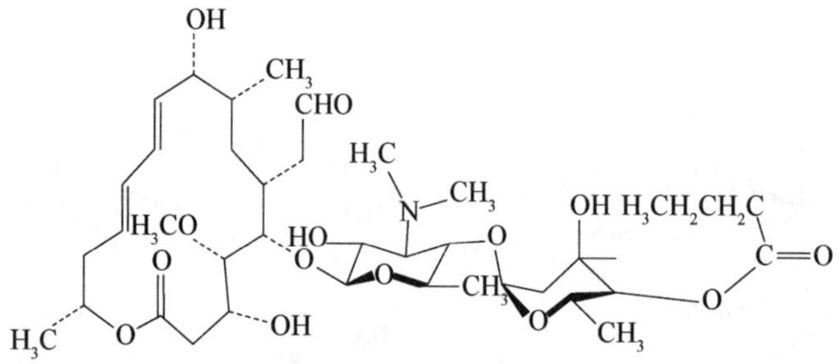

白霉素A5

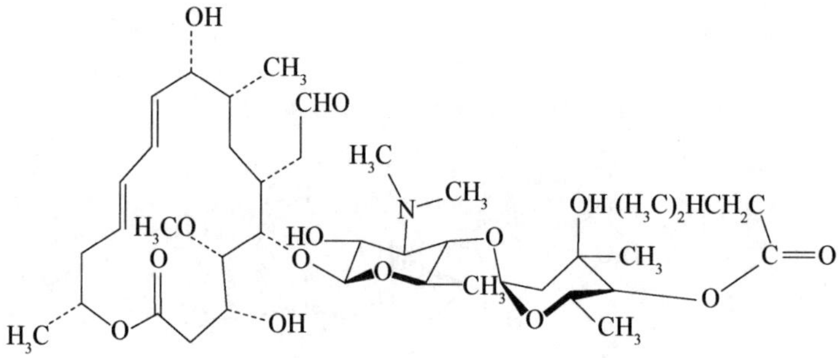

北里霉素

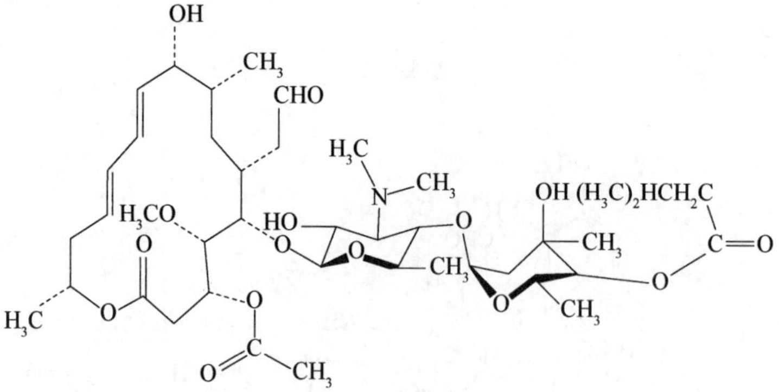

交沙霉素

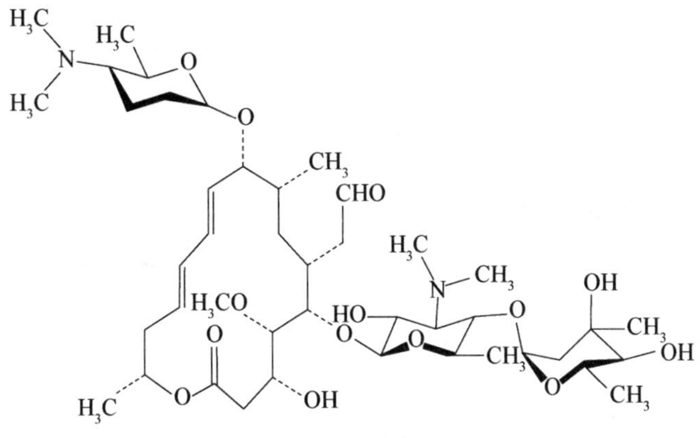

螺旋霉素1

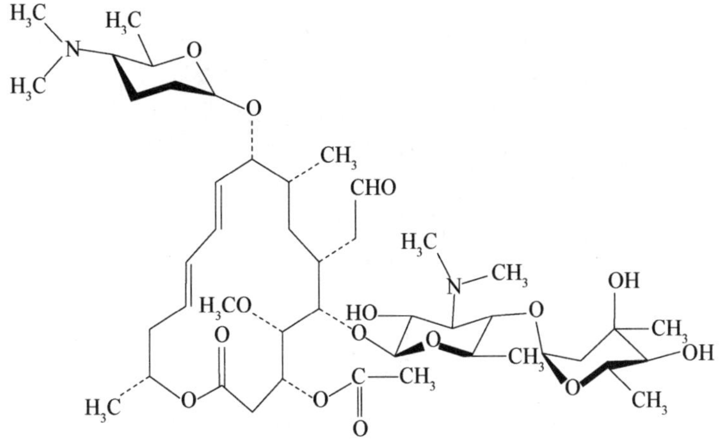

螺旋霉素2

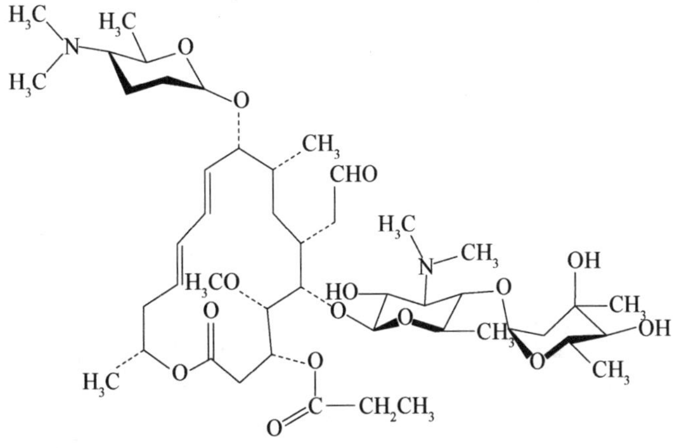

螺旋霉素3

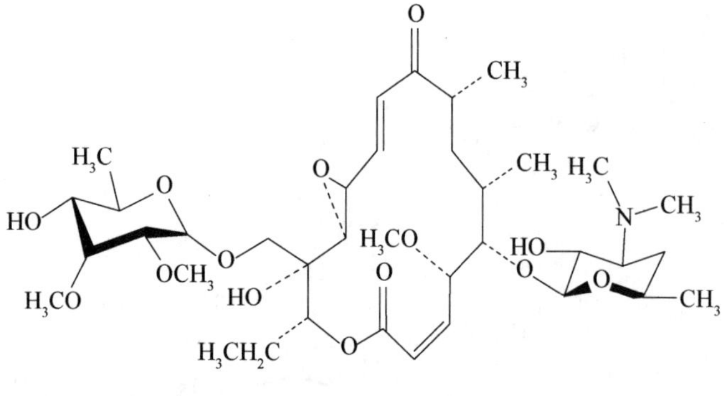

美罗沙霉素

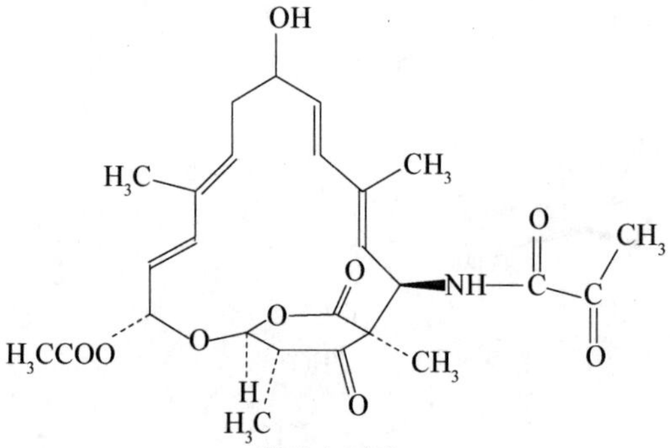

赛迪卡霉素

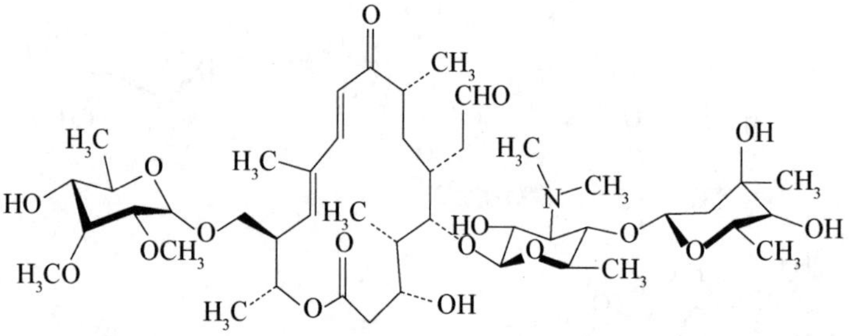

泰乐菌素A

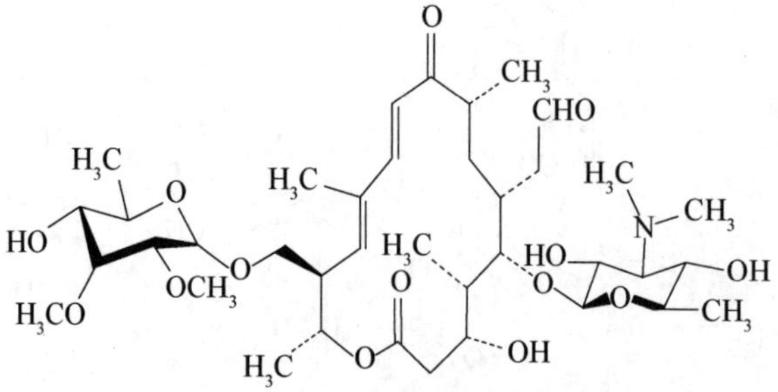

泰乐菌素B

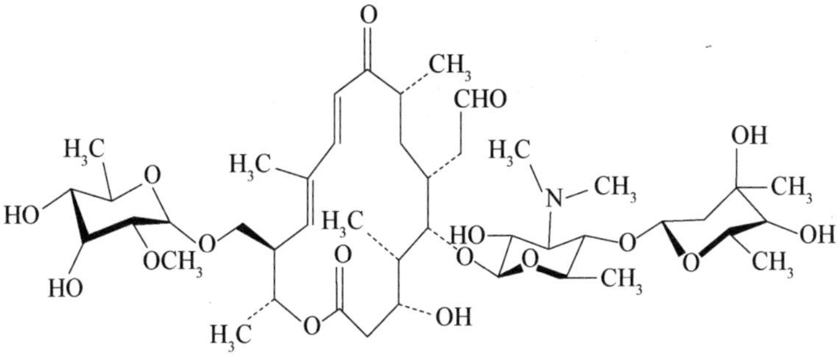

泰乐菌素C

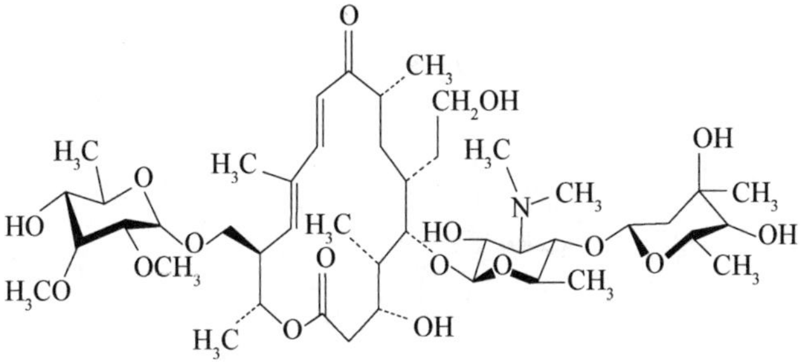

泰乐菌素D

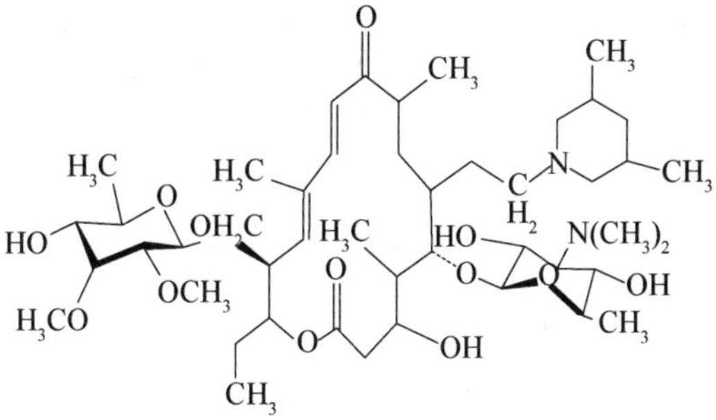

替米卡星

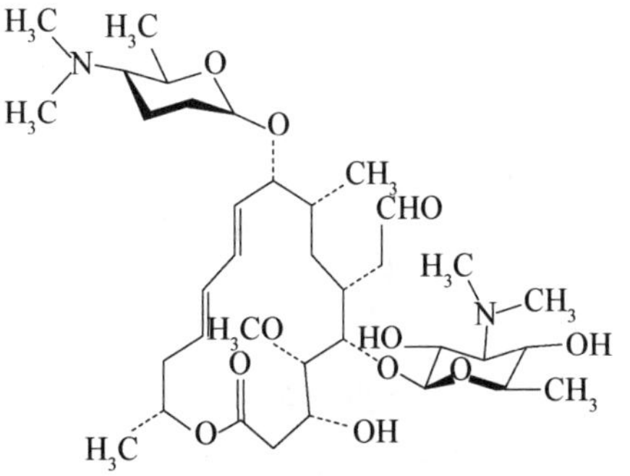

新螺旋霉素1

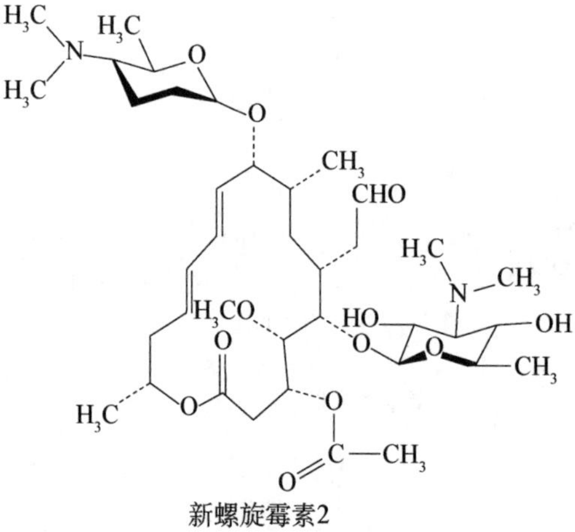

新螺旋霉素2

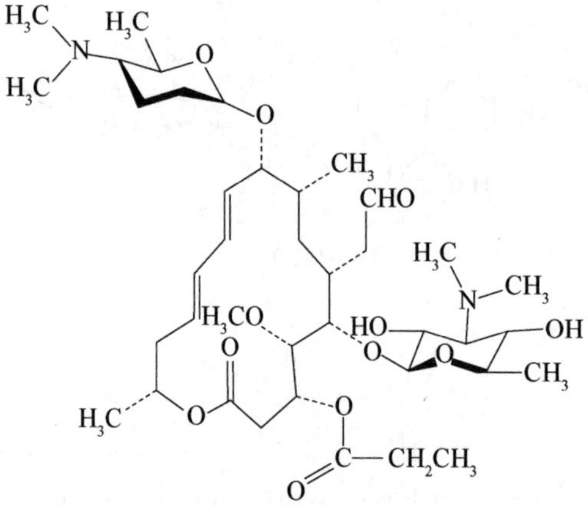

新螺旋霉素3

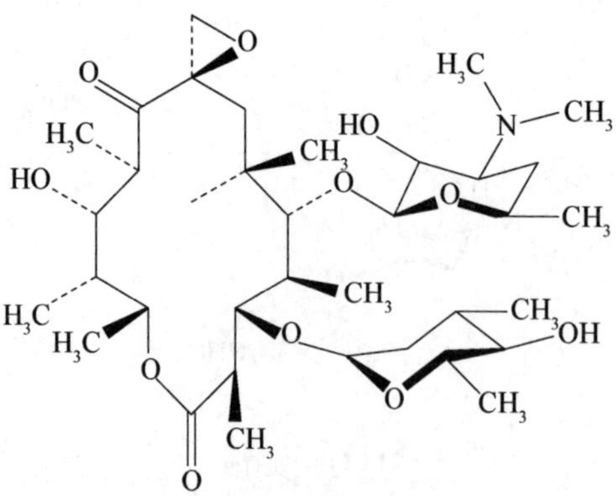

竹桃霉素

图6-2 化学结构

MALs均为无色弱碱性化合物(SED呈中性),分子量相对较高(500～900),旋光度通常为负值,易溶于酸性水溶液(成盐)和极性溶剂,如甲醇、乙腈、乙酸乙酯、氯仿、乙醚等,在饱和碳氢溶剂和水中微溶。

MALs在干燥状态下相当稳定,但其水溶液稳定性差。在酸性条件下(pH值<4)苷键易发生水解,即使很稀的醋酸溶液亦能导致ERM酸解,升高温度能加快水解速度。MALs在pH值为6～8的水溶液中的相对较稳定,此时水溶性下降,抗菌活性最高。

3. 氨基糖苷类

氨基糖苷类(aminoglycosides, AGs)是由氨基糖与氨基环醇形成的苷。按其来源,AGs又可分为:由链霉菌(streptomycis)产生的抗生素,包括链霉素族、卡那霉素族和新霉素族;由小单孢菌(micromonosporae)产生的抗生素,主要包括庆大霉素族[39]。

此类抗生素作用于肽链延长阶段,与30S亚基的脯氨酸结合,使tRNA→mRNA阶段出现错误,在起始阶段阻碍30S与50S的结合,在终止阶段阻止肽链释放因子进入A位,从而抑制细菌合成蛋白质,属于静止期杀菌药。其杀菌作用具有如下特点:杀菌作用呈浓度依赖性;抗菌谱较广,对分枝杆菌和需氧菌有效,尤其对需氧革兰阴性杆菌的抗菌作用强,对革兰氏阳性菌作用较弱,但对金黄色葡萄球菌包括耐药菌株较敏感,对厌氧菌、铜绿假单孢菌无效;具有明显的抗生素后效应;具有首次接触效应;在碱性环境中抗菌活性增强[15, 41, 48]。

兽医上常用的氨基糖苷类药有链霉素(streptomycin, STR)、卡那霉素(kanamycin, KAN)、庆大霉素(gentamicin, GNT)、新霉素(neomycin)、阿米卡星(amikacin, AMI)、大观霉素(spectinomycin)、硫酸安普霉素(apramycin sulfate)、潮霉素B(hygromycin B)、双氢链霉素(dihydrostreptomycin)、妥布霉素(tobramycin, TOB)和紫霉素(sisomycin, SIS)等[16, 17]。

链霉素(streptomycin, STR)是第一个氨基糖苷类抗生素,链霉素口服则吸收极少,肌内注射吸收快,容易渗入胸腔、腹腔,并达有效浓度。链霉素的抗菌谱较广,抗分枝杆菌作用在氨基糖苷类中最强,对大多数革兰氏阴性杆菌和革兰氏阳性球菌有效,铜绿假单孢菌、链球菌和厌氧菌对其固有耐药。对土拉菌病和鼠疫有特效,常为首选,特别是与四环素联合用药已成为目前治疗鼠疫的最有效手段[37]。

庆大霉素(gentamicin, GNT)口服吸收很少,肌内注射吸收迅速而完全,主要分布于细胞外液,但在肾皮质中积聚的浓度很高,停药20 d后仍能在尿中检测到本品。抗菌谱较广，是治疗各种 G -杆菌和 G+球菌感染的主要抗菌药，对肠道菌和铜绿假单孢菌有高效，对支原体亦有作用，在氨基糖苷类中抗菌活性最强[40]。

卡那霉素(kanamycin, KAN)口服吸收极差，肌内注射易吸收，在胸腔液和腹腔液中分布浓度较高。对多数常见 G -菌和结核杆菌有效，对分枝杆菌与耐青霉素的金黄色葡萄球菌敏感，对铜绿假单孢菌无效。与链霉素相比，作用效果较强[38]。

妥布霉素(tobramycin, TOB)口服难吸收，肌内注射吸收迅速，可渗入胸腔、腹腔、滑膜腔并可达有效治疗浓度，可在肾脏中大量积聚。对肺炎杆菌、肠杆菌属、变形杆菌属、铜绿假单孢菌的抑菌或杀菌作用较庆大霉素强，且对耐庆大霉素菌株仍有效，适合治疗铜绿假单孢菌所致的各种感染，通常应与青霉素类或头孢菌素类药物合用。

阿米卡星(amikacin，丁胺卡那霉素，AMI)是卡那霉素的半合成衍生物。采用肌内注射，主要分布于细胞外液，不易透过血脑屏障，尿中浓度很高，是抗菌谱最广的氨基糖苷类抗生素。其突出优点是对肠道 G -杆菌和铜绿假单孢菌所产生的多种氨基糖苷类灭活酶稳定，故对耐药菌感染仍能有效控制，对金黄色葡萄球菌亦有较好作用，常作为首选药。本品的另一个优点是与 β -内酰胺类联合可获协同作用。

新霉素(neomycin, SIS)抗菌谱与链霉素相似，在氨基糖苷类中毒性最大，一般禁用于注射给药，口服很少吸收，只在肠道发挥作用。

大观霉素(spectinomycin)，又称壮观霉素，对革兰氏阴性菌有较强作用，对革兰氏阳性菌作用较弱，能抑制支原体。

AGs 的化学结构如图 6 - 3 所示。

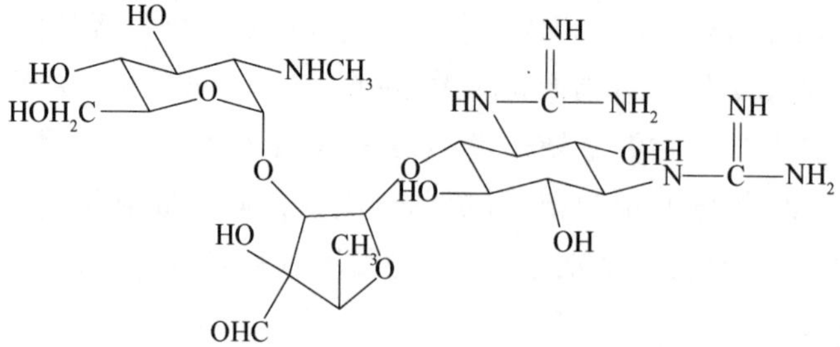

链霉素

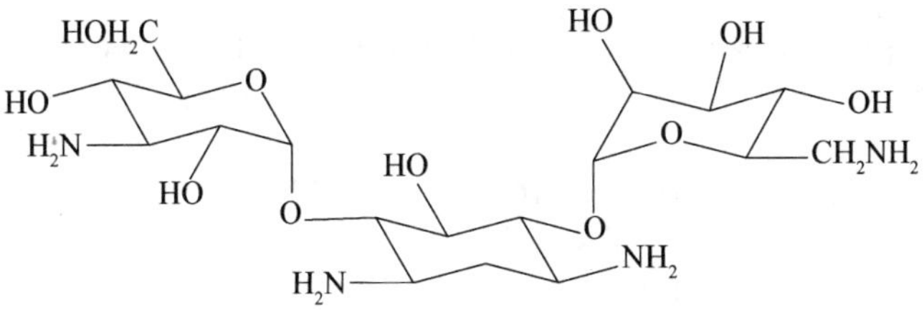

卡那霉素

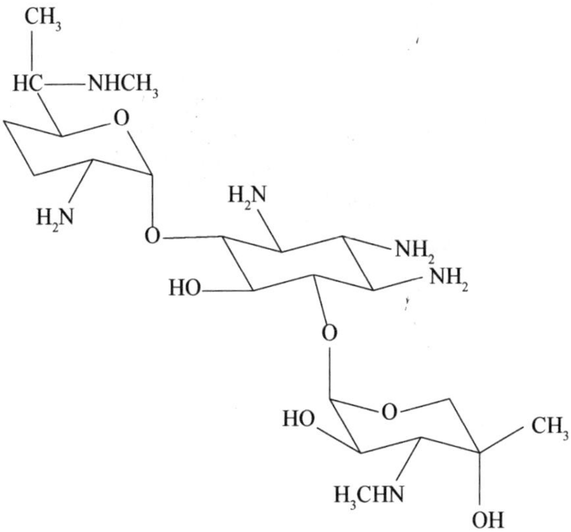

庆大霉素

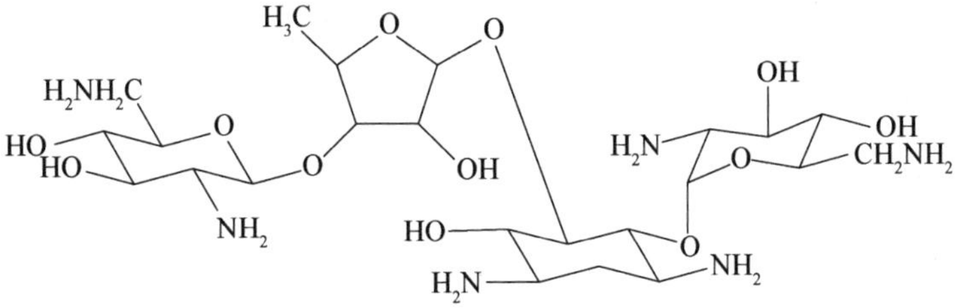

新霉素

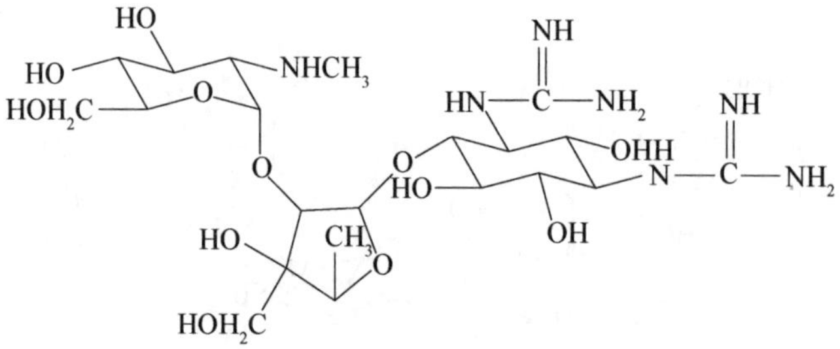

双氢链霉素

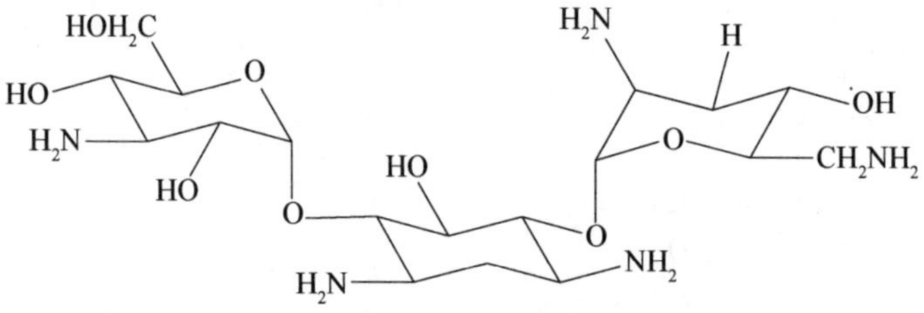

妥布霉素

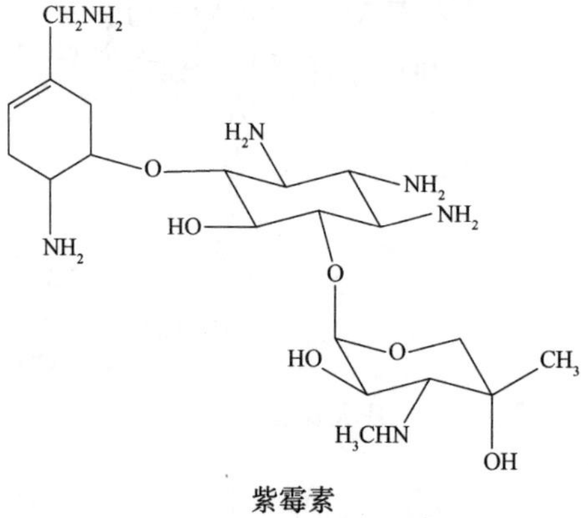

紫霉素

图 6-3 AGs 的化学结构

AGs 结构中含有多个氨基和羟基，呈碱性，极性、水溶性较高，能与无机酸（如硫酸或盐酸）或有机酸成盐。其硫酸盐为白色或近白色结晶性粉末，具吸湿性，易溶于水，但在多数有机溶剂中难溶（在甲醇等极性溶剂中微溶，在疏水性溶剂中几乎不溶）。

4. 四环素类

四环素类（tetracyclines，TCs）由放线菌属产生，化学结构上都属于氢化并四苯环衍生物，天然品种包括四环素（tetracycline，TC）、土霉素（oxytetracycline，OTC）、金霉素（chlortetracycline，CTC）、去甲基金霉素（demecloccline，DMCTC），半合成品

种包括多西环素(doxycycline DC 强力霉素)、米诺环素(Minocycline MINO 二甲胺四环素)[31]及美他环素(Metacycline MTC 甲烯土霉素)[18]等。

此类药为广谱抗生素,对革兰氏阳性菌和阴性菌、螺旋体、立克次体、支原体、衣原体、原虫(球虫、阿米巴虫)等均可产生抑制作用。本类药物进入菌体后,可逆性地与细菌核糖体 30 S 亚基末端结合,干扰 tRNA 与 mRNA -核糖体复合体上的受体结合,阻止肽链延长而抑制蛋白质合成,从而迅速抑制细菌的生长繁殖[18, 19, 20]。其化学结构如图 6 - 4 所示。

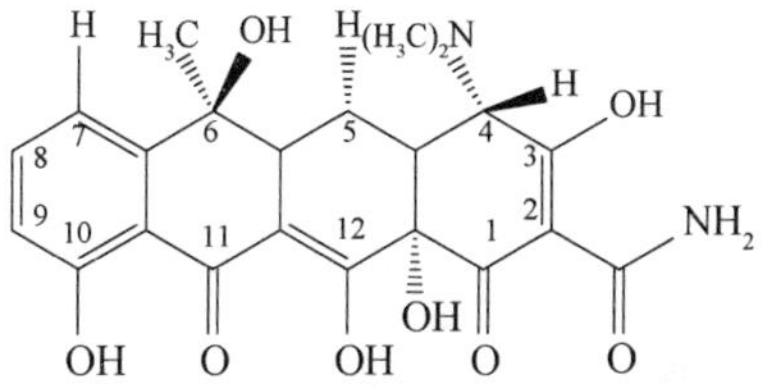

四环素 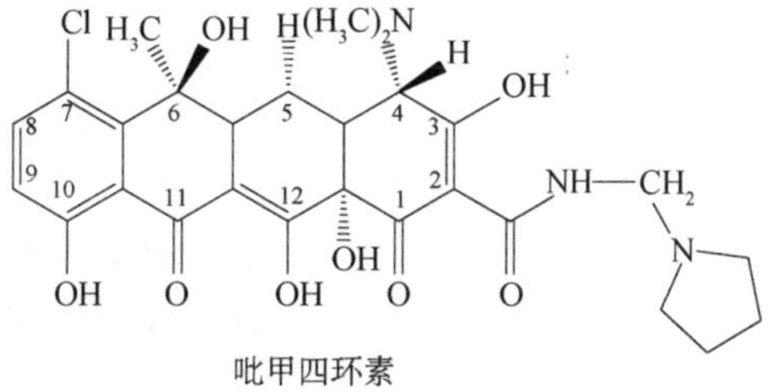　　吡甲四环素

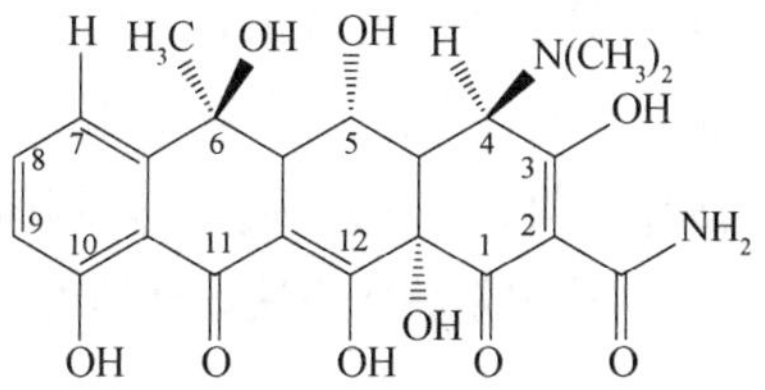

差向四环素 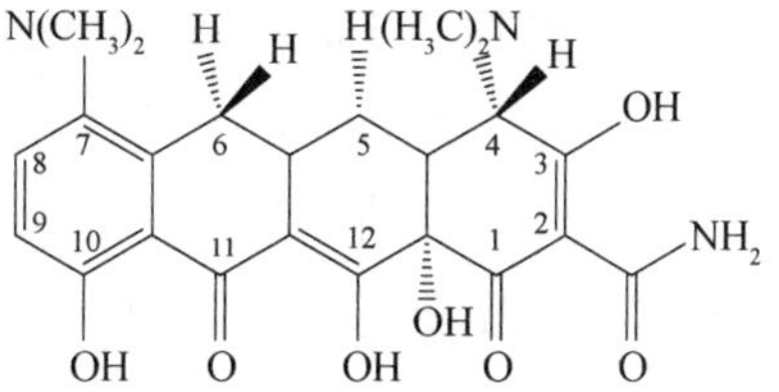　　二甲胺四环素

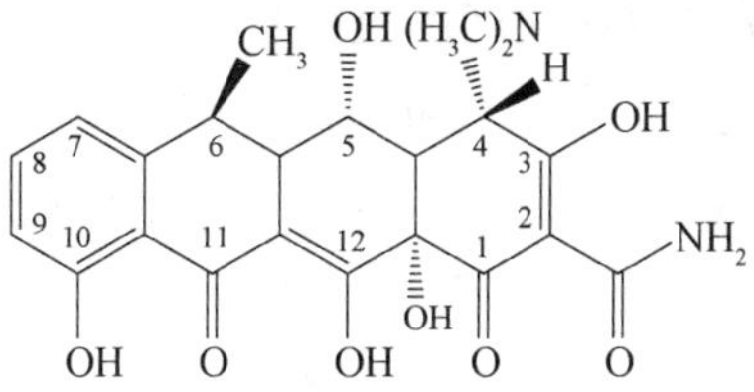

甲烯土霉素 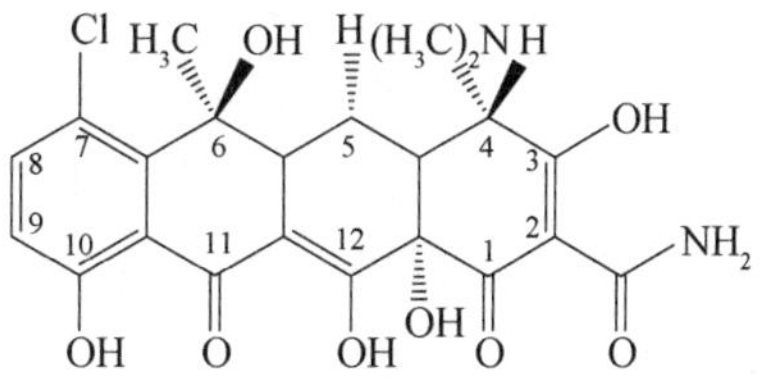　　金霉素

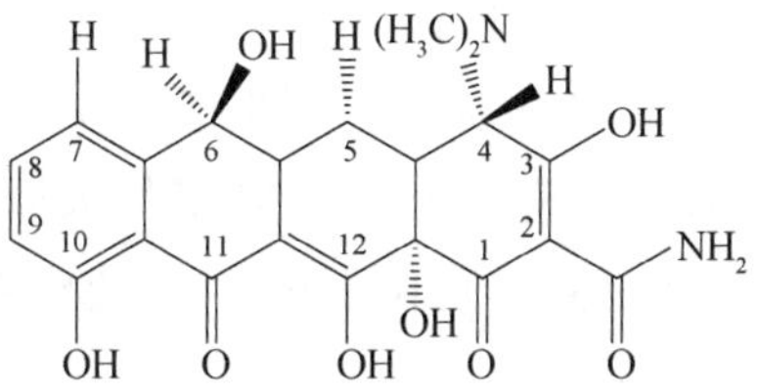

去甲基金霉素 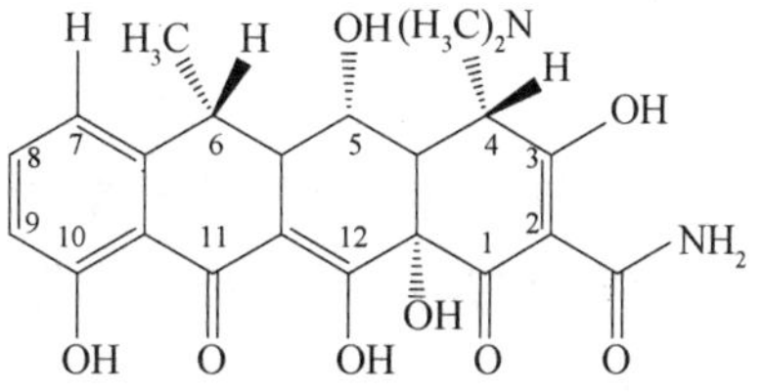　　去氧土霉素

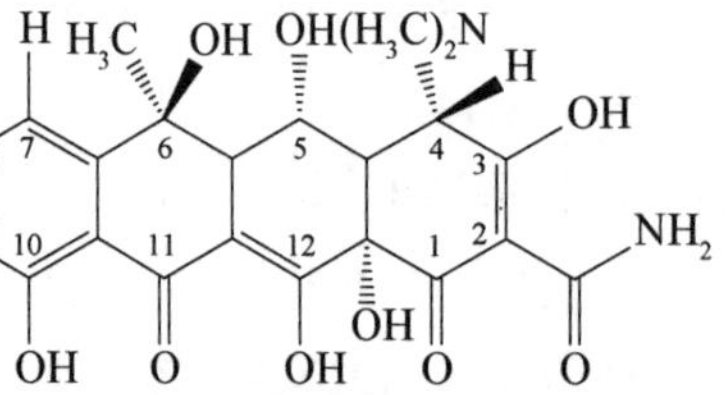

土霉素

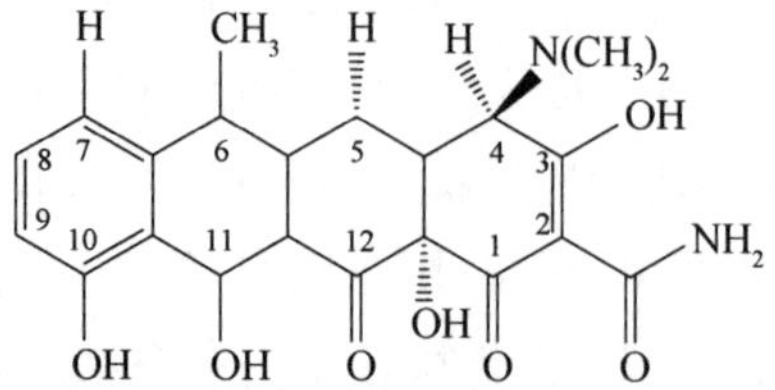

脱水差向四环素

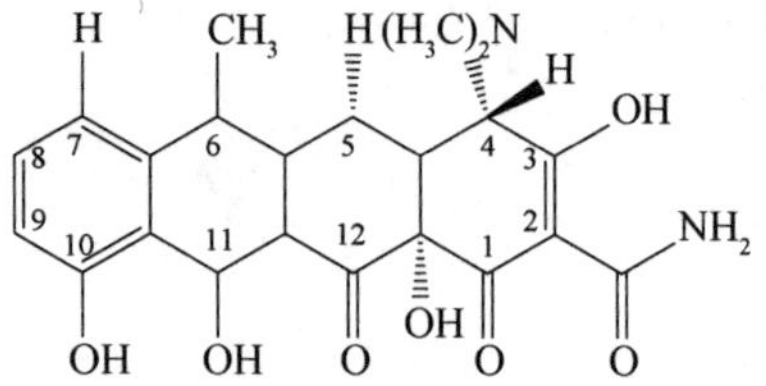

脱水四环素

图 6-4 四环素类结构图

TCs 具有相似的理化性质,均为黄色结晶性粉末,味苦,难溶于水。由于分子中含有酚羟基、烯醇和二甲氨基,属于酸碱两性物质,易溶于酸性或碱性溶液。临床上一般用其盐酸盐,具有良好的水溶性和稳定性。TCs 在弱酸性溶液中相对比较稳定,在酸性溶液中(pH 值＜2)、中性或碱性溶液(pH 值＞7)中均易发生降解而失效。干燥状态下稳定,但易吸水,需避光保存。保持 TCs 稳定是分析方法设计的重要方面。

5. 酰胺醇类

酰胺醇类(amphenicols)是由委内瑞拉链霉菌(streptomyces venezuelae)产生的一种广谱抗菌素,也是第一种采用化学合成法生产的抗生素。主要包括氯霉素(chloramphenicol, CAP)及其衍生物,如琥珀氯霉素(chloramphenicol succinate)、棕榈氯霉素(chlormaphenicol palmitate)、甲砜霉素(thiamphnicol, TAP)、氟苯尼考(florfenicol FF,氟甲砜霉素)和乙酰氯霉素(cetafenicol)等[21, 22, 23, 42]。

本类药可以与 70S 核蛋白体的 50S 亚基上的 A 位紧密结合,阻碍了肽酰基转移酶的转肽反应,使肽链不能延伸,从而抑制细菌蛋白质的合成,发挥其抑菌作用。此类药为广谱抗生素,对革兰氏阴性菌和阳性菌均有效,但对阴性菌的作用要强;甲砜霉素对衣原体、钩端螺旋体和立克次体亦有一定的作用[24, 25, 44, 51];氟苯尼考对霉形体有作用,对耐氯霉素和甲砜霉素的大肠杆菌、沙门氏菌、克雷伯菌亦有效;但此类药都对铜绿假单孢菌无效[26]。化学结构如图 6-5 所示。

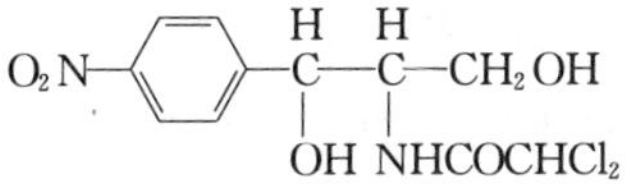

氯霉素 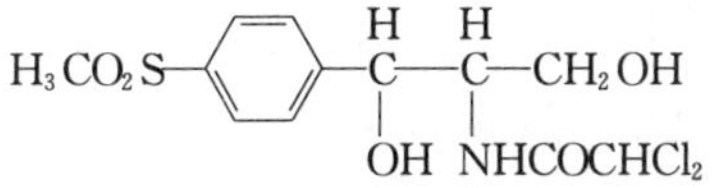　　甲砜霉素

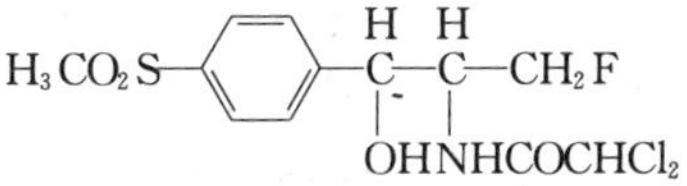

氟苯尼考

图 6-5　酰胺醇类化学结构

CAP呈白色针状或长片状结晶，易溶于大多数有机溶剂，如醇类、丙酮、乙酸乙酯等，难溶于苯、石油醚及植物油。CAP饱和水溶液的pH值为4.5～7.5。

CAP很稳定，在沸水中煮沸5 h抗生活力不降低，在pH值为2～9的室温情况下抗生活力可维持25 h之久。干燥晶体可储藏两年以上。在酸、碱(较敏感)及加热条件下能发生水解。

用化学方法合成的CAP为白色或微黄色的针状结晶，无旋光性，熔点为149～153℃，其理化性质与CAP大致相同。

TAP是由CAP对位硝基用甲磺酰基取代合成制得的氯霉素衍生物。本品为白色结晶性粉末，无臭，微苦。对光、热稳定，有吸湿性。易溶于甲醇，微溶于水、乙醇、丙酮，几乎不溶于氯仿及乙醚。其抗菌谱、抗菌机理与氯霉素近似，与氯霉素相比，体外抗菌作用较弱，体内显示出较高的抗菌活性。此外，本品还具有较强的免疫抑制作用。本品吸收好，血药浓度较氯霉素高而持久，广泛分布各组织及体液中，血浆蛋白结合率为10～20%，半衰期约5 h，主要以原形自尿中排泄[25]。

FF是氟甲砜霉素的单氟衍生物，为白色或类白色结晶性粉末，无臭。本品在二甲基甲酰胺中极易溶解，在甲醇中溶解，在冰醋酸中略溶，在水或氯仿中极微溶解[26]。

6. 多肽类

多肽类(peptides, PTs)是衍生自氨基酸的一类抗生素的总称，是目前已知数量庞大的抗生素类群，已达近千种。绝大部分由放线菌产生，少数由真菌产生。但是，兽医临床上常用的PTs只有6种，它们是杆菌肽(bacitracin, BAT)、粘杆菌素(colistin, CLS)、多粘菌素B(polymicin, PLM-B)、维吉尼霉素(virginiamycin, VGM)和恩拉霉素(enramycin, ENR)、硫肽菌素(thiopeptin, THP)[27, 28]。

此类抗生素不易产生耐药性，但其毒性较大，不同的药作用机制与抗菌谱均不同，如：多粘菌素类带正电荷的游离氨基能与革兰氏阴性菌胞质膜磷脂中带负电荷的磷酸根结合，降低胞质膜的表面张力，增加通透性，使菌体内氨基酸、嘌呤、嘧啶、磷酸盐等成分外漏，还可进入胞质内干扰其正常功能，导致其死亡。其抗菌谱较窄，对革兰氏阴性菌的抑制作用较强，主要敏感菌有大肠杆菌、沙门氏菌、巴氏杆菌、布鲁氏杆菌、弧菌、痢疾杆菌、铜绿假单孢菌等[33]。杆菌肽的抗菌机理是多方面的，主要是抑制细菌细胞壁合成过程中的脱磷酸化过程，阻碍线性肽聚糖链的形成，同时也损伤细胞膜，使细胞质内容物外漏，导致细胞死亡。其抗菌谱与青霉素相似，对革兰氏阳性菌如金黄色葡萄球菌、链球菌、肠球菌等具有强大的抑制作用，对螺旋体和放线菌也有效，但对革兰氏阴性菌无效[35, 50]。维吉尼霉素对革兰氏阳性菌如金黄色葡萄球菌(耐青霉素)、肠球菌等有较强的抗菌作用，对支原体也有效，但对大多数革兰氏阴性菌无效[32]。化学结构如图 6-6 所示。

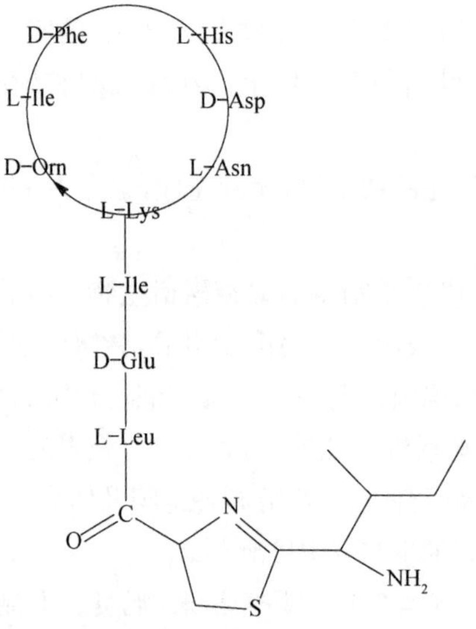

杆菌肽

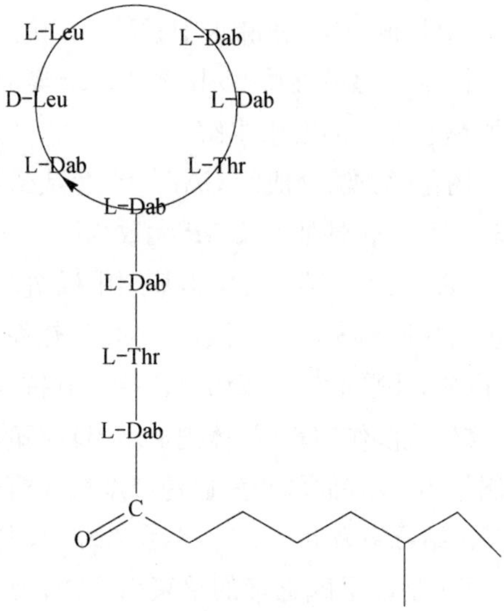

粘杆菌素

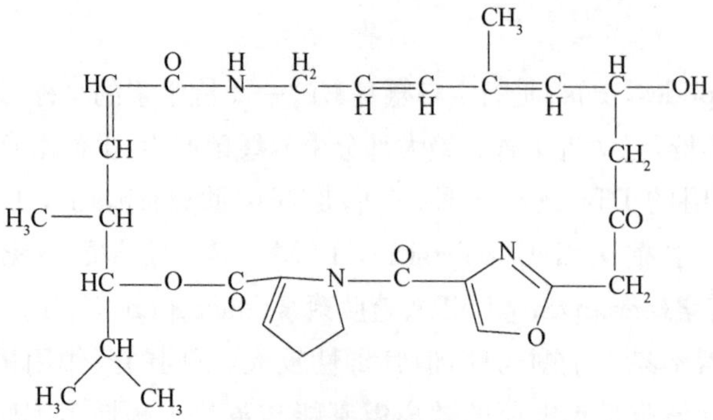

维吉尼霉素M1

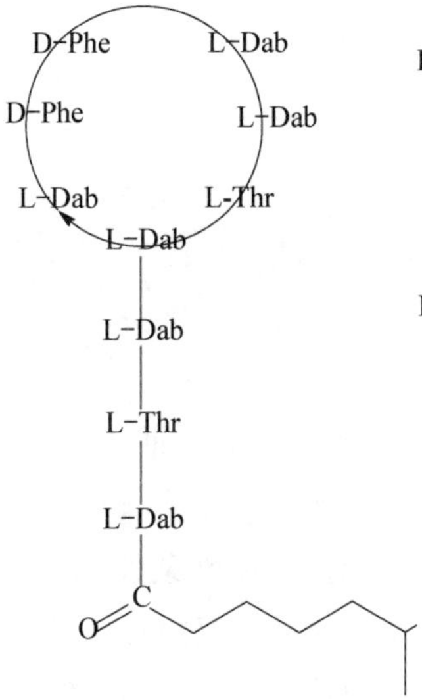

多粘菌素B

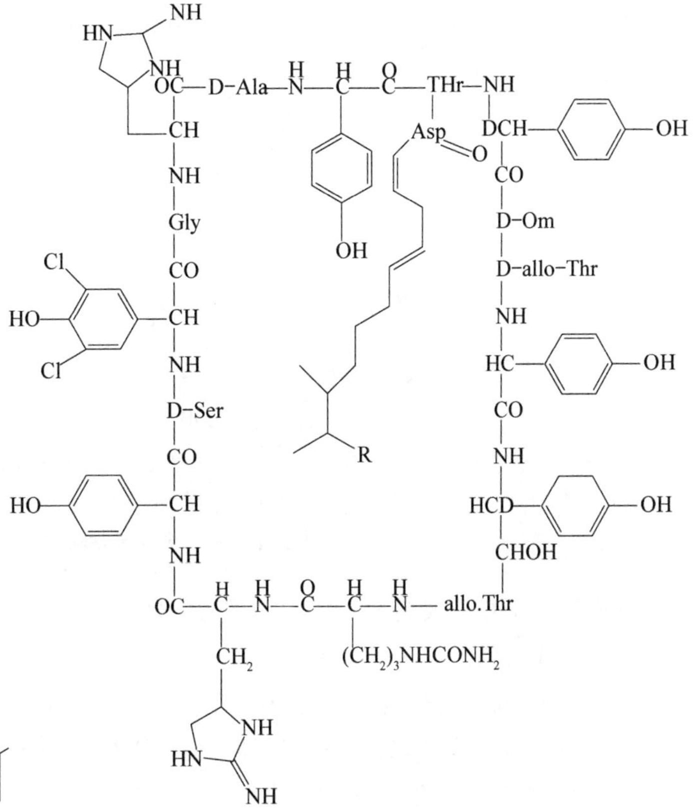

恩拉霉素

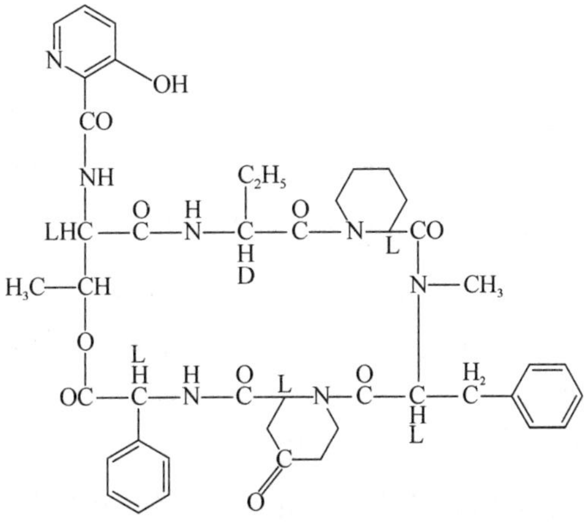

维吉尼霉素S1

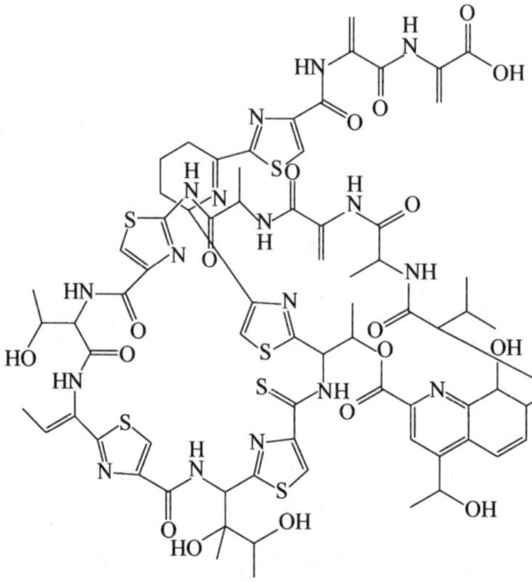

硫肽菌素

图 6-6　多肽类化学结构

PTs 分子量一般为 500～2 000，但在多肽类化合物中仍属分子量较低物质，多为白色或黄色粉末状。弱碱性，可与强酸成盐，稳定性中等，溶液状态下遇热易分解。在干燥状态、弱酸或中性（pH 值为 2～7）水溶液中较稳定，碱性条件（pH 值>9）下易水解开环，失去抗菌活性。游离 PTs 一般易溶于甲醇等高极性溶剂和酸性水溶液，低极性溶剂和水中微溶。临床上多用无机酸盐，易溶于水，一些 PTs 含有发色团，如维吉尼菌素、恩拉菌素。

6.2.2　合成抗菌药物

1. *磺胺类药物*

磺胺类药物（sulfonamides, SAs）是指具有对氨基苯磺酰胺结构的一类药物的总称，1932 年发现偶氮染料“百浪多息”（prontosil）对链球菌和葡萄球菌有很好的抑制作用，对溶血性链球菌及其他细菌感染的疾病有明显疗效，之后证明其抗菌作用基本结构为磺酰胺基，从此发现并开始合成磺胺类药物。

SAs 是通过竞争二氢叶酸合成酶，抑制叶酸合成从而影响细菌核酸合成，最后实现抗菌作用。SAs 抗菌谱广，对革兰氏阳性菌、革兰氏阴性菌均有良好的抗菌作用，对衣原体、放线菌和原虫也有作用。

SAs 是人类历史上应用数量最多作用最广泛的合成抗菌药物，曾经合成过数千种，目前，医学临床常用药物品种包括氨苯磺胺（sulfanilamide, SN）、磺胺吡啶

(sulfapyridine)、磺胺嘧啶(sulfadiazine，SD)、磺胺甲基嘧啶(sulfamerazine，SM_1)、磺胺二甲基嘧啶(sulfamethazine，SM_2)、磺胺对甲氧嘧啶(sulfamethoxydiazine，SMD)、磺胺间甲氧嘧啶(sulfamonomethoxine，SMM)、磺胺间二甲氧嘧啶(sulfadimethoxine，SDM)、磺胺邻二甲氧嘧啶(周效磺胺)(sulfadoxine)、磺胺二甲基异嘧啶(sulfisomidine，SIM_2)、磺胺乙基胞嘧啶(sulfa-1-ethylcytosine)、磺胺氯啶(sulfaclomide)、磺胺氯哒嗪(sulfachloropyridazine)、磺胺甲氧哒嗪(sulfamethoxypyridazine，SMP)、磺胺噻唑(sulfathiazole，ST)、磺胺甲噻二唑(sulfamethiazole)、磺胺甲噁唑(sulfamethoxazole，SMZ)、磺胺异噁唑(sulfisoxazole，SIZ)、磺胺喹噁啉(sulfaquinoxaline，SQX)、磺胺噁唑(sulfatroxiazol)、磺胺苯吡唑(sulfaphenazole，SPP)、磺胺咪(sulfaguanidine，SG)、磺胺醋酰(sulfaacetamide，SA)、磺胺甲氧吡嗪(磺胺林)(sulfametopyrazine，SMPZ)等。化学结构如图 6-7 所示。

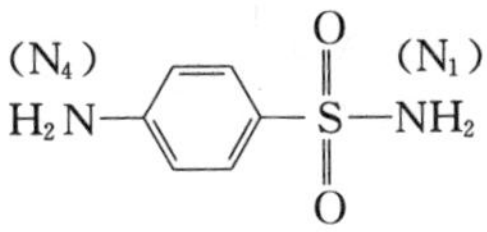

氨苯磺胺

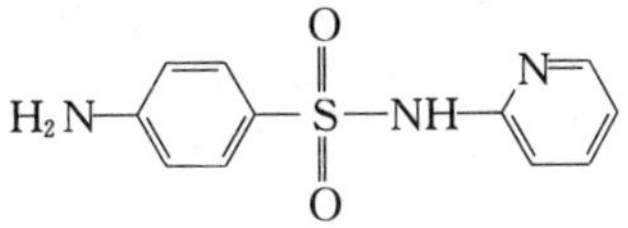

磺胺吡啶

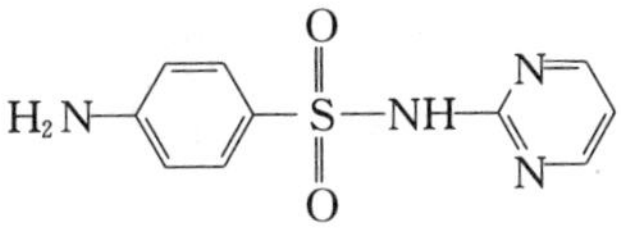

磺胺嘧啶

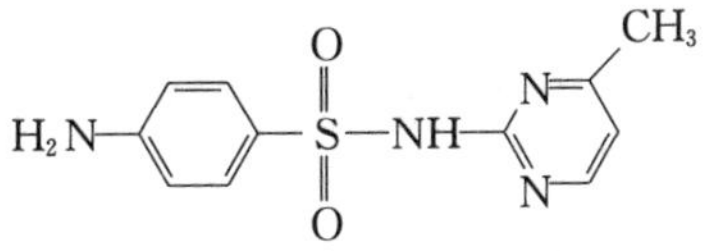

磺胺甲基嘧啶

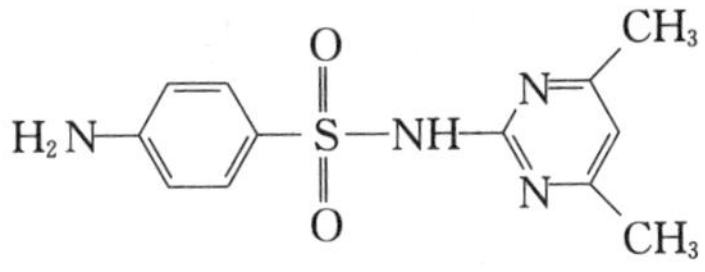

磺胺二甲基嘧啶

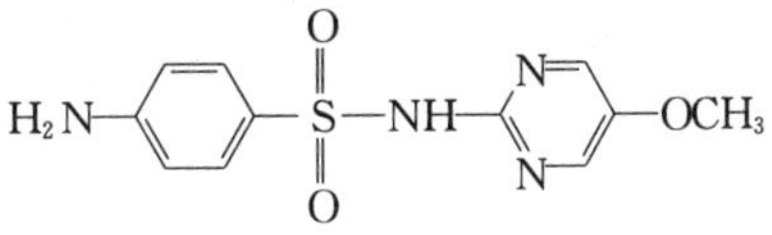

磺胺对甲氧嘧啶

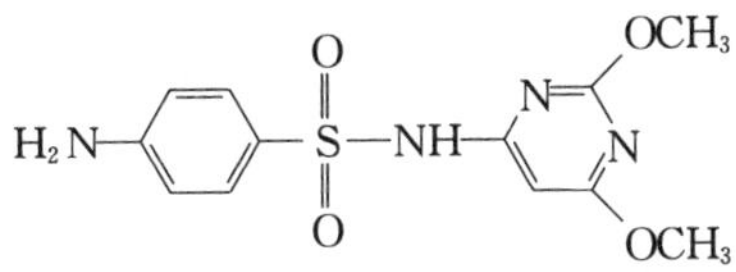

磺胺间甲氧嘧啶

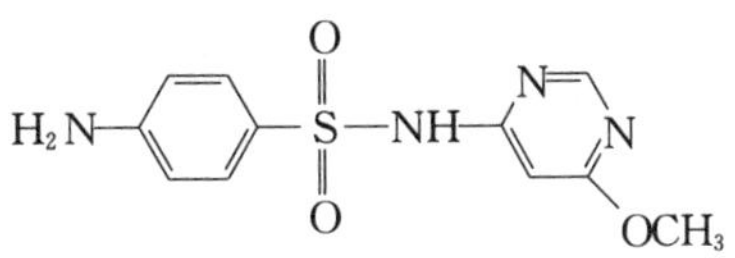

磺胺间二甲氧嘧啶

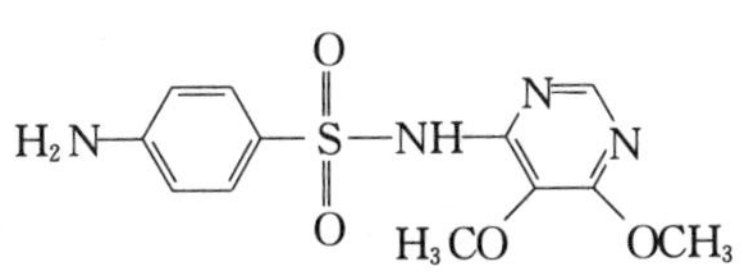

磺胺邻二甲氧嘧啶(周效磺胺)

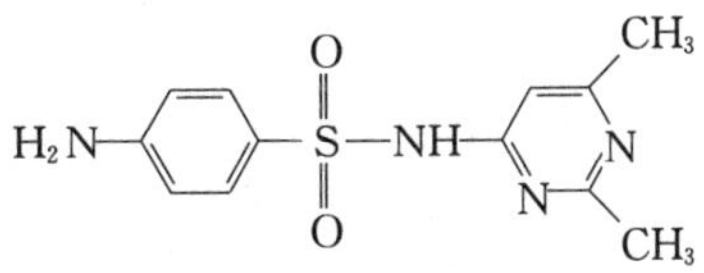

磺胺二甲基异嘧啶

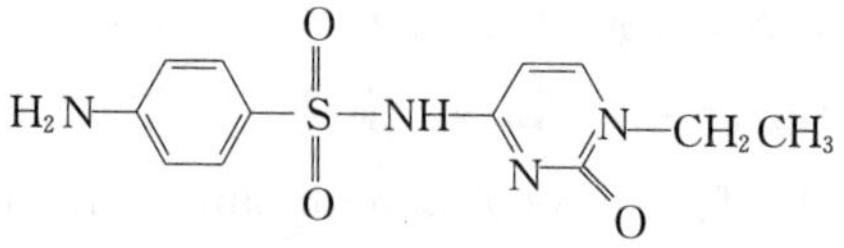

磺胺乙基胞嘧啶 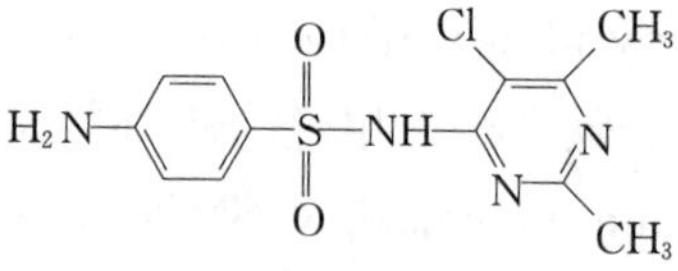　磺胺氯啶

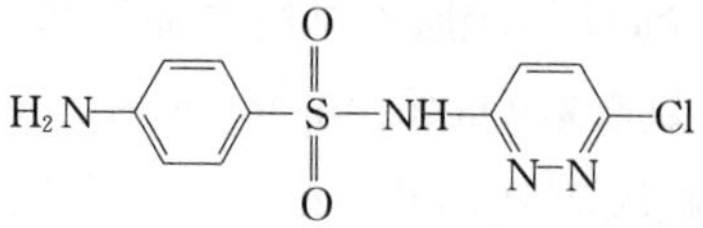

磺胺氯哒嗪 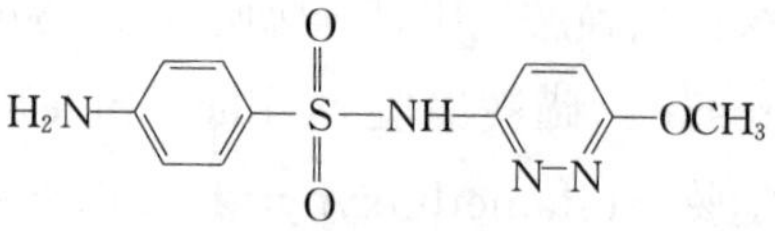　磺胺甲氧哒嗪

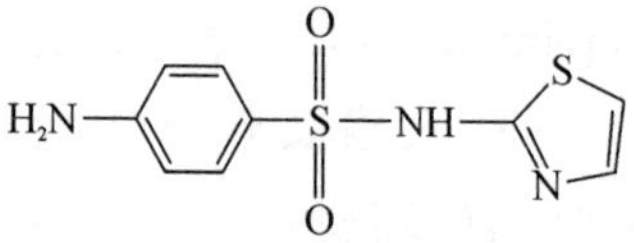

磺胺噻唑 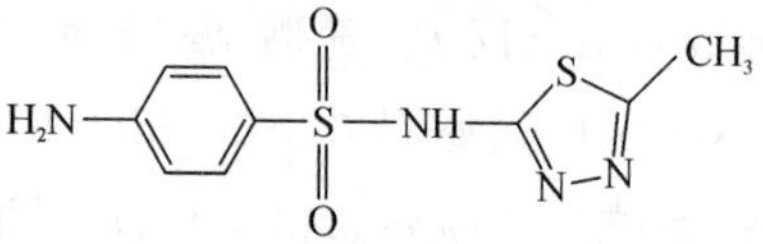　磺胺甲噻二唑

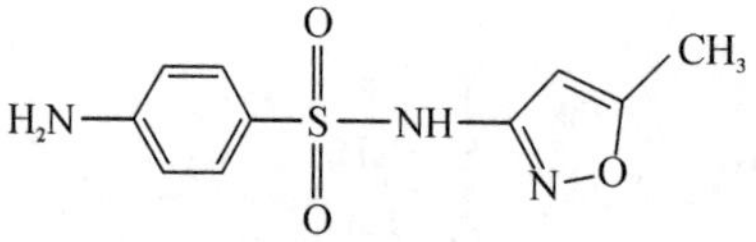

磺胺甲噁唑 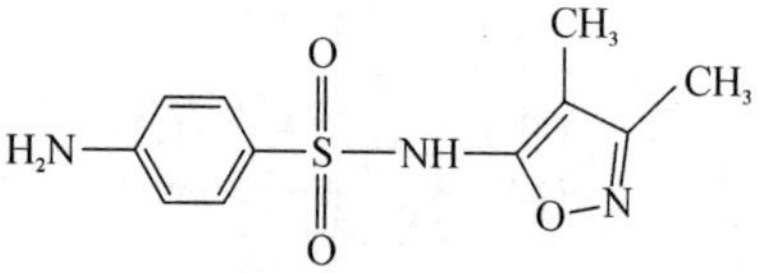　磺胺异噁唑

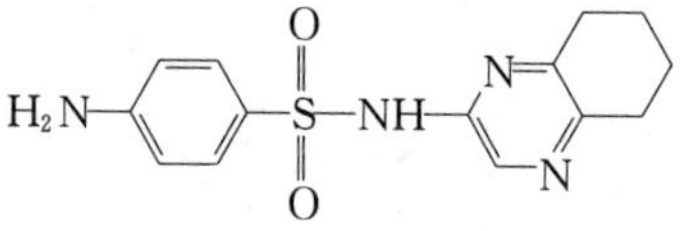

磺胺喹噁啉 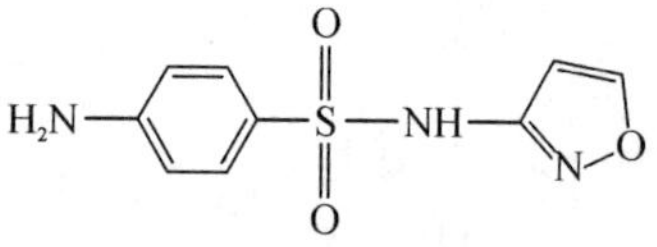　磺胺噁唑

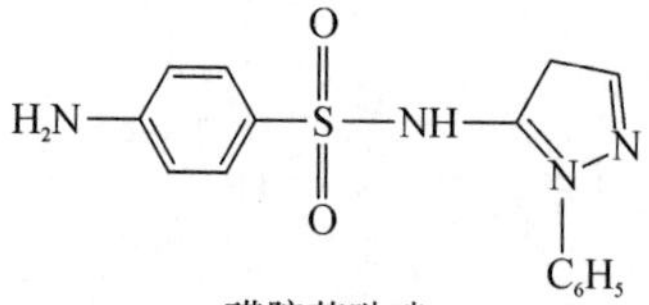

磺胺苯吡唑 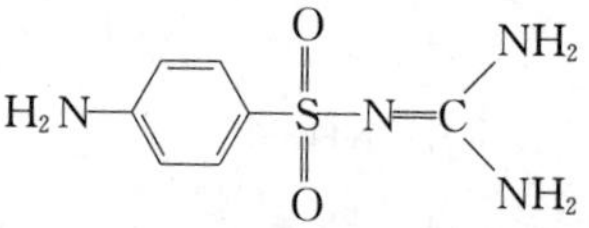　磺胺咪

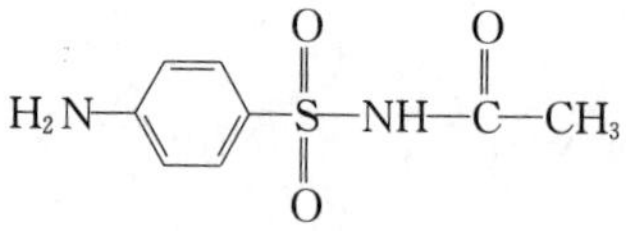

磺胺醋酰 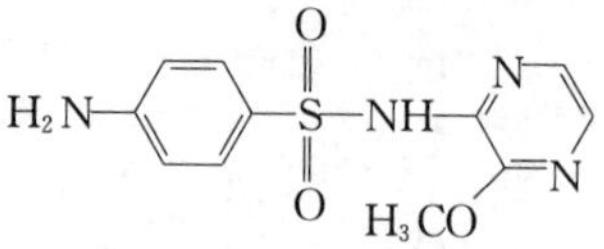　磺胺甲氧吡嗪(磺胺林)

图 6-7　磺胺类药物化学结构

SAs 一般为白色或微黄色的结晶粉末，无臭，基本无味。多具有芳伯胺基，长久暴露于日光下，颜色会逐渐变黄。一般相当稳定，如果保存得当，可贮存数年。其分子量在 170～300 之间。微溶于水，易深于乙醇和丙酮，在氯仿和乙醚中几乎

不溶解。除磺胺脒为碱性外，SAs因为含有伯胺基和磺酰胺基而呈酸碱两性，可溶解于酸、碱溶液中。大部分磺胺类药物的pKa值在5～8范围内，等电点为3～5，少数pKa值为8.5～10.5。酸性较碳酸弱的SAs易吸收空气中的二氧化碳而析出沉淀。因其结构中带有苯环，各种SAs均具有紫外吸收。因能增强磺胺药物和多种抗生素的疗效，故称为抗菌增效剂。它们是人工合成的二氨基嘧啶类，常用的有甲氧苄啶（trimethoprim，TMP）和二甲氧苄啶（diaveridine，DVD）两种，其化学结构如图6-8所示。

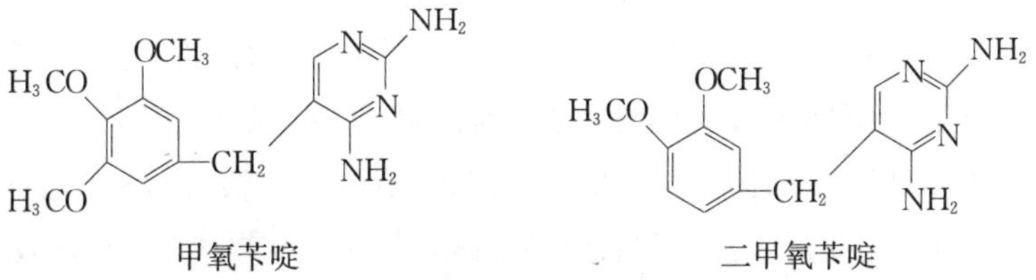

甲氧苄啶　　二甲氧苄啶

图6-8　甲氧苄啶和二甲氧苄啶的化学结构

作用机制是抑制二氢叶酸还原酶，使二氢叶酸不能还原成四氢叶酸，因而阻碍了敏感菌叶酸代谢和利用，从而妨碍菌体核酸合成。TMP或DVD与磺胺类合用时，可从两个不同环节同时阻断叶酸代谢而起双重阻断作用。合用时抗菌作用增强数倍至近百倍，甚至使抑菌作用变为杀菌作用，故称“抗菌增效剂”。

TMP为白色或淡黄色结晶性粉末，味微苦。在乙醇中微溶，水中几乎不溶，在冰醋酸中易溶。TMP内服吸收迅速而完全，1～2 h后血药浓度达高峰。DVD为白色或淡黄色结晶性粉末，味微苦。在水、乙醇中不溶，在盐酸中易溶，在稀盐酸中微溶。DVD内服吸收很少，在胃肠道内的浓度较高，主要从粪便中排出。

2. 喹诺酮类

喹诺酮类（quinolones，QNs）是近30年发展起来的新一类合成抗菌药物，抑制细菌DNA螺旋酶，具有抗菌谱广、高效、低毒、组织穿透力强等特点，又因为是化学合成药物，生产成本低，故在畜禽养殖过程中被大量用于治疗、预防和促生长。

1962年Lesher等发现了第一个喹诺酮类抗菌药物萘啶酸（nalidixic acid，NAL），它与奥啉酸（oxolinic acid，OXO）吡咯酸（piromidic acid，PIR）共同称为第一代QNs，由于抗菌谱窄、半衰期短、毒副作用高和细菌耐药性等原因，现已很少应用。之后出现的吡哌酸(pipemidic acid, PIP)、氟喹酸(flumequine, FLU)称为第二代 QNs,20 世纪 80 年代以后,又出现第三代 QNs,由于 F 原子的的引入,第三代 QNs 又称氟喹诺酮类药物(fluoroquinolones, FQs)、国内外已批准用于动物的 FQs 有诺氟沙星(norfloxacin, NOR)、恩诺沙星(enrofloxacin, ENR)、沙拉沙星(sarafloxacin, SAR)、单诺沙星(danofloxacin, DAN)、环丙沙星(ciprofloxacin, CIF)、双氟沙星(difloxacin, DIF)、氧氟沙星(ofloxacin, OFL)和麻保沙星(marbofloxacin, MAR)等。第四代喹诺酮类与前三代药物相比在结构上修饰,结构中引入 8-甲氧基,有助于加强抗厌氧菌活性,而 C-7 位上的氮双氧环结构则加强抗革兰阳性菌活性并保持原有的抗革兰阴性菌的活性,不良反应更小,但价格较贵。对革兰阳性菌抗菌活性增强,对厌氧菌包括脆弱拟杆菌的作用增强,对典型病原体如肺炎支原体、肺炎衣原体、军团菌以及结核分枝杆菌的作用增强。多数产品半衰期延长,如加替沙星(gatifloxacin, GAT)与莫昔沙星(moxifloxacin),其化学结构如图 6-9 所示。

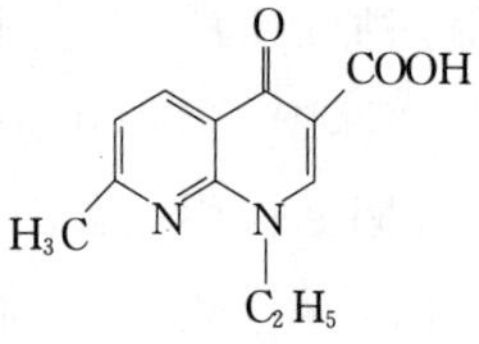

萘啶酸

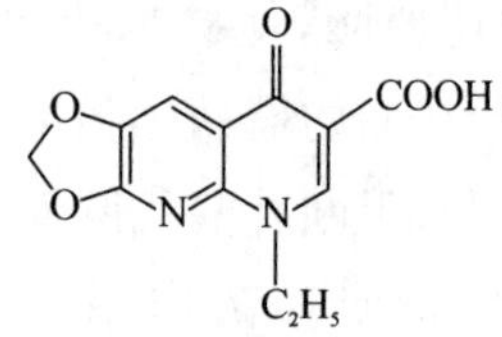

奥啉酸

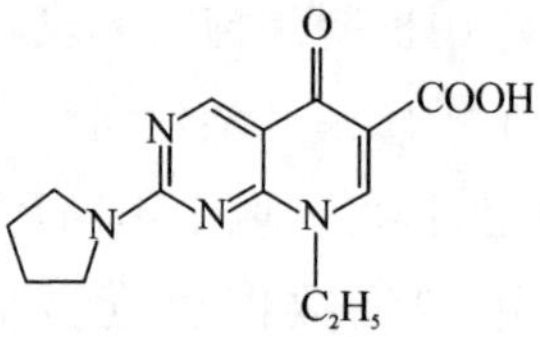

吡咯酸

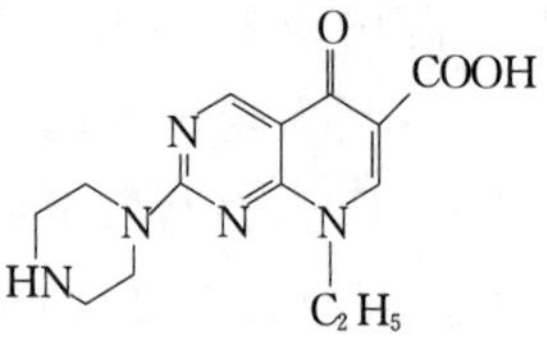

吡哌酸

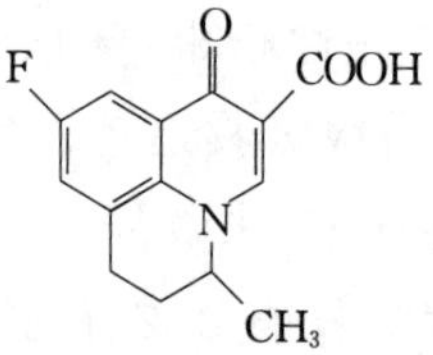

氟喹酸

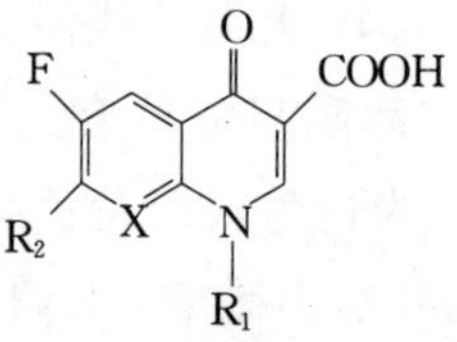

氟喹诺酮类药物

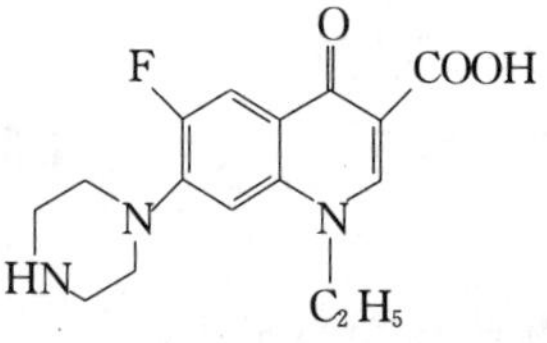

诺氟沙星

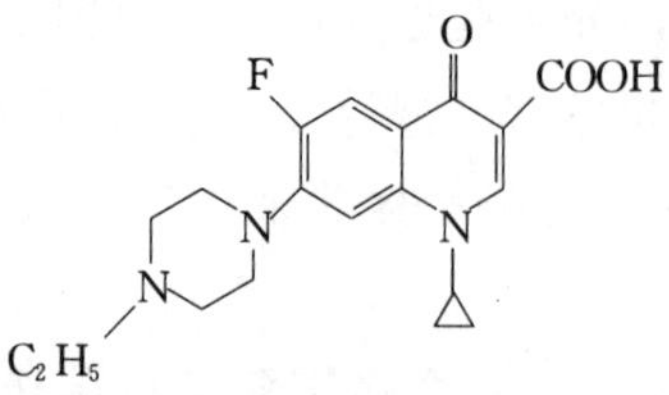

恩诺沙星

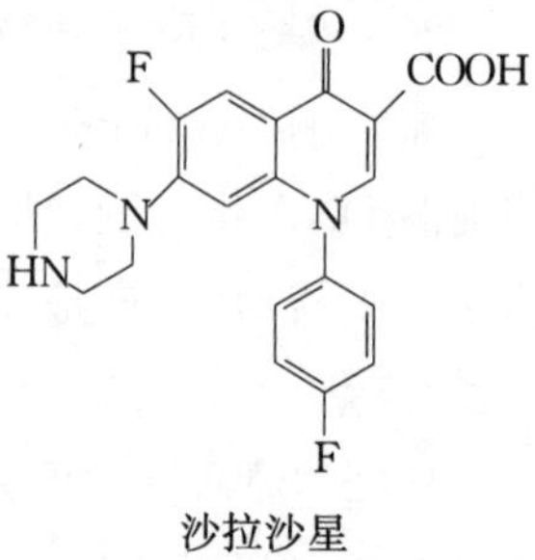

沙拉沙星

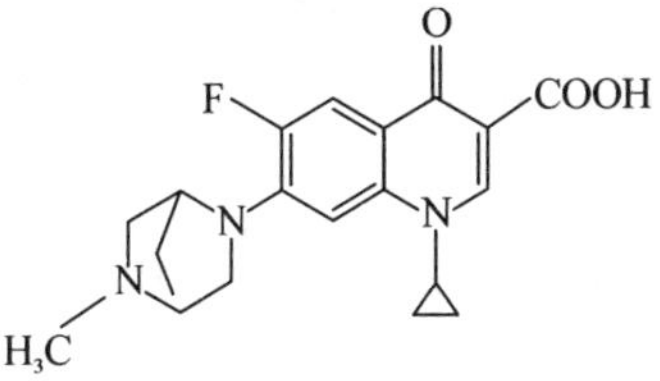

单诺沙星 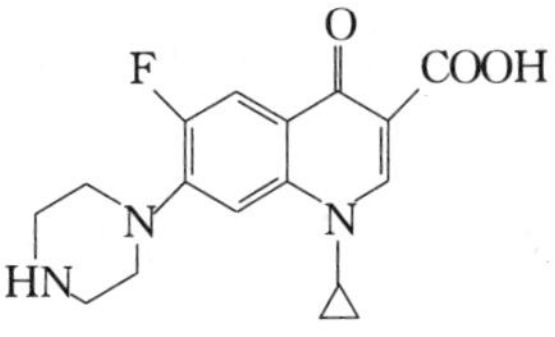　环丙沙星 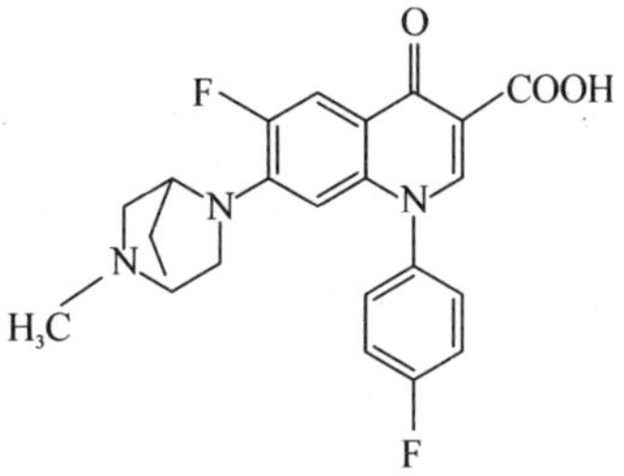　双氟沙星

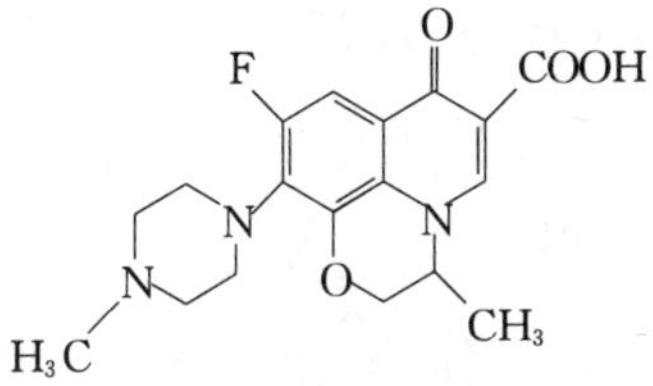

氧氟沙星 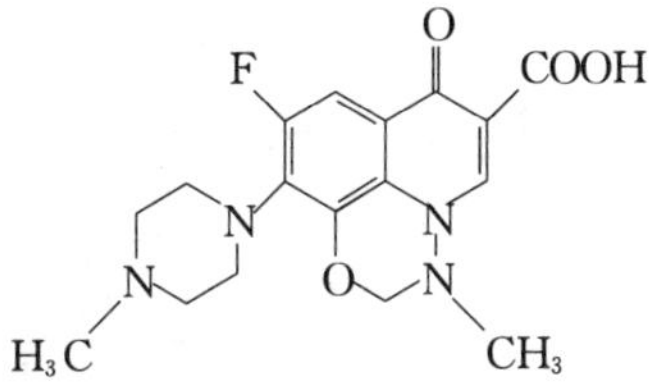　麻保沙星

图 6-9　喹诺酮类化学结构

QNs 为白色或淡黄色晶型粉末，多数熔点在 200℃以上（熔融伴随分解），盐类的熔点可超过 300℃，游离酸形式易溶于稀碱、稀酸溶液和冰醋酸，在近中性水溶液中溶解度最小，在甲醇、乙醚、氯仿等多数溶剂中难溶或不溶，盐形式易溶于水，不容于冰醋酸。QNs 的结构对光照、温度和酸碱具有极好的稳定性，只有在长时间剧烈条件下（强光、强酸、氧化剂等）才发生一定分解。

3. 硝基咪唑

硝基咪唑（5-nitroimidazoles，NIIMs）是指一组具有抗原虫和抗菌活性的药物，同时亦具有很强的抗厌氧菌的作用。包括甲硝唑（metronidazole，MNZ）、地美硝唑（dimetridazole，DMT）、替硝唑（tinidazole，TNZ）、洛硝哒唑（ronidazole，RNZ）、硝唑吗啉（nimorazole，NMZ）和氟硝唑（flunidazole，FNZ）等。兽医中常用甲硝唑和地美硝唑，其化学结构如图 6-10 所示。

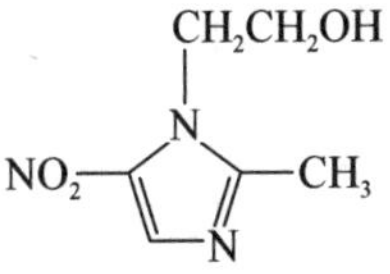

甲硝唑 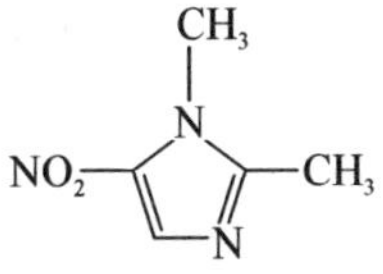　地美硝唑 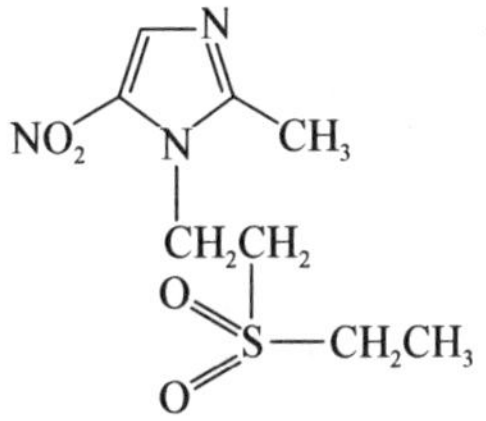　替硝唑

图 6-10　硝基咪唑的化学结构

甲硝唑为白色或微黄色的结晶或结晶性粉末。在乙醇中略溶，在水中微溶，pKa 值为 2.6。本药对大多数专性厌氧菌具有较强的作用，还有抗滴虫和阿米巴原虫的作用。本药的硝基在无氧环境中还原成氨基而显示抗厌氧菌作用，对需氧菌或兼性厌氧菌则无效。

地美硝唑为类白色或微黄色粉末。在乙醇中溶解，在水中微溶。本药具有广谱抗菌和抗原虫作用。

4. 硝基呋喃类

硝基呋喃类(nitrofurans, NF)是呋喃核的 5 位引入硝基和 2 位引入其他基团的一类人工合成抗菌药，其化学结构如图 6-11 所示。

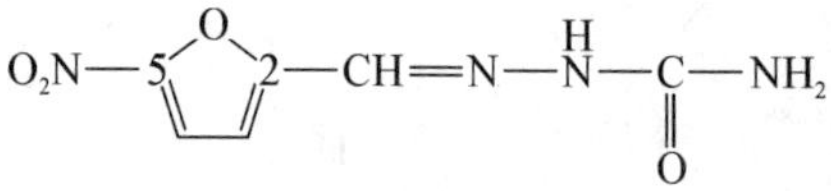

呋喃西林

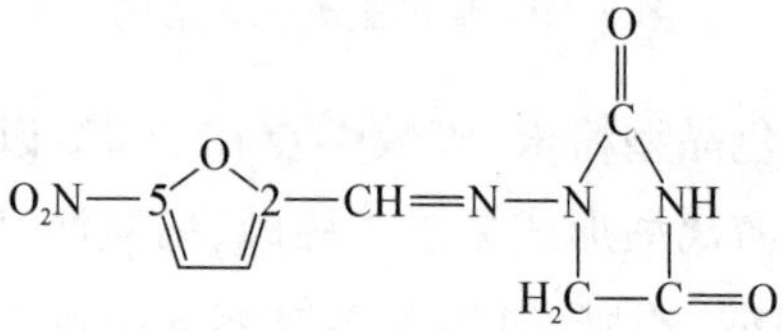

呋喃妥因

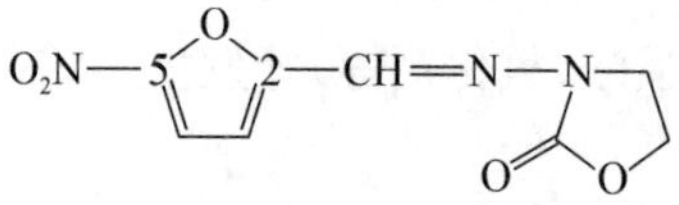

呋喃唑酮

图 6-11　硝基呋喃类化合物的化学结构

临床常用的有抗细菌感染的呋喃唑酮(furazolidone, FZD)和呋喃妥因(furantoin, FTN)；抗血吸虫感染的呋喃丙胺(furapromide, FPM)等。本类药物具有广谱抗菌作用，对大多数革兰氏阳性菌、革兰氏阴性菌、某些真菌和原虫有杀灭作用。低浓度(5～10 μg/mL)时有抑菌作用，高浓度时(20～50 μg/mL)有杀菌作用。

本类药物都为黄色结晶性粉末。无臭，味微苦。在水、乙醇中几乎不溶。其中呋喃妥因在酸性环境中杀菌力比在碱性环境中强，如在 pH 值为 5.5 时比 pH 值为 8 时强约 100 倍。

5. 喹噁啉类

喹噁啉类药物(quinoxalines)为合成抗菌药，均属喹噁啉-N-1,4-二氧化物的衍生物，主要有卡巴氧(carbadox, CBX)、喹乙醇(olaquindox, OLA)、乙酰甲喹

(mequindox, MEQ)和喹烯酮(quinocetone, QCT)。它们的化学结构式如图 6-12 所示。

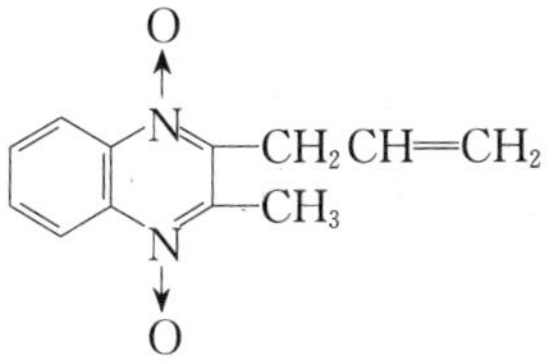

卡巴氧 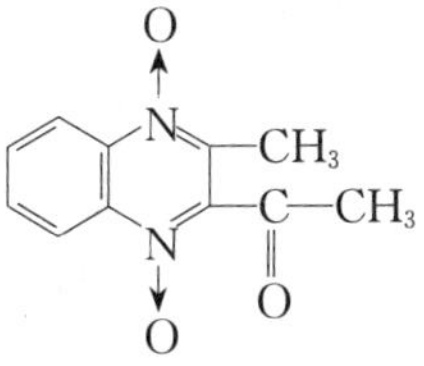　　乙酰甲喹 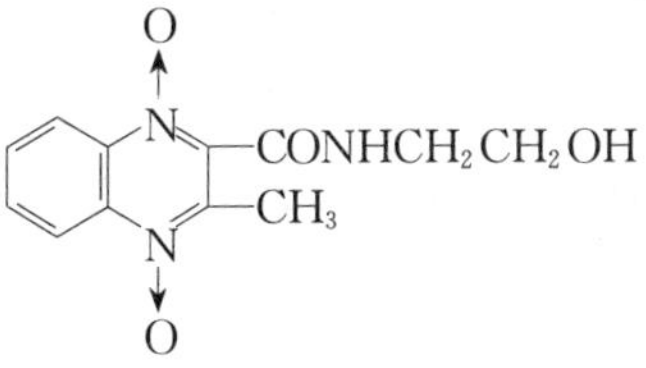　　喹乙醇

图 6-12 喹噁啉类化合物的化学结构

乙酰甲喹为鲜黄色结晶或黄色粉末。无臭,味微苦。在水、甲醇中微溶。内服和肌注给药均易吸收,具有广谱的抗菌作用,对革兰氏阴性菌的作用强于革兰氏阳性菌,其抗菌机理是抑制 DNA 合成。

喹乙醇为浅黄色结晶性粉末。无臭,味苦。溶于热水,微溶于冷水,在乙醇中几乎不溶。内服吸收迅速,生物利用度高。对革兰氏阴性菌和阳性菌均有效果,同时也为抗菌促生长剂,具有促进蛋白同化作用,能提高饲料转化率。

6.2.3 抗寄生虫药物

1. 苯并咪唑类药物

苯并咪唑类药物(benzimidaxoles, BZs)是 20 世纪 60 年代出现的广谱、高效、低毒抗蠕虫药,特别是对胃肠线虫具有强的驱杀作用。1961 年由 Merck 实验室的科学家 Bromn 等报道了第一个 BZs 抗蠕虫药,2-(4′-噻唑基)-苯并咪唑(即噻苯咪唑),至今为止,苯并咪唑类药物已经发展至数千个品种,兽医临床常用品种包括丙硫咪唑(albendaxole, ALB,阿苯哒唑)、苯菌灵(benomyl, BEN)、康苯咪唑(cambendazole, CAM,噻苯咪唑酯)、苯唑氨基甲酸甲酯(carbendazim, methyl 2-benzimidazole carbamate, CAR)、环丙苯唑(ciclobendazole, CIC)、硫苯咪唑(fenbendazole, FEN)、氟苯咪唑(flubendazole, FLU)、5-羟基噻苯咪唑(5-hydroxy-thiabendazole, THI-OH)、甲苯咪唑(meendazole, MEB)、莱沙咪唑(luxabendazole, LUX)、拉苯咪唑(lobendaxole, LOB)、硫氧苯唑(oxfendazole OXF FEN-SO)、丙氧苯唑 (oxibendazole, OXI,奥苯哒唑)、丁苯咪唑(parbendazole, PAR)、利卡苯唑 (ricobendazole, RIC, ALB-SO)、噻苯咪唑(thiabendazole, THI)、三氯苯唑 (triclabendazole, TRI)等。

BZs 对动物体内的各种寄生线虫、绦虫(包括幼虫和虫卵)有强的驱杀作用,部分品种(如 ALB、TRI)亦对肝片吸虫有效,属广谱、高效、低毒抗寄生虫药。其抗蠕虫作用的基本机制是抑制胞浆内的微管蛋白聚合形成微管，干扰虫体能量代谢，主要包括：干扰有丝分裂；抑制细胞或虫体的运动性，对蠕虫肠细胞微绒毛运动性和结构的破坏将影响虫体对多种营养成分的吸收；抑制能量代谢，微管的破坏会导致胞质内代谢酶的分泌和转运障碍，对呼吸酶系统的干扰将抑制虫体对葡萄糖的利用和三磷酸腺苷（ATP）产生，如抑制延胡索酸还原酶，阻止将延胡索酸还原为琥珀酸生成 ATP。化学结构如图 6－13 所示。

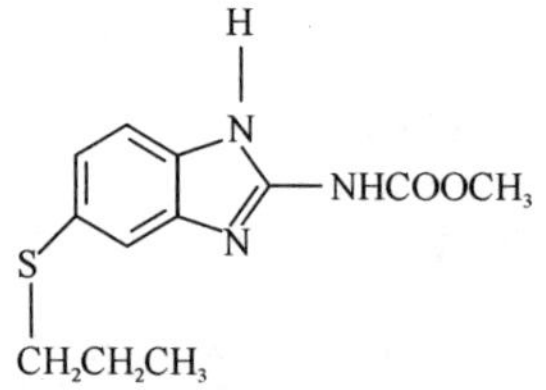

丙硫咪唑(阿苯哒唑)

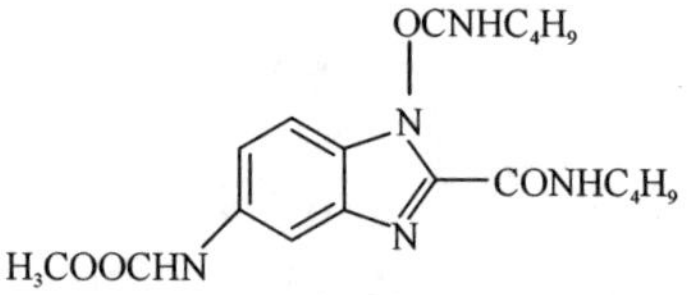

苯菌灵

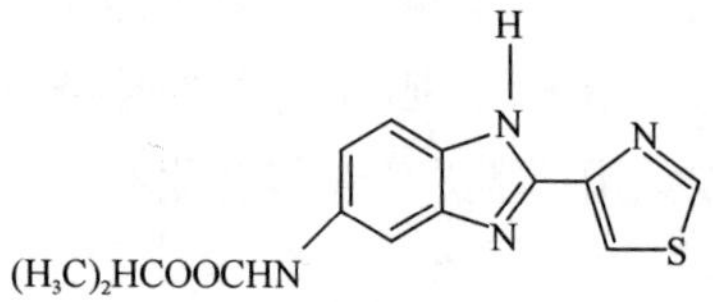

康苯咪唑

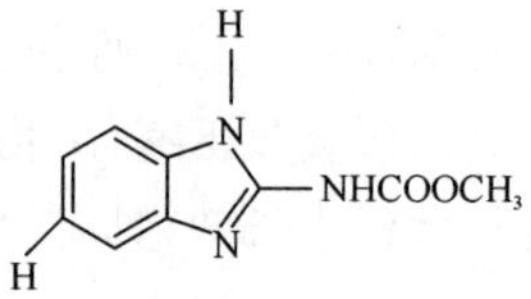

苯唑氨基甲酸甲酯

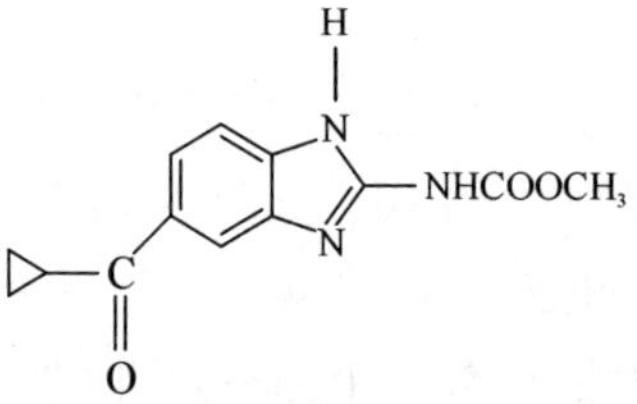

环丙苯唑

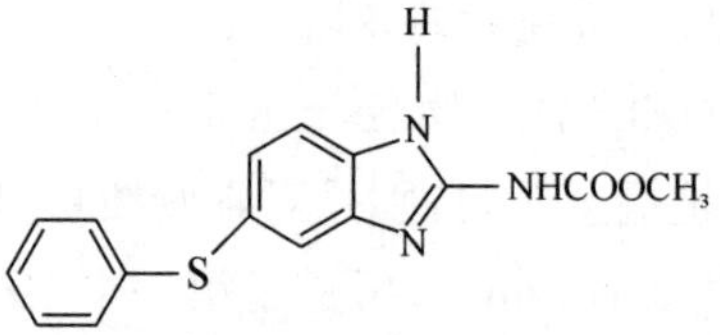

硫苯咪唑

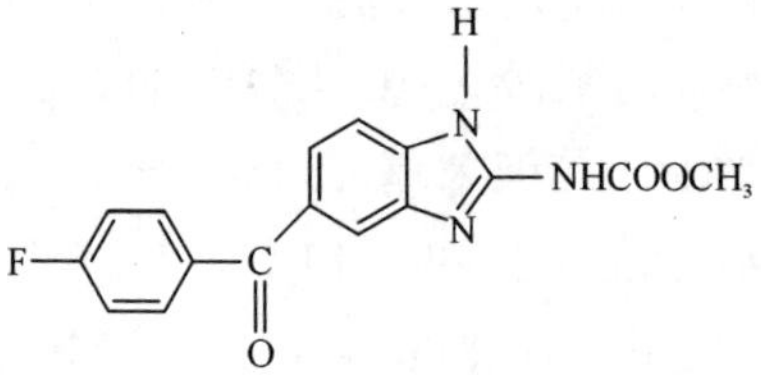

氟苯咪唑

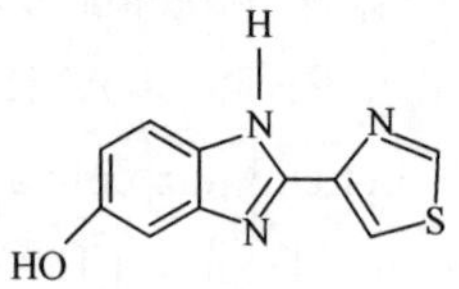

5 －羟基噻苯咪唑

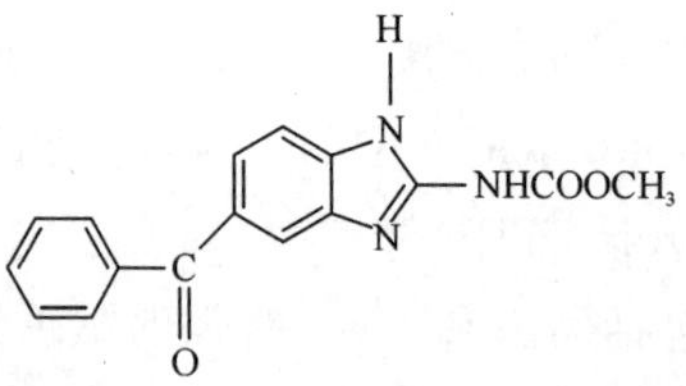

甲苯咪唑

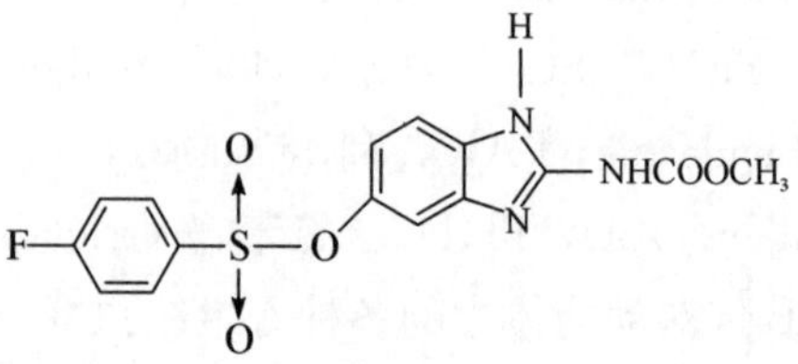

莱沙咪唑

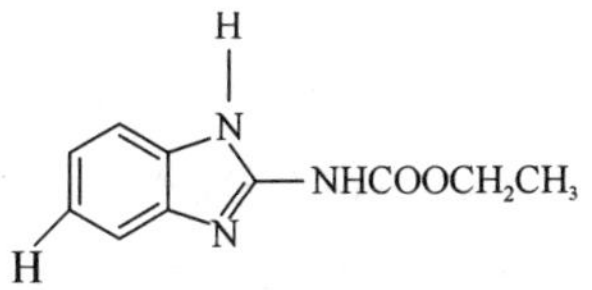

拉苯咪唑 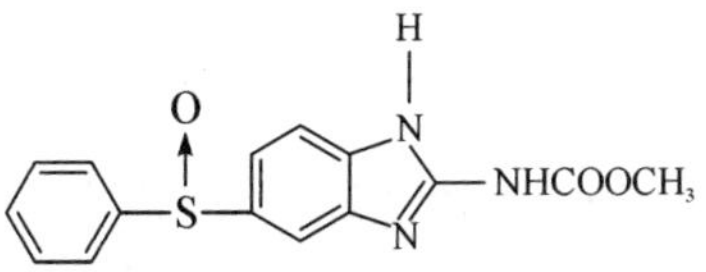　　硫氧苯唑

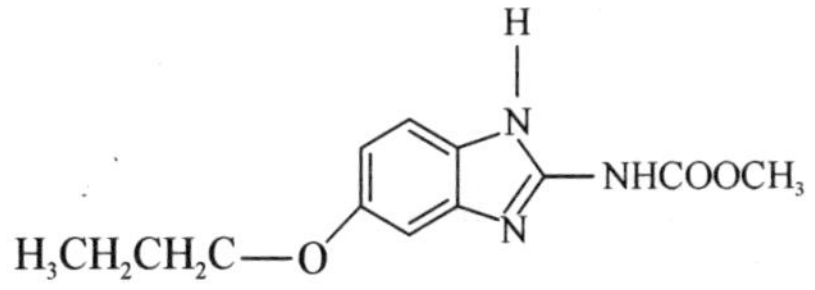

丙氧苯唑 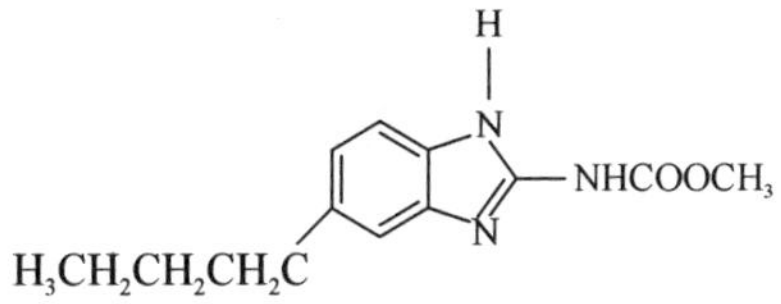　　丁苯咪唑

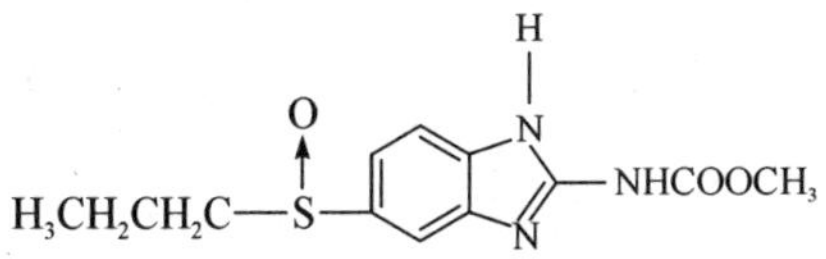

利卡苯唑 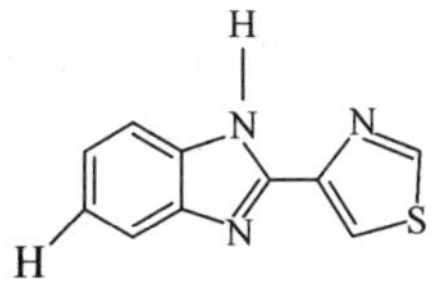　　噻苯咪唑

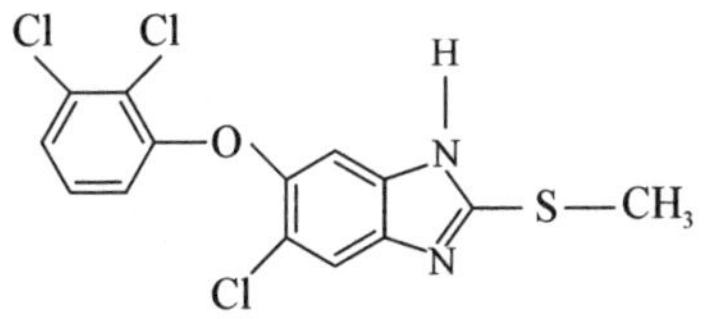

三氯苯唑

图 6-13　苯并咪唑类化合物的化学结构

BZs 为白色或黄白色结晶性粉末，多数熔点在 200～300℃之间，熔化常伴随分解。BZs 基本上属弱碱性物质，中等极性，除 DMSO、DMF 等高极性溶剂外，在大多数有机溶剂(特别是低极性溶剂)和纯水中难溶(纯水中溶解度一般为 ng/mL 级)，但溶于稀无机酸、甲酸和乙酸溶液，亦可溶解在强碱性溶液中。水溶液的 pH 值对 BZs 在其中的溶解度有重要影响，一般在 pH 值为 1～2 时溶解度最高(如 THI 可接近 1%)；pH 值>4～5 溶解度显著下降，pH 值为 8～10 最低，pH 值>12 溶解性升高。

2. 阿维菌素类药物

阿维菌素类药物(avermectins, AVMs)属大环内酯类抗生素，但是不具有一般大环酯类药物的抗菌作用而有很高的杀虫活性。自 1976 年美国默沙东实验室(Merck Sharp and dohme research laboratories)首次发现以来，AVMs 在世界范围内被大规模推广应用。目前兽医临床常用品种包括爱比菌素(abamectin, abermectin B1a，A_{BA}）、伊维菌素（ivermectin，22，23 - dihydroavermectin b1a，I_{VR}）、多拉菌素（doramectin 25 -环已基阿维菌素，DOR）、4”-表甲氨基爱比菌素（4”- epi-avermectin B_{1a}，）、爱普瑞菌素（4”表乙酰按基爱比菌素，eprinomectin B_{1a}，EPT）和西拉菌素（salamectin，SEL）等。

作为一种抗寄生虫药，AVMs 化学结构新颖，作用机制独特，其杀虫活性之强和杀虫谱之广均堪称划时代的，被誉为近 20 年来抗寄生虫药物研究的重大突破。阿维菌素是一种广谱药，对各种寄生线性动物和节肢动物即具有较强的抑杀作用。对害虫、害螨有触杀和胃毒作用，对作物有渗透作用，但无杀卵作用。杀虫机理主要是干扰害虫的神经生理活动，主要作用于神经与肌肉接头，增加氯离子的释放，抑制其神经肌肉接头的信息传递，从而导致虫体出现麻痹症状直至死亡。在土壤中降解快，光解迅速。对作物安全，不易产生药害。化学结构如图 6 - 14 所示。

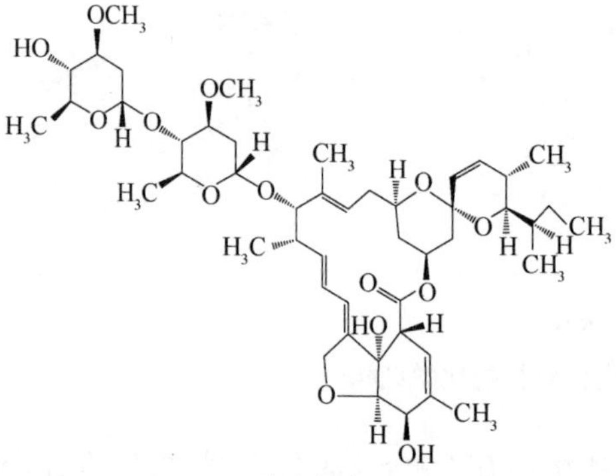

爱比菌素

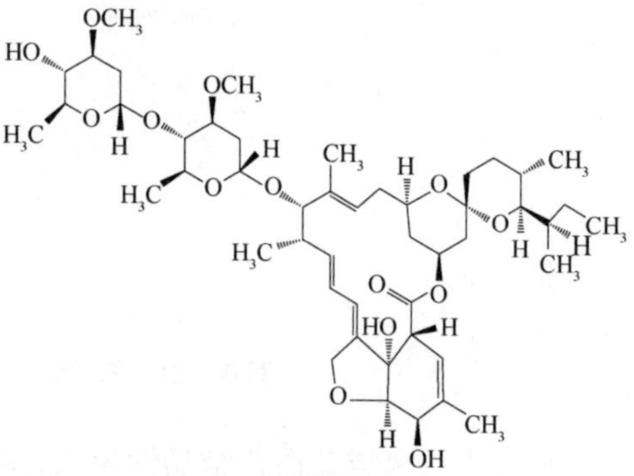

伊维菌素

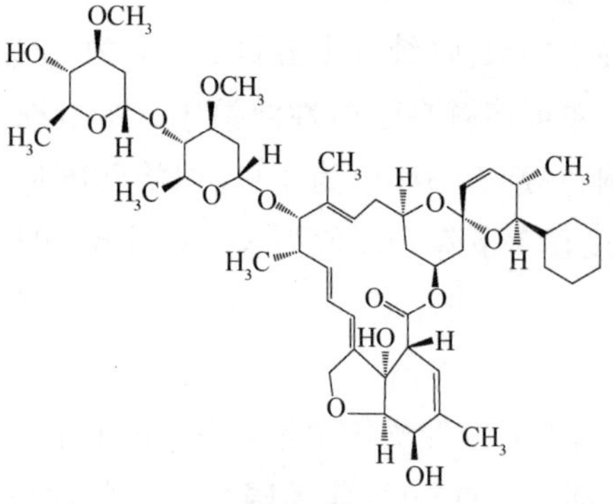

多拉菌素

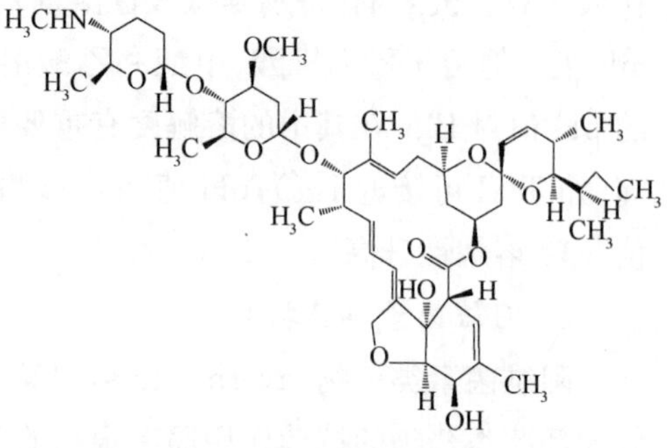

4”-表甲氨基爱比菌素

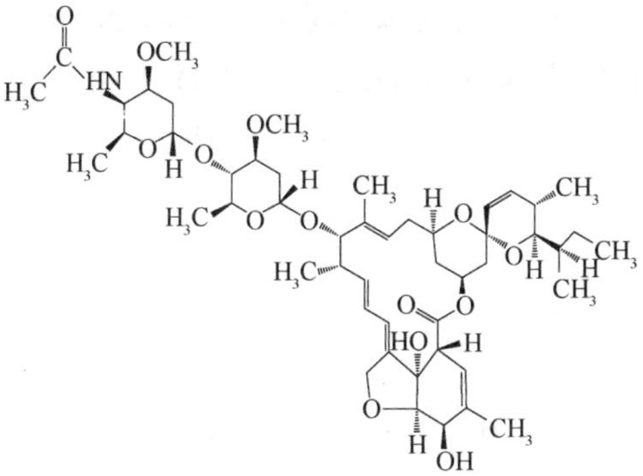

爱普瑞菌素 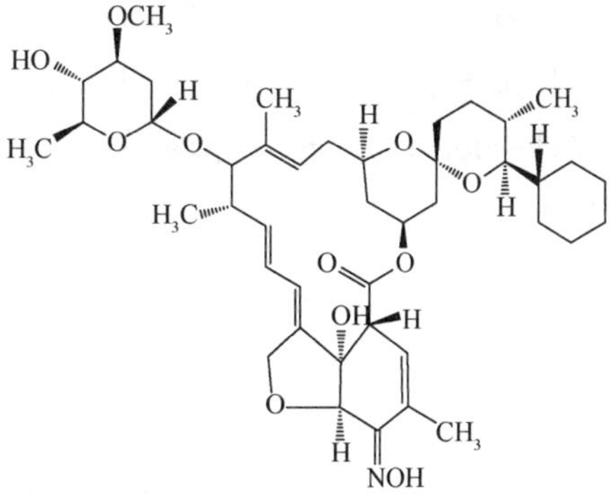　　　　西拉菌素

图6-14　阿维菌素类化合物的化学结构

AVMs具有较高分子量和糖链，因此不具备典型的脂溶性，基本上属弱极性物质，水溶性极低，在饱和烃类溶剂中溶解度差，易溶于大部分极性溶剂。ABA为白色结晶粉末，熔点为155～157℃。IVR也为白色结晶粉末，无臭无味，在水中几乎不溶，在甲醇、乙醇、丙醇、丙酮、乙酸乙酯中易溶。DOR是阿氟曼链霉菌的发酵产物，商品化的注射液是无色到淡黄色的灭菌溶液。EPT为白色或微黄色粉末；溶于甲醇、乙醇、1,2-丙二醇、二甲基亚砜、乙酸乙酯、乙酸异丙酯和己烷等，几乎不溶于水，易光解、氧化，在液体制剂(如1,2-丙二醇)中比较稳定。

3. 聚醚类药物

聚醚类药物(polyethers, PEs)为具有多环醚结构的有机酸。1951年，Berger等首先分离到拉沙洛菌素，1967年Agtarap等发现了莫能菌酸(monensic acid)的抗球虫活性并对其结构进行表征，1971年美国礼来(Lilly)公司推出第一个商品化的PEs——莫能菌素，从此PEs作为一族新的抗生素成为近20年来使用的主导抗球虫药物。

PEs具有离子载体性质，能够携带阳离子沿生物膜扩散，影响膜两侧的离子浓度梯度和细胞的生理功能。其用药时主要作用于球虫无性繁殖的早期阶段，通过干扰虫子包子或裂殖子细胞的离子平衡，影响一些酶的活性，或导致表膜或细胞器破裂，阻止其侵入宿主肠上皮细胞。PEs抗球虫谱广，对各种艾美尔球虫均有强的抑杀作用，能大大降低鸡群的发病和死亡率，有效预防浓度一般为100 g/t(饲料)或更低。该类药作用机制缺乏特异性，因此球虫不易产生抗药性，此可能是本类药物最突出的优点。

目前兽医临床常用品种包括莫能菌素(monensin, MON)、莱得鲁霉素

(laidlomycin，LAL)、盐霉素(salinomycin，SAL)、甲基盐霉素(narasin，NAR)、马杜拉霉素(maduramicin，MAD)、塞杜拉霉素(semduramicin，SEM)、拉沙洛菌素(lasalocid，LAS)、海南霉素(hainanmycin，HAN)等。其化学结构如图 6-15 所示。

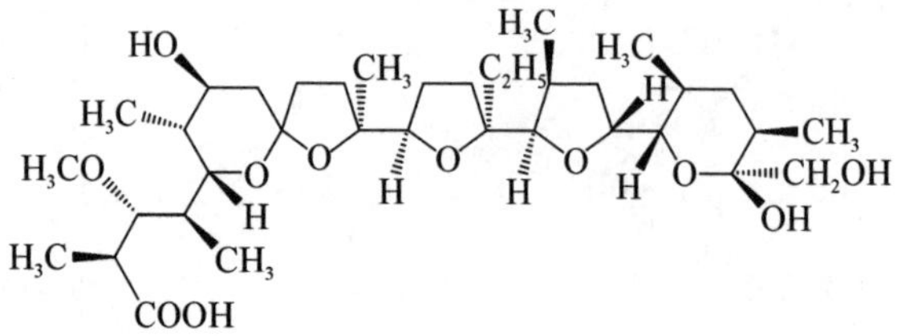

HO H_3C CH_3 C_2H_5 H_3C H
H_3C CH_3
H_3CO O O O O O CH_2OH
H H H H OH
H_3C CH_3
COOH

莫能菌素

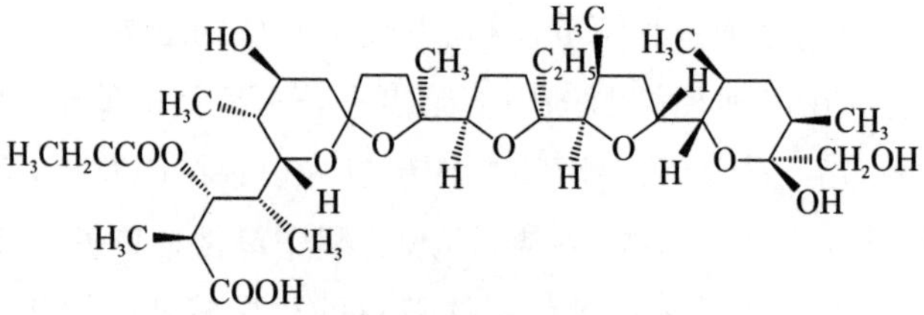

HO H_3C CH_3 C_2H_5 H_3C H
H_3C CH_3
H_3CH_2CCOO O O O O O CH_2OH
H H H H OH
H_3C CH_3
COOH

莱得鲁霉素

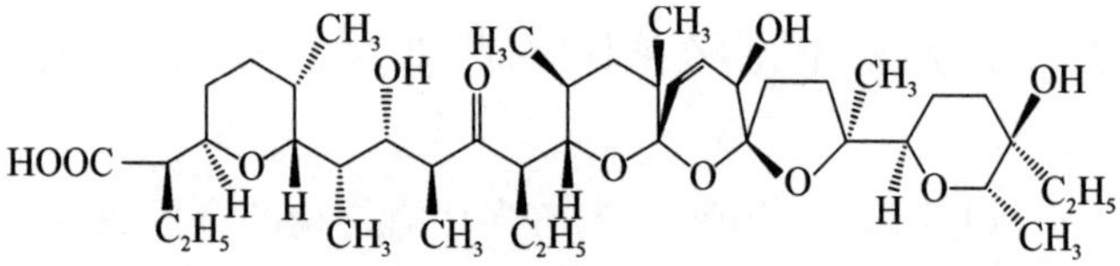

CH_3 OH O H_3C CH_3 OH CH_3 OH
HOOC O O O O O C_2H_5
C_2H_5 H H CH_3 CH_3 C_2H_5 H H CH_3

盐霉素

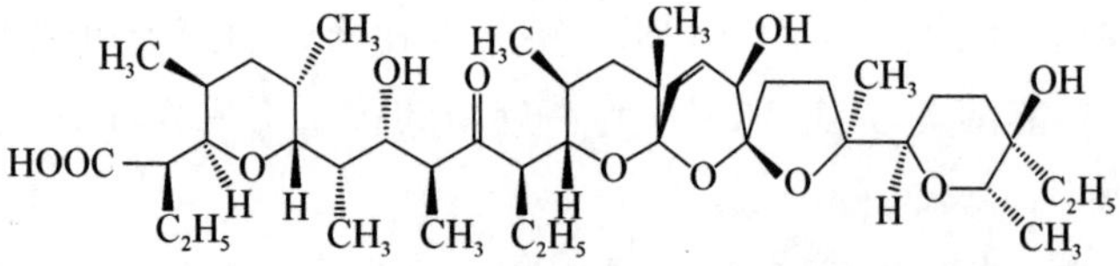

H_3C CH_3 OH O H_3C CH_3 OH CH_3 OH
HOOC O O O O O C_2H_5
C_2H_5 H H CH_3 CH_3 C_2H_5 H H CH_3

甲基盐霉素

OCH_3
OCH_3
O CH_3
H_3CO H_3C OH O H_3C CH_3
H_3C H_3CO CH_3 CH_3
HOOC O O O O O CH_3
OH H H H H H H OH
CH_3

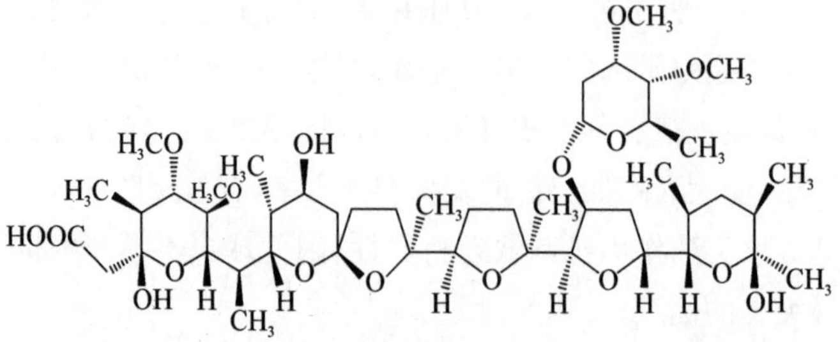

马杜拉霉素

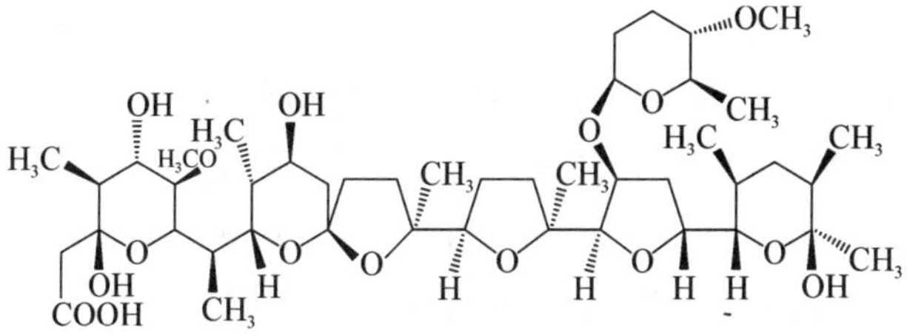

塞杜拉霉素

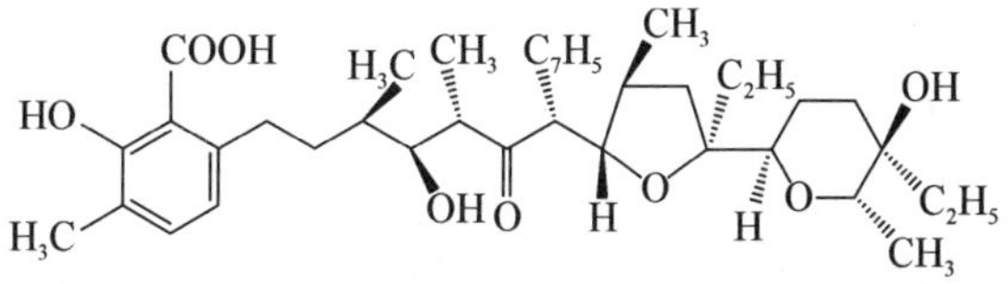

拉沙洛菌素

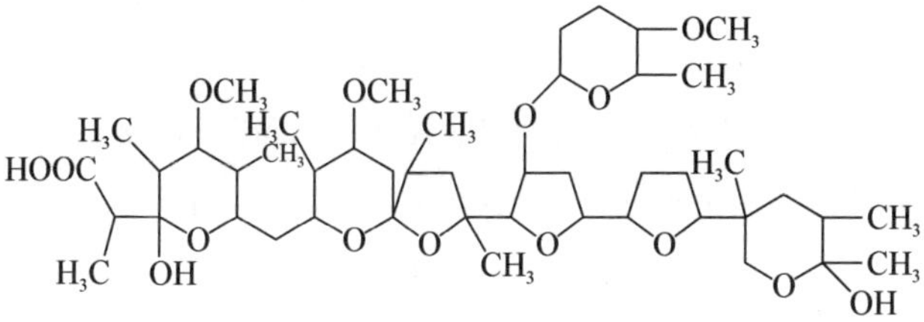

海南霉素

图6-15 聚醚类药物的化学结构

PEs呈酸性，pKa值为6～8，难溶于水，但在绝大多数有机溶剂(包括饱和碳氢溶剂)中有很高的溶解性，如异辛烷、苯、氯仿、乙醚、乙酸乙酯、丙酮或甲醇等。PEs呈白色结晶状，分子量一般在600～900之间，熔点为140～270℃，比旋度较低。

4. 激素类药物

同化激素(anabolic hormones)能增强体内物质沉积和发挥生产性能，可以很快产生显著和直接的经济效果，对生产者有很大吸引力。畜牧业中使用同化激素(非治疗用途)已有近50年的历史，但是长期摄入同化激素会导致机体代谢紊乱、发育异常或肿瘤。应注意，多数激素类物质具有潜在致癌效应，是食品安全角度高度关注的一类药物。

同化激素主要分为两大类：甾类同化激素和非甾类同化激素。甾类同化激素(anabolic steroids, ASs)，包括性激素和肾上腺皮质激素，其中残留意义较重要的种类有雄激素类(androgens)、雌激素类(estrogens)、孕激素类(progestins)和糖皮质激素类(glucocorticoids)。

雄激素类常用品种包括去氢睾酮(boldenone, BOL)、氯睾酮

(chlorotestosterone, clostebol, CTS)、去氢甲睾酮(dianabol,methylboldenone, methandrostenolone, DIA,大力补)、氟羟甲睾酮(fluoxymesterone, FLO)、关睾酮(mesterolone, MES,1-甲氢睾酮)、甲基睾酮(methyltestosterone, MTS)、苯丙酸诺龙(nandrolone phenylpropionate, PNT)、19-去甲睾酮(19-nortestosterone, androlone 17βNT,诺龙)、乙诺酮(norethandrolone, NOE,乙基去甲睾酮)、羟甲烯龙(oxymetholone, OXY,康复龙)、吡唑甲基睾酮(stanozolol, STA,康力龙司坦唑)、去甲雄三烯醇酮(trenbolone, TRE,群勃龙)、睾酮(testosterone, 17βTS)、表睾酮(epitestosterone, ETS, 17αTS)、丙酸睾酮(testosterone propionate, PTS)等。

雌激素类常用品种包括雌二醇(estradiol 17βES)、雌三醇(estriol, EST)、炔雌醇(ethinylestradiol, EES)、雌酮(estrone, ESN)、苯甲酸雌二醇(estradiol benzoate, BES)等。

孕激素类常用品种包括醋酸氯地孕酮(chlormadinone acetate, CHM)、醋酸去乙酰去氢氯地孕酮(delmandinone acetate, DEL,地马孕酮)、醋酸羟孕酮(17α-hydroxyprogesterone acetate, HPA)、已酸羟孕酮(17α-hydroxyprogesterone acetate, HPC)、醋酸甲羟孕酮(medroxyprogesterone acetate, MED)、甲烯雌醇醋酸酯(melengestrol acetate, MEL)、醋酸甲地孕酮(megestrol acetate, MEG)、炔诺酮(norethisterone/norethindrone, NOR)、甲炔诺酮(norgestrel NOG 18-甲基炔诺酮)、丙缩二羟孕酮(proligestone/algestone acetophenide, PRO)、孕酮(progesterone, PG)等。

糖皮质激素类常用品种包括可的松(cortisone, COR)、地塞米松(dexamethasone, DEX)、倍他米松(betamethasone, BET)、双氟米松(flumethasone, FLM)、氢化可的松(hydrocortisone, HYC)、甲泼尼松龙(methylprednisolone, MPP,甲基强的松龙)、泼尼松龙(predisolone, PRE,强的松龙)、曲安西龙(triamcinolone, TRA,去炎松)等。化学结构如图6-16所示。

雄激素

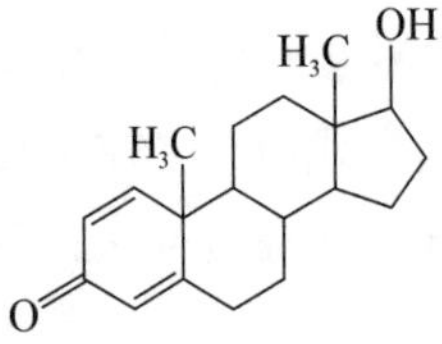

去氢睾酮 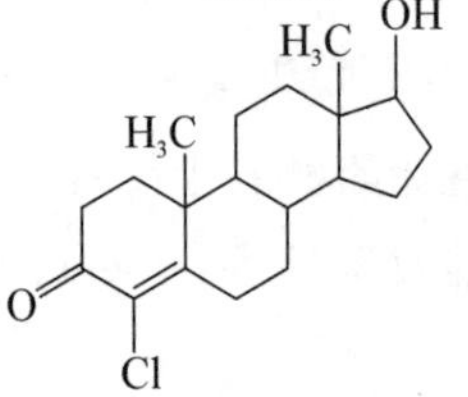　　氯睾酮 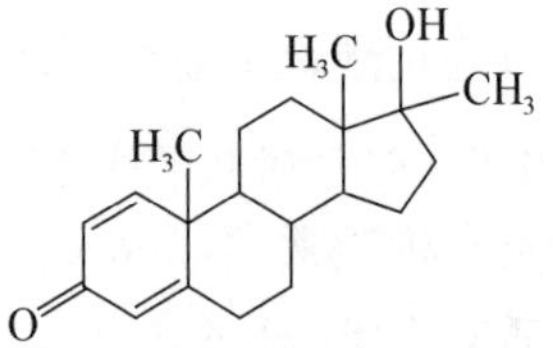　　去氢甲睾酮

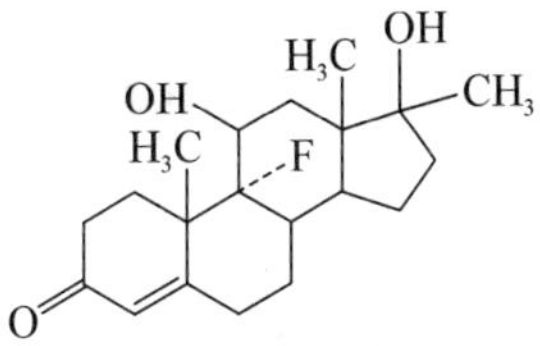

氟羟甲睾酮 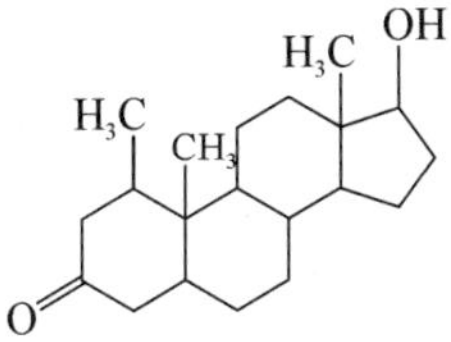　　美睾酮 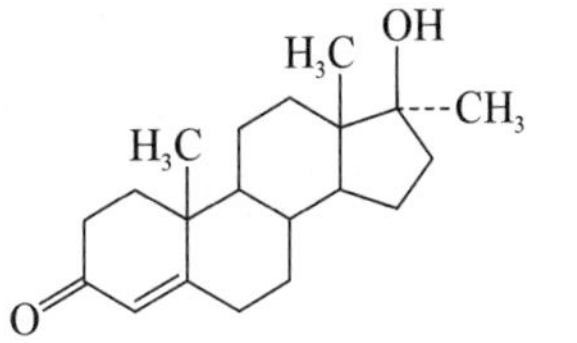　　甲基睾酮

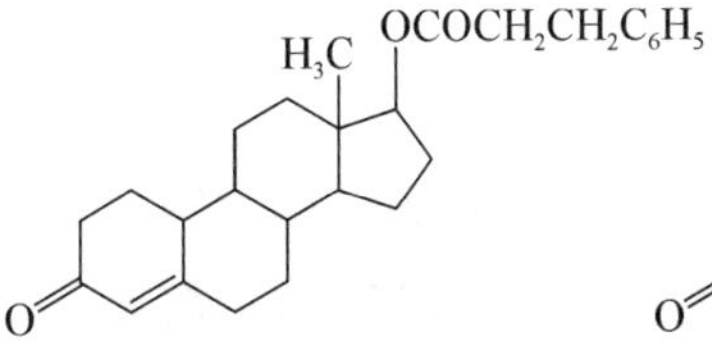

苯丙氟酸诺龙 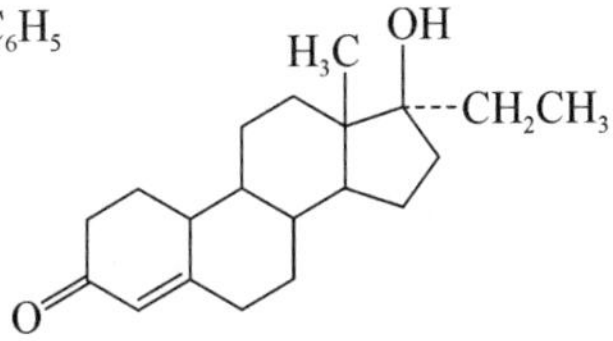　　乙诺酮 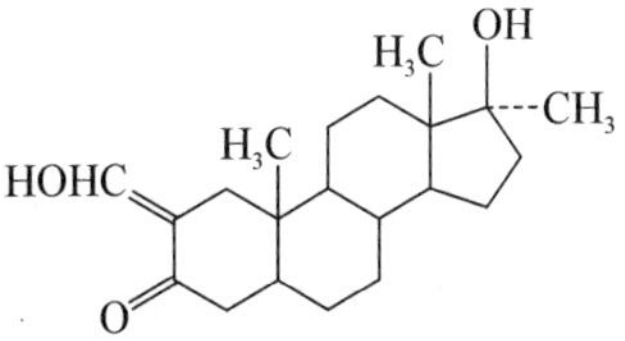　　羟甲烯龙

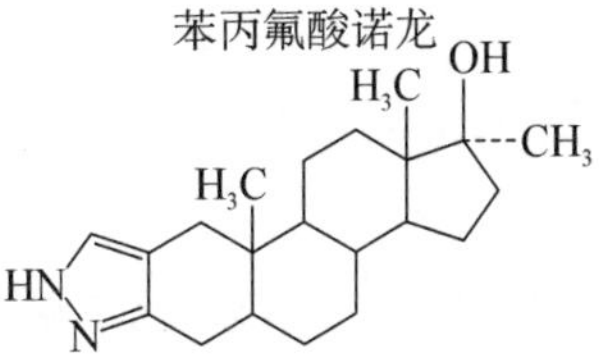

吡唑甲基睾酮 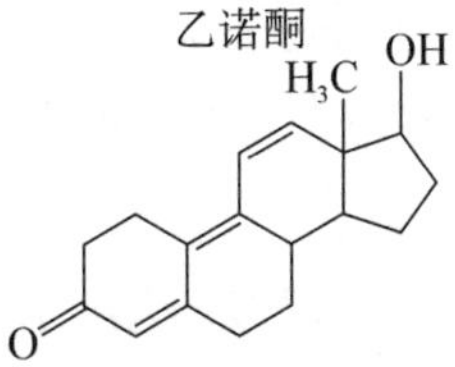　　去甲雄三烯醇酮 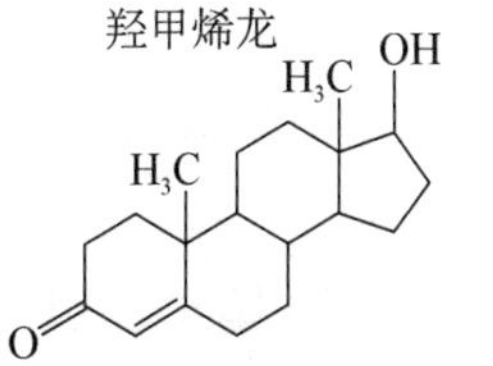　　睾酮

雌激素

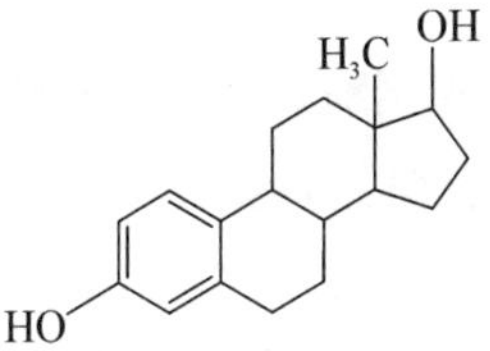

雌二醇 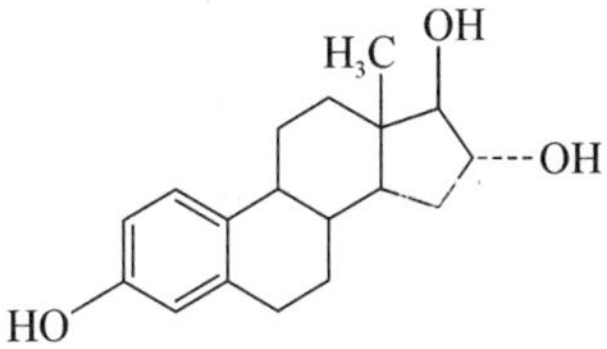　　雌三醇

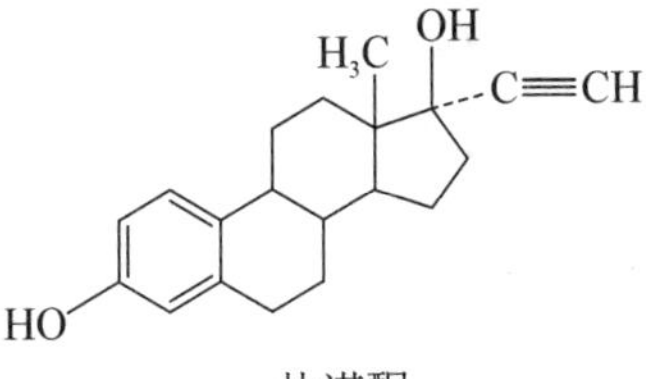

炔诺酮 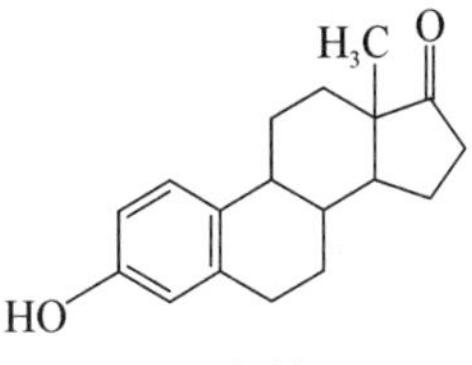　　雌酮

孕激素

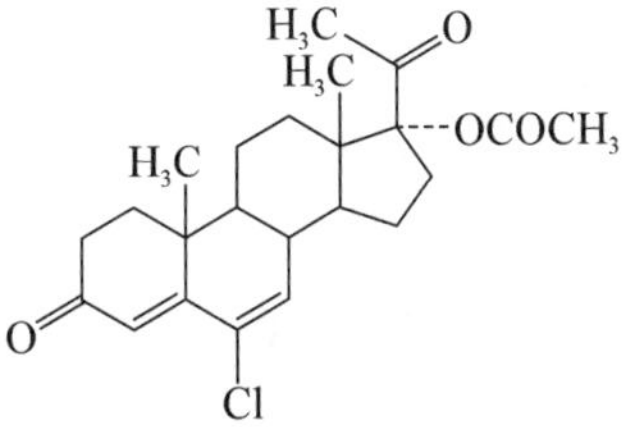

醋酸氯地孕酮 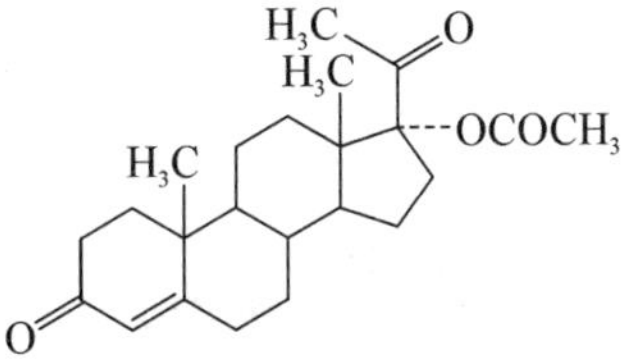　　醋酸羟孕酮 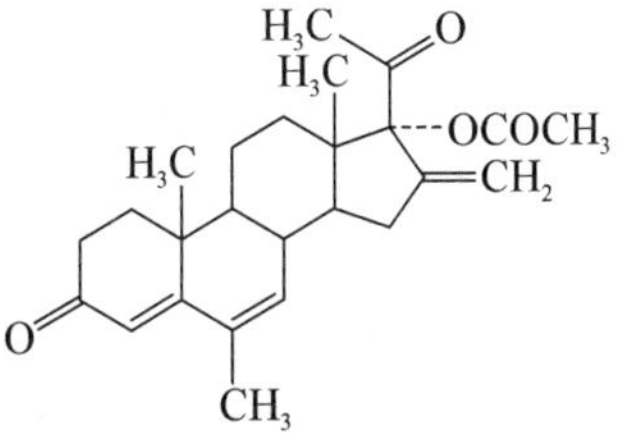　　甲烯雌醇醋酸酯

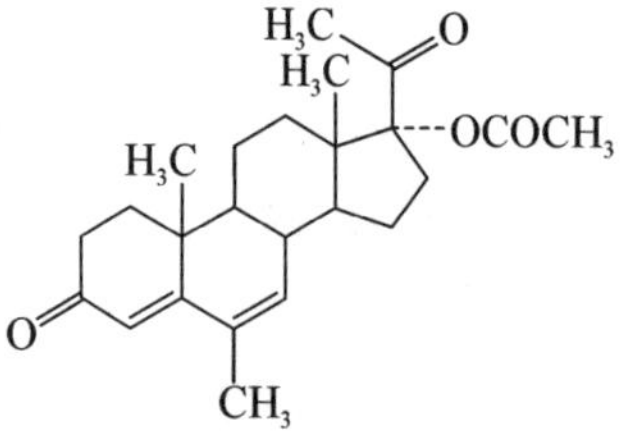

醋酸甲地孕酮 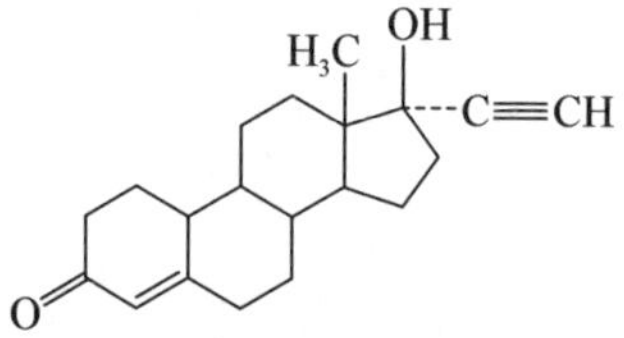　　炔诺酮 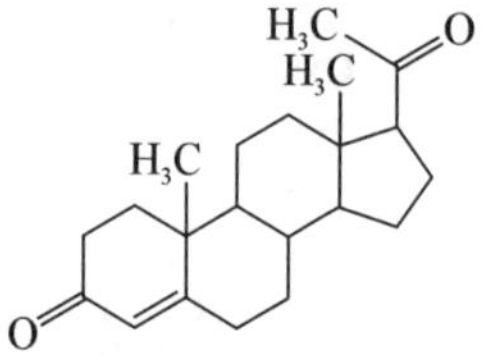　　孕酮

图 6-16　激素类药物的化学结构

ASs 呈白色或乳白色结晶性粉末。由于结构中有多个含氧基团，故熔点较高（可达 200～300℃）。ASs 属脂溶性化合物，弱极性或中等极性，难溶于水，溶于极性有机溶剂和植物油，特别是在氯仿、乙醚、二氯甲烷和乙酸乙酯等有机溶剂中有较高的溶解度，含酚羟基的 ASs（如雌激素）溶于无机强碱溶液（pH 值 ⩾12）。

非甾类同化激素常用品种包括已烯雌酚（diethylstilbestrol，DES）、已二烯雌酚（dienestrol DIS 双烯雌酚）、已烷雌酚（dimethylstilbestrol，DMS）、1-羟基已烯雌酚（1-hydroxy DES，HES）、甲氧基已烯雌酚（4’-methoxy DES，MOD）、玉米赤霉醇（zeranol，α-zearalanol，ZER，右环十四酮酚 α-十四酮酮酚）、左环十四酮酚（taleranol，β-zearalanol，TAL，β-十四酮酚）、玉米赤霉酮（zearalanone，ZLA）、玉米赤霉烯酮（zearalenone，ZLE）等。化学结构如图 6-17 所示。

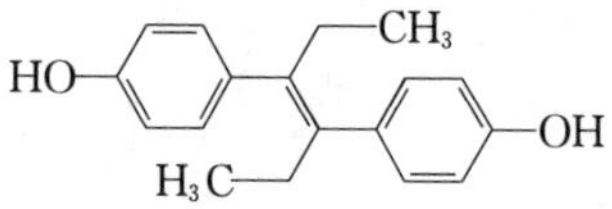

已烯雌酚 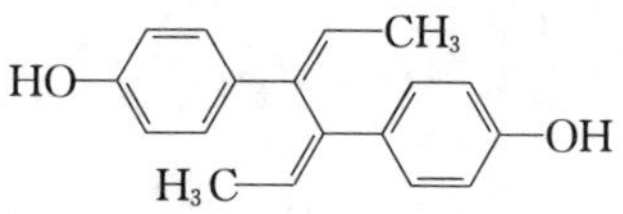　　已二烯雌酚

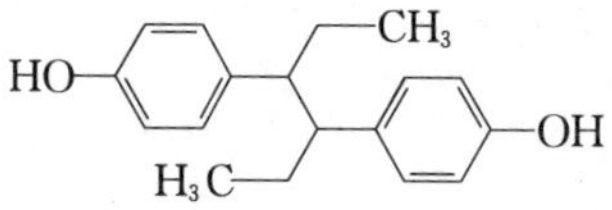

已烷雌酚 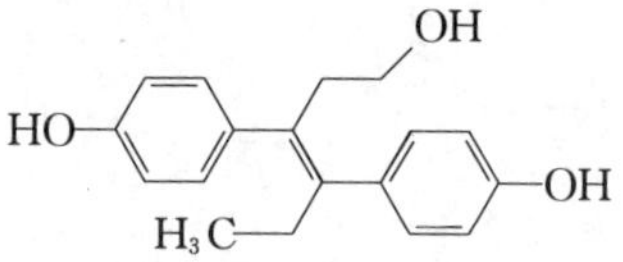　　羟基已烯雌酚

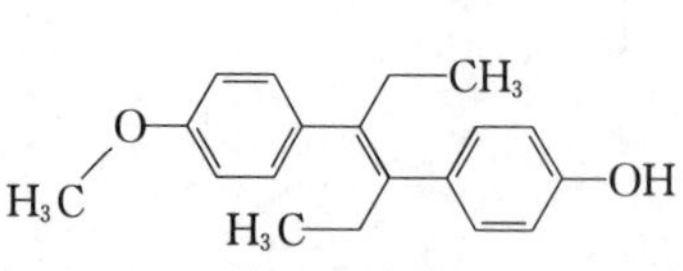

甲氧基已烯雌酚 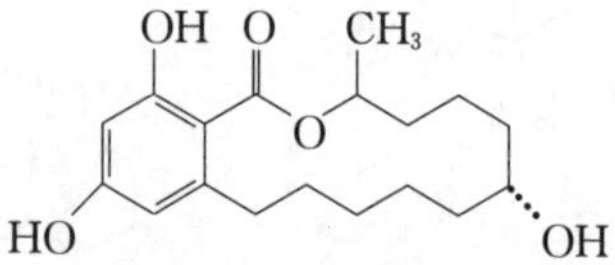　　玉米赤霉醇（右环十四酮酚）

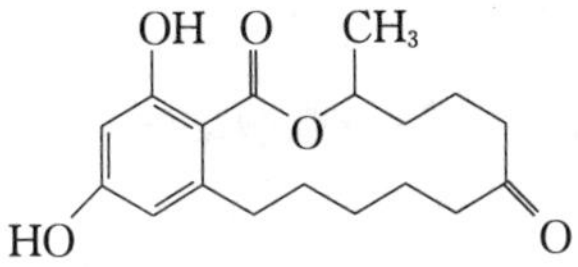

玉米赤霉酮 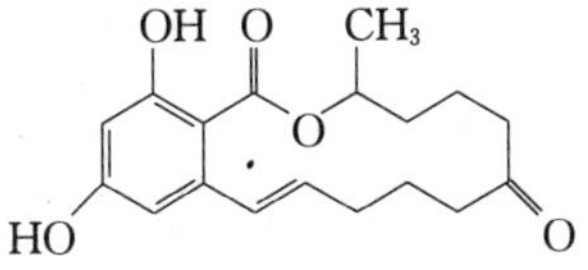　　玉米赤霉烯酮

图 6-17　非甾类同化激素的化学结构

这些非甾类化合物的极性和溶解性与 ASs 相似，不溶于水，易溶于氯仿、乙醚等中等极性溶剂。分子结构中含有酚羟基和由碳-碳双键、酮基及酚羟基组成的长共轭体系，因此溶于稀碱溶液，在 240～300 nm 具有强的 UV 吸收，个别化合物具有荧光性质。

糖皮质激素(glucocorticoid，GCs)类药物为肾上腺皮质的束状带细胞合成、分泌，治疗剂量下，表现出良好的抗炎、抗过敏、抗毒素、抗休克等作用，具有重要的药理学意义。

兽医上应用的糖皮质激素有氢化可的松(hydrocortisone，HCOR)、泼尼松(prednisone，PRE)、氢化泼尼松(hydroprednisone，HPRE)、甲基泼尼松(methylprednisolone，MPP)、地塞米松(dexamethasone，DEX)、去炎松(triamcinolone，TRA)、倍他米松(betamethasone，BET)等。它们的作用与其化学结构密切相关，C-3 上的酮基、C-17 上的二碳侧链、C-4 与 C-5 间的双键是保持活性所必需的基团，结构特征如图 6-18 所示。

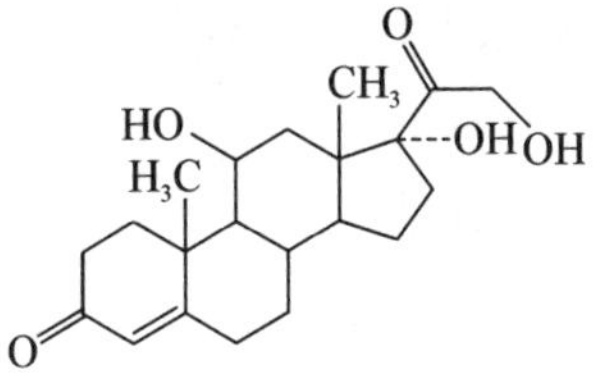

氢化可的松 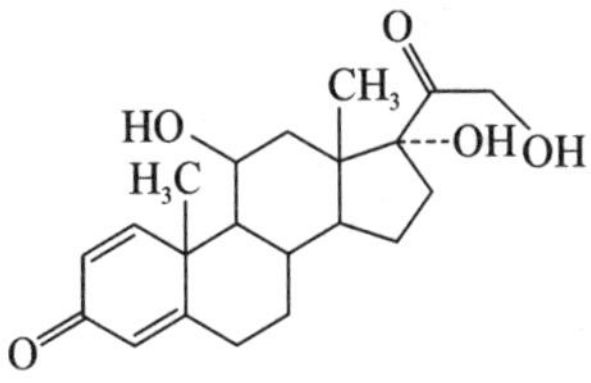　　泼尼松 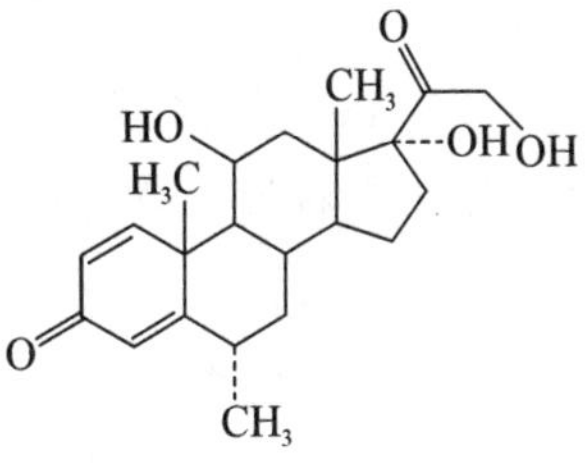　　甲基泼尼松

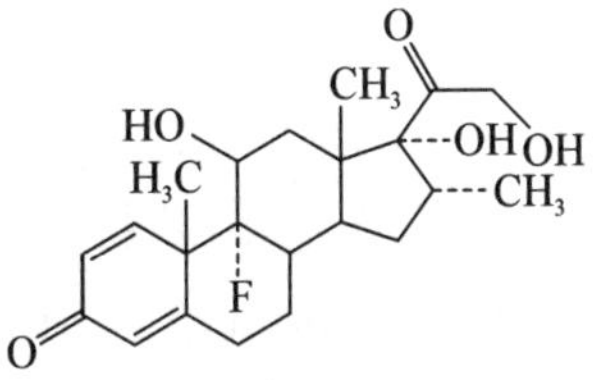

地塞米松 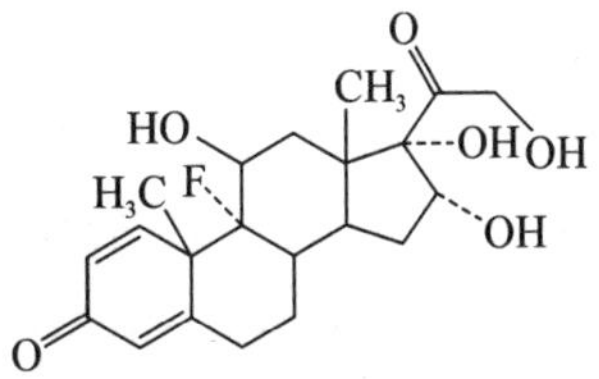　　去炎松

图 6-18　糖皮质激素的化学结构

糖皮质激素在胃肠道迅速被吸收，血中峰浓度一般在 2 h 内出现。肌肉或皮下注射后，可在 1 h 内达到峰浓度。糖皮质激素在关节内的吸收缓慢，并仅起局部作用。

糖皮质激素的大多数作用都是基于其与特异性受体的相互作用。机体的各种细胞都存在糖皮质激素受体，肝脏是主要的靶组织。位于靶细胞胞浆的糖皮质激素受体，与热休克蛋白质连在一起。糖皮质激素通过被动扩散方式进入细胞，特异性与受体结合，热休克蛋白脱离，活化的受体-药物复合物迁移到核内，与靶基因上的调节蛋白质结合，引发基因转录，导致靶蛋白质的合成或抑制。

糖皮质激素一般为白色或白色的结晶性粉末，无臭，味苦。不溶于水，微溶于乙醇。

6.2.4 β_2-受体激动剂

苯乙胺类药物(phenethylamines, PEAs)是天然的儿茶酚类(catecholamines)化学合成的衍生物，在药理效应上属于拟肾上腺素药物，与靶组织细胞膜 β_2-受体结合，激活腺苷酸环化酶，催化三磷酸腺苷(ATP)转化为环一磷酸苷(cAMP)，cAMP 使蛋白激酶活化，诱发一系列酶的磷酸化过程和生理效应。主要效应为支气管、子宫和肠壁平滑肌松弛，心律增加。医学或兽医临床上主要应用于扩张支气管和增加肺通气量，可治疗支气管哮喘、阻塞性肺炎、平滑肌痉挛和休克等症，也用作牛、马产道松弛剂。PEAs 对代谢的影响包括血钾下降、胰岛素释放和糖原分解增强、脂肪分解增加(作用于脂肪细胞 β-受体)、骨骼肌血管扩张和收缩增强等。PEAs 可口服、肌注或静注方式给药，一次用药剂量通常低于 1 μg/kg。目前，在畜牧生产中，PEAs 通常作为药物添加剂使用用于促生长，剂量超过 5 mg/kg，成为导致畜禽 PEAs 中毒和食品残留的主要原因，使骨骼肌收缩增加，破坏快缩肌纤维与慢缩肌纤维间的融合现象，引发肌肉震颤，其中四肢和面部肌肉最明显，轻者感觉不适，重者出现行走不稳，无法握物。其他中毒症状包括心动过速、心律失常、腹痛、肌肉疼痛、恶心和晕眩等。

PEAs 常用品种包括肾上腺素(adrenalin, AD)、巴布特罗(bamethane)、溴布特罗(bromobuterol, BROMB)、脲喘宁(carbuterol)、塞曼特罗(cimaterol, CIMA)、塞布特罗(cimbuterol, CIMB)、克伦特罗(clenbuterol, CLEN)、克伦普罗(clenproperol)、多巴本分丁胺(dobutamine, DOB)、异丙肾上腺素(isoprenaline, ISO)、苯氧丙酚胺(isoxsuprine, ISX)、非诺特罗(fenoterol, FEN)、马布特罗(mabuterol, MABU)、马贲特罗(mapenterol, MAP)、异丙喘宁(metaproterenol)、甲基克伦特罗(methylclenbuterol)、吡布特罗(pirbuterol)、雷托帕明(ractopamine)、利托君(ritodrine)、沙丁胺醇(albuterol, ALB)、沙美特罗

(salmeterol, Sal)、特布它林(terbutaline, TEBU)、妥布特罗(tulobuterol),其化学结构分别如图 6-19 所示。

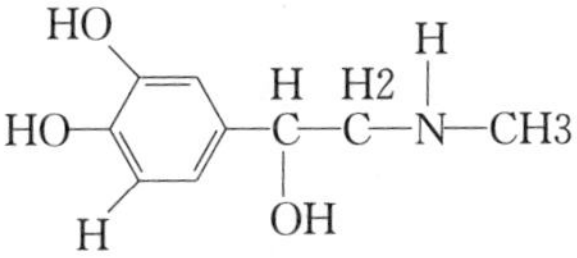

肾上腺素 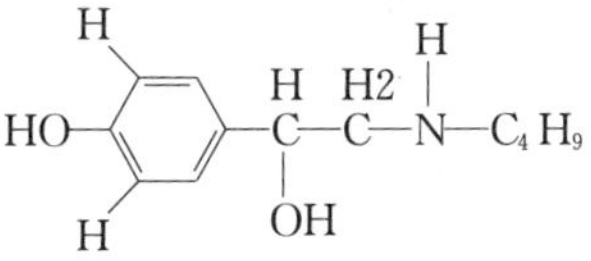　　巴布特罗

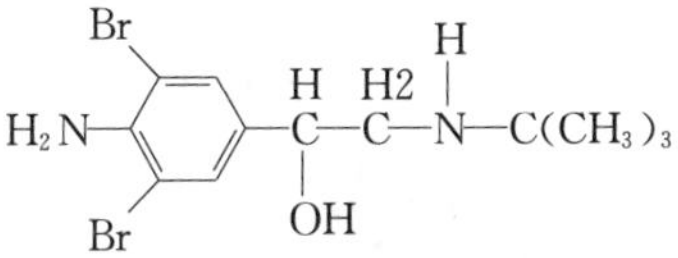

溴布特罗 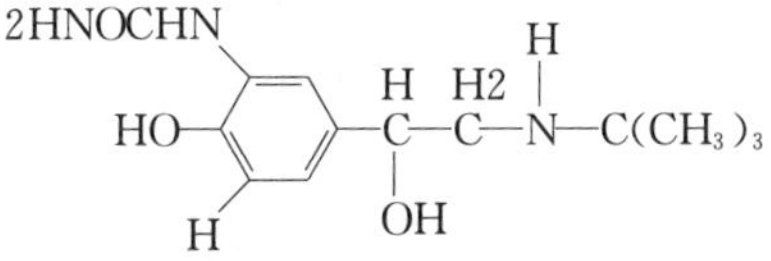　　脲喘宁

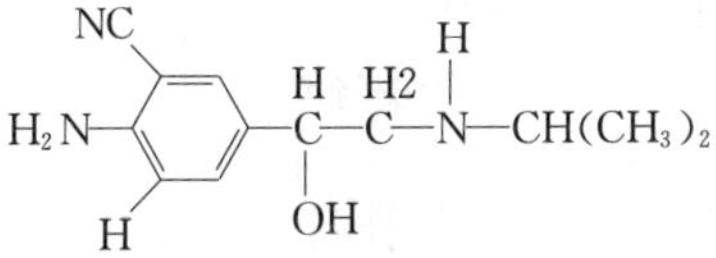

赛曼特宁 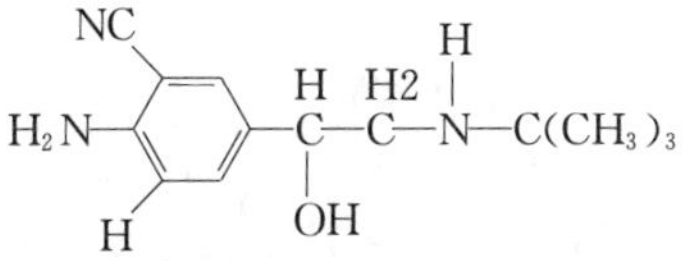　　赛布特罗

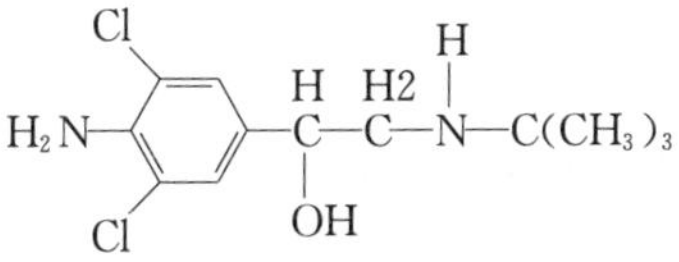

克伦特罗 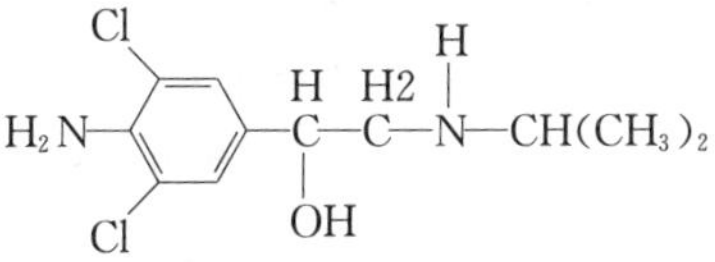　　克伦普罗

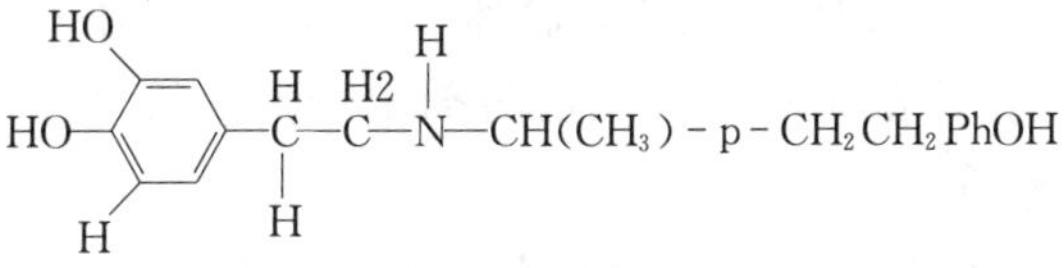

多巴酚丁胺 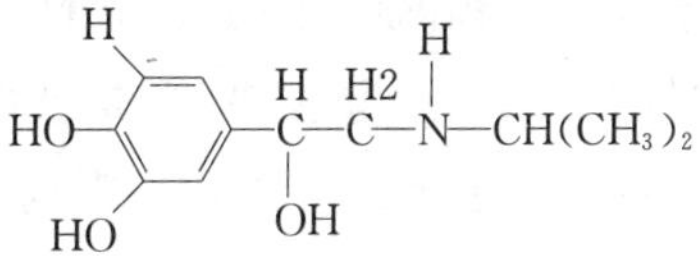　　异丙肾上腺素

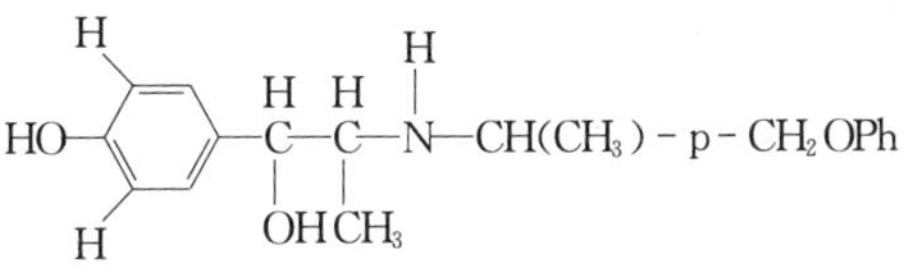

苯氧丙酚胺 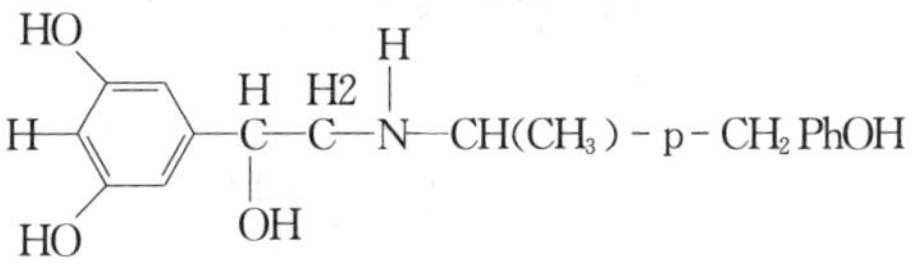　　非诺特罗

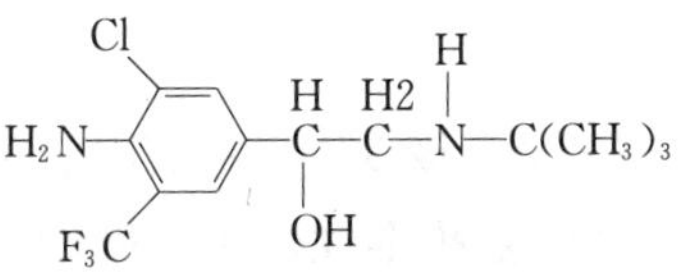

马布特罗 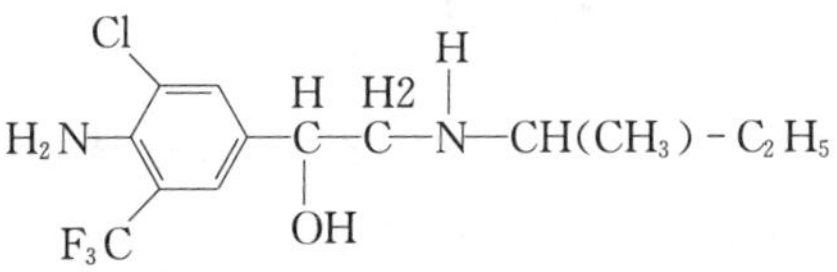　　吗喷特罗

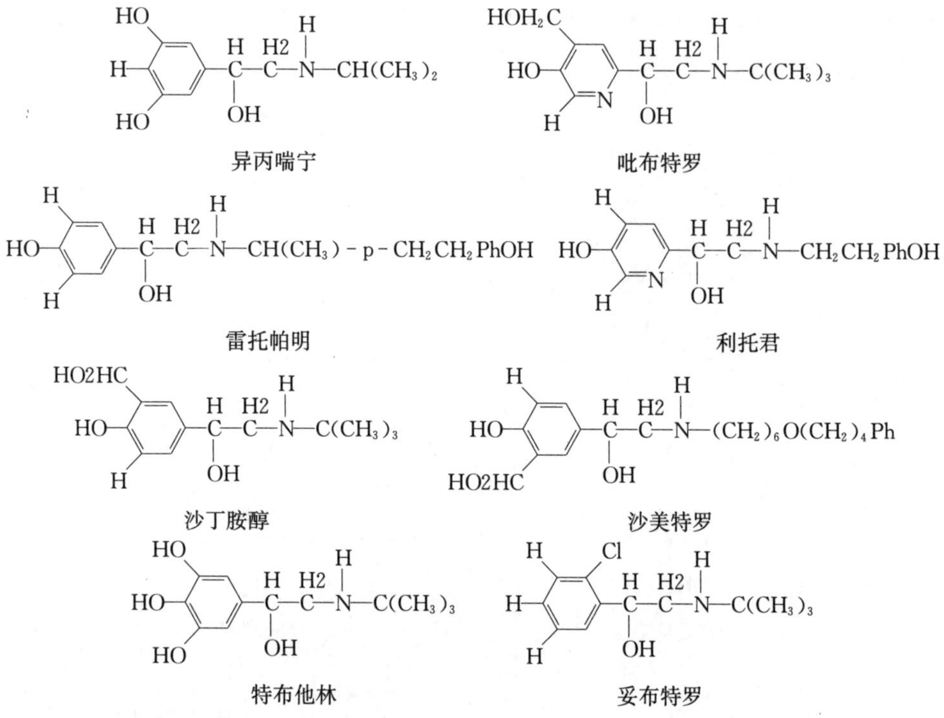

异丙喘宁　　吡布特罗

雷托帕明　　利托君

沙丁胺醇　　沙美特罗

特布他林　　妥布特罗

图 6-19　PEAs 的化学结构

PEAs 为白色晶体,游离碱溶于多数极性或中等极性溶剂,如稀酸(苯胺型、苯酚型)、稀碱(苯酚型)、甲醇、乙酸乙酯、乙醚、氯仿等。临床上一般用其盐酸盐,易溶于水和甲醇、乙醇等高极性溶剂,但在非极性或疏水溶剂中难溶。PEAs 在不同 pH 值下的解离状态影响其溶解性。

苯酚型 PEAs 特别是儿茶酚型都有强的还原性,遇空气或日光极易自动氧化呈色(生成红色醌类物质,进一步聚合形成棕色多聚体)。

6.3　残留危害与机制

6.3.1　毒性作用

通常情况下,动物组织中药物残留水平很低,除极少数能发生急性中毒(如β-激动剂)外,绝大多数药物残留通常产生慢性、蓄积毒性作用。婴幼儿的药物代谢功能不完善,食用含某种药物残留的动物性食品后易引起中毒。另外,动物体的注射部位和一些靶器官(如肝、肺、肾等)常含有高浓度的药物残留,人食用后出现中毒的机会将大大增加。药物及药物残留更多的是引起食用者产生长期毒性作用及潜在“三致”作用。

1. 直接毒性作用

兽药残留引起人急性中毒的例子并不多见，至今为止，只发现β-激动剂类药物残留引起的急性中毒，其中克仑特罗最为常见，如近年来在香港、广东、浙江、四川等地有些人由于食用有克伦特罗残留的猪内脏而发生急性中毒，早在1990年，西班牙就曾发生过2起100多人的克伦特罗中毒事件。克伦特罗在动物肝、肺和眼部组织残留浓度较大，能达到100～500 μg/kg，人体一次摄入超过100～200 g这些组织，就可产生中毒症状，主要表现为头痛、手脚颤抖、狂躁不安、心动过速和血压下降等，严重者可危及生命。

多数兽药残留通过体内蓄积作用产生毒性作用，主要表现在肝肾毒性及对骨骼造血等系统的危害。磺胺类药物长期使用会造成积蓄中毒，破坏人造血系统，造成溶血性贫血症、粒细胞缺乏症、血小板减少症等。四环素类药物能与骨骼中的钙结合，骨骼和牙齿的发育产生抑制作用，小孩会出现“四环素牙”。四环素类药物常作为药物添加剂使用，易引起动物性食品中药物残留，进而对人产生毒性作用。氯霉素能对人和动物的骨髓细胞、肝细胞产生毒性作用，导致严重的再生障碍性贫血。人体对氯霉素较动物更敏感，婴幼儿和老年人的代谢和排泄机能不完善或退化，对氯霉素尤为敏感，婴儿可出现致命的“灰婴综合征”。氯霉素在动物性食品中的残留浓度达到1 mg/kg以上时，对食用者即可产生上述毒性作用，并且其危害发生与使用剂量和频率无关。

2. 三致作用

三致作用即致癌、致畸、致突变作用。药物及环境中的化学药品可引起基因突变或染色体畸变而造成对人类的潜在危害。如苯并咪唑类抗蠕虫药，通过抑制细胞活性，可杀灭蠕虫及虫卵，抗蠕虫作用广泛。然而，其抑制细胞活性的作用使其具有潜在的致突变性和致畸性。磺胺二甲嘧啶具有诱发动物甲状腺增生，并具有致肿瘤倾向，若人长期食用含这些药物残留的动物性食品后，有可能引起肿瘤发生。喹乙醇作为促生长剂，因促生长效果好，价格便宜，被广泛添加在饲料中，它具有基因毒性和生殖腺诱变作用，有致突变、致畸和致癌性。硝基呋喃类药物也存在潜在的诱发基因变异和致癌作用。

研究表明，化合物对生物体发生作用的同时常伴有酶活性的改变，许多具有诱导酶活性的药物往往伴有基因毒性，如多环芳烃类化合物具有诱导P-450酶系活性的作用，也具有潜在的致癌作用。

许多国家认为，在人的食物中不能允许含有任何量的已知致癌物。对曾用致癌物进行治疗或饲喂过的食品动物，屠宰时其食用组织中不允许有致癌物的残留。当人们长期食用含三致作用药物残留的动物性食品时，这些残留物便会对人体产生有害作用，或在人体中蓄积，最终产生致癌、致畸、致突变作用。

6.3.2 过敏反应

一些抗菌药物如青霉素、磺胺类药物、四环素及某些氨基糖甙类抗生素能使部分人群发生过敏反应。过敏反应症状多种多样，轻者表现为麻疹、发热、关节肿痛及蜂窝织炎等。严重时可出现过敏性休克，甚至危及生命。当这些抗菌药物残留于肉食品中进入人体后，就使部分敏感人群致敏，产生抗体。当这些被致敏的个体再接触这些抗生素或用这些抗生素治疗时，这些抗生素就会与抗体结合生成抗原抗体复合物，发生过敏反应。流行病学调查表明，大约有10%的人对青霉素过敏，13%的人对磺胺类药物过敏。

6.3.3 激素样作用

同化激素类药物中的性激素，在兽医临床多用于控制发情，增强食欲和提高饲料转化率。肝、肾和激素注射或埋植部位含有大量同化激素残留存在，屠宰时应废弃，因一旦被人食用后可产生一系列激素样作用，干扰人体正常的激素平衡。长期摄入雄性激素，男性出现睾丸萎缩、胸部扩大、肝、肾功能障碍或肝肿瘤；女性出现男性特征，肌肉增生、毛发增多，月经失调等。雌二醇、己烯雌酚、玉米赤霉醇等药物是兽医临床常用的雌激素类物质，长期摄入会导致女性化、性早熟、抑制骨骼和精子发育等。

6.3.4 耐药性

由于抗菌药物的广泛使用，细菌耐药性不断加强，而且很多细菌已由单药耐药发展到多重耐药。饲料中添加抗菌药物，实际上等于持续低剂量用药。动物机体长期与药物接触，造成耐药菌不断增多，耐药性也不断增强。抗菌药物残留于动物性食品中，同样使人也长期与药物接触，导致人体内耐药菌的增加。

给食品动物长期使用亚治疗量抗菌药物（尤其是人与动物共用的抗菌药物）后，易诱导耐药菌株特别是携带多抗性R质粒的菌株产生。这些耐药菌株的耐药基因能通过食物链在动物、人和生态系统的细菌中相互传递，由此可导致致病菌（沙门氏菌、肠球菌、大肠杆菌等）对抗菌药物耐药，引起人类和动物细菌感染性疾病治疗的失败，美国就有报道一种名为抗碳青霉烯类肠杆菌属超级细菌正在医疗机构蔓延，可致半数感染者死亡。

6.3.5 环境危害

进入环境中的兽药残留，在多种环境因子的作用下，可产生转移、转化或在动植物中富积。有报道称检测了生活废水灌溉植物之后的流出液中的多种药物残留，各种药物残留的平均浓度范围多在0.1～1 mg/L之间，药物随废水通过这些植物之后，其浓度下降了12%～90%，残留的药物继续进入河流，对河流造成污染，河水中药物的平均浓度范围在0.02～0.04 mg/L之间，而最大浓度达到0.5 mg/L。Coats等通过模型生态系统的研究，发现己烯雌酚、氯羟吡啶在环境中降解很慢，但只有己烯雌酚可观察到生物富积现象，吩噻嗪很容易生物降解，磺胺二甲嘧啶只在一些生物中有低水平蓄积。

6.4 兽药管理与残留监控

从食品安全角度讲，要想将兽药残留控制在安全范围以内，必须从源头做起，从兽药的研制、审批、生产、经营、进出口、使用、残留监控等各个环节进行系统管理，既充分发挥兽药的作用，防治动物疾病，促进养殖业的发展；又要将兽药残留有效控制，保障食品与环境安全，维护消费者健康。

6.4.1 兽药的管理与使用

我国规定兽药管理与使用的主要法规为《兽药管理条例》。与兽药残留监控有关的法律有《动物防疫》、《畜牧法》、《农产品质量安全法》、《食品安全法》、《标准化法》等。为配合法律法规的实施，农业部制定发布的配套部门规章有《允许作饲料药物添加剂的兽药品种及使用规定》、《动物性食品中兽药最高残留限量》、《兽药休药期规定》、《中华人民共和国动物及动物源食品中残留物质监控计划》、《兽药残留试验技术规范》、《兽药监察所实验室管理规范》、《官方取样程序》等。

《兽药管理条例》对兽药的使用管理、兽药残留监控工作主管机构、残留标准的制定、残留监控措施的设立和实施、法律责任及违法责任的追究等内容均给予了明确规定，是我国实施兽药残留监控的主要法律依据。

《兽药管理条例》以中华人民共和国国务院令404号的形式于2004年颁布实施，《条例》内容包括9章75条，与食品安全直接相关的有20余条。总则中明确了《条例》制定的出发点是加强兽药管理，保证兽药质量，防治动物疾病，促进养殖业的发展，维护人体健康。限定的区域及活动是凡在中华人民共和国境内从事兽药的研制、生产、经营、进出口、使用和监督管理，均应遵守本条例。国家实行兽用处方药和非处方药分类管理制度。

在新兽药研制方面，研制者向国务院兽医行政管理部门提出新兽药注册申请时，应提交与安全相关的资料如药理和毒理试验结果、临床试验报告和稳定性试验报告，环境影响报告和污染防治措施等。研制用于食用动物的新兽药，还应当按照国务院兽医行政管理部门的规定进行兽药残留试验并提供休药期、最高残留限量标准、残留检测方法及其制定依据等资料。对新兽药设立监测期保证动物产品质量安全和人体健康的需要。

在兽药进出口方面，首次向中国出口的兽药，除兽药样品及必需的基本信息外，还应由出口方提供检测方法、药理和毒理试验结果、临床试验报告、稳定性试验报告及其他相关资料如用于食用动物的兽药的休药期、最高残留限量标准、残留检测方法及其制定依据等；环境影响报告和污染防治措施；涉及兽药安全性的其他资料。禁止进口药效不确定、不良反应大以及可能对养殖业、人体健康造成危害或者存在潜在风险的兽药。

在兽药使用方面，兽药使用单位，应当遵守国务院兽医行政管理部门制定的兽药安全使用规定，并建立用药记录。禁止使用假、劣兽药以及国务院兽医行政管理部门规定禁止使用的药品和其他化合物。禁止使用的药品和其他化合物目录由国务院兽医行政管理部门制定公布。有休药期规定的兽药用于食用动物时，饲养者应当向购买者或者屠宰者提供准确、真实的用药记录；购买者或者屠宰者应当确保动物及其产品在用药期、休药期内不被用于食品消费。国务院兽医行政管理部门，负责制定公布在饲料中允许添加的药物饲料添加剂品种目录。禁止在饲料和动物饮用水中添加激素类药品和国务院兽医行政管理部门规定的其他禁用药品。经批准可以在饲料中添加的兽药，应当由兽药生产企业制成药物饲料添加剂后方可添加。禁止将原料药直接添加到饲料及动物饮用水中或者直接饲喂动物。禁止将人用药品用于动物。国务院兽医行政管理部门，应当制定并组织实施国家动物及动物产品兽药残留监控计划。禁止销售含有违禁药物或者兽药残留量超过标准的食用动物产品。

在兽药监管方面，兽药应当符合兽药国家标准，兽医行政管理部门依法进行监督检查，对假劣兽药严厉查处，禁止将兽用原料药拆零销售或者销售给兽药生产企业以外的单位和个人，禁止未经兽医开具处方销售、购买、使用国务院兽医行政管理部门规定实行处方药管理的兽药，国家实行兽药不良反应报告制度。

6.4.2 最高残留限量与休药期

在动物毒理学及动物性食品中兽药残留研究中，最高残留限量和休药期是两个十分重要的概念。遵守最高残留限量和休药期规定是避免兽药残留超标，确保动物性食品安全的关键。

1. 最高残留限量

最高残留限量(maximum residue limits, MRLs)是指对食品动物用药后产生的允许存在于食品表面或内部的残留药物或其他化学物的最高含量或最高浓度。MRLs 属于国家强制性标准，使食品安全的重要保障。

制定最高残留限量的步骤通常包括确定残留组分，测定无作用剂量，估计危害性程度(安全系数)，确定日许量与食物消费系数，最后推算出 MRL。

药物的安全性是 MRL 的基础，如果组织中含有多个残留组分(原形药物和代谢产物)，则制定 MRL 时须考虑监测总残留，但是在残留分析中，测定总残留非常困难，采用以标示残留物(marker residue)代表样品中药物的残留量和 MRL。选择标示残留的基本原则是该物质在动物体内消除慢、含量高、性质稳定、测定方便。残留分析的样品可以是任何食用组织，通常定义残留消除最慢、含量最高的组织为残留监控的靶组织，多数药物的靶组织是动物的肝脏、肾脏或脂肪。测定靶组织在残留监控中具有实际意义。

2. 休药期

休药期(withdrawal time)，是指食品动物从停止给药到许可屠宰或它们的产品(即动物性食品，包括可食组织、蛋、奶等)许可上市的间隔时间。凡供食品动物应用的药物或其他化学物，均需规定休药期。休药期的规定是为了减少或避免供人食用的动物组织或产品中残留药物超量，进而影响人的健康。在休药期间，动物组织或产品中存在的具有毒理学意义的残留可逐渐减少或被消除，直到残留浓度降至“安全浓度”即“最高残留限量”以下。兽医不仅需要熟悉大量用于诊断、预防和治疗动物疾病的各种药物的药效和毒性知识；而且要掌握用药的休药期。在给食品动物使用药物时，兽医必须告诫畜主，在用药期间和用药后的一定时间内，不能将动物屠宰出售或其产品(奶、蛋)上市，否则，会引起动物性食品中药物残留量超标，危害人体健康。

影响动物体内药物残留消除及休药期的因素很多。所以，在实际生产中，用科学方法来制订休药期非常重要。下面介绍影响残留消除和休药期的因素以及估算休药期的方法。

1) 影响药物残留消除和休药期的因素

(1) 药物剂型与剂量。药物的剂型和制造工艺可影响药物的吸收。药物在一定剂量范围内与其在组织中的残留浓度呈正相关。

(2) 给药途径不同给药。途径可影响药物在机体内的吸收、分布或代谢，药物的首过效应或肝肠循环效应均可影响药物在机体内的消除时间。

(3) 合并用药和重复用药。两种或两种以上药物合并使用时，通过两药相互发生作用或改变消化道环境可影响其吸收；通过与血浆蛋白发生竞争性结合作用可影响药物的分布。在药物使用中如合并应用肝微粒体酶诱导剂(如氯丙嗪、安定、保泰松、苯巴比安、灰黄霉素)，可加快药物代谢，缩短药物从体内消除的时间；与肝微粒体酶抑制剂(如氯霉素、对硫磷、马拉硫磷等)合并应用时，可抑制药物代谢，延长药物从体内消除的时间；药物合并应用时，可因发生竞争性抑制肾小管分泌而使药物排泄速度减慢。总之，药物合并应用时，可使药物体内过程(吸收、分布、代谢和排泄)的任何环节发生变化，从而影响药物从体内消除和休药期。重复给药可通过药物蓄积作用，使药物在体内浓度增加，消除时间延缓。

(4) 动物年龄、性别、品种及个体差异。同种不同年龄的动物，其肾排泄功能、肝药物代谢酶系功能存在较大差异，这均能影响药物的代谢和排泄。动物性别、种属、品系及个体差异也可影响动物的代谢和排泄功能，进而影响药物的消除和休药期。这就是同一种药物有时对不同动物有不同的休药期的原因。

(5) 胃肠道环境及机能状态。胃肠道充盈程度和日粮成分影响药物的吸收，如油脂能促进脂溶性药物的吸收，钙、镁等金属离子能与某些药物(如四环素类)形成螯合物使药物吸收降低；制定休药期通常以健康动物为基础。但是，动物营养状况和许多疾病等均可影响动物体内药物的吸收和消除，如发热和炎症能改变一些抗生素的吸收和分布，某些疾病能直接影响肝、肾功能和药物与血浆蛋白的结合力，这可能是休药期产生变化的常见原因。

2) 休药期估算方法

估算休药期程序一般包括确定靶组织和被测残留物，研究组织残留消除规律，数据统计处理。估算休药期的方法有几种，较为常用的方法是实验动物经过预试后，按实际给药量和给药途径给药后停药，取若干个时间点(在 MRL 附近至少设 4 个采样时间点)采靶组织样品进行残留测定，绘制残留消除的半对数曲线，利用直线回归方法对数据进行统计处理，将 MRLs 比作为统计量估计时间的 99%置信限，取其上限时间作为休药期。另外，也可根据组织药代动力学参数来估算休药期。

6.4.3 兽药残留监控

食品的质量与安全是全球关注的热点，世界卫生组织(WHO)一直致力于食品安全的改进，与联合国粮农组织(FAO)合作设立的食品法典委员会(CAC)，负责执行 FAO/WHO 联合食品标准计划(Jonit FAO/WHO food standards program)，该计划目的是保护消费者健康，确保食品贸易公平；协调政府与非政府组织开展食品标准工作，确定优先权并发动和指导标准草案的制定，食品标准定稿；发布地区性或国际标准，根据新的研究成果修订已发布的标准。食品法典(codex alimentarius)是一部适用于全球所有国家的食品标准法规，世界贸易组织(WTO)承认法典标准作为国际食品安全参考标准。食品中兽药残留相关标准、指南和建议的制定由CAC委托其下属机构-食品中兽药残留法典委员会(CCRVDF)进行，该委员会在食品添加剂联合专家委员会(JECFA)的支持下，开展兽药残留的风险分析，在食品中兽药残留MRL制定的法典程序中着重考虑风险评估、风险管理和风险交流这三个要素。

欧美等发达国家对动物性食品兽药残留问题非常重视，所采取的措施也大体相近。专门机构负责制定食品中各种兽药残留MRLs并向社会公布，兽药生产企业负责按照MRLs制定所生产产品的休药期，兽药批准上市后，兽药监管机构(美国是FDA，我国是农业部兽医局)便启动监管以保证药物的有效性和安全性。与此同时，食品监管机构监管食品中的药物残留是否符合限量标准，在美国，肉类及禽产品等动物性食品兽药残留的监管部门是农业部安全检验局(FSIS)(我国是农业部农产品质量安全监督管理局)，FSIS制定并实施国家残留监控计划(NRP)，NRP的具体目标是对全美肉类及禽产品中残留的暴露水平进行评估和交流，以阻止残留超标的活动物被屠宰，阻止已被屠宰的残留超标动物进入食物供应链，以及防止养殖过程的违禁与滥用兽药。NRP分三个层次，即监测、监督和探查，监测是按照统计学原理，进行抽样检测，以了解外表健康的动物群是否存在残留超标情况，搜集残留方面的信息，发现潜在问题，防止残留超标事件，并为未来制定计划提供基础(大体上相当于我国的例行监测)。监测样品来源于全国并且是随机抽取的。监督是为测量动物群药物残留程度而开展的检验，是基于监测信息或其他背景信息或怀疑残留超标的情况下进行检测，样品及有很强的针对性(大体上相当于我国的监督抽查)。探查的目的是在整体上加强实施NRP，收集那些未建立安全浓度的药物残留信息，使用禁用药物的动物信息和已纳入监测计划的动物信息，以及评估新的监测方法等，样品来源可以是全国范围也可以是指定区域，可以是基于统计学原理的随机抽样，也可基于获得最坏消息的目的而收集的样品(大体上相当于我国的专项调查)。

我国兽药残留监控工作的组织体系由行政管理机构、技术支持机构和检验监测机构三个部分组成。

兽药残留行政管理机构是指县级及县级以上兽医行政管理部门。其工作职责分别是:农业部负责全国兽药残留监管工作;制定、修订兽药残留法规、规定;发布兽药残留限量标准、检测方法等技术规范;发布兽药残留监控计划和年度计划;负责兽药残留工作的组织、协调、监督等管理工作。省级兽医行政管理部门负责本辖区的兽药残留管理工作,协调本辖区内国家兽药残留监控计划的实施,制定和实施本省的兽药残留监控计划。县级兽医行政管理部门负责本辖区的兽药残留管理工作。兽药使用的监督管理工作由县级及以上兽医行政管理部门负责。

兽药残留技术支持机构主要是全国兽药残留专家委员会及4个国家级兽药残留基准实验室。全国兽药残留专家委员会负责兽药残留标准的制订、修订和审定;负责制订和修订国家残留监控计划;汇总和评价残留监控计划的监测结果;负责国家兽药残留基准实验室的技术协调工作;负责与相关国际组织的技术交流。国家兽药残留基准实验室的主要职责是:参与残留标准的制定;参与国家残留监控计划的制订与实施;负责残留检测结果的最终仲裁;负责对残留检测实验室的技术指导、人员培训,组织比对试验;负责提供技术咨询意见和建议。

兽药残留检验监测机构主要是兽药残留检测机构以及抽样机构。检测机构主要承担国家和省级兽药残留监控计划中的检测任务,参与残留标准制定工作。抽样机构主要是省级及以下动物防疫机构,主要负责国家和本省兽药残留监控计划的样品抽取。我国食品动物肌肉中药物残留限量如表6-1所示。

表6-1 我国食品动物肌肉中药物残留限量一览表

序号	药物名	标志残留物	动物种类	残留限量/μg/kg
1	阿灭丁(阿维菌素)(Abamectin)	Avermectin Bla	牛(泌乳期禁用)	25
2	乙酰异戊酰泰乐菌素(Acetylisovaleryltylosin)	总(Acetylisovaleryltylosin和3-O-乙酰泰乐菌素)	猪	50
3	阿苯达唑(Albendazole)	Albendazole + $ABZSO_2$ + ABZSO + $ABZNH_2$	牛/羊	100
4	双甲脒(Amitraz)	Amitraz + 2,4-DMA的总量	禽	10
5	阿莫西林(Amoxicillin)	Amoxicillin	所有食品动物	50
6	氨苄西林(Ampicillin)	Ampicillin	所有食品动物	50
7	氨丙啉(Amprolium)	Amprolium	牛	500
8	安普霉素(Apramycin)	Apramycin	猪肾	100
9	阿散酸/洛克沙胂(Arsanilic acid/Roxarsone)	总砷计(Arsenic)	猪	500
			鸡/火鸡	500

（续表）

序号	药物名	标志残留物	动物种类	残留限量/μg/kg
10	氮哌酮(Azaperone)	Azaperone+Azaperol	猪	60
11	杆菌肽(Bacitracin)	Bacitracin	牛/猪/禽	500
12	苄星青霉素/普鲁卡因青霉素(Benzylpenicillin/Procaine benzylpenicillin)	Benzylpenicillin	所有食品动物	50
13	倍他米松(Betamethasone)	Betamethasone	牛/猪	0.75
14	头孢氨苄(Cefalexin)	Cefalexin	牛	200
15	头孢喹肟(Cefquinome)	Cefquinome	牛/猪	50
16	头孢噻呋(Ceftiofur)	Desfuroylceftiofur	牛/猪	1 000
17	克拉维酸(Clavulanic acid)	Clavulanic acid	牛/羊/猪	100
18	氯羟吡啶(Clopidol)	Clopidol	牛/羊/猪	200
			鸡/火鸡	5 000
19	氯氰碘柳胺(Closantel)	Closantel	牛	1 000
			羊	1 500
20	氯唑西林(Cloxacillin)	Cloxacillin	所有食品动物	300
21	黏菌素(Colistin)	Colistin	牛/羊/猪/鸡/兔	150
22	环丙氨嗪(Cyromazine)	Cyromazine	羊	300
			禽	50
23	达氟沙星(Danofloxacin)	Danofloxacin	牛/绵羊/山羊	200
			家禽	200
			其他动物	100
24	癸氧喹酯(Decoquinate)	Decoquinate	鸡	1 000
25	溴氰菊酯(Deltamethrin)	Deltamethrin	牛/羊/鸡/鱼	30
26	越霉素 A(Destomycin A)	Destomycin A	猪/鸡	2 000
27	地塞米松(Dexamethasone)	Dexamethasone	牛/猪/马	0.75
28	二嗪农(Diazinon)	Diazinon	牛/猪/羊	20
29	敌敌畏(Dichlorvos)	Dichlorvos	牛/羊/马	20
			猪	100
			鸡	50
30	地克珠利(Diclazuril)	Diclazuril	绵羊/禽/兔	500
31	二氟沙星(Difloxacin)	Difloxacin	牛/羊/猪	400
			家禽及其他	300
32	三氮脒(Diminazine)	Diminazine	牛	500
33	多拉菌素(Doramectin)	Doramectin	牛(泌乳期禁用)	10
			猪/羊/鹿	20
34	多西环素(Doxycycline)	Doxycycline	牛(泌乳期禁用)/猪/禽(产蛋鸡禁用)	100

（续表）

序号	药物名	标志残留物	动物种类	残留限量/μg/kg
35	恩诺沙星(Enrofloxacin)	Enrofloxacin +Ciprofloxacin	牛/羊/猪/兔/禽(产蛋鸡禁用)/其他动物	100
36	红霉素(Erythromycin)	Erythromycin	所有食品动物	200
37	乙氧酰胺苯甲酯(Ethopabate)	Ethopabate	禽	500
38	苯硫氨酯(Fenbantel) 芬苯达唑 Fenbendazole) 奥芬达唑(Oxfendazole)	可提取的 Oxfendazole sulphone	牛/马/猪/羊	100
39	倍硫磷(Fenthion)	Fenthion+metabolites	牛/猪/禽	100
40	氰戊菊酯(Fenvalerate)	Fenvalerate	牛/羊/猪	1 000
41	氟苯尼考(Florfenicol)	Florfenicol-amine	牛/羊(泌乳期禁用) 猪 家禽(产蛋鸡禁用) 鱼 其他动物	200 300 100 1 000 100
42	氟苯咪唑(Flubendazole)	Flubendazole + 2 - aminol H - benzimidazol - 5 - yl - (4 -fluorophenyl) methanone	猪 禽	10 200
43	氟甲喹(Flumequine)	Flumequine	牛/羊/猪/鸡 鱼	500 500
44	氟氯苯菊酯(Flumethrin)	Flumethrin (trans-Z-isomers 总量)	牛/羊(产奶期禁用)	10
45	氟胺氰菊酯(Fluvalinate)	Fluvalinate	所有动物	10
46	庆大霉素(Gentamicin)	Gentamicin	牛/猪/鸡/火鸡	100
47	氢溴酸常山酮(Halofuginonehydrobromide)	Halofuginone	牛 鸡/火鸡	10 100
48	氮氨菲啶(Isometamidium)	Isometamidium	牛	100
49	伊维菌素(Ivermectin)	22,23 - Dihyhdro-avermectin Bla	牛 猪/羊	10 20
50	吉他霉素(Kitasamycin)	Kitasamycin	猪/禽	200
51	拉沙洛菌素(Lasalocid)	Lasalocid	鸡皮+脂肪 火鸡皮+脂肪	1 200 400

（续表）

序号	药物名	标志残留物	动物种类	残留限量/μg/kg
52	左旋咪唑(Levamisole)	Levamisole	牛/羊/猪/禽	10
53	林可霉素(Lincomycin)	Lincomycin	牛/羊/猪/禽	100
54	马杜霉素(Maduramicin)	Maduramicin	鸡	240
55	马拉硫磷(Malathion)	Malathion	牛/羊/猪/禽/马	4 000
56	甲苯咪唑(Mebendazole)	Mebendazole 等效物	羊/马 (产奶期禁用)	60
57	安乃近(Metamizole)	4-氨基-安替比林	牛/猪/马	200
58	莫能菌素(Monensin)	Monensin	牛/羊 鸡/火鸡	50 1 500
59	甲基盐霉素(Narasin)	Narasin	鸡	600
60	新霉素(Neomycin)	Neomycin B	牛/羊/猪/鸡/火鸡/鸭	500
61	尼卡巴嗪(Nicarbazin)	N, N-bis-(4-nitrophenyl)urea	鸡	200
62	硝碘酚腈(Nitroxynil)	Nitroxynil	牛/羊	400
63	喹乙醇(Olaquindox)	3-甲基喹啉-2-羧酸(MQCA)	猪	4
64	苯唑西林(Oxacillin)	Oxacillin	所有食品动物	300
65	丙氧苯咪唑(Oxibendazole)	Oxibendazole	猪	100
66	恶喹酸(Oxolinic acid)	Oxolinic acid	牛/猪/鸡 鱼肉+皮	100 300
67	土霉素/金霉素/四环素(Oxytetracycline/Chlortetracycline/Tetracycline)	原药单个或复合物	所有食品动物	100
68	辛硫磷(Phoxim)	Phoxim	牛/猪/羊	50
69	哌嗪(Piperazine)	Piperazine	猪	400
70	巴胺磷(Propetamphos)	Propetamphos	羊	90
71	碘醚柳胺(Rafoxanide)	Rafoxanide	牛 羊	30 100
72	氯苯胍(Robenidine)	Robenidine	鸡	100
73	盐霉素(Salinomycin)	Salinomycin	鸡	600
74	沙拉沙星(Sarafloxacin)	Sarafloxacin	鸡/火鸡 鱼肉+皮	10 30
75	赛杜霉素(Semduramicin)	Semduramicin	鸡	130
76	大观霉素(Spectinomycin)	Spectinomycin	牛/羊/猪/鸡	500

（续表）

序号	药物名	标志残留物	动物种类	残留限量/μg/kg
77	链霉素/双氢链霉素(Streptomycin/Dihydrostreptomycin)	Streptomycin 总量＋ Dihydrostreptomycin	牛/绵羊/猪/鸡	600
78	磺胺类(Sulfonamides)	原药总量	所有食品动物	100
79	噻苯咪唑(Thiabendazole)	噻苯咪唑和 5-羟基噻苯咪唑	牛/猪/绵羊/山羊	100
80	甲砜霉素(Thiamphenine)	Thiamphenine	牛/羊/猪/鸡/鱼	50
81	泰妙菌素(Tiamulin)	Tiamulin ＋8-α-Hydroxy mutilin 总量	猪/兔/鸡/火鸡	100
82	替米考星(Tilmicosin)	Tilmicosin	牛/绵羊/猪 鸡	100 75
83	甲基三嗪酮(托曲珠利,Toltrazuril)	Toltrazuril sulfone	猪/鸡/火鸡	100
84	敌百虫(Trichlorfon)	Trichlorfon	牛	50
85	三氯苯唑(Triclabendazole)	Ketotriclabendazole	牛 羊	200 100
86	甲氧苄啶(Trimethoprim)	Trimethoprim	牛/猪/禽 马 鱼肉＋皮	50 100 50
87	泰乐菌素(Tylosin)	A Tylosin	鸡/火鸡/猪/牛	200
88	维吉尼霉素(Virginiamycin)	Virginiamycin	猪/禽	100
89	二硝托胺(Zoalene)	Zoalene ＋Metabolite 总量	鸡/火鸡	3 000

6.5 现状与主要问题

肉食品人均消费量的提高和充足的肉类供应曾经是人民生活水平提高的显著标志。但是，随着经济的发展，耕地面积逐步减少，随之而来的是饲料涨价，养殖业成本提高，市场竞争加剧；养殖规模的扩大，导致养殖环境劣化，致病菌、病毒、寄生虫数量越来越多，耐药性越来越严重，迫使养殖企业加大兽药用量进行防病治病，兽药残留现状不容乐观。

兽药滥用与违禁使用是造成动物性食品中兽药残留严重的主要原因，主要表现在以下方面。

1. 从业人员素质

目前，我国畜禽养殖行业从业人员总体技术业务素质不高，执业兽医制度刚刚起步，大型养殖厂配备专职兽医，多数养殖场/户没有专职兽医，施药者对兽药的性质、药理作用、代谢途径以及安全用药知识了解不够深入，对动物给药主要凭经验，缺乏科学合理的用药依据，超期超量用药、不安说明书用药的现象比比皆是。更有甚者，无视消费者健康和国家法律，在利益的驱动下，违禁使用国家严厉禁止的兽药品种，社会危害极大。

2. 兽药质量

据统计，我国拥有兽药生产企业1 800多家，其中中小型企业占80%以上，生产技术与管理水平参差不齐。很多中小型兽药厂工艺落后，生产出来的兽药存在有效成分降解或药效不稳定等严重影响使用效果的问题，为此这些厂家普遍采用提高药物含量和添加其他药物等办法加以弥补，前者由于产品的实际含量比标准规定含量高，弥补甚至提高了该产品的使用效果，市场上常见的磺胺、喹诺酮类药物产品标示量高达150%以上；后者为提高产品的使用效果，任意增加主要成分，随意组方，目前在常规制剂中添加各种药物组成复方制剂已经成为大多数厂家的公开秘密，有的复方制剂中药物多达7～8种，造成重复给药，超剂量给药，成为兽药残留的巨大隐患。

一些不法兽药厂，将生产出的合格产品用于应付药监部门的抽检，将假劣兽药给经销商，由于原料药以次充好或偷梁换柱，成本降低，利润空间增大，经销商积极性高。抽检结果显示，临床常用阿莫西林等抗菌药物含量严重不足。

3. 兽药使用

目前我国兽药处方药和非处方药制度尚未建立，未经执业兽医指导随意用药现象普遍，特别是在在养殖环境日益恶劣和养殖密度不断增大的双重压力下，动物机体多数处于亚健康状态，疾病种类繁多，而且多为混合感染，临床上使用单一药物难以奏效，多品种混合使用、超量使用短期会效果好，但从长远上看，会加剧细菌病原菌耐药性程度，潜在危害更大。

养殖过程中普遍使用的药物饲料添加剂，不仅能促进动物的生长，更重要的是能预防病原菌感染、群体疾病的发生，极大地提高了饲养业的经济效益，对集约化饲养业的发展作出了重大贡献。但是随着科学认识的深入，人们在获得经济效益的同时，对药物所带来的副作用有了更深刻的认识，特别是耐药菌株的产生将导致某些抗菌药物对人体疾病的治疗无效，后果不堪设想。基于这些因素，一些国家已开始限制某些抗菌药物的使用，从2006年开始，欧盟全面禁止了抗菌药物在饲料中的使用，我国农业部2011年表示，拟计划全面禁止在饲料中添加抗菌药物。

人药兽用和使用抗生素药渣作为饲料添加剂或部分替代饲料是近期新动向，潜在危害巨大，应予以高度关注。

4. *养殖粪污*

近年来随着畜禽养殖规模化、集约化、工业化的迅速发展，畜禽粪污排放量日益增加，兽药通过不同途径进入动物体，经过吸收、代谢后大部分随粪尿排出体外，粪污中含有大量的药物原形和代谢产物，除存留在土壤中和污染水源外，动物粪便会被再次利用，例如很多地区采用鸡粪养鱼，兽药残留再次进入食物链，造成二次污染。

5. *残留监控*

兽药残留监控技术法规和检测方法尚需进一步完善，我国兽药残留监控技术法规是指导和规范兽药残留监控工作的指南。目前，在抽检范围、抽检频次和品种分布方面，主要存在抽检样品数量少、代表性不强和抽检参数不适应动态发展需要等问题。究其原因，一方面是由于各级财政投入不足导致；另一方面，由于各部门分头执法，导致重复检验和重复执法，未能使有限的资金发挥应有的效用。残留监控方案设计、工作机制等方面还有待于进一步完善和加强。在监测方法研究方面，由于缺乏对有关兽药尤其是新兽药最高残留限用标准进行风险评估，检测方法还不能完全满足残留监控工作的需要。

6.6 常用检测方法

6.6.1 微生物检测方法

微生物检测方法的原理是根据抗微生物药物对特异微生物的抑制作用定性或定量样品中抗微生物药物的残留，常用的方法有杯碟法、纸片法、拭子法等，其基本步骤包括菌种筛选、培养基制备、菌种的培养与保存、样品前处理方法及测定方法建立。如果微生物学检测方法用于定量筛选时，还包括标准曲线、检测限和方法回收率测定等步骤。目前最常用的微生物检测方法是检测牛奶中β-内酰胺类抗生素残留。

6.6.2 免疫检测方法

免疫检测方法的基本原理是基于抗原抗体的特异性结合定性或定量样品中

药物残留，常用的方法有放射免疫、酶联免疫等，免疫分析方法包括免疫半抗原合成、结合抗原合成与美标抗原制备、抗体制备与鉴定、测定方法建立、样品前处理方法建立及方法学评价等步骤。目前兽药残留检测中最常用的免疫检测方法为酶联免疫检测方法，生产中广泛使用的有克伦特等 β-激动剂试剂盒、磺胺类、四环素类、喹诺酮类药物残留试剂盒等。

6.6.3　定量与确证方法

兽药残留分析中常用的定量与确证方法主要是仪器方法，以色谱法和色-质联用法为主，由于多数兽药属中等极性或较高极性，不适合用气相色谱分离，事实上绝大多数兽药残留分析方法是液相色谱或液相色谱串联质谱法。此类检测方法建立包括以下步骤：查阅文献与设计分析方法，建立基本分析方法，建立样品前处理方法，确定线性范围、检测限、定量限、灵敏度、准确性、重复性等关键技术指标，稳定性与抗干扰试验，方法学评价与实际样品检测等。

参考文献

[1] 国家统计局. 2012 年统计年鉴，http://www. stats. gov. cn/tjsj/ndsj/2012/indexch. htm
[2] 田维. 兽药残留的危害及应对措施[J]. 兽医导刊，2013，S1：84 - 85.
[3] 沈建忠，王战辉. 兽药残留和细菌耐药性问题在畜产品安全中日益突出[J]. 兽医导刊，2013，05：55 - 57.
[4] 李永志. 兽药残留安全控制策略[J]. 中国畜禽种业，2013，07：3 - 4.
[5] 侯文博. 兽药残留对食品安全性的影响[J]. 山东畜牧兽医，2013，07：55 - 56.
[6] 孙作刚. 动物性食品安全与兽药残留监控[J]. 新疆畜牧业，2013，06：25 - 26.
[7] 姜发亭. 兽药残留对畜牧生产的危害及控制措施[J]. 畜牧兽医科技信息，2012，12：7 - 8.
[8] 陆燕. 兽药残留产生的原因剖析及对策[J]. 畜禽业，2013，06：55 - 56.
[9] Snepar R，Poporad G，Romano J. In vitro activity，efficacy，and pharmacology of moxalactam，a new beta-lactam antibiotic [J]. Antimicrobial agents and chemothrapy，1981，20(5)：642 - 647.
[10] 张致平. β-内酰胺类抗生素研究的进展[J]. 中国抗生素杂志，2000，25(3)：233 - 239.
[11] Moriyama B，Henning S A，Neuhauser M M. Continuous-infusion beta-lactam antibiotics during continuous venovenous hemofiltration for the treatment of resistant gram-negative bacteria [J]. Annals of pharmacotherapy，2009，43(7 - 8)：1324 - 1337.
[12] Grebe T，Hakenbeck R. Penicillin-binding proteins 2b and 2x of Streptococcus pneumoniae are primary resistance determinants for different classes of beta-lactam antibiotics [J]. Antimicrobial agents and chemotherapy，1996，40(4)：829 - 834.
[13] Villegas Estrada A，Lee M，Hesek D. Co-opting the cell wall in fighting methicillin-

resistant Staphylococcus aureus: potent inhibition of PBP 2a by two anti-MRSA beta-lactam antibiotics [J]. Journal of the american chemical society, 2008,130(29):9212-9213.

[14] Albarracin Orio Andrea G, Pinas German E, Cortes Paulo R. Compensatory evolution of PBP mutations restores the fitness cost imposed by beta-lactam resistance in Streptococcus pneumonia [J]. PLOS PATHOGENS, 2011,7(2).

[15] 张永信. β-内酰胺类抗生素的临床定位[J]. 世界临床药物,2005,26(11):650-654.

[16] 宦定才. β-内酰胺类抗生素的药理特点与临床研究进展[J]. 药物与临床,2001,16(5):62-65.

[17] Miriam Barlow, Barry G. Hall. Origin and evolution of the AmpC beta-lactamases of Citrobacter freundii [J]. Antimicrobial agents and chemotherapy, 2002,46(5):1190-1198.

[18] Madaras Kelly K J, Remington R E, Oliohant C M. Efficacy of oral bata-lactam versus non-beta-lactam treatment of uncomplicated cellulitis [J]. American journal of medicine, 2008,121(5):419-425.

[19] 葛涵,沈舜义. 大环内酯类抗生素的研究进展[J]. 世界临床药物,2007,28(6):376-380.

[20] 李俊锁,邱月明,王超. 兽药残留分析[M]. 上海:科学技术出版社,2002,413.

[21] ČULIĆ O, ERAKOVIĆ V, PARNHAM M J. Anti-inflammatory effects of macrolide antibiotics [J]. European journal of pharmacology, 2001,429(1):209-29.

[22] Altenburg J, De graaff C S, Van der werf T S, et al. Immunomodulatory Effects of Macrolide Antibiotics—Part 1: Biological Mechanisms [J]. Respiration, 2011,81(1):67-74.

[23] Parra-ruiz J, Vidaillac C, Rybak M J. Macrolides and staphylococcal biofilms [J]. Rev. Esp. Quimioter, 2012, 25(1): 10-6.

[24] 孙曼琴. 大环内酯类抗生素的临床药理[J]. 国外医药(抗生素分册),1997,02:139-41.

[25] Jing X, Andra E. Talaska, et al. New developments in aminoglycoside therapy and ototoxicity [J]. Hear Res., 2011, 281(1-2): 28-37.

[26] Kaul M, Barbieri C M, Pilch D S. Aminoglycoside-induced reduction in nucleotide mobility at theribosomal RNA A-site as a potentially key determinant of antibacterial activity [J]. J. Am. Chem. Soc.,2006;128:1261-1271.

[27] Radigan E A, Gilchrist N A, Miller M A. Management of aminoglycosides in the intensive care unit. J. Intensive Care Med. 2010;25:327-342.

[28] 范铭琦,赵敏,范瑾. 30S核糖体的结构及其与氨基糖苷类抗生素相互作用的新进展[J]. 中国新药杂志,2006,09:676-682.

[29] 郑卫. 氨基糖苷类抗生素研究的新进展[J]. 国外医药(抗生素分册),2005,03:101-110.

[30] 王增霞,周善学. 新型氨基糖苷类抗生素合成的最新进展[J]. 国外医药(抗生素分册),2007,04:155-166.

[31] Hinshaw H C, Feldman W H. Streptomycin in treatment of clinical tuberculosis: a preliminary report [J]. Proc Mayo Clinic. 1945;20:313-318

[32] Kaplan D, Nedzelski J, Chen J, et al. Intratympanic gentamicin for the treatment of unilateral Ménière's disease [J]. Laryngoscope. 2000;110:1298-1305.

[33] Jiang H, Sha S H, Schacht J. Kanamycin alters cytoplasmic and nuclear phosphoinositide

signaling in the organ of Corti in vivo. J Neurochem. 2006b;99:269 - 276.
[34] Barza M, Brown R B, Shanks C, et al. Relation between lipopilicity and pharmacological behavior of minocyline, doxycycline, tetracycline and oxytetracycline in dogs [J]. Antimicrob Agents Chemother, 1975, 8(6):713 - 720.
[35] 张建成. 四环素类抗生素研究进展[J]. 河北医药 2005, 27(7):545 - 546.
[36] 陈育枝, 张元元, 袁希平, 张曦. 动物四环素类抗生素现状及前景[J]. 兽药与饲料添加剂, 2006, 11(3):16 - 17.
[37] 张彦. 抗耐药四环素类药物的研究进展[J]. 中国药物与临床, 2007, 7(11):855 - 858.
[38] 中国兽药杂志编辑部. 氯霉素类抗生素的概述[J]. 中国兽药杂志, 2003, 37(7):44 - 48.
[39] 林庆华. 抗生素在兽医临床应用上的进展[J]. 福建畜牧兽医, 2000, 22(3):39 - 44.
[40] Kowalski P, Plenis A, Oledzka I. Optimization and validation of capillary electrophoretic method for the analysis of amphenicols in poultry tissues [J]. Acta. Poloniae Pharmaceutica, 2008, 65(1):45 - 50.
[41] 中国兽药典委员会编. 2006. 中华人民共和国兽药典兽药使用指南(化学药品卷)(2005版). 北京:中国农业出版社.
[42] 杜向党. 氯霉素类药物耐药机制的研究进展[J]. 动物医学进展, 2004, 25(2):27 - 29.
[43] 何俊莎, 毛以智, 王兴群. 甲砜霉素的抗菌作用和毒、副作用[J]. 养殖与饲料, 2010, 4:47 - 49.
[44] Maita K, Kuwahara M, Kosaka T. Testicular toxicity of thiamphenicol in Sprague-Dawley rats [J]. Journal of Toxicologic pathology, 1999, 12(1):27 - 33.
[45] Tutorj A, Havard A C, Robinson S. An assessment of chloramphenicol and thiamphenicol in the induction of aplastic anaemia in the BALB/C mouse [J]. Food chem Toxicol, 2000, 38(10):925 - 938.
[46] 李秀波, 石波, 梁萍. 新型广谱抗菌药——氟苯尼考[J]. 国外畜牧科技, 1999, 26(3):50.
[47] 姚金凤, 白露, 宋亚芳等. 多肽类药物代谢研究进展[J]. 中国药理学通报, 2013, 29(7):895 - 899.
[48] 窦晓睿, 艾小霞, 高荧等. 多肽类药物含量(效价)测定方法及其应用[J]. 药学进展, 2011, 35(12):536 - 542.
[49] Cruz D N, Antonelli M, Fumagalli R, et al. Early use of polymyxin B hemoperfusion in abdominal septic shock [J]. JAMA; the journal of the American Medical Association, 2009, 301(23):2445 - 2452.
[50] Economou N J, Cocklin S, Loll P J. High-resolution crystal structure reveals molecular details of target recognition by bacitracin [J]. Proceedings of the National Academy of Sciences of the United States of America, 2013, 110(35):14207 - 14212.
[51] Shaaly A, Kalamorz F, Gebhard S, et al. Undecaprenyl pyrophosphate phosphatase confers low-level resistance to bacitracin in Enterococcus faecalis [J]. Journal of Antimicrobial Chemotherapy, 2013, 68(7): 1583 - 1593.
[52] Cocito C. Antibiotics of the virginiamycin family, inhibitors which contain synergistic components [J]. Microbiological reviews, 1979, 43(2):145 - 149.

[注] 本章除特殊注明外,药物结构与化学性质参考[13]。

第7章　3-氯丙二醇(酯)和缩水甘油(酯)的研究进展

7.1　3-氯丙二醇和3-氯丙二醇酯的毒理学研究进展

7.1.1　引言

3-氯-1,2-丙二醇(3-MCPD)酯是3-氯-1,2-丙二醇中单个羟基或两个羟基同时连接长链的脂肪酸形成的酯类,既存在1位(sn1-)或者2位(sn2-)连接单一脂肪酸的单酯,也存在1位和2位同时连接2个相同或不同脂肪酸的二酯,如图7-1所示。参与形成3-氯丙二醇酯的主要脂肪酸为棕榈酸、硬脂酸、油酸、亚油酸、亚麻酸等[70]。

近年来,科研工作者在许多食物中均发现了3-氯丙二醇酯类,如面包、咖啡、精炼植物油、婴幼儿奶粉、咸饼干、麦芽制品、炸薯条、甜甜圈、腌制的橄榄和青鱼[32, 62, 78, 88, 91, 93]。其中二酯含量较多,占总量的85%,单酯最多占15%[70]。2008年,在母乳中也检测到3-氯丙二醇酯,含量为<300～2 195 μg/kg脂肪或者为6～76 μg/kg母乳[92],表明3-氯丙二醇酯可以被人体吸收并分布到身体的各个组织和器官。据文献报道,3-氯丙二醇酯在胃肠道内经脂酶水解可游离出3-氯丙二醇[88],从而导致人每天摄入3-氯丙二醇的量有可能会超过联合国粮农组织和世界卫生组织下的食品添加剂联合专家委员会(Joint FAO/WHO Expert Committee on Food Additives, JECFA)规定的最大耐受量2 μg/kg体重,而且动物实验证明,游离的3-氯丙二醇对Fischer 344大鼠致癌[77];对SD大鼠[12]和B6C3F1小鼠[11]的肾脏、睾丸和卵巢均有特异性损伤。

另外,在油脂精炼过程中,如图7-1所示,缩水甘油酯通常会伴随3-氯丙二醇酯一起形成。缩水甘油及其酯也被认定为有害污染物,但目前关于缩水甘油及其酯的毒理学研究鲜有报道。

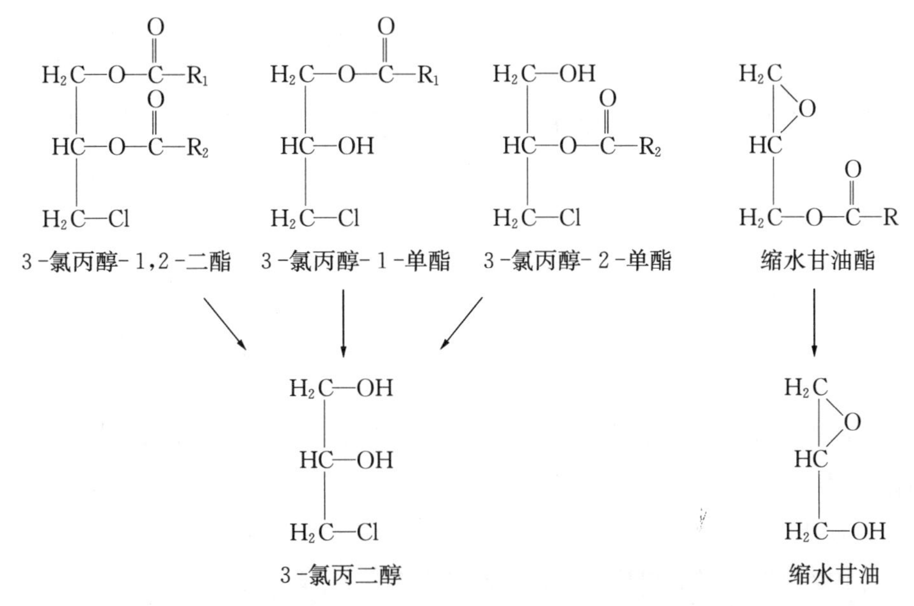

图7-1 3-氯丙二醇和3-氯丙二醇酯,缩水甘油和缩水甘油酯的分子结构式(R、R_1、R_2 为长链烃基)

所以,本章针对3-氯丙二醇酯的毒理学研究进展进行了归纳总结。目前,3-氯丙二醇酯的毒理学研究主要集中于以下几个方面:①3-氯丙二醇酯的体外毒理学研究;②3-氯丙二醇酯的体内毒理学研究(急性毒性或者长期毒性);③如果证明有毒,3-氯丙二醇酯的毒性机制如何。

本节首先总结了游离3-氯丙二醇的毒理学研究,并概括了最新的3-氯丙二醇酯的毒理学研究数据,在此基础上分析了3-氯丙二醇酯的水解途径和速率,最后对未来的研究进行了展望。

7.1.2 3-氯丙二醇的毒理学研究进展

1. 3-氯丙二醇对肾脏、睾丸和卵巢的特异性损伤

Ericsson等[26]早在1970年就用雄性大鼠和荷兰猪研究3-氯丙二醇导致生殖能力下降的机理。他得出3-氯丙二醇的经口急性毒性的半数致死剂量 LD_{50} 为152 mg/kg·体重。同时,他还认为3-氯丙二醇导致雄性大鼠生殖能力下降的原因是血管向附睾供血不足,精子质膜不成熟从而不能和卵细胞正常接触。1981年,Weisburger等[85]采用经口灌胃的方法给予Charles River大鼠3-氯丙二醇,每周2次,连续72周,结果没有肾脏肿瘤发生的趋势。1993年,Sunahara等[77]研究发现,3-氯丙二醇加入到Fischer 344大鼠的饮用水中后,染毒大鼠的

肾脏肿瘤的发生趋势呈剂量依赖性；同时染毒的雄性大鼠患乳腺纤维瘤的几率也增加。以上肿瘤是否发生可能是由种属差异引起的。为了验证种属差异对肿瘤发生趋势的影响，2008 年，Cho 等[12]研究了 3 -氯丙二醇对 SD 大鼠的长期毒性，将 3 -氯丙二醇溶于大鼠的饮水中分别配制成 0，25，100，400 ppm 的均一水溶液，让其自由饮水。每个剂量组有 100 只动物，雌雄各半，实验周期为两年。结果发现，400 ppm 组大鼠体重和饮水量相对于对照组均明显下降；组织学结果表明，400 ppm 组肾小管腺瘤发生率较对照组明显增加，同时伴有慢性肾病和肾小管增生。睾丸间质细胞瘤的发生率和剂量呈正相关关系。以上均是 3 -氯丙二醇在大鼠体内做的毒理学实验。不同点是肾脏肿瘤的发生率、雄性大鼠乳腺瘤发生率以及睾丸间质细胞瘤的发生率存在差别。这说明 3 -氯丙二醇所造成的肾脏和睾丸的损伤与种属有关。

3 -氯丙二醇的小鼠毒理学数据也有很多报道。1974 年，Van Duuren 等[8]用 Swiss 小鼠分别以皮下和腹腔注射两种方式给予 3 -氯丙二醇。Cho 等[11]将 3 -氯丙二醇溶于水配制成 0，5，25，100，200，400 ppm 的均一水溶液，让 B6C3F1 小鼠自由饮水，进行实验周期为 13 周的亚慢性毒性实验。结果显示 3 -氯丙二醇特异性损伤肾脏、睾丸和卵巢。2010 年，Jeong 等将 3 -氯丙二醇溶于水制成 0，100，300 ppm 的水溶液，B6C3F1 小鼠自由饮水，实验周期 104 周。结果没有发现癌症发生的可能性。结果差异的可能原因是剂量和实验周期的差异。

从以上的实验可以得出结论 3 -氯丙二醇可能对肾脏、睾丸和卵巢造成特异性损伤，且损伤呈种属特异性。

2. 3 -氯丙二醇对免疫系统和神经系统调节作用

Lee 等[50, 51]首次研究了 3 -氯丙二醇对免疫系统的调节作用。他们连续 14 天经灌胃方式给予雌性的 Balb/c 小鼠 0，25，50，100 mg/kg・体重的 3 -氯丙二醇。发现小鼠高剂量组胸腺萎缩；同时脾脏和胸腺细胞结构的完整性下降；自然杀伤细胞(natural killer cell，NK)的活力下降。这说明 3 -氯丙二醇对免疫系统有抑制作用。

Kim 等[44]研究了 3 -氯丙二醇的对大鼠的神经毒性。实验分阴性对照组、丙烯酰胺阳性对照组、10，20，30 mg/kg 3 -氯丙二醇剂量组。连续 11 周，每天给药。实验研究了大鼠的肌动能力、握力等神经支配的行为，3 -氯丙二醇组没有表现出明显的神经毒性。Qian 等[63]发现 R 型和 S 型的 3 -氯丙二醇使 ICR 小鼠表现出逆时针转圈等神经失调症状。Cavanagh 等[9]研究发现 3 -氯丙二醇使小鼠的脑干部分有空泡性样变，他们认为这可能是 3 -氯丙二醇导致染毒动物运动失调的原因。当然具体原因有待进一步调查。综合实验结果表明3-氯丙二醇可能有轻微的神经毒性。

3. 3-氯丙二醇的遗传毒性

3-氯丙二醇被证明在体外有遗传毒性[73, 76, 90]，但是在体内没有遗传毒性[25, 26, 69]。2001年，欧洲食品科学委员会(European Scientific Committee on Food, SCF)声明3-氯丙二醇的体外遗传毒性的表现在体内实验中无法验证。

综上所述，3-氯丙二醇在体内对肾脏、睾丸和卵巢有特异性损伤；对免疫系统有一定的抑制作用，对神经系统有影响；体内的遗传毒性表现在体内实验中没有得到验证。

7.1.3 3-氯丙二醇酯毒理学研究进展

3-氯丙二醇酯的形式多样决定了其毒性的差异。单酯和二酯毒性的差异，不同脂肪酸取代对单酯毒性大小的影响，对于二酯而言，还存在两个脂肪酸是否相同，如果不同，取代位置还会有差异。上述这些差异都可能对3-氯丙二醇酯的毒性大小有影响。近来，已有人对这个问题做了相关研究。

1. 3-氯丙二醇酯的体外毒理学

2011年，Tee等[79]采用MTT(噻唑蓝)法研究了1-棕榈酸，1-硬脂酸，2-油酸，1-棕榈酸-2油酸3-氯丙二醇酯的体外细胞毒性。结果显示，1-棕榈酸和1-硬脂酸3-氯丙二醇单酯在200 000 ppm水平表现出明显的细胞毒性，50%抑制率(IC_{50})分别为70 000和31 000 ppm，而2-油酸3-氯丙二醇单酯表现出更强的毒性，其在781 ppm水平就显示出明显的细胞毒性。这说明脂肪酸的取代位置和种类不同均对其细胞毒性有影响。与单酯相比，1-棕榈酸-2-油酸3-氯丙二醇二酯则未表现出明显的细胞毒性，其表明二酯的体外细胞毒性小于单酯。

2012年，Liu等[52]采用MTT(噻唑蓝)和LDH(乳酸脱氢酶)方法分别研究了1-棕榈酸，1,2-二棕榈酸3-氯丙二醇酯对大鼠NRK-52E肾细胞增殖的影响。结果表明，1-棕榈酸3-氯丙二醇单酯在10和100 μg/ml剂量水平表现出明显的细胞毒性；相反，1,2-二棕榈酸3-氯丙二醇单酯对大鼠NRK-52E细胞的增殖没有明显的抑制作用。

2. 3-氯丙二醇酯的体内毒理学

Tee等[79]研究了1-棕榈酸，1-硬脂酸，2-油酸，1-棕榈酸-2-油酸3-氯丙二醇单酯的急性毒性。实验动物为Sprague-Dawley大鼠，3个实验组剂量分别为50, 200, 400 mg/kg, $n=5$/性别/组。结果显示实验组大鼠的平均体重，组织的绝对和相对质量、临床指标等方面相对于对照组均没有表现出差异。Tee 等人由此推断 3-氯丙二醇酯的半数致死剂量(LD_{50})为>400 mg/kg,并没有得到确切的数值。

2012 年,Liu 等[52]分别研究了 1-棕榈酸 3-氯丙二醇单酯和 1,2-二棕榈酸 3-氯丙二醇二酯对 Swiss 小鼠的急性毒性。1-棕榈酸 3-氯丙二醇单酯的 LD_{50}(半数致死剂量)为 2 676.81 mg/kg·体重,1,2-二棕榈酸二酯的 LD_{50} 大于 5 000 mg/kg·体重,说明单酯的毒性大于二酯。同时,染毒而死的小鼠肾脏表现出肾小管坏死、蛋白管型等病理改变;睾丸表现出成熟精子数目下降,曲精管内细胞脱屑、排列紊乱甚至脱落等病理改变。死亡小鼠的血清学指标尿素氮和肌酐水平明显高于对照组和存活组小鼠($P<0.05$)。

除了 3-氯丙二醇酯的急性毒性报道,目前亚长期(90 天)毒性实验也已有报道。欧洲食品安全局(EFSA)报道了同摩尔剂量的 3-氯丙二醇和棕榈酸二酯的毒性比较[22]。棕榈酸二酯组的大鼠排泄的 3-氯丙二醇和 3-氯丙二醇硫醚氨酸衍生物速率比 3-氯丙二醇组大鼠低 30%。与检测到的硫醚氨酸衍生物的量相比,β-乳酸的量很低。文献报道,3-氯丙二醇在体内有两条代谢途径,一条途径的代谢产物是以缩水甘油为中间产物的硫醚氨酸;另一条途径的代谢产物是以β-乳酸为中间产物的草酸[23]。EFSA 的报道说明棕榈酸二酯在大鼠体内可以水解为 3-氯丙二醇,并以第一条途径被代谢。这与之前文献报道的 3-氯丙二醇主要通过途径二代谢相矛盾,所以 3-氯丙二醇酯在体内的代谢途径还有待进一步研究。他们的结果还显示 3-氯丙二醇二酯特异性损伤肾脏和睾丸。

综合上述报道,3-氯丙二醇酯特异性损伤肾脏和睾丸,同时脂肪酸取代位置、脂肪酸种类均对 3-氯丙二醇酯类的毒性大小有影响,但是他们没有得到明确的 LD_{50} 值,也没有得出代谢率以及明确的代谢途径,因此在参考和依据他们的实验结果的基础上,后续的研究应该是通过急性毒性实验得到明确的 LD_{50} 值。

3. 3-氯丙二醇酯的毒理学机制

3-氯丙二醇酯是否会因为水解而对人的健康造成威胁还停留在猜测阶段,因此研究 3-氯丙二醇酯的水解程度、分布和排泄是解决问题的关键所在。针对上述问题,Seefelder 等[71]研究了 3-氯丙二醇酯在猪胰脂酶作用下的体外水解速度。结果表明单酯在 1 min 内水解了 95%,且 sn-1 位取代较 sn-2 位取代单酯更易水解;而二酯在 90 min 时水解约 95%,由此可知单酯比二酯水解速度更快。同时他们还检测了各种油脂中单酯和二酯的比例,结果是单酯最高达到 15%,其余均为二酯。Buhrke 等[8]在人小肠细胞 Caco-2 模型中比较 3-氯丙二醇、单酯和二酯的水解和吸收情况。他们发现单酯可以被水解,但不可以穿过肠壁;二酯不可以水解,也不可以自由通过肠壁,但是二酯的总量却减少了。细胞裂解液中二酯的含量也远低于二酯减少的量,由此可推测减少的二酯不是简单地被细胞吸收,而可能被代谢了。

基于上述体外代谢研究报道,今后的研究重点主要是应用毒物代谢动力学的方法研究 3-氯丙二醇酯的吸收、代谢、分布和排泄。

7.1.4 展望

3-氯丙二醇酯在体内可以水解为非遗传性的致癌物质 3-氯丙二醇;体外研究表明,单酯毒性大于二酯且单酯水解速率和程度均大于二酯。但是 3-氯丙二醇酯明确的 LD_{50} 值,其在体内的转化率,组织分布情况如何,及其毒性的机制尚有待通过毒代动力学方法来研究。脂肪酸取代位置和种类的不同对 3-氯丙二醇酯毒性的影响也是需要研究的课题。3-氯丙二醇酯的相关研究课题已成为油脂加工企业以及消费者关注的全球化热点,需要全力来研究并攻克。

7.2 3-氯丙二醇(酯)和缩水甘油(酯)在食品中的存在及研究发展史

7.2.1 3-氯丙二醇(酯)和缩水甘油(酯)的研究发展简史

氯丙醇(chloropropanols)类污染物是在食品加工过程中产生的(process contaminants)。1978 年,在捷克布拉格的化工技术研究所,Velíšek 等[82]首次在酸化水解植物蛋白(hydrolysed vegetable proteins, HVP)中发现氯丙醇系列有害污染物。随后,Velíšek 和 Davídek 等[16, 17, 83]连续报道了 HVP 含有氯丙醇和氯丙醇酯的研究结果。在高温条件下(100～130℃)用盐酸(4～6 mol/L)水解植物蛋白质源如大豆粕、面筋、玉米蛋白、花生饼、棉籽饼和蓖麻粕等制备 HVP。在此过程中,盐酸与原料所含的甘三酯、少量的磷脂、甘油发生反应生成系列氯丙醇有害污染物,大部分是 3-氯丙二醇(3-chloropropane-1,2-diol, 3-MCPD)、还有少量的 2-氯丙二醇(2-chloropropane-1,3-diol, 2-MCPD)、1,3-二氯丙醇(1,3-dichloropropanol, 1,3-DCP)、2,3-二氯丙醇(2,3-dichloropropanol, 2,3-DCP)和 3-氯丙醇(3-chloropropan-1-ol)等。

1984 年,Cerbulis 等[10]首次在天然未加工的食品中发现含氯脂肪酸酯;对不同种群山羊的羊奶进行分析发现,3-氯丙二醇脂肪酸二酯(C10～C18)含量低于中性油脂总量的1%。Myher等[59]采用分子手性分析,证明羊奶中3-氯丙二醇脂肪酸二酯是外消旋体混合物,排除了这些含氯分子是经由体外生物合成的;但是,对羊奶中3-氯丙二醇脂肪酸二酯的形成机理还不清楚。

1994年和1997年,欧盟食品科学委员会认为3-氯丙二醇酯属于基因遗传性强致癌物;但是3-氯丙二醇酯在食品中的安全含量还无法界定,于是委员会规定即使采用最灵敏的方法也都不得检出3-氯丙二醇酯(1997年)。在此期间,欧洲生产商经过技术革新使与水解植物蛋白相关食品中的3-氯丙二醇和2-氯丙二醇含量大幅降低。

2002年,根据Fisher 344只大鼠的慢性毒性和致癌性实验得到的低作用量1.1 mg/kg·体重,联合国粮农组织和世界卫生组织下的食品添加剂联合专家委员会决定采用安全系数为500,得出适于人类的暂定3-氯丙二醇每日最大耐受摄入量(PMTDI)为2 μg/kg体重。其他国家纷纷制定了的各自限量标准,英国要求最为严格,美国和德国等还规定了1,3-二氯丙醇的限量标准。各个国家的具体限量标准如表7-1所示。此时,人们的关注点还集中在水解植物蛋白及相关食品的范畴。

表7-1 部分国家氯丙醇类污染物限量标准

国家	3-MCPD (mg/kg)	2-MCPD (mg/kg)	1,3-DCP (mg/kg)	2,3-DCP (mg/kg)
中国	≤1.00	未提及	未提及	未提及
美国	≤1.00	未提及	≤0.05	≤0.05
欧盟	≤0.02	未提及	未提及	未提及
英国	≤0.01	未提及	未提及	未提及
日本	≤1.00	未提及	未提及	未提及
加拿大	≤1.00	未提及	未提及	未提及
德国	≤0.05	未提及	≤0.05	≤0.10
澳大利亚	0.30	未提及	≤0.005	未提及

1983年,西班牙的Gardner等[30]首次在用盐酸处理受苯胺污染的菜籽油中发现3-氯丙二醇酯。2006年,捷克Zelinkova等[93]发现在精炼食用油中既含有游离态的3-氯丙二醇又含有结合态的3-氯丙二醇酯,并且以结合态的形式为主。随后,德国Weisshaar等[87]又发现精炼食用油还同时含有游离态的缩水甘油和结合态的缩水甘油酯。在精制食用油、人造奶油和婴幼儿配方食品及母乳中也

发现高水平的3-氯丙二醇酯(单酯和双酯)。现已发现3-氯丙二醇酯在以谷物、咖啡、鱼和肉制品、马铃薯、坚果或精制食用油为原料的热加工油脂食品中广泛存在。

考虑到3-氯丙二醇和缩水甘油的潜在食品安全风险,德国联邦风险评估研究所(Bundesinstitut für Risikobewertung, BfR)假定:在人体消化过程中,食用油中结合态的3-氯丙二醇酯以及缩水甘油酯将100%水解为游离态的3-氯丙二醇和缩水甘油,从而对人体构成致癌风险。该假定已于2008年获得欧洲食品官方组织(European Food Safety Authority, EFSA)认可并沿行至今。

2009年,日本花王公司的一款富含甘二酯的油脂产品因被曝含有极高含量的缩水甘油酯而被迫下架。同年,由于3-氯丙醇和缩水甘油污染物含量超标,导致欧洲多地超市的婴幼儿配方奶粉产品纷纷下架。食用油是许多加工食品的基础原料或配料,所以,有效脱除食用油中的3-氯丙二醇(酯)和缩水甘油(酯),保障食品安全,成为该领域的全球研究热点。在此背景下,世界多个科研机构、企业、官方组织等积极开展了相关研究,包括分析方法、脱除工艺、毒理学和形成机理等方面的内容,已经取得了很多有价值的理论和技术研究成果,推动了该领域研究更深入地开展。

7.2.2 3-氯丙二醇(酯)及缩水甘油(酯)污染物在食品中的存在现状

1. 酱油及相关产品

蛋白质水解物是指在酸或酶的作用下水解富含蛋白质的组织所得到的产物。其中以植物性原料水解的产物称为水解植物蛋白(hydrolized vegetable protein, HVP)。HVP产物中的系列氨基酸能够增加食品中的营养组分,同时可作为食品调味料和风味增强剂。在传统发酵酿造方法生产的酱油中没有发现氯丙醇类有害成分,但在以酿造酱油为主体,与酸水解植物蛋白调味液、食品添加剂等配制而成的配制酱油中,发现超标的氯丙醇类有害成分。

目前,从成本控制考虑,工业中主要采用浓盐酸水解蛋白的方法来生产酱油产品。当分解条件恰当时蛋白质可以全部水解为游离氨基酸,不会发生其他反应。但事实上,由于原料中除了蛋白质以外,还含有脂质成分,主要是脂肪酸甘油酯与磷酸甘油酯。在加工过程中,为了提高蛋白质水解效率,往往在高温条件(如超过100℃)下,投入大量过剩高浓度的盐酸,结果引起除蛋白质肽键断裂外,甘油酯酯键也发生断裂,生成甘油和游离脂肪酸,并且在甘油分子的第三位可能被氯离子取代而生成3-氯丙二醇。所以,在传统酸水解植物蛋白质过程中,易导致氯丙醇形成的重要因素包括：蛋白原料中残留脂肪、高浓度氯离子、过量的无机酸、高回流温度以及较长的反应时间。

1999年，欧洲联合食品安全与标准机构对一些酱油产品含有高含量的氯丙醇类有害成分如3-氯丙二醇和1,3-二氯丙醇进行了报道。随后，世界多数国家对氯丙醇系列有害物质进行了监测。2000年，吴宏中等[1]对华南地区8种主要调味品92批次样品进行了氯丙醇系列物的监控分析，结果表明所有样品中3种氯丙醇(3-氯丙二醇、2-氯丙二醇和1,3-二氯丙醇)全部合格的只有26批，合格率仅为28.62%。国家出入境检验检疫局抽查了6省市销售的93种品牌酱油，按照欧盟最新标(0.02 μg/kg·体重)，超标达84%，按照我国水解植物蛋白调味液行业标准SB10338—2000，超标率也达41%。

2004年，欧盟发布了世界不同国家酱油产品中3-氯丙二醇含量的报告[34]。报告显示，来自亚洲地区的酱油产品中的3-氯丙二醇高含量高于欧美地区产品；而且，我国的酱油产品中3-氯丙二醇的平均含量高于世界其他国家或地区(除越南外)的产品。值得欣慰的是，近年来，我国政府和企业对氯丙醇类污染问题密切关注，并对生产工艺进行了改造优化，其污染情况有所好转。

2. *食用油及相关产品*

早在30多年前，氯丙醇类污染物就已在HVP中发现；但是，直到最近几年，食用油中的氯丙醇类污染物，特别是结合态的3-氯丙二醇酯，以及缩水甘油酯，引起了人们的强烈关注。大量的实验研究表明，食用油中的3-氯丙二醇、3-氯丙二醇酯、缩水甘油酯等有害污染物，主要是在油脂精炼的高温脱臭工段形成[56]。

2007～2008年，德国斯图加特化学与兽医调查研究机构(CVUA)收集了400多个市场油脂及含油脂配料的食品样品，分析结果表明，没有经过精炼处理的油脂样品不含或含有极痕量的3-氯丙二醇酯；而经过精炼处理的油脂样品几乎都含有相对较高含量的3-氯丙二醇酯[49]。根据3-MCPD酯含量对精炼植物油脂进行分类：

(1) 低含量(0.5～1.5 mg/kg)：大豆油、菜籽油、葵花籽油、椰子油等；

(2) 中含量(1.5～4 mg/kg)：红花籽油、花生油、棉籽油、米糠油、玉米油、橄榄油等；

(3) 高含量(>4 mg/kg)：氢化油脂、棕榈油、棕榈油分提油、固态煎炸油等。

总体上看，精炼棕榈油中的3-氯丙二醇酯的含量最高；另外，缩水甘油酯在精炼棕榈油中的含量也最高，达到2～30 mg/kg。

在含有油脂配料的抽样食品中的3-氯丙二醇(以游离态计)含量分布为：

(1) 人造奶油中含量:0.5～10.5 mg/kg·脂肪(均值:2.3 mg/kg·脂肪);

(2) 曲奇、咸饼干填料和配料中含量:＜0.1～16.9 mg/kg·脂肪(均值:1.5 mg/kg·脂肪);

(3) 甜脂肪涂抹料(如榛子奶油糖)中含量:2.3～10.3 mg/kg·脂肪(均值:4.9 kg·脂肪);

(4) 婴幼儿配方奶粉食用油中含量:0.5～8.5 mg/kg·脂肪(均值:2.5 mg/kg·脂肪)。

另外,未使用过的煎炸油中3-氯丙二醇酯含量最高,超过27 mg/kg;而在已使用过的煎炸油中,3-氯丙二醇酯含量随煎炸次数增加反而减少;在深度煎炸过程中,几乎没有额外的3-氯丙二醇酯生成。所以,煎炸食品(如法式炸土豆条、油条等)本身所含的3-氯丙二醇酯水平取决于已多次使用煎炸油中的3-氯丙二醇酯水平。

目前,人们普遍对婴幼儿配方奶粉中食用油配料的安全非常重视。德国斯图加特化学与兽医调查研究机构(CVUA)分别在2009年4月、2009年10月和2010年5月采集了市场上近40多个样品,分析了3-氯丙二醇酯及缩水甘油酯的含量,如表7-2所示。可以看出,从2009年到2010年,缩水甘油酯的含量大幅降低,但3-氯丙二醇酯的含量却无明显变化。

表7-2 3-氯丙二醇酯和缩水甘油酯在婴幼儿配方奶粉中的含量变化(2009～2010年)

	3-氯丙二醇(以游离态计) mg/kg·脂肪	缩水甘油(以游离态计) mg/kg·脂肪
2009年4月		
范围	1.3～3.3	0.2～5.3
平均值	2.2	1.5
中值	2.0	1.0
2009年10月		
范围	1.6～2.8	＜0.1～3.0
平均值	2.2	1.0
中值	2.1	0.3
2010年5月		
范围	0.6～3.0	＜0.1～2.6
平均值	1.9	0.4
中值	1.9	＜0.1

3. 市售即食类食品

3-氯丙二醇酯在市售即食类食品中也广泛存在,如炸薯条、烤面包、甜甜圈、咸饼干、烤咖啡、咖啡伴侣、烤大麦、烤黑麦芽、香肠和腌制食品等。3-氯丙二醇酯的分布水平在0.2～6.6 mg/kg范围内，如表7-3所示，并且结合态含量远高于游离态含量。下面选取几个代表性的食品，进行简单介绍。

表7-3　3-氯丙二醇酯在不同市售即食类食品中的含量

食品样品	样品数量	平均值/mg/kg	范围
面包心	1	0.005	
面包皮	1	0.547	
吐司	7	0.086	0.060～0.160
咖啡	15	0.14	<0.100～0.390
黑麦芽	1	0.580	
酥皮面包	1	0.420	
咸饼干	1	0.140	
甜甜圈	1	1.210	
法式炸土豆条	1	6.100	
腌制鲱鱼	1	0.280	
麦芽	14	0.161	0.004～0.650

1) 谷物类食品

发酵面团中含有的氯离子和甘油在高温烘烤过程中发生反应，形成氯丙醇系列有害物(如3-氯丙二醇，2-氯丙二醇，1，3-二氯丙醇等)，并且主要存于面包表皮里。原因是面包表皮暴露于高温中，促进了反应的发生。

Breitling-Utzman等[7]测定了多种面包配料对3-氯丙二醇形成的影响，包括脂肪烘焙剂、酸面团、乳化剂、糖和酵母等因素。实验结果表明，烘焙剂对3-氯丙二醇的形成影响最大；而烘焙剂(baking agents)主要成分为蔗糖，故推测糖分子对3-氯丙醇的形成有协同促进效应。Hamlet等[32, 33]详细研究了发酵面团(leavened doughs)和未发酵面团(unleavened doughs)两种模型中氯丙醇系列有害物(3-氯丙二醇，2-氯丙二醇)的形成。实验结果表明，在发酵面团模型中，游离甘油是一个关键的前体物质，其主要产生在酵母发酵过程，同时在面粉、面粉改良剂中也发现含有少量游离甘油成分。在面粉高含水量(如45%)时，氯丙醇系列有害物的形成量与甘油浓度呈近似正比关系，但与氯离子浓度呈很弱的相关性；随着面粉含水量的减少，氯丙醇总量呈现先增加后近似不变的趋势，原因是受到氯离子溶解度、游离甘油和关键中间体参与的竞争反应的限制。在所研究的样品中，Hamlet认为氯丙醇系列有害物总量的68%是由游离甘油导致产生的；在不发酵面团模型中，实验表明，白面粉中含有的单甘酯、溶血磷脂、磷脂酰甘油和面粉改良剂中的双乙酰酒石酸单甘酯，是氯丙醇形成的主要前体物质。同时表明，在加入甘二酯、甘三酯和卵磷脂的面团中没有检测出3-氯丙醇系列产物。Hamlet认为反应速率和区域选择性是由甘油羟基的邻近基团效应（如乙酰基、磷酰基等基团）不同引起的（离去能力、位阻效应、电子效应等）。

2) 咖啡类食品

Doležal等[21]选取15种市售咖啡样品，包括绿咖啡、焙烤咖啡、脱咖啡因咖啡和速溶咖啡等，分析了样品中的游离态3-氯丙二醇和结合态3-氯丙醇酯的含量。结果表明，绿咖啡样品（green coffee）仅含有痕量的游离态3-氯丙二醇；焙炒咖啡样品（roasted coffee）中的3-氯丙二醇含量为10.1～18.5 μg/kg；速溶咖啡样品（instant coffee）及焙烤时间延长的咖啡中的3-氯丙二醇含量最高，为18.5 μg/kg；焙烤咖啡豆的最终颜色越深，3-氯丙二醇的含量越高；与游离3-氯丙二醇相比，3-氯丙二醇酯的含量在6 μg/kg（可溶咖啡）到390 μg/kg（脱咖啡因咖啡）之间，含量高出8～33倍。对数据分析表明，烘烤咖啡自身含有的甘油、脂肪和食盐是形成这两种含氯有害物的主要前体，另外烘烤的温度和时间也是重要影响因素。

3) 麦芽类食品

Hamlet等[31]在一些麦芽产品中如啤酒麦芽、麦芽萃取物、麦芽粉等，发现含有3-氯丙二醇。发酵谷物麦芽酚和黑色特用麦芽，通常用于黑色啤酒的着色和风味改良。英国啤酒与麦芽工业数据显示上述两类麦芽中的3-氯丙二醇浓度为0.3～0.4 mg/kg，其浓度随麦芽的烘烤程度提高而增大，并随颜色的加深而增大。如果将这种麦芽的萃取物用于食品和饮料的风味改良剂，那么有可能会使最终产品中的3-氯丙二醇浓度超过0.1 mg/kg。尽管在啤酒最终产品中3-氯丙二醇被强烈稀释，但是游离态的3-氯丙二醇有可能会与啤酒中其他成分如酸、醛或酒精结合，表现出较高浓度结合态的3-氯丙二醇酯[38]。另外，从Svejkovská等[78]分析结果看，浅颜色的麦芽样品（比尔森型）含有约0.01 mg/kg游离态3-氯丙二醇和低于0.05 mg/kg结合态3-氯丙二醇酯，而深颜色的麦芽样品两者的含量分别为0.03 mg/kg和1.58 mg/kg。

4) 熏制和腌制食品

Kuntzer等[47]调查了熏制肉制品（如烟熏发酵香肠、熏火腿等）中的3-氯丙二醇含量，发现71%的样品中3-氯丙二醇含量高于0.02 mg/kg，其含量主要与熏制时间和产生熏烟的木材有关；同时发现，烟熏加工在低温下（如28℃）进行，从墙壁上刮下的样品中含有高含量的 3 -氯丙二醇，但产生熏烟的木材本身并不含有3 -氯丙二醇。并且，实验表明在用于产生熏烟的木材上预先涂上 20%的碳酸钙能显著减少熏烟中 3 -氯丙二醇的含量。Kuntzer 认为熏制加工过程是促进熏制香肠中 3 -氯丙二醇生成的最主要因素；另外，与酱油、水解植物蛋白和面包等产品中形成 3 -氯丙二醇前体不同，脂肪并未参与形成 3 -氯丙二醇的反应，所以，Kuntzer 推测 3 -羟基丙酮(3 - Hydroyacetone)是熏制肉制品中形成 3 -氯丙二醇的前体。

Reece 等[66]在腌制和熏制鱼产品中(如鳀鱼、鲑鱼等)也发现了 3 -氯丙二醇等有害成分。研究发现，3 -氯丙二醇含量，随卤水盐浓度的增加而增加，随熏制时间的延长而增加；即使在低温条件下，腌制鱼产品如鳀鱼，也产生了部分 3 -氯丙二醇，原因可能是某些鱼内脏酶促进了 3 -氯丙二醇酯的分解反应或促进了 3 -氯丙二醇的直接合成反应。

7.2.3 食品中的 3 -氯丙二醇(酯)和缩水甘油(酯)污染物的控制

由于 3 -氯丙二醇(酯)的关键形成机理还未清楚，所以通过改变食品加工工艺以有效降低或避免 3 -氯丙二醇(酯)的形成还面临很大的困难。但目前可以从以下几个方面考虑进行控制[90]：

(1) 高水分含量的食品在不改变产品特性前提下，提高 pH 值；

(2) 降低食品的加工过程中的最高温度及盐含量；

(3) 避免或减少“低水分/高温加工单元操作”；

(4) 控制食品加工和储藏过程中甘油的含量

(5) 减少使用部分酰基化的甘油酯作为添加剂，如单甘酯、甘二酯、磷脂等；

(6) 脂肪酶灭活；

(7) 减少使用含有 3 -氯丙二醇前体的食品包材。

7.2.4 展望

3 -氯丙二醇酯和缩水甘油酯，是加工过程污染物，因而在加工食品中广泛存在，是当前食品安全领域研究的热点问题，受到世界各国政府、国际组织、企业等高度重视。进入 21 世纪，特别是在 2009 年后，世界相关研究机构在开发降低食品中两者含量的工艺上投入大量精力，取得许多有价值的研究成果，促进企业工业化生产出低含量氯丙二醇酯和缩水甘油酯的食品。但是，当前对 3 -氯丙二醇酯的形成机理还不清楚，这限制了工业化生产工艺的研发进展；对 3 -氯丙二醇酯的毒理学安全评价还缺乏大量可靠的实验数据支持。与3-氯丙二醇酯在食品中分布的调查数据相比,缩水甘油酯的相关分布数据更加缺乏。

与欧盟国家相比,我国对3-氯丙二醇酯和缩水甘油酯在各类食品中分布的调查数据还很缺乏,并且缺少系统性。所以,我国需要加大该工作的投入力度,这对促使我国食品行业积极创新开发新的生产工艺,提升我国食品行业国际竞争力,具有重要意义。

7.3 3-氯丙二醇酯和缩水甘油酯分析检测方法的研究进展

3-氯丙二醇和缩水甘油作为国际上公认的食品污染物和潜在危害物,受到各国的关注和研究。相关分析测定方法的研究,从最初水解蛋白发现游离态的3-氯丙二醇,发展到现在对不同种类食品中游离态和结合态3-氯丙二醇、缩水甘油的分布研究。随着研究深入和检测技术的更新,目前国际上的检测方法可以分为两大类,直接检测法和间接检测法。国际各研究机构对两种主导检测方法的理论指导和条件优化的创新,形成目前各具特色的检测方法。本节将详细介绍目前国际上主流的检测法方法的研究进展、不同检测方法的理论依据,以及各方法的差异性;并简要说明国际标准化组织(ISO)的标准方法和美国油脂化学学会(AOCS)检测方法的局限性、未来国际通用标准检测方法的发展趋势。

7.3.1 3-氯丙二醇酯和缩水甘油酯分析检测方法的研究历史

在标准检测方法不统一,没有国际执行标准的形势下,2008年欧洲联合研究中心(European Commissions Joint Research Centre, JRC)组织了首次国际检测方法的合作研究。2009年,JRC组织第二次国际合作研究,推荐了三种检测方法BfR8、BfR9、BfR10(BfR指德国联邦风险评估机构),使用油脂样品为一般植物油、氢化植物油、葡萄籽油,国际上有40多家实验室参加,有36家实验室提交数据结果;2009年,JRC组织一次国际油脂中3-氯丙二醇酯检测水平考察,是依据国际协调协议的能力测试分析化学实验室和国际标准化组织(International Standardization Organization, ISO)指南43号文件内容,检测方法采用间接检测法,检测样品包括精炼棕榈油、未精炼橄榄油和添加一定量标准品样品,其中参加实验室41家,包括欧盟11个成员国;2011年,AOCS组织三次国际油脂中缩水甘油酯直接检测法的检测能力考察;2011年,英国食品分析能力评价体系(FAPAS)组织国际食用油脂中3-氯丙二醇酯的检测水平考察,2012年,AOCS再次组织油脂中3-氯丙二醇酯和缩水甘油酯的检测考察。各组织进行考察的目的在于研究国际各实验室采用不同检测方法的差异性,推行国际标准的执行。

在检测方法中分为三大类:

(1) 通过酯交换,将结合态的3-氯丙二醇酯和缩水甘油酯转化为游离态的3-氯丙二醇和缩水甘油,再经衍生化,采用气相质谱联用仪(GC-MS)进行分析检测,称为间接检测法,间接检测法的检测理论依据酯交换反应的溶剂不同,可分为酸法和碱法;

(2) 不改变3-氯丙二醇酯和缩水甘油酯的结合形态,通过固相萃取(SPE)和凝胶渗透分离(SEC/GPC)分离净化,采用高效液相质谱联用仪(LC-MS)进行分析检测,称为直接检测法;

(3) 其他类[2]。

目前国际上主导的检测方法为间接检测法和直接检测法,以下将详细介绍间接检测法和直接检测法的发展。

1. 间接检测法的发展

间接检测法主要过程是,通过碱性溶液氢氧化钠、甲醇钠的甲醇溶液进行酯交换,或通过酸性溶液硫酸、乙酸、磷酸甲醇溶液进行酯交换,再添加酸或碱中和过量的碱或酸,再经过溶剂萃取除去酯交换后的甲酯类杂质,然后加入三类衍生试剂苯硼酸(phenylboronic acid, PBA)、七氟丁酰咪唑(HFBA)、三氟乙酸酐中的一种进行衍生,再经GC-MS或GC-MS/MS分析检测。

2004年,Velisek等[20]提出采用酸性溶液进行酯交换。

2008年BfR8方法采用酸性溶液1.8%硫酸酸化甲醇溶液,在反应温度40℃下进行16 h酯交换反应后,加入饱和碳酸氢钠盐溶液中和过量的酸,再经萃取和分离,加入PBA丙酮溶液衍生,进入GC-MS检测分析。

2009年3月,德国油脂学会(Deutsche Gesellschaft für Fettwissenschaft, DGF)公开DGF CⅢ 18(09)方法,并提出将3-氯丙二醇酯和缩水甘油酯同时进行检测,采用0.5%硫酸酸化正丙醇溶液对油脂中缩水甘油酯进行预处理,经甲醇钠甲醇溶液酯交换后,加入PBA丙酮溶液衍生,最后GC-MS检测分析。

2009年,BfR9和BfR10方法推荐采用碱性溶液甲醇钠甲醇溶液进行酯交换,加入硫酸酸化硫酸铵溶液中和过量碱,然后分别加入衍生溶剂苯基硼酸(PBA)和七氟丁酸酐(HFBA),考察衍生溶剂PBA和HFBA对检测结果的影响。

2010年,DGF CⅥ 18(10)方法[19]采用溴化钠盐溶液处理缩水甘油。在2%

氢氧化钠甲醇溶液中进行酯交换,加入硫酸酸化氯化钠和溴化钠盐溶液处理缩水甘油,再经乙醚/乙酸乙酯溶液萃取,加入PBA乙醚溶液衍生处理,进入GC-MS分析测定。

2011年,SGS“3in1”方法[46]采用温和的碱性酯交换条件,同时检测3-氯丙二醇酯、2-氯丙醇酯、缩水甘油酯。采用0.25%的氢氧化钠甲醇溶液在-25℃环境中进行酯交换,加入磷酸酸化的溴化钠溶液处理缩水甘油,再进行乙醚/乙酸乙酯混合溶液萃取,加入PBA乙醚溶液衍生处理,进入GC-MS分析测定。

2012年,Karel等[27]采用酸法同时检测3-氯丙二醇酯、2-氯丙醇酯、缩水甘油酯。通过5%硫酸酸化的溴化钠溶液处理缩水甘油酯,再采用1.8%硫酸甲醇溶液进行酯交换,经萃取分离后,加入PBA丙酮溶液衍生,进入GC-MS分析测定。

2. 直接检测法的发展

3-氯丙二醇酯和缩水甘油酯的直接检测法主要过程是,通过弱极性溶剂溶解油脂样品,经过SPE柱、硅胶柱(SiO_2)、碳十八柱(C18)、氨基柱或SEC/GPC的洗脱分离净化,然后采用液相单级质谱联用仪(LC-MS)、液相三重四级杆质谱联用仪(LC-MS/MS)、液相飞行时间质谱联用仪(LC-TOF/MS)、实时直接分析质谱(DART/MS)进行分析测定。

2009年,Collison团队[80]首次提出直接检测法。直接溶解少量油脂样品,通过LC-TOF-MS分析测定;2009年,Masukawa等[54]采用直接检测法,检测油脂中的缩水甘油酯。首先通过SPE柱净化处理油脂样品,采用LC-MS分析测定;2011年,AOCS采用此方法测定油脂中缩水甘油酯,2012年,AOCS标准Cd 28-10推行此方法。

2011年,美国食品药品监督局(Food and Drug Administration, FDA)采用LC-MS/MS对3-氯丙二醇和缩水甘油酯进行准确定量分析。

2011年,Eliska等[24]采用直接检测法检测3-氯丙二醇酯,对3-氯丙二醇一酯和3-氯丙二醇二酯分开进行处理,通过DART/MS分析测定。

2011年,Mathieu等[55]采用添加同位素^{13}C内标同时检测3-氯丙二醇酯和缩水甘油酯,经SPE或SEC/GPC分离净化,采用LC-QTOF和LC-MS/MS定性定量。

7.3.2 3-氯丙二醇酯和缩水甘油酯分析检测方法的理论依据

1. 间接检测方法的理论依据

2004年,Velisek等[20]采用酸性溶液进行酯交换,酯交换在加热恒温的环境中，发现反应10 h以上，才能保证3-氯丙二醇酯完全转化游离态的3-氯丙二醇。各实验室考察了快速碱溶液进行酯交换，发现反应在短时间5～10 min内完成，提高了检测效率；在采用碱溶液进行酯交换后，为避免3-氯丙二醇结构上的C—Cl键的破坏，在酸性中和溶液中加入足量的氯离子，从而在采用碱性溶液氢氧化钠或甲醇钠酯交换后，加入中和氯盐溶液，出现另一种现象。在研究中发现，采用碱溶液进行酯交换后，加入氯离子，3-氯丙二醇酯的含量与其他方式的酯交换的含量偏高。而在另一项研究中发现，缩水甘油在氯离子存在的情况，氯离子能与缩水甘油结构上的环氧基团发生反应，形成3-氯丙二醇。两项研究成果为测定方法提供了指导。在酯交换中，加入酸性溶液，或加入碱性溶液，在中和溶液不添加氯离子，才能使3-氯丙二醇酯的检测过程不受缩水甘油酯的干扰，如BfR8检测方法采用酸性酯交换溶液，1.8%硫酸酸化甲醇酸性溶液，酯交换后加入碳酸氢钠中和溶液；BfR9采用甲醇钠甲醇溶液，加入硫酸酸化硫酸铵溶液中和。

DGF CⅢ 18(09)方法首次同时检测3-氯丙二醇酯和缩水甘油酯。检测过程分两步进行，第一步，将油脂中的缩水甘油酯和3-氯丙二醇酯同时经过碱性溶液甲醇钠酯交换，加入酸性20%氯化钠盐溶液中和，同时增加体系中的氯离子，使缩水甘油转化为3-氯丙二醇，检测加和的3-氯丙二醇，这步方法也被称为DGF CⅥ 17(10)；第二步，采用0.5%硫酸酸化正丙醇对油脂中的缩水甘油酯进行预处理，使缩水甘油酯结构上的环氧基开环，结合上正丙醇基基团，阻止在酯交换后缩水甘油形成3-氯丙二醇，再经过碱性溶液甲醇钠酯交换，加入20%酸性氯化钠盐溶液中和，检测的3-氯丙二醇含量与样品实际真实存在的3-氯丙二醇酯的含量相对应，第一步的检测值和第二步的检测值的差值，乘以转化系数0.67，计算结果为样品中缩水甘油的含量，0.67是$M_{(Glycidol, 74.08 g/mol)}/M_{(3\text{-}MCPD, 110.55 g/mol)}$的比值。

考虑到采用硫酸酸化正丙醇预处理的缩水甘油酯在后续的操作可能被还原，氯离子能结合缩水甘油形成3-氯丙二醇。将氯离子换成其他的卤离子，比如溴离子是一个好的选择。与DGF CⅢ 18(09)法相比，DGF CⅥ 18(10)法主要优化了3点：①检测定量内标物由氘代-3-氯丙二醇改为氘代-3-氯丙醇酯；②第二步操作不采用硫酸酸化正丙醇预处理，直接经过碱性溶液氢氧化钠甲醇溶液酯交换，然后加入60%的酸性溴化钠盐溶液进行中和，溴离子将结合经过酯交换后缩水甘油的环氧基，从而降低缩水甘油转化3-氯丙二醇的可能；③转换系数不再采用缩水甘油与3-氯丙二醇的分子质量比0.67，而采用标准物缩水甘油或缩水甘油酯，加入20%氯化钠盐溶液处理，检测缩水甘油或缩水甘油酯在加入氯离子的体系中转化成3-氯丙二醇的含量，建立缩水甘油转化成3-氯丙二醇的线性回归

方程 $y=tx+b$,缩水甘油转化3-氯丙二醇的转化系数为 $1/t$,不再采用0.67作为转换系数。

Jan 等[39]采用0.25%的氢氧化钠溶液在-25℃环境中反应16 h,完成酯交换,再加入0.3%磷酸酸化的溴化钠溶液终止反应,3-氯丙二醇酯和2-氯丙二醇酯通过检测酯交换后的游离的3-氯丙二醇和2-氯丙二醇的含量而间接计算出,缩水甘油酯通过酯交换后形成游离态的缩水甘油,在添加溴化钠溶液后,加入的溴离子使缩水甘油转化为3-溴丙二醇(3-MBPD),检测3-溴丙二醇的含量,间接计算出缩水甘油酯的含量。

Alessia 等[4]采用5%硫酸酸化的溴化钠预处理油脂样品,溴离子使缩水甘油酯转化为3-溴丙二醇酯,再通过1.8%硫酸酸化的甲醇溶液进行酯交换,检测酯交换后游离3-氯丙二醇和3-溴丙醇的含量,间接计算3-氯丙二醇酯和缩水甘油酯的含量。

2. 直接检测法的理论依据

最初 Collison 等[27]提出直接检测法,即不通过转化,直接将油脂样品通过液相色谱仪对3-氯丙二醇酯和缩水甘油酯分离,流动相采用甲醇/乙腈混合液,以及二氯甲烷/甲醇/乙腈,再通过 TOF-MS 进行定性定量分析。

Masukawa 等[54]提出的 SPE 净化,用 LC-MS 分析测定,使双重 SPE 通过甲醇/异丙醇混合溶液将样品在 C18 柱上的洗脱,除去油脂样品中的甘三酯、甘二酯等弱极性组分;通过正己烷/乙酸乙酯混合溶液将样品在硅胶柱上洗脱,除去油脂样品中的游离脂肪酸等较强极性组分,经外标曲线法定量检测结果。

FDA 采用 LC-MS/MS 对油脂中的3-氯丙二醇酯和缩水甘油酯的分析检测,油脂样品在前处理过程中,将缩水甘油和3-氯丙二醇一酯视作同一类目标物,做同一操作,先采用乙腈在 C18 柱洗脱样品处理,再由乙酸乙酯/正己烷混合溶液在硅胶柱上洗脱处理;而3-氯丙二醇二酯类目标物先采用乙醚/正己烷混合溶液在硅胶柱洗脱样品处理,再采用乙酸乙酯/乙腈混合液在 C18 柱洗脱处理。通过两类的分离净化,经 LC-MS/MS 分离测定,由内标法定量。

Eliska 等[24]将3-氯丙醇二酯和3-氯丙二醇一酯分开净化处理。采用硅胶柱洗脱处理,净化得到3-氯丙醇二酯;采用氨基柱净化洗脱出3-氯丙二醇一酯,由 DART/MS 分析测定,氘代内标物内标法定量。

Mathieu 等[55]研究将3-氯丙二醇一酯通过双重 SPE,用 C18 和 Si 柱净化处理,而3-氯丙二醇二酯可采用两种净化处理,一种采用制备色谱,一种采用填充硅胶柱,淋洗处理,采用碳同位素内标定量。

7.3.3 3-氯丙二醇酯和缩水甘油酯分析检测方法之间的差异研究

1. 间接检测法之间的差异研究

1) 不同碱法之间的差异研究

Hirai 等[36]在研究 DGF CⅢ 18(10)中发现,在不含缩水甘油酯和 3-氯丙二醇酯的油样中,做 3 种考察:①只添加 3-氯丙二醇;②只添加缩水甘油酯;③同时添加 3-氯丙二醇酯和缩水甘油酯,之后再进行检测,结果如表 7-4 所示。

表 7-4 DGF 方法的加样回收实验结果

添加的物质	方法 A 所有由 3-氯丙二醇形成的物质			方法 B 3-氯丙醇酯		
	理论值/ppm	测量值/ppm	回收值/%	理论值/ppm	测量值/ppm	回收值/%
3-氯丙二醇酯	8.1	7.4	91.4	8.1	6.8	84.0
缩水甘油酯	7.9	6.8	86.1	0.0	1.4	0
3-氯丙二醇酯和缩水甘油酯	15.9	13.8	86.8	8.1	8.6	106.2

从表 7-4 可得知,在第一种考察中,只添加 3-氯丙二醇酯,不添加缩水甘油酯,3-氯丙二醇酯的检测结果小于实际添加值;在第二种考察中,不添加 3-氯丙二醇酯、只添加缩水甘油酯,最后 3-氯丙二醇酯含量明显,且结果为 1.4ppm,而缩水甘油酯的检测结果小于实际添加值;第三种考察中,同时添加缩水甘油酯和 3-氯丙二醇酯,3-氯丙二醇酯的检测结果高于实际添加值。由此得出结论,3-氯丙二醇酯在采用硫酸酸化正丙醇预处理后会有损失;缩水甘油酯在经过硫酸酸化正丙醇预处理转化或损失;3-氯丙二醇酯在缩水甘油酯存在的情况下,检测结果会偏高。添加不同浓度的缩水甘油酯和 3-氯丙二醇酯,在检测过程中的缩水甘油酯减少量和 3-氯丙二醇酯的增加量是成正相关,如图 7-2 所示。通过这些研究得出结论,缩水甘油酯采用硫酸酸化正丙醇预处理形成的结合物,在碱性溶液氢氧化钠或甲醇钠酯交换后,一部分能还原成缩水甘油,在氯离子的存在下,形成3-氯丙二醇,致使在含有缩水甘油酯的油脂样品中 3-氯丙

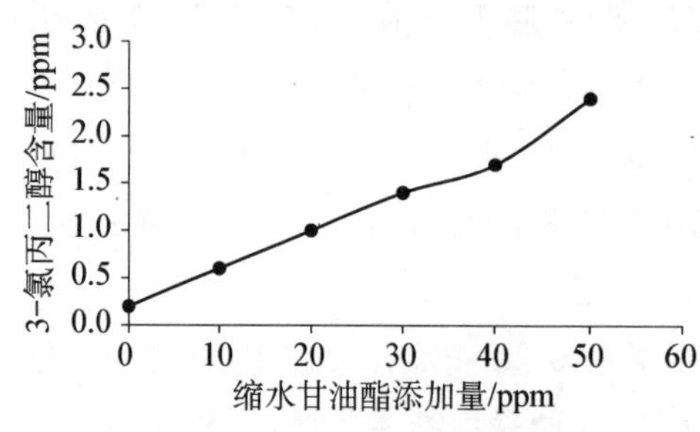

图 7-2 菜籽油中 3-氯丙二醇含量随缩水甘油酯添加量的变化

二醇酯的检测结果偏高。

在DGF CⅥ 18(10)方法中,添加氘代-3-氯丙二醇酯内标定量,使内标物与被检测物目前处于同一形态,检测过程中内标物和目标物同时转化和损失,减少检测过程中转化损失对检测结果的影响;加入的溴化钠能阻止缩水甘油向3-氯丙二醇转化,保证检测过程目标物的独立性;采用两种标准物线性方程得出转化系数,更能体现不同浓度目标物在检测过程的转化。目前ISO的标准采用的是DGF CⅥ 18(10)检测方法。

Jan Huhlmann等[39]研究发现,较低浓度的碱溶液和较低反应温度相对于其他酯交换条件更温和,采用温和的酯交换条件源于两种考察。一项考察是将3-氯丙二醇酯(或3-氯丙二醇)和缩水甘油的转化量,与酯交换时间做相关性考察,在采用2%氢氧化钠室温环境中酯交换条件下,3-氯丙二醇和缩水甘油的转化量与反应时间呈显著关系;而采用温和的酯交换条件,3-氯丙二醇和缩水甘油的转化量为微量或不转化;另一项考察是在空白油脂样品中添加一定量的3-氯丙二醇酯,再添加已知不同梯度浓度的缩水甘油酯(或缩水甘油),最后检测缩水甘油酯的含量,检测值和真实添加值呈线性关系。两项的考察验证了在常温进行快速碱性酯交换时,目标检测物3-氯丙二醇酯和添加内标物氘代3-氯丙二醇酯都会被转化成缩水甘油的检测形式,从而使3-氯丙二醇酯的检测结果偏离于真实结果。因此应采用温和条件进行酯交换,降低各检测目标物的损失,并且在检测过程不添加氯离子,氯离子的添加能诱导缩水甘油转化为3-氯丙二醇或2-氯丙二醇,这些考察能更好地认识到3-氯丙二醇和缩水甘油在检测过程中的转变。

2) 酸法和碱法之间的差异研究

Karel Hrncirik等[27]对碱性溶液和酸性溶液酯交换、中和盐溶液、溶液中的pH值对检测结果的影响作了详细的分析。第一种考察,酸性溶液酯交换和碱性溶液酯交换,加标菜籽油样品和已知3-氯丙二醇含量精炼棕榈油样品,在不同酯交换时间下,回收率的结果如表7-5所示,其中碱溶液酯交换法为方法A,酸溶液酯交换法为方法B;第二种考察,在两种酯交换方法中,添加两种盐溶液氯化钠和硫酸铵,加标菜籽油样品和已知3-氯丙二醇含量精炼棕榈油样品,不同盐溶液条件下的检测结果比较,如表7-6所示;第三种考察,在不同加标缩水甘油的菜籽油样品中,经碱性酯交换后,中和盐溶液的pH值,缩水甘油转化3-氯丙二醇的效率影响,如表7-7所示。上述的三种考察中,可得出结论,碱溶液酯交换法相对于酸溶液酯交换法的检测结果,其准确性更依赖于时间的控制,并且在添加的中和盐溶液中含有氯离子,缩水甘油能干扰3-氯丙二醇的检测,导致3-氯丙二醇的检测结果偏高;而缩水甘油酯在经碱溶液酯交换后,中和盐溶液的 pH 值,对缩水甘油转化为 3-氯丙二醇效率产生很大的影响。酸溶液酯交换能有效地控制相应的干扰,保持检测结果的准确性和稳定性。

表 7-5 两种检测方法在不同酯交换时间下的结果比较

方法	方法 A				方法 B			
反应时间	1 min		10 min		30 min		16 h	
检测项目	3-氯丙二醇/mg/kg	回收率/%	3-氯丙二醇/mg/kg	回收率/%	3-氯丙二醇/mg/kg	回收率/%	3-氯丙二醇/mg/kg	回收率/%
加标菜籽油	4.13±0.10	82.90	1.96±0.19	39.6	n.d	—	5.05±0.14	100.40
精炼棕榈油	3.99±0.32	95.00	1.74±0.14	41.4	n.d	—	4.31±0.06	102.40

表 7-6 在不同盐析剂时两种检测方法的 3-MCPD 检测结果比较

方法	方法 A		方法 B	
	3-氯丙二醇/mg/kg		3-氯丙二醇/mg/kg	
盐析剂	NaCl	$(NH_4)_2SO_4$	NaCl	$(NH_4)_2SO_4$
加标菜籽油	5.14±0.26	4.46±0.06	4.93±0.05	4.65±0.03
精炼棕榈油	7.03±0.85	3.68±0.02	3.92±0.02	3.89±0.01

表 7-7 不同添加缩水甘油的菜籽油中 pH 值对缩水甘油转化 3-氯丙二醇的影响

缩水甘油添加量/mg/kg	3-氯丙二醇含量/mg/kg/方法 A			
	pH 值为 2	转化率/%	pH 值为 7	转化率/%
0.74	1.03±0.07	93.60	0.59±0.03	53.60
3.26	3.26±0.00	67.10	0.72±0.09	14.80
6.00	5.90±0.10	65.90	1.13±0.08	12.60

3) 其他条件研究

Naoki 等[61]对 DGF CⅢ 18(09)方法中衍生后不同萃取试剂进行了比较,例如单一标准物质衍生后萃取效率和加标样品处理后衍生效率。Naoki 认为采用乙酸乙酯或三氯甲烷检测结果的稳定性更高。

Küsters 等[48]研究了同时快速检测食品中的游离态 3-氯丙二醇和结合酯态的 3-氯丙二醇,将食品经过氯化钠水溶液处理,游离态的 3-氯丙二醇保留在水相,而结合酯态的3-氯丙二醇保留在上层有机相;通过碱溶液酯交换将3-氯丙二醇酯全部转化为3-氯丙二醇,并直接检测水相中游离3-氯丙二醇的含量,两次检测结果的差值为食品中3-氯丙二醇酯的含量。

Karel等[27]在研究中发现,利用酸法酯交换反应时,体系中的亲核离子参与反应,需要对溴化物的添加量和水的添加量进行细致考察。添加溴化物浓度对检测结果产生一定的影响。溴化物的作用是将缩水甘油酯转化为3-溴丙二醇酯;而在空白样品中添加高浓度的溴化物时,随着反应酸浓度的不同,检测结果存在明显差异性。

国内研究机构对不同的衍生试剂七氟丁酰咪唑、三乙胺催化的七氟丁酸酐进行了考察,并且在气质联用仪负化学源条件下得出最优化条件。

2. *直接检测法之间的差异研究*

随着对3-氯丙二醇酯和缩水甘油酯的毒理研究不断深入,研究发现3-氯丙二醇酯中的一酯和二酯的毒性差异性很大,且在一酯的结构上,脂肪酸的饱和度大小与毒性的强弱也存在一定的相关性;另外,对形成机理的研究发现,缩水甘油酯的形成和油脂基质中的游离脂肪酸、甘二酯存在相关性。但是,只有直接检测法能够对毒理和机理研究提供直观的数据。ADM公司最初提出直接检测法时,在油脂样品前处理上没有进行深入的研究,添加内标后直接通过LC-TOF/MS检测定量,检测目标物的种类涵盖了5种缩水甘油酯、5种3-氯丙二醇一酯,以及15种3-氯丙醇二酯。在ADM公司后续的研究中,通过前处理,再将缩水甘油酯通过LC-MS进行检测,检测缩水甘油酯种类有7种。

Masukawa等[54]采用双柱处理净化油脂,检测油脂中的缩水甘油;AOCS在2012年推出油脂中缩水甘油的检测方法,缩水甘油酯能通过C18柱和硅胶柱——双重SPE柱处理后,再经LC-MS检测,发现结果具有较好的重现性和准确性。其中,在采用LC-MS检测缩水甘油酯时发现,主要干扰物质离子质量为393,和缩水甘油油酸酯(GE-C18∶1)的加氢离子质量相同,这是由实验中塑料器皿引起的,所以,在分析实验中需减少塑料器皿的使用。

Katsuhito等[42, 43]采用硅胶和C18双柱处理油脂样品,同时检测3-氯丙二醇酯和缩水甘油酯,添加内标物,并用LC-TOF-MS进行测定。Eliska等[24]用直接检测法检测3-氯丙二醇酯,前处理采用自填硅胶柱处理3-氯丙醇二酯,氨基柱处理3-氯丙二醇一酯。

Mathieu等[55]将3-氯丙二醇一酯和3-氯丙醇二酯分开处理,添加碳同位素^{13}C内标分步检测,3-氯丙二醇一酯采用双重SPE处理净化,3-氯丙醇二酯采用制备色谱或自填硅胶柱处理;在检测3-氯丙醇二酯时,考察了一些同分异构体1,2-二油酸-3-氯丙醇二酯和1-硬脂酸-2-亚油酸-3-氯丙醇二酯的影响;还考察了3-氯丙二醇酯和2-氯丙醇酯的相似性,例如,1-棕榈酸-3-氯丙二醇一酯和1-棕榈酸-2-氯丙醇一酯，1-硬脂酸-2-亚油酸-3-氯丙醇二酯和1-硬脂酸-3-亚油酸-2-氯丙醇二酯。这些分子式相同、结构相近的目标检测物，在液相体系中无法得到完全分离，需采用更优化的方式分离。

Shaun研究团队[72]将3-氯丙醇二酯和3-氯丙二醇一酯分开处理，同时3-氯丙二醇一酯和缩水甘油酯经双重SPE柱净化处理，而3-氯丙醇二酯采用反向C18、硅胶的双重SPE柱净化处理，用LC-MS/MS分析测定。LC-MS/MS能对样品中的各目标物进行更准确的定量。

7.3.4 3-氯丙二醇酯和缩水甘油酯的直接和间接检测法的相关性研究

由于各检测方法的理论依据和检测过程不同，所以检测结果存在一定的偏差；但是，如果两种检测方法对同一样品的检测结果没有明显偏差，那么就可将两种方法视为同等有效。

Alessia等[4]对两种方法检测不同样品进行检测对比，检测结果如表7-8所示，两组数据没有明显的差异。

表7-8 两种间接检测法对不同样品的分析结果比较

样品	3-氯丙二醇/mg/kg		2-氯丙二醇/mg/kg		缩水甘油/mg/kg	
	方法A	方法B	方法A	方法B	方法A	方法B
菜籽油(Ⅰ)	0.43±0.01	0.44	0.18±0.01	0.18	0.44±0.05	0.30
棕榈油	1.09±0.01	1.13	0.44±0.03	0.48	0.64±0.01	0.53
菜籽油(Ⅱ)	0.64±0.01	0.67	0.26±0.05	0.30	1.05±0.03	1.05
棕榈油中间馏出物	0.60±0.01	0.60	0.32±0.03	0.30	3.40±0.03	3.69
棕榈液油(Ⅰ)	1.65±0.02	1.67	0.82±0.11	0.83	5.25±0.06	5.63
棕榈液油(Ⅱ)	0.75±0.03	0.71	0.37±0.07	0.37	30.24±0.08	30.30

JRC早期组织的3-氯丙二醇酯的国际检测能力合作验证[5,53]，采用两种油脂样品棕榈油和橄榄油进行检测比对。各国研究结构积极参加合作，有34家实验室提交数据，对所有提交检测结果的统计学分析，以棕榈油检测分析结果为例，如图7-3所示，以相对偏差作为Z-score，并以Z-score数值小于2的为有效环比数据，也即表示偏差在可接受范围内。在34组数据中，有19组检测结果数据满足要求，合格率达56%；在橄榄油比对中，检测有效数据合格率到达85%。而在这些有效数据中，各数据也存在一定的差异性。

2009～2010年，BfR组织的国际比对中，5种不同油脂样品检测结果的Z得分如图7-4所示，不同的检测方法的稳定性是不同的；采用优化方法的检测结果都在合格范围内[6]。

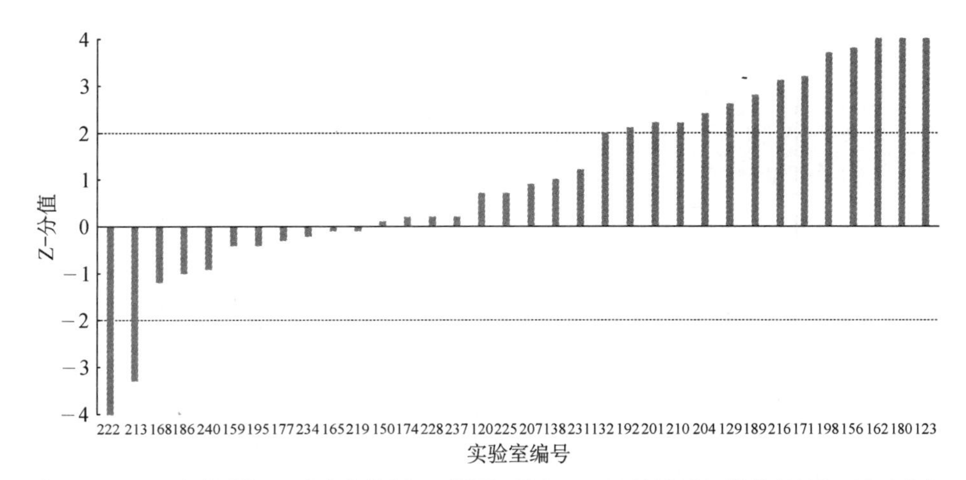

图7-3 JRC组织国际环比中各检测3-氯丙二醇(3-MCPD)结果Z得分(2009～2010年)

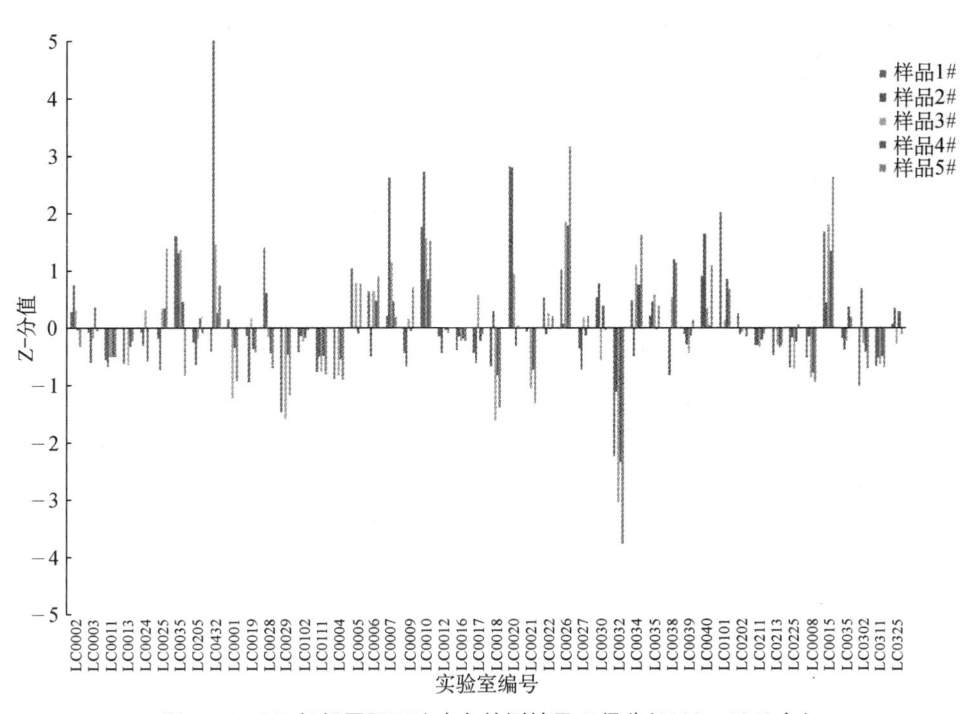

图7-4 BfR组织国际环比中各检测结果Z得分(2009～2010年)

2011年,AOCS组织采用统一检测方法LC-MS检测油脂中缩水甘油酯国际比对,在第二次环比中三个不同样品A4、A5、A6,其中A5是空白净品,检测目标物为棕榈酸缩水甘油酯(C16∶0-GE)、硬脂酸缩水甘油酯(C18∶0—GE)、油酸缩水甘油酯(C18∶1-GE)、亚油酸缩水甘油酯(C18∶2-GE)、亚麻酸缩水甘油酯(C18∶3-GE),A4、A6检测结果的统计分析如表7-9所示。

表 7-9　样品 A4 和 A6 缩水甘油酯(GE)检测结果数据统计

样品	样品 A4						样品 A6					
	C16：0-GE	C18：0-GE	C18：1-GE	C18：2-GE	C18：3-GE	Total	C16：0-GE	C18：0-GE	C18：1-GE	C18：2-GE	C18：3-GE	总数
实验室	15	15	15	15	15	15	15	12	15	15	15	15
满足要求的结果数量	30	26	30	28	24	28	30	22	30	30		30
平均值(mg/kg)	5.32	5.04	5.92	5.77	5.37	27.96	2.78	0.48	6.03	1.67	ND	10.89
重复性(r)												
标准偏差 s(r)	0.17	0.11	0.25	0.19	0.15	0.80	0.15	0.03	0.23	0.08		0.42
相对标准偏差 RSD(r)	3.28	2.23	4.28	3.36	2.72	2.88	5.32	6.06	3.77	4.91		3.82
重复性(r)系数	0.49	0.32	0.71	0.54	0.41	2.25	0.41	0.08	0.64	0.23		1.16
重现性(R)												
标准偏差 s(R)	0.57	0.63	0.71	0.75	0.86	3.26	0.38	0.10	0.69	0.28		1.28
相对标准偏差 RSD(R)	10.74	12.44	12.05	13.08	15.95	11.65	13.72	20.69	11.49	16.84		11.79
重现性系数(R)	1.60	1.76	2.00	2.11	2.40	9.12	1.07	0.28	1.94	0.79		3.59

在这次比对中,15家实验室提交了30组数据,对检测结果数据分析,满足要求的数据高于22组,合格率到达73%以上;其中有6组数据合格率达100%,并且数据重现性良好,实验室之间检测结果的稳定性优异。所取得的效果较2009~2010年组织的比对更优异,这次采用的是同一检测方法,避免检测方法的不同对检测结果影响。检测方法的统一能有效解决检测结果的偏差的问题,更适合于规范行业的标准。

从2009~2011年的数据分析结果看,不同方法检测同一样品的结果存在明显的偏差,只有部分方法之间的检测结果偏差可接受;不同检测能力的实验室采用同一方法检测不同样品时,检测结果具有更良好的重现性。所以,对每种检测方法进行优化以减小方法之间的偏差,无法达到采用同一检测方法减小偏差的效果。

7.3.5 展望

目前,国际食品安全风险评估对3-氯丙二醇酯的毒理还未定性,国际通用检测标准方法还未实行,各研究机构的检测能力不统一。国际现行公布的标准检测方法有ISO TC 34/SC 11 N 1216—DGF CⅥ 18(10)方法、Join AOCS/JOCS Official Method Cd 28-10方法。与间接检测法相比,直接检测法能够为3-氯丙二醇酯和缩水甘油酯的毒理研究和形成机理研究提供更加直接、准确的数据支持。所以,直接检测法将得到越来越高的重视。

目前,中国还没有建立检测油脂中3-氯丙二醇酯和缩水甘油酯的国家标准方法。所以,中国亟须组织研究和制定该项国家标准,以规范行业运行并保障国家食品安全。

7.4 3-氯丙二醇酯及缩水甘油酯在油脂加工中的产生和影响

7.4.1 引言

根据植物油料的植物学属性,可以将常见的植物油料分成两类,草本油料如大豆、花生、油菜籽等,木本油料主要有棕榈果、椰子、油橄榄等。一般这些植物的种子含油在15%~60%左右,经过浸出或者压榨工艺对这些果实进行初步加工可以获得毛油。毛油中通常含有较高的游离脂肪酸、杂质、磷脂、微量重金属、农残和氧化产物,需要通过进一步的油脂加工来去除有害的物质和不良的风味。

这里所讲的油脂加工，主要包括常规的油脂精炼工艺和油脂的深加工工艺。油脂精炼工艺主要通过物理、化学手段如脱胶、碱炼（中和）、脱色和脱臭等，将油脂与杂质分离，进而提高油脂的食用安全性，同时改善油脂风味和色泽，增强油脂储藏的稳定性。油脂的深加工工艺包括分提、氢化、化学酯交换和酶法酯交换等，以精炼油脂为主要原料，进一步拓展油脂的功能特性，主要应用在特种油脂领域。

近年来，Rétho 和 Blanchar[67] 在植物油中检测出微量的 3－氯丙二醇（3－MCPD）酯，含量为 3～7 μg/kg。Robert 等[68] 报道了 3－氯丙二醇酯可能是脂肪酶催化三酰甘油酯转酯化过程产生甘油和自由脂肪酸而形成的。Zelinková 等[93] 研究发现植物油脂中 3－氯丙二醇酯的生成与含油种子的炒制与油脂精炼过程有关，物理冷榨油中 3－氯丙二醇酯的含量一般为 100～300 μg/kg，经炒制的含油种子中 3－氯丙二醇酯的含量达到 337 μg/kg，而精炼油中 3－氯丙二醇酯的含量为 300～2 462μg/kg。Hrncirik 和 Duijn 等[37] 研究发现植物油在高温脱臭过程中，脂质结构发生变化，会产生 3－氯丙二醇酯和其他一些加工副产物。根据很多报道和实验证实：3－氯丙二醇酯和缩水甘油酯会在油脂加工过程中大量形成。

到目前为止，原料和精炼工艺对食用植物油中 3－氯丙二醇酯和缩水甘油酯（GE）含量的影响还不明确。但是精炼植物油中 3－氯丙二醇酯含量较高，而未精炼油中含量低甚至检测不到却是事实。经研究发现，3－氯丙二醇酯在所有精炼油中均有存在，一般以精炼菜籽油含量最低，为 0. 3～1. 3 mg/kg；精炼棕榈油中含量最高，达 4. 5～13 mg/kg[21]。考虑到棕榈油精炼后 3－氯丙二醇酯和缩水甘油酯都是最高的，而且棕榈油在烘焙，奶油、煎炸领域的广泛应用，目前全球范围内的研究机构都以控制棕榈油精炼过程中的 3－氯丙二醇酯和缩水甘油酯作为主要的研究课题[41]。

7. 4. 2 油脂精炼加工工艺研究

油脂精炼工艺可分为化学精炼与物理精炼（蒸汽精炼）两大类方法。前者采用苛性钠（NaOH）将毛油中游离脂肪酸皂化分离去除，后者则采用蒸馏去除方法。

化学精炼的主要步骤为：①脱胶；②碱炼脱酸；③脱色；④脱臭工序；物理精炼主要步骤可分为：①脱胶；②脱色；③脱臭工序。

两种工艺的区别在于：在物理精炼中，游离脂肪酸（FFA）在脱臭过程中被蒸发（蒸馏）掉，而在化学精炼中，游离脂肪酸则通过酸碱中和、皂化及分离方式被去除；物理精炼是一种更环保的方法和运营成本更低。蒸汽用于在脱臭段去除游离脂肪酸，相比化学精炼，物理精炼中的化学试剂用量减少和油脂精炼损耗显著降低[13]。

然而，通过对毛棕榈油样品进行物理精炼和化学精炼的对比试验数据表明，化学精炼后的棕榈油中3-氯丙二醇酯含量要显著低于直接物理精炼的油脂，如图7-5所示。而对缩水甘油酯的影响，随着游离脂肪酸含量上升而两种工艺之间差别不明显，如图7-6所示。

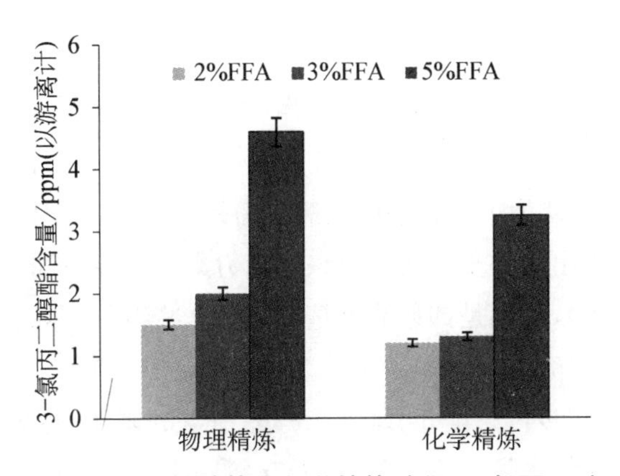

图7-5　物理精炼和化学精炼过程3-氯丙二醇(3-MCPD)酯含量变化

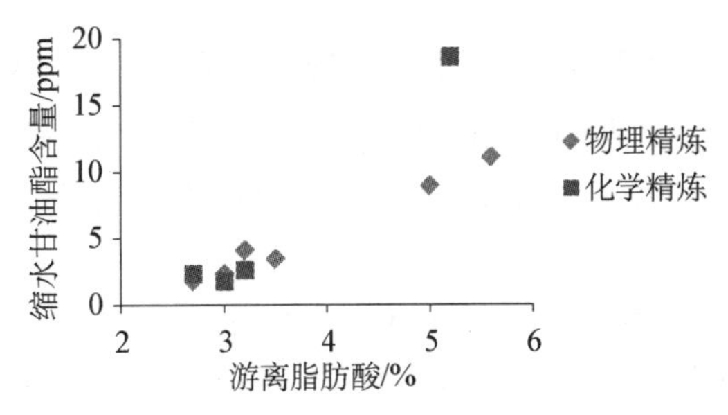

图7-6　物理精炼和化学精炼过程缩水甘油酯含量变化

1. *原料品质的影响*

天然油料作物或种子的不成熟，破损等或储存过程中在酶、细菌、霉菌、环境等条件的影响下，甘油三酯会水解成游离脂肪酸，相应地将会伴随形成单甘油脂、甘油二酯或甘油。Troy D. 等[80]研究表明，3-氯丙二醇酯和缩水甘油酯在精炼油脂中的出现可能与其游离脂肪酸、甘油二酯含量相关。因此，尽快榨取油料并且保证油脂新鲜度有利于控制最终产品中3-氯丙二醇酯以及缩水甘油酯的含量，如图7-7，图7-8所示。

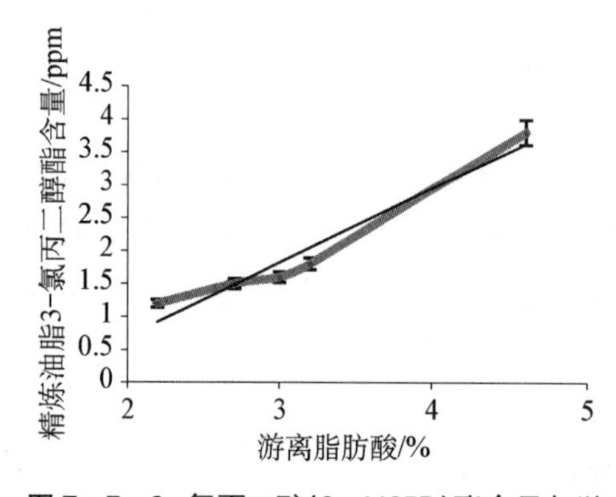

图 7-7　3-氯丙二醇(3-MCPD)酯含量与游离脂肪酸含量的关系

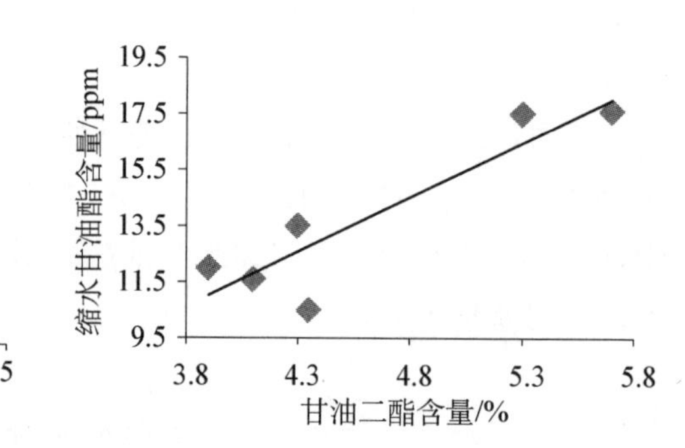

图 7-8　缩水甘油酯含量与甘油二酯含量的关系

Franke K. 等[28]认为单双甘酯以及氯化物是形成 3-氯丙二醇酯以及缩水甘油酯的主要前体，指出进一步的研究应该把精力集中在原料油品质（如内生氯、类胡萝卜素、果实水质），特别是如果能够精确鉴定这些组分，那么将促进对 3-氯丙二醇酯形成的深入研究。

周红茹等[3]也初步讨论了 3-氯丙二醇酯中氯的来源，主要提到了含氯的包装材料，农作物吸收的含氯无机盐类，以及含氯杀虫剂和油脂加工过程中的辅料是需要进一步关注的。

2. 脱胶工艺的影响

油脂中的胶体主要是磷脂，蛋白质，黏液质和糖基甘二酯等的混合物，胶质的存在会影响后续的精炼以及精炼油的质量，因此一般是在油脂精炼的第一步。对于脱胶工艺的影响，主要围绕脱胶方法以及具体操作参数展开。

1）脱胶工艺方法

传统的脱胶方法主要有干法脱胶（即在真空下反应），酸化脱胶，水化脱胶以及酶法脱胶等。棕榈油相比其他油脂，其含磷量在 10～20 ppm，一般都采用干法脱胶工艺。

2）脱胶参数的影响

脱胶过程中主要涉及的参数有：酸的种类、加水量、搅拌速度、温度等。目前，在脱胶工艺上对于控制 3-氯丙二醇酯和缩水甘油酯研究仅限于酸的种类和加水量上[58]，其他参数还没有公开文献的报道。

3）酸种类的影响

磷酸和柠檬酸是工业生产中常见的酸，在脱胶阶段，分别以 0.5%油重的磷酸溶液（50%质量浓度）、柠檬酸溶液（50%质量浓度），以及稀硫酸溶液进行酸法脱胶后继而进行常规物理精炼试验表明，柠檬酸处理得到精炼油中 3-氯丙二醇酯和缩水甘油酯的含量比采用磷酸和稀硫酸的低。

4) 加水量的影响

脱胶工艺中通常需要加入少量的水使磷脂吸水膨胀从而使磷脂从油中分离出来，一般工业化生产时，水化脱胶加水量为油重的2%～3%。通过试验发现，随着加水量上升，精炼油脂中的3-氯丙二醇酯含量呈下降趋势。但结合到实际工厂生产以及环保角度出发中，并不是一味地加大水量即可，需要结合其他因素综合考虑。

3. 碱炼中和工艺的影响

油脂加工过程中常用氢氧化钠或氢氧化钾与游离脂肪酸发生酸碱中和反应(碱炼)，从而达到降低毛油中游离脂肪酸/酸价，并且在此过程中，油脂中的其他物质如磷脂、色素等亦会与碱发生一定的反应。另外，中和生成的钠皂为表面活性物质，吸附和吸收能力都较强，可将相当数量的其他杂质(如蛋白质、黏液质、色素、磷脂及带有羟基或酚基的物质)也带入沉降物内，甚至悬浮固体杂质也可被絮状皂团挟带下来。

从图7-9中，可以看出对于任何品质的毛油，增加碱炼都有助于控制最终精炼油脂中3-氯丙二醇酯的含量。这可能与两点因素相关：①碱炼过程中，氢氧化钠与氯离子反应成盐后被水洗带走，从而有较少3-氯丙二醇酯形成；②碱炼过程中，3-氯丙二醇酯直接与氢氧化钠反应成脂肪酸钠皂后被水洗带走。

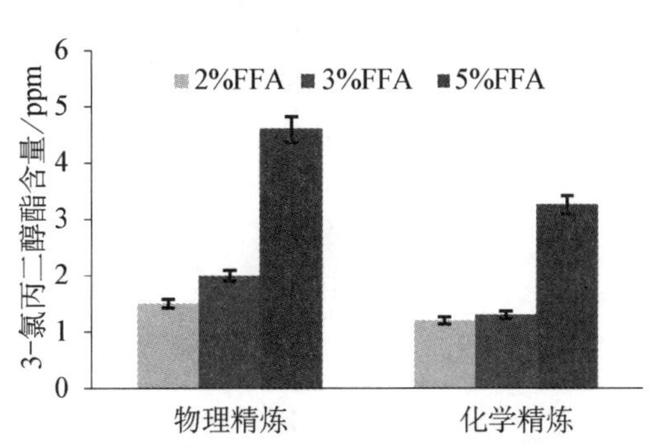

图7-9　物理精炼与化学精炼对精炼油脂中3-氯丙二醇酯含量的影响(FFA：游离脂肪酸)

4. 脱色工艺的影响

油脂的脱色过程通常使用活性白土、硅胶以及活性炭等来吸附脱胶油或者中和油中的色素，残留的脂肪酸钠皂、微量金属、磷脂以及过氧化物等。白土作为油脂脱色主体，其吸附过程可分解为物理吸附以及化学吸附，分别具有不同的运作机理。一般来说，衡量活性白土物理吸附能力的主要为其孔径、比表面积等指标，而衡量其化学吸附能力的主要为其酸性程度及pH值。世界各地研究机构以比表面积、孔径、堆积密度、二氧化硅含量、pH值为主要指标，选取各种活性白土，评估白土种类对3-氯丙二醇酯和缩水甘油酯的吸附作用。Muhamad R. 等[58]对不同pH值的白土脱色的精炼油进行考察，发现精炼油中3-氯丙二醇酯含量与白土酸性的强弱有很强的相关性，如图 7－10、图 7－11 所示。

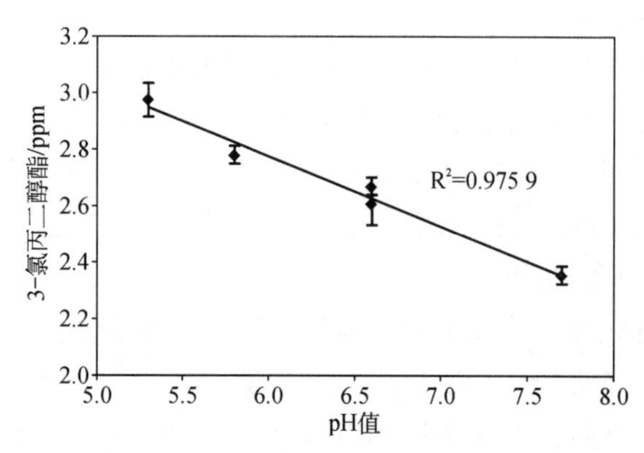

图 7－10 白土酸性与 3－氯丙二醇酯（3－MCPD）含量关系（0.1% H_3PO_4 干法脱胶，油为原料）

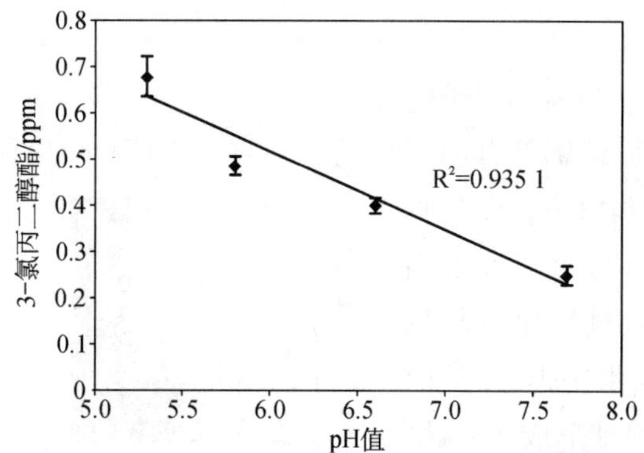

图 7－11 脱色白土酸性与 3－氯丙二醇酯（3－MCPD）含量关系（2.0% 水化脱胶，油为原料）

5. 脱色后水洗的影响

考虑到经过脱色后油脂中可能会引入或残留微量的杂质，故脱色后增加水洗工序来进一步去除杂质的方法被深入研究。

采用游离脂肪酸含量为 3％的毛棕榈油为原料，分别经过常规物理精炼以及化学精炼得到脱色油后，再加入等量的去离子水在一定温度下搅拌一定时间，随后离心去除并进行常规脱臭，分析两者的含量，结果如图 7－12 所示。可见，脱臭前加入水洗步骤有利于控制精炼油脂中两者的含量。

6. 脱臭工艺的影响

一般而言，脱臭是食用油脂加工步骤的最后一道，为脱除游离脂肪酸、带有气味和异味的小分子化合物、脱除某些甾醇、破坏某些色素以及过氧化物。天然油

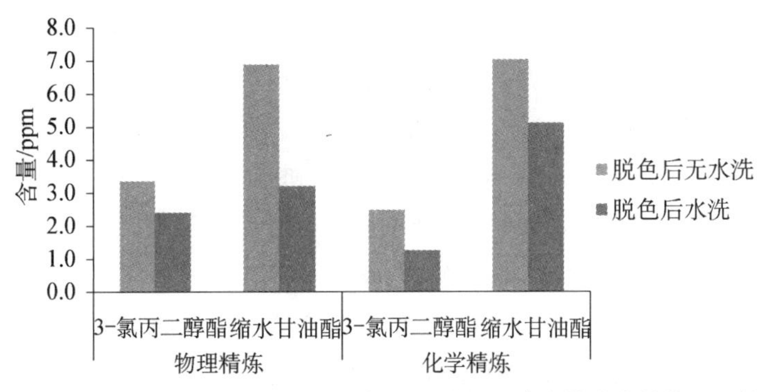

图7-12 脱色后水洗对降低3-氯丙二醇酯和缩水甘油酯的作用比较

脂是含有复杂组分的甘三酯的混合物，尤其对于热敏性强的油脂而言，当操作温度达到臭味组分汽化强度时，往往会发生氧化分解。为了避免油脂高温下的分解，可采用辅助剂或载体蒸汽，其热力学的意义在于从外加总压中承受一部分与其本身分压相当的压力。辅助剂或载体蒸汽的耗量与其分子量成正比。总体而言，脱臭过程中主要涉及的影响因素有：脱臭介质、温度以及时间。

1）脱臭介质的影响

如上所述，脱臭过程需要增加介质(饱和蒸汽/氮气等)，国内外一些研究机构对脱臭介质是否对精炼油脂中3-氯丙二醇酯以及缩水甘油酯的含量有所影响作了评估，初步认为脱臭过程中使用饱和水蒸气或者氮气对产品中3-氯丙二醇酯以及缩水甘油酯的含量无明显影响。

以游离脂肪酸含量为3%的毛棕榈油为实验对象，分别以物理精炼以及化学精炼两种方式来考察。

工艺流程：酸化水洗脱胶→(碱炼中和)→脱色，在脱臭阶段考察不同参数对最终产品中影响。每组实验共重复3次，实验结果如图7-13所示。

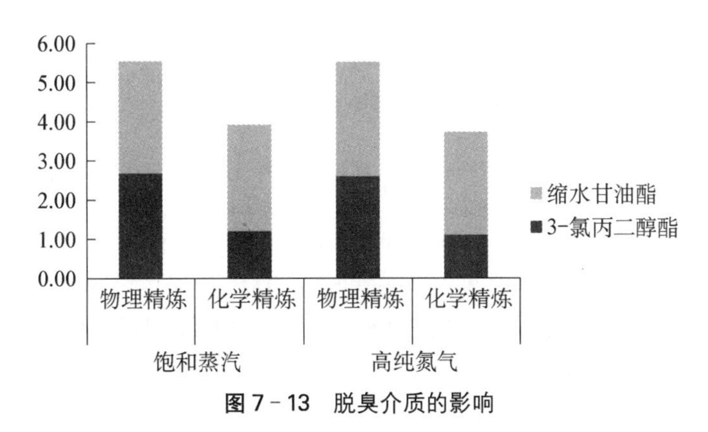

图7-13 脱臭介质的影响

另外也有一种观点，如专利 PCT/KR2012/000900 报告指出[45]，脱臭时采用去离子水做搅拌蒸汽比普通蒸汽对最终油脂产品降低 3－氯丙二醇酯含量有益。

2）脱臭温度的影响

油脂脱臭是利用油脂中臭味物质与甘油三酸酯挥发度的差异，在高温和高真空条件下借助饱和水蒸汽/高纯氮气蒸馏脱除小分子物质的工艺过程。为达到较高的脱除率，通常蒸馏过程需要保持 30 min 至 3 h。

Craft D. 等[15]报道了在脱臭温度超过 230℃以上，甘油二酯（DAG）含量超过 3%～4%的油脂中，缩水甘油酯（GE）含量呈指数形式上升。类似的很多实验报道了通过对酸化水洗脱胶以及脱色得到脱色油后，同一种脱色油经不同温度以及不同停留时间脱臭后对最终精炼油脂中 3－氯丙二醇酯和缩水甘油酯的影响。结果如图 7－14 以及图 7－15 所示。

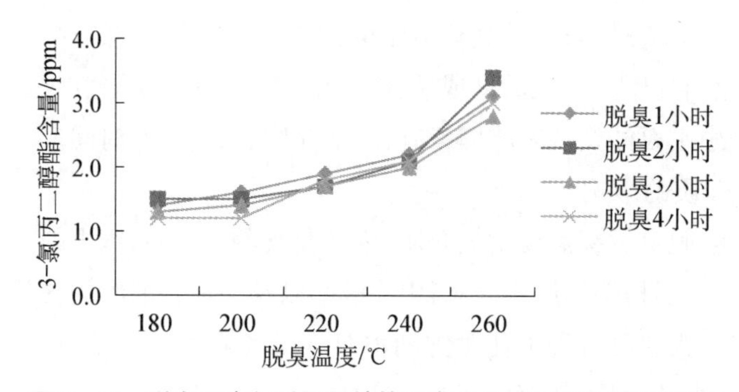

图 7－14 脱臭温度与时间对精炼油脂中 3－氯丙二醇酯的影响

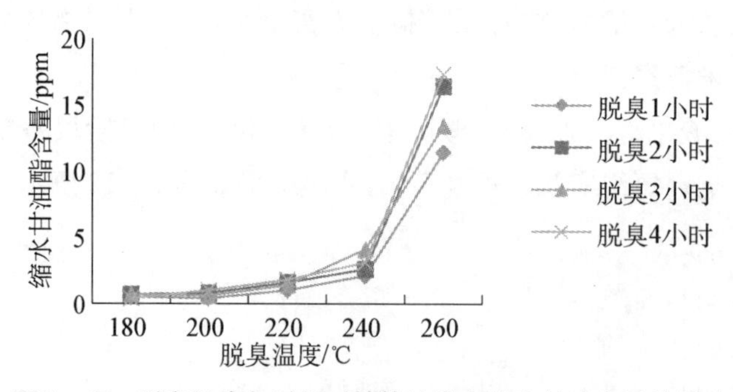

图 7－15 脱臭温度与时间对精炼油脂中缩水甘油含量的影响

由结果可见，停留时间对于精炼油脂中 3－氯丙二醇酯以及缩水甘油酯的影响不甚明显，但脱臭温度对于两者影响就较为明显，尤其是对缩水甘油酯，240℃是两者含量的飞跃点。因此，在生产操作中务必需要控制最终脱臭的温度处于 240℃以下。

7.4.3 油脂深加工工艺研究

1. 酯交换工艺的影响

油脂的性质主要取决于脂肪酸的种类、碳链长度、脂肪酸的不饱和程度和脂肪酸在甘三酯中的分布。酯交换就是通过改变甘三酯中的脂肪酸分布(酯基重排)从而达到改变油脂的性质尤其是油脂的结晶以及熔化特征,该技术通常用于特种油脂的加工,比如代可可脂等。尽管在高温下(大于250℃)酯交换也能发生,但在实际生产中主要通过催化剂或者酶使反应进行,其中最为普遍的催化剂是甲醇钠和甘油/NaOH溶液。

特别地,如果对脱色油进行化学酯交换之后再精炼能起到更明显的控制效果。酯交换后油脂中缩水甘油酯会上升数十倍乃至数百倍,经过一定量的白土吸附后,缩水甘油酯的含量便可降低到很低水平。

2. 分提工艺的影响

天然油脂是由多种甘油三酯组成的一种混合物。由于组成甘三酯的脂肪酸种类和位置分布的不同,形成了甘油三酯各组分在不同温度下溶解度或熔点的差异。利用这种特性,创造相应的冷却结晶条件,使固体酯和液体油进行分离纯化的工艺,称之为分提工艺。

PCT专利WO2011/002275 A1中报道了一种采用对毛棕榈油进行先分提后精炼的工艺[74],毛棕榈油的品质为游离脂肪酸低于1.5%,甘二酯含量低于5.0%,对获得的碘价(Ⅳ)小于48的分提组分进一步精炼,可以获得3-氯丙二醇酯含量小于1 ppm的棕榈硬脂产品。

3. 氢化工艺的影响

油脂氢化是指含有不饱和油双键的油脂,在一定条件下(催化剂、温度、压力、搅拌)与氢气发生加成反应,使油脂分子中的双键得以饱和的加工工艺。经过氢化工艺,可以使油脂的熔点上升,固脂含量增加,并且能提高油脂的氧化稳定性,改善油脂的色泽、风味等,但也存在反式酸上升的问题。由于催化剂和高温的影响,一般氢化后的油脂3-氯丙二醇酯和缩水甘油酯含量都大幅增加。

7.4.4 展望

“双低”3-氯丙二醇酯和缩水甘油酯的控制工艺开发,已成为当前油脂加工领域的研究热点问题之一。目前,世界范围内仅有极少数企业能够工业化生产符合要求的“双低”油脂原料。但是,额外增加的加工助剂和工厂设备升级改造,明显提高了工业化规模生产成本，制约了“双低”油脂工业化生产的发展。所以，在不影响工厂设备格局条件下实现对 3 -氯丙二醇酯和缩水甘油酯的有效控制，将是未来控制工艺开发的优先方向。

另外，目前全球研究机构将主要精力集中于对棕榈油精炼过程中的 3 -氯丙二醇酯和缩水甘油酯的控制工艺研究。从未来油脂食品安全角度看，“双低”控制要求势必将从棕榈油逐步扩展到其他所有油脂原料。面对新的挑战，我国应该加大此领域的研发投入，加速推进“双低”油脂的工业化生产，以保障我国油脂食品的安全。

7.5 油脂精炼过程中 3 -氯丙二醇酯的化学形成机理研究进展

7.5.1 引言

3 -氯丙二醇酯(3 - MCPD 酯)是油脂精炼过程中产生的一种具有神经毒和致癌性的有害物质。3 -氯丙二醇酯主要是在脱臭工段中产生的[28, 86]。但是，到目前为止，3 -氯丙二醇酯的确切形成机理还在研究中。掌握油脂体系中 3 -氯丙二醇酯的形成机理，对有效控制油脂精炼过程中 3 -氯丙二醇酯的形成具有十分重要的意义。

油脂中的含氯前体来源广泛，油料作物生长过程中从土壤中吸收的含氯无机盐类以及残留的含氯杀虫剂在油料加工过程中部分进入到油脂原料；油脂精炼过程中各种辅料(如水、酸、碱液、活性白土、搅拌蒸汽等)；加工时所用的容器(如氯化铁等)；运输过程中含氯的包装材料(如聚氯乙烯，聚偏二氯乙烯等)。Nagy 等[60]对棕榈油中含氯分子的结构进行了较详细的分析研究，对 3 -氯丙二醇酯的形成机理研究具有一定的参考价值。

对于 3 -氯丙二醇酯的形成机理，目前主要提出了 4 种猜想：第一种机理认为亲核的氯离子直接进攻甘油骨架上的酯基或质子化羟基[14, 65]；第二种机理认为缩水甘油酯可能作为氯离子亲核反应的中间体而成为 3 -氯丙二醇酯的前体[75]；第三种机理认为甘油二酯(DAG)或甘油三酯(TAG)在高温下生成环氧鎓离子中间体，氯离子亲核进攻此中间体生成 3 -氯丙二醇酯[14,84]；第四种是最近提出的环氧鎓自由基机理[94]，认为在高温条件下，甘油二酯生成环氧鎓自由基，氯自由基或氯化物进攻鎓自由基中间体生成 3 -氯丙二醇酯，但此种猜想并没有解释由甘油三酯生成 3 -氯丙二醇酯的机理。

7.5.2 氯离子直接亲核取代机理

Collier 等[14]在1991年首次提出了氯离子直接亲核取代机理，如图7-16所示，在盐酸催化条件下，氯离子会通过 S_N2 途径直接亲核取代酯基或者质子化羟基，但这种机理到目前为止还没有直接的证据证实。Collier 等检测了在甘油/盐酸系统中3-氯丙二醇酯与2-氯丙二醇酯的比例约为3∶1，这和 S_N2 途径对空间位阻的敏感性规律相符合；然而，在乙酸的存在下，这个比例变为6∶1，Collier 等认为这是形成了缩水甘油酯和环氧鎓离子，使 sn-2 与 sn-3 位的碳原子相比具有更大的空间位阻，从而导致比例的上升，这就引出了下面两种形成机理。

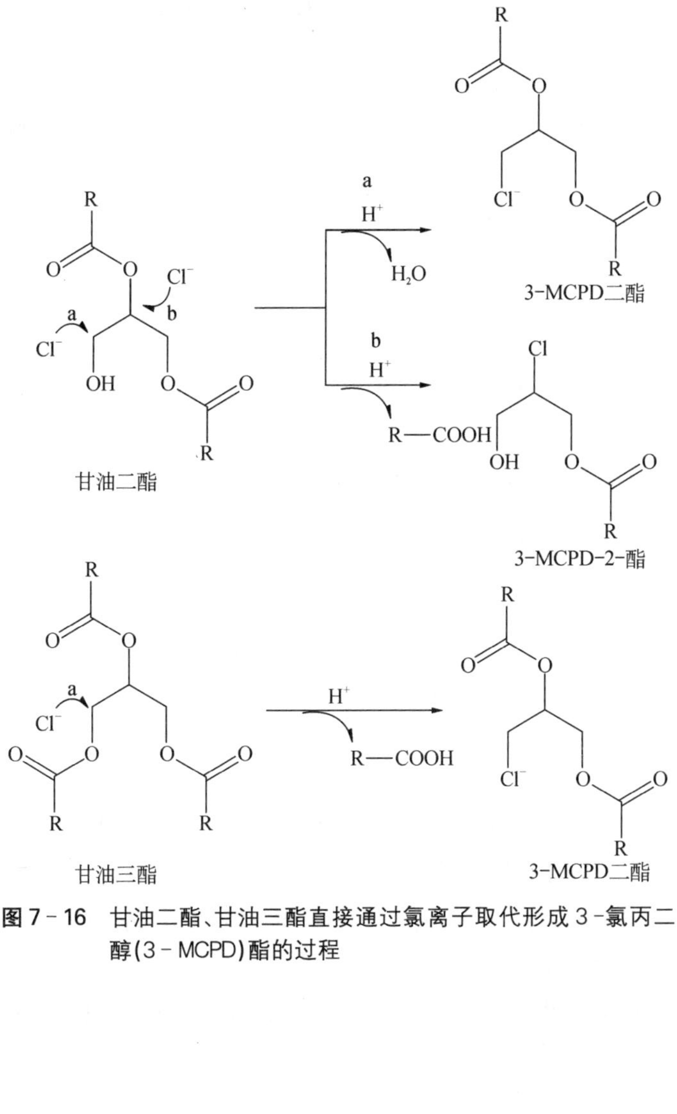

图7-16 甘油二酯、甘油三酯直接通过氯离子取代形成3-氯丙二醇(3-MCPD)酯的过程

7.5.3 缩水甘油酯中间体形成机理

目前已经有确切的证据表明缩水甘油会通过打开环氧环形成 3 -氯丙二醇，因此其对应的缩水甘油酯也很有可能通过相同的转化生成 3 -氯丙二醇酯，Sonnet 等人[75]在 1991 年研究表明缩水甘油酯与溴离子反应会生成 3 -溴甘油酯，进一步证明了此形成机理。2009 年，Weißhaar 等[89]报道了精炼植物油中存在缩水甘油酯，初步研究表明，缩水甘油酯的出现可能与 DAG 的含量有关，但缩水甘油酯的确切形成机理仍然不清楚。由此，如图 7 - 17 所示，甘油二酯在酸性条件下，脱去一条脂肪酸链形成缩水甘油酯，氯离子进攻缩水甘油酯中间体，从而形成 3 -氯丙二醇酯，但此种机理仍未得到确切的实验数据证实。

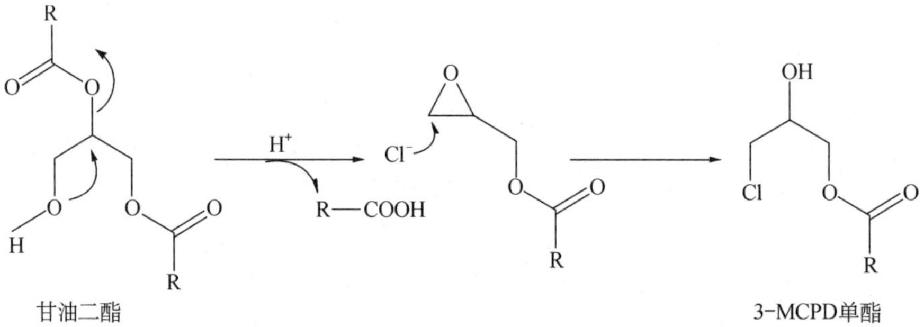

甘油二酯 3-MCPD单酯

图 7 - 17 甘油二酯通过缩水甘油酯形成 3 -氯丙二醇(3 - MCPD)单酯的过程[92]

7.5.4 环氧鎓正离子中间体机理

如上文所述，Collier 等基于乙酸存在下 3 -氯丙二醇酯和 2 - MCPD 酯比例的变化最先提出了环氧鎓离子中间体机理。如图 7 - 18 所示，在酸催化条件下，环氧鎓离子可以通过 TAG 或 DAG 酯羰基的内部亲核进攻以及甘油骨架上离去基团的同步分离而形成。当前体物质是 DAG 时，在酸性条件下，在邻近的 DAG 酯基的邻助作用下，质子化羟基同步分离，形成环氧鎓离子中间体；当前体物质是 TAG 时，TAG 可以通过以下两种途径形成环氧鎓离子，一是在酸性条件下，通过 TAG 酯羰基内部亲核进攻以及甘油骨架上离去基团羰基的同步分离而形成；而是在酸性条件下，TAG 先脱去一条脂肪酸链形成 DAG，DAG 在酸性条件下进一步形成环氧鎓离子中间体，然后氯离子进攻环氧鎓离子从而形成 3 -氯丙二醇二酯或者 2 -氯丙二醇二酯。

为了证明环氧鎓离子机理的正确性，Rahn 等人采用傅里叶变换红外(FT -

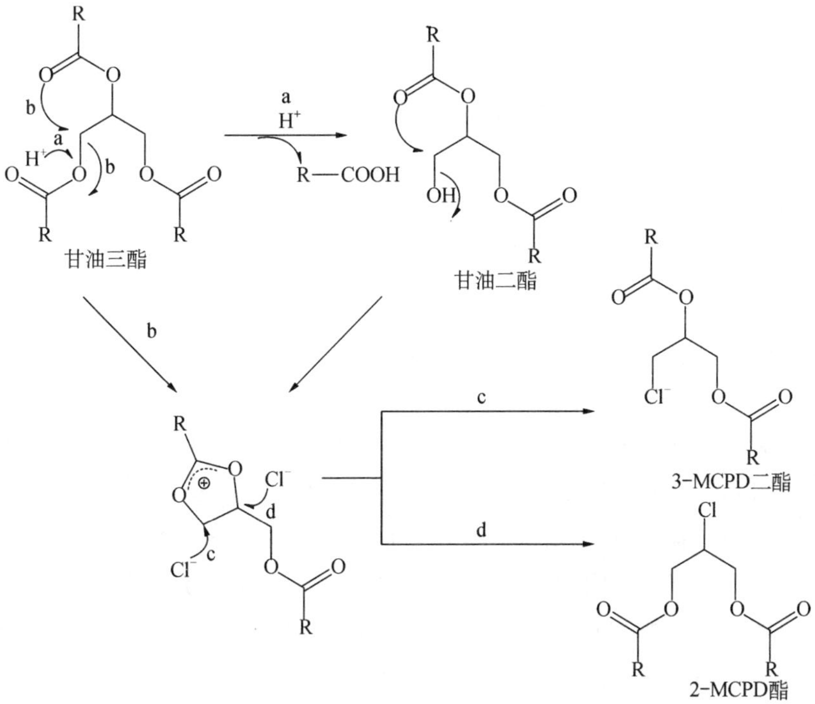

图7-18 甘油三酯、甘油二酯通过环氧鎓离子形成3-氯丙二醇(3-MCPD)二酯或2-氯丙二醇(2-MCPD)酯的机理

IR)检测了三棕榈酸甘油酯在60℃时吸收峰的变化[64],该反应用Lewis酸$ZnCl_2$催化,在1 651 cm^{-1}处观察到了环氧鎓离子的特征吸收峰,该特征峰又进一步通过同位素^{13}C标记羰基进行了证实。然而,除了FT-IR特征峰的证据,Rahn并没有提供其他直接的证据证明该中间体为环氧鎓离子,张晓伟等在2013年用Q-TOF MS/MS, ESR, FT-IR等证明了其中间体并非环氧鎓离子,而是环氧鎓自由基,提出了一种新的基于自由基理论的形成机理[94]。

7.5.5 环氧鎓自由基中间体机理

3-氯丙二醇酯目前普遍被认为是在脱臭的时候产生的。在235℃加热时,有机氯和甘三酯反应,导致3-氯丙二醇酯的含量明显升高[18],另外,当温度超过240℃时,3-氯丙二醇酯的生成速率以及含量显著增高。这些实验结果暗示3-氯丙二醇酯的形成机理可能是自由基反应,因为自由基反应的特点即需要高温,并且反应速率快。

张晓伟等[94]首先采用电子顺磁共振技术(ESR)检测植物油与5,5-二甲基-1-吡咯啉-N-氧化物(5,5-Dimethyl-1-pyrroline-N-oxide, DMPO)或N-叔丁基-α-苯基硝酮(N-tert-butyl-α-phenylnitrone, PBN)混合物在80℃反应20 min后的ESR信号,发现植物油与DMPO混合物显示出明显的ESR信号,证明了油脂加工过程中自由基的存在;接着,1,2-硬脂酸甘油二酯(sn-1,2-stearoylglycerol, DSG)被选为甘油二酯代表物来进行一系列研究,首先,检测了DSG在常温、40℃、60℃、80℃、120℃和160℃时的ESR信号,发现在120℃和160℃时DSG显示出了明显的ESR信号;FT-IR检测DSG在25℃和120℃时的特征吸收峰,发现在120℃时DSG中一个酯键在1 711 cm^{-1}的特征吸收峰消失了,因此作者推测出了一种基于环氧翁自由基的3-氯丙二醇二酯的形成机理,如图7-19所示,甘油二酯在高温下C-3位的羟基与碳原子之间的共价键均裂,脱去一个羟自由基,C-3位上的单电子与C-2上的碳氧双键上一个单键电子形成一个共价键,另一个单电子游离在所形成的环氧环的两个碳原子和氧原子上,即形成环氧鎓自由基,氯自由基或者氯化物直接进攻3号位的碳原子形成3-氯丙二醇二酯。为了进一步确认该机理,作者用飞行时间质谱检测了DSG与DMPO在120℃时的结合物,发现了环氧鎓自由基的分子离子峰以及与DMPO结合物的分子离子峰;另外,在常温、120℃和240℃条件下,DSG与一系列无机氯化物如氯化铁、氯化亚铁等和有机氯化物如六氯化苯等反应,结果发现只有氯化铁、氯化亚铁和氯化氢气体在120℃时有3-氯丙二醇酯产物生成,而其他氯化物要在240℃时才有明显的3-氯丙二醇酯的形成,这强力地证明了鎓自由基机理,因为根据以前的研究表明,在120℃时已经有环氧鎓离子的形成,如果是鎓离子机理,在120℃时无机氯化物都能发生电离,然后氯离子进攻环氧鎓离子形成3-氯丙二醇酯。此外,氯气与DSG在常温、120℃和240℃时的反应产物经过高效液相质谱检测发现了3-氯丙二醇酯的形成,进一步确认了环氧鎓自由基机理,因为氯分子在高温下共价键会断裂形成两个氯自由基。但是,由甘油三酯形成3-氯丙二醇酯的机理目前仍不清楚,亟需进一步研究。

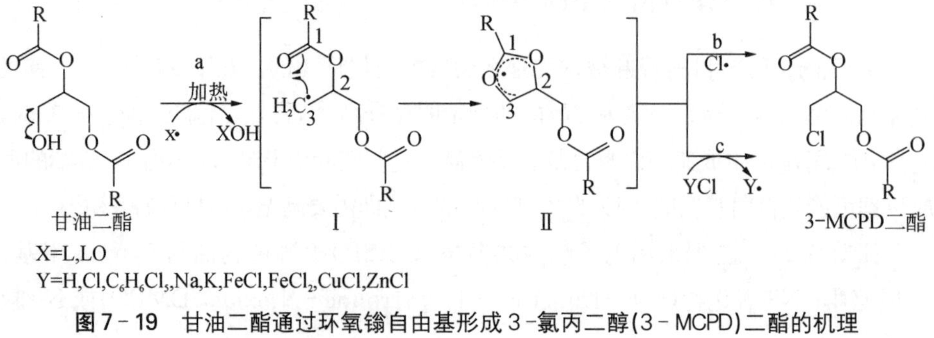

甘油二酯 I II 3-MCPD二酯

X=L,LO

Y=H,Cl,$C_6H_6Cl_5$,Na,K,FeCl,$FeCl_2$,CuCl,ZnCl

图7-19 甘油二酯通过环氧鎓自由基形成3-氯丙二醇(3-MCPD)二酯的机理

7.5.6 展望

油脂中3-氯丙二醇酯的出现引起了业界的广泛关注，本章所介绍的4种3-氯丙二醇酯形成的机理中，环氧鎓自由基机理已经得到证实，而由甘油三酯形成3-氯丙二醇酯的确切证据仍没有找到，需要进一步实验的探究。探索油脂中3-氯丙二醇酯形成的反应化学机理，有助于在实际生产、储藏以及使用过程中减少或避免3-氯丙二醇酯的生成。

参考文献

[1] 吴宏中，廖华勇. 调味品中的氯丙醇监控分析[J]. 中国调味品，2000，12：27-30.

[2] 徐小民，沈向红，宋国良，等. 气相色谱质谱联用负化学源法检测方便面调料包中的氯丙醇[J]. 中国卫生检验杂志，2006，16(6)：661-662.

[3] 周红茹，金俊，杨娇，等. 油脂中3-氯丙二醇酯形成的化学反应机制[J]. 中国粮油学报，2012，27(10)：118-122.

[4] Alessia E, Karel H. 3-MCPD esters analysis—An optimized method based on acid transesterification [R]. 7th Meeting AOCS Expert Panel on Process Contaminants, Rotterdam, NL, Sep. 19th, 2011.

[5] Angelika P. Methods for the determination of 3-MCPD-fatty acid esters, second collaborative study [R]. 3rd meeting AOCS expert panel on process contaminants, Phoenix, Arizona, May 18th, 2010.

[6] BfR Wissenschaft. 3-MCPD-fatty acid esters in edible fats and oils, second collaborative study-part Ⅰ method validation and proficiency test [M]. Berlin: Bundesinstitut für Risikobewertung, 2011.

[7] Breitling-Utzmann M, Hrenn H, Haase U, et al., Influence of dough ingredients on 3-chloropropane-1,2-diol (3-MCPD) formation in toast [J]. Food Addit Contam., 2005, 22(2): 97-103.

[8] Buhrke T, Weißhaar R, Lampen A. Absorption and metabolism of the food contaminant 3-chloro-1,2-propanediol (3-MCPD) and its fatty acid esters by human intestinal Caco-2 cells [J]. Arch. Toxicol., 2001, 85(10): 1201-1208.

[9] Cavanagh B, Nolan C, Seville P. The neurotoxicity of α-chlorohydrin in rats and mice: I. Evolution of the cellular changes [J]. Neuropath. Appl. Neuro., 1993, 19(3): 240-252.

[10] Cerbulis J, Parks W, Liu H, et al. Occurrence of diesters of 3-chloro-1,2-propanediol in the neutral lipid fraction of goats' milk [J]. J. Agric. Food Chem., 1984, 32(3): 474-476.

[11] Cho S, Han S, Lee H, et al. Subchronic toxicity study of 3-monochloropropane-1,2-diol administered by drinking water to B6C3F1 mice [J]. Food Chem. Toxicol., 2008b, 46(5): 1666-1673.

[12] Cho S, Han S, Nam T, et al. Carcinogenicity study of 3 - monochloropropane - 1,2 - diol in Sprague-Dawley rats [J]. Food Chem. Toxicol., 2008a,46(9):3172 - 3177.
[13] Cmolík J, Pokorný J. Physical refining of edible oils [J]. Eur. J. Lipid Sci. Technol., 2000,102(7):472 - 486.
[14] Collier D, Cromie O, Davies P. Mechanism of formation of chloropropanols present in protein hydrolysates [J]. J. Am. Oil Chem. Soc., 1991,68(10):785 - 790.
[15] Craft D, Nagy K. Glycidyl esters in refined palm (Elaeis guineensis) oil and related fractions. Part Ⅱ: Practical recommendations for effective mitigation [J]. Food Chem., 2012,132(1):73 - 79.
[16] Davidek J, Kubelka V, Bartosova J, et al. Formation of volatile chlorohydrins from glycerol (triacetin, tributyrin) and hydrochloric acid [J]. Lebensm.-Wiss. Technol., 1979, 12(4): 234 - 236.
[17] Davidek J, Velíšek J, Kubelka V, et al. Glycerol chlorohydrins and their esters as products of the hydrolysis of tripalmitin, tristearin and triolein with hydrochloric acid [J]. Z. Lebensm. Unters. Forsch., 1980,171(1):14 - 17.
[18] Destaillats F, Craft D, Sandoz L, et al. Formation mechanisms of Monochloropropanediol (MCPD) fatty acid diesters in refined palm (Elaeis guineensis) oil and related fractions [J]. Food Addit. Contam., 2012,29(1):29 - 37.
[19] Deutsche Gesellschaft für Fettwissenschaft: DGF Standard Method C Ⅵ 18 (10) [R]. Deutsche Einheitsmethoden zur Unter-suchung von Fetten, Fettprodukten, Tensiden und verwandten Stoffen, Wissenschaftliche Verlagsgesellschaft, Stuttgart, Germany, 2011.
[20] Divinova V, Svejkovska B, Dolezal M, et al. Determination of free and bound 3 - chloropropane - 1,2 - diol by gas chromatography with mass spectrometric detection using deuterated 3 - chloropropane - 1, 2 - diol as internal standard [J]. Czech J. Food Sci., 2004,22(5):182 - 189.
[21] Doležal M, Chaloupská M, Divinová V, et al. Occurrence of 3 - chloropropane - 1,2 - diol and its esters in coffee [J]. Eur. Food. Res. Technol., 2005,221(3):221 - 225.
[22] EFSA, Comparison between 3 - MCPD and its palmitic esters in a 90 - day toxicological study [R]. 2011, http://www.efsa.europa.eu/en/supporting/pub/187e.htm.
[23] EI Ramy R, Ould Elhkim M, Lezmi S, et al. Evaluation of the genotoxic potential of 3 - monochloropropane - 1, 2 - diol (3 - MCPD) and its metabolites, glycidol and β - chlorolactic acid, using the single cell gel/comet assay [J]. Food Chem. Toxicol., 2007, 45(1): 41 - 48.
[24] Eliska M, Lukas V. Novel approaches to analysis of 3 - chloropropane - 1,2 - diolester in vegetable oils [J]. Anal. Bioanal. Chem., 2012,402(9):2871 - 2883.
[25] Epstein S, Arnold E, Andrea J, et al. Detection of chemical mutagens by the dominant lethal assay in the mouse [J]. Toxicol. Appl. Pharm., 1972,23(2):288 - 325.
[26] Ericsson J, Baker F. Male antifertility compounds: biological properties of U - 5897 and U - 15,646 [J]. J. Reprod. Fert., 1970,21(2):267 - 273.
[27] Ermacora A, Hrncirik K. Evaluation of an improved indirect method for the analysis of 3 - MCPD esters based on acid transesterification [J]. J. Am. Oil Chem. Soc., 2012,89(2): 211 - 217.

[28] Franke K. Influence of chemical refining process and oil type on bound 3 - chloro - 1,2 - propanediol contents in palm oil and rapeseed oil [J]. LWT - Food Sci. Technol., 2009, 42(10):1751 - 1754.

[29] Frei H, Würgler E. The vicinal chloroalcohols 1,3 - dichloro - 2 - propanol (DC2P), 3 - chloro - 1,2 - propanediol (3 - CPD) and 2 - chloro - 1,3 - propanediol (2 - CPD) are not genotoxic in vivo in the wing spot test of Drosophila melanogaster [J]. Mutat. Res. - Gen. Tox. En., 1997, 394(1 - 3): 59 - 68.

[30] Gardner M, Yurawecz P, Cunningham C, et al. Isolation and identification of C16 and C18 fatty acid esters of chloropropanediol in adulterated Spanish cooking oils [J]. Bull. Environ. Contam. Toxicol., 1983,31(6):625 - 630.

[31] Hamlet G, Jayaratne M, Matthews W. 3 - Monochloropropane - 1,2 - diol (3 - MCPD) in food ingredients from UK food producers and ingredient suppliers [J]. Food Addit. Contam., 2002,19(1):15 - 21.

[32] Hamlet G, Sadd A, Gray A. Generation of monochloropropanediols (MCPDs) in model dough systems. 1. Leavened doughs [J]. J. Agric. Food Chem., 2004,52(7):2059 - 2066.

[33] Hamlet G, Sadd A, Gray A. Generation of monochloropropanediols (MCPDs) in model dough systems. 2. Unleavened doughs [J]. J. Agric. Food Chem., 2004,52(7):2067 - 2072.

[34] Hamlet G, Sadd P. Chloropropanols and chlo-roesters. In: Process-induced food toxicants: occurrence, formation, mitigation and health risks [M]. Stadler, R. H., Lineback D., Hoboken, NJ: Wiley, 2009,175 - 214.

[35] Hamlet G, Sadd A. Chloropropanols and their esters in cereal products [J]. Czech J. Food Sci., 2004,22:259 - 262.

[36] Hirai H, Abe K, Shirasawa S. Verification of the DGF Method Recovery test results of 3 - MCPD ester and glycidol ester [R], http://aocs. files. cms-plus. com/Resources PDF/analytical_OilliO. pdf.

[37] Hrncirik K, Duijn G. An initial study on the formation of 3 - MCPD esters during oil refining [J]. Eur. J. Lipid Sci. Technol., 2011,113(3):374 - 379.

[38] IFST. http://www. ifst. org/hottop37. html [Z]. 2003.

[39] Jan Kuhlmann. Indirect determination of bound glycidol & MCPD in refined oils [R]. 102nd AOCS Annual Meeting & Expo, May 1 - 4,2011, http://aocs. files. cms-plus. com/ResourcesPDF/AOCS_Cincinnati_Kuhlmann 2011 - 05 - 03. pdf

[40] Jeong J, Han S, Cho S, et al. Carcinogenicity study of 3 - monochloropropane - 1,2 - diol (3 - MCPD) administered by drinking water to B6C3F1 mice showed no carcinogenic potential [J]. Arch. Toxicol., 2010,84(9):719 - 729.

[41] John L. 3 - MCPD esters in food products[R]. Belgium: EFSA, 2009.

[42] Katsuhito H, Natsuko K. Simultaneous determination of 3 - MCPD fatty acid esters and glycidol fatty acid esters in edible oils using liquid chromatography time-of-flight mass spectrometry [J]. LWT-Food Sci. Technol., 2012,48(2):204 - 208.

[43] Katsuhito H, Takeshi B. High-throughput and sensitive analysis of 3 - monochloropropane - 1, 2 - diol fatty acid esters in edible oils by supercritical fluid chromatography/tandem mass

spectrometry [J]. J. Chromatogr. A, 2012,1250:99 - 104.

[44] Kim K, Song C, Park Y, et al. 3 - Monochloropropane - 1, 2 - diol does not cause neurotoxicity in vitro or neurobehavioral deficits in rats [J]. Neurotoxicology, 2004, 25 (3):377 - 385.

[45] Kim S, Lee B, Park W. A method of process for edible oil reduced with 3 - chloro - 1,2 - propanediol forming substances and product prepared thereby [P]. WO2012169718, 2012.

[46] Kuhlmann J. Determination of bound 2, 3 - epoxy - 1 - propanol (glycidol) and bound monochloropropanediol (MCPD) in refined oils [J]. Eur. J. Lipid Sci. Technol., 2011, 113(3):335 - 344.

[47] Kuntzer J, Weisshaar R. The smoking process—a potent source of 3 - chloropropane - 1, 2 - diol (3 - MCPD) in meat products [J]. Deut Lebensm-Rundsch., 2006,102(9):397 - 400.

[48] Küsters M, Bimber U. Simultaneous determination and differentiation of glycidyl esters and 3 - monochloropropane - 1,2 - diol (MCPD) esters in different foodstuffs by GC - MS [J]. J. Agric. Food Chem., 2011,59(11):6263 - 6270.

[49] Larsen C. 3 - MCPD esters in food products [C]. Brussels, Belgium: 2009.

[50] Lee K, Byun A, Park H, et al. Evaluation of the potential immunotoxicity of 3 - monochloro - 1, 2 - propanediol in Balb/c mice - Ⅰ. Effect on antibody forming cell, mitogen-stimulated lymphocyte proliferation, splenic subset, and natural killer cell activity [J]. Toxicol., 2004,204(1):1 - 11.

[51] Lee K, Ryu H, Byun A. Immunotoxic effect of [beta]-chlorolactic acid on murine splenocyte and peritoneal macrophage function in vitro [J]. Toxicol., 2005,210(2):175 - 187.

[52] Liu M, Gao Y, Qin F, et al. Acute oral toxicity of 3 - MCPD mono- and di-palmitic esters in Swiss mice and their cytotoxicity in NRK - 52E rat kidney cells [J]. Food Chem. Toxicol., 2012,50(10):3785 - 3791.

[53] Lubomir K, Thomas W, Franz U. Proficiency test on the determination for 3 - MCPD esters in edible oil [R]. JRC Scientific and Technical Reports, 2010.

[54] Masukawa Y, Shiro, Nakamura S, et al. A new analytical method for the quantification of glycidol fatty acid esters in edible oils [J]. J. Oleo Sci., 2010,59(2):81 - 88.

[55] Mathieu D, Adrienne T. Comparison of indirect and direct quantification of ester of monochloropropanediol in vegetable oil [J]. J. Chromatogr. A, 2012, 1236:189 - 201.

[56] Matthaus B. 3 - MCPD and glycidyl fatty acid esters: What is the knowledge today? [J]. Eur. J. Lipid Sci. Technol., 2011,113(3SI):277 - 278.

[57] Michael B, Mark C. Direct determination of glycidyl esters of fatty acids in vegetable oils by LC - MS [J]. J. Am. Oil Chem. Soc., 2011,88(9):1275 - 1283.

[58] Muhamad R, Wai S, Nuzul I, et al. Effects of degumming and bleaching on 3 - MCPD esters formation during physical refining [J]. J. Am. Oil. Chem. Soc., 2011,88(11), 1839 - 1844.

[59] Myher J, Kuksis A, Marai L, et al. Stereospecific analysis of fatty acid esters of chloropropanediol isolated from fresh goat milk [J]. Lipids, 1986,21(5):309 - 314.

[60] Nagy K, Sandoz L, Craft D, et al. Mass-defect filtering of isotope signatures to reveal the

source of chlorinated palm oil contaminants [J]. Food Addit. Contam. : Part A, 2011, 28 (11): 1492 - 1500.

[61] Naoki K, Hirofumi S, Hiroshi Y. Improvement of accuracy in quantification of 3 - monochloropropane - 1, 2 - diol esters by Deutsche Gesellschaft fur Fettwissenschaft Standard Methods C - Ⅲ 18 [J]. Eur. J. Lipid Sci. Technol. , 2011, 113(9): 1168 - 1171.

[62] Pudel F, Benecke P, Fehling P, et al. On the necessity of edible oil refining and possible sources of 3 - MCPD and glycidyl esters [J]. Eur. J. Lipid Sci. Tech. , 2011, 113(3): 368 - 373.

[63] Qian Q, Zhang H, Zhang Z, et al. Study on acute toxicity of R, S and (R, S) - 3 - monchloropropane - 1, 2 - diol [J]. J. Hyg. Res. , 2007, 36(2): 137 - 140.

[64] Rahn K, Yaylayan A. Monitoring cyclic acyloxonium ion formation in palmitin systems using infrared spectroscopy and isotope labelling technique [J]. Eur. J. Lipid Sci. Technol. , 2011, 113(3): 330 - 334.

[65] Rahn K, Yaylayan A. What do we know about the molecular mechanism of 3 - MCPD ester formation? [J]. Eur. J. Lipid Sci. Technol. , 2011, 113(3): 323 - 329.

[66] Reece P. The origin and formation of 3 - MCPD in foods and food ingredients (final project report) [R]. Food Standards Agency, 2005.

[67] Rétho C, Blanchard F. Determination of 3 - chloropropane - 1, 2 - diol as its 1, 3 - dioxolane derivative at the μg/kg level: application to a wide range of foods [J]. Food Add. Contam. , 2005, 22(12): 1189 - 1197.

[68] Robert C, Oberson M, Stadler H. Model studies on the formation of monochloropropanediols in the presence of lipase [J]. J. Agric. Food Chem. , 2004, 52(16): 5102 - 5108.

[69] Robjohns S, Marshall R, Fellows M, et al. In vivo genotoxicity studies with 3 - monochloropropan - 1, 2 - diol [J]. Mutagenesis, 2003, 18(5): 401 - 404.

[70] Seefelder W, Scholz G, Schilter B. Structural diversity of dietary fatty esters of chloropropanols and related substances [J]. Eur. J. Lipid Sci. Tech. , 2011, 113(3): 319 - 322.

[71] Seefelder W, Varga N, Studer A, et al. Esters of 3 - chloro - 1, 2 - propanediol (3 - MCPD) in vegetable oils: Significance in the formation of 3 - MCPD [J]. Food Addit. Contam. A. 2008, 25(4): 391 - 400.

[72] Shaun M. LC - MS/MS detection of glycidyl esters and 3 - MCPD esters in edible oils [R]. AOCS annual meeting, Cincinnati, OH, May 3rd, 2011.

[73] Silhánková L, Smíd F, Cerná M, et al. Mutagenicity of glycerol chlorohydrines and of their esters with higher fatty acids present in protein hydrolysates [J]. Mutat. Res. Lett. , 1982, 103(1): 77 - 81.

[74] Sime B, Zieverink P, De A, et al. Process for manufacturing palm oil fractions containing virtually no 3 - monochloropropanediol fatty acid esters [P]. WO2011002275, 2011.

[75] Sonnet E. A short highly regio- and stereoselective synthesis of triacylglycerols [J]. Chem. Phys. Lipids. , 1991, 58(1): 35 - 39.

[76] Stolzenberg S, Hine C. Mutagenicity of 2 - and 3 - carbon halogenated compounds in the Salmonella/mammalian - microsome test [J]. Environmen. Mutagen. , 1980, 2(1): 59 - 66.

[77] Sunahara G, Perrin I, Marchessini M. Carcinogenicity study on 3 - monochloropropane - 1,2 - diol (3 - MCPD) administered in drinking water to Fischer 344 rats [R]. Report RE -SR93003 submitted to WHO by Nestec Ltd. , Research and Development, Lausanne, Switzerland, 1993.
[78] Svejkovská B, Novotný O, Divinová V, et al. Esters of 3 - chloropropane - 1,2 - diol in foodstuffs [J]. Czech J. Food Sci. , 2004,22(5):190 - 196.
[79] Tee P, Shahrim Z, Nesaretnam K. Cytoxicity assays and acute oral toxicity of 3 - MCPD esters [R]. 9th Euro Fed lipid Congress, Rotterdam, December 10 - 30th, 2011.
[80] Troy H, Kevin A, Mark C. Direct determination of mcpd fatty acid esters and glycidyl fatty acid esters in vegetable oils by LC - TOF - MS [J]. J. Am. Oil Chem. Soc. , 2011, 88(1):1 - 14.
[81] Van Duuren B, Goldschmidt B, Katz C, et al. Carcinogenic activity of alkylating agents [J]. J. Natl. Cancer I. , 1974,53(3):695 - 700.
[82] Velisek J, Davidek J, Hajslova J, et al. Chlorohydrins in protein hydrolysates [J]. Z. Lebensm. Unters. Forsch. , 1978,167(4):241 - 244.
[83] Velisek J, Davidek J, Kubelka V, et al. New chlorine-containing organic compounds in protein hydrolysates [J]. J. Agric. Food Chem. , 1980,28(6):1142 - 1144.
[84] Velíšek J, Doležal M, Crews C, et al. Optical isomers of chloropropanediols: mechanisms of their formation and decomposition in protein hydrolysates [J]. Czech J. Food Sci. , 2002,20(5):161 - 170.
[85] Weisburger E, Ulland B, Nam J, et al. Carcinogenicity tests of certain environmental and industrial chemicals [J]. J. Natl. Cancer I. , 1981,67(1):75 - 88.
[86] Weißhaar R. 3 - MCPD-esters in edible fats and oils—a new and worldwide problem [J]. Eur. J. Lipid Sci. Technol. , 2008,110(8):671 - 672.
[87] Weisshaar R. Determination of total 3 - chloropropane - 1,2 - diol (3 - MCPD) in edible oils by cleavage of MCPD esters with sodium methoxide [J]. Eur. J. Lipid Sci. Technol. , 2008,110(2):183 - 186.
[88] Weißhaar R. Fatty acid esters of 3 - MCPD: Overview of occurrence and exposure estimates [J]. Eur. J. Lipid Sci. Tech. , 2011,113(3):304 - 308.
[89] Weißhaar R, Perz R. Fatty acid esters of glycidol in refined fats and oils [J]. Eur. J. Lipid Sci. Technol. , 2009,112(2):158 - 165.
[90] Zeiger E, Anderson B, Haworth S, et al. Salmonella mutagenicity tests: Ⅳ. Results from the testing of 300 chemicals [J]. Environ. Mol. Mutagen. , 1998,11(S12):1 - 18.
[91] Zelinková Z, Doležal M, Velíšek J. Occurrence of 3 - chloropropane - 1,2 - diol fatty acid esters in infant and baby foods [J]. Eur. Food Res. Technol. , 2009,228(4):571 - 578.
[92] Zelinková Z, Novotný O, Schůrek J, et al. Occurrence of 3 - MCPD fatty acid esters in human breast milk [J]. Food Addit. Contam. A. , 2008,25(6):669 - 676.
[93] Zelinková Z, Svejkovská B, Velíšek J, et al. Fatty acid esters of 3 - chloropropane - 1,2 - diol in edible oils [J]. Food Addit. Contam. , 2006,23(12):1290 - 1298.
[94] Zhang X, Gao B, Qin F, et al. Free radical mediated formation of 3 - monochloropropanediol (3 - MCPD) fatty acid diesters [J]. J. Agri. Food Chem. , 2013,61(10):2548 - 2555.

第 8 章　食品安全分析检测技术的新进展

8.1　概述

近年来,“三聚氰胺奶粉”、“塑化剂”、“地沟油”、“染色馒头”等食品安全事件层出不穷,食品安全问题已成为政府、媒体和百姓关注的焦点,食品掺假和安全性的检测也变得非常重要,是关乎民众健康的重大问题。

目前,国内外检测食品安全的技术方法有很多种,按其检测原理主要可分为理化分析法和生物分析法。理化分析法主要有:常规理化性质检测法、薄层色谱法(TLC)、气相色谱法(GC)、液相色谱法(LC)、气相/液相色谱-质谱联用法(GC/LC - MS)、核磁共振波谱法(NMR)、近红外光谱法(NIR)、拉曼光谱法(Raman)、超临界液体色谱法(SFC)、毛细管电泳色谱法(CE)等;生物分析法包括:酶联免疫法(ELISA)、放射免疫法(RIA)、生物传感器法(Biosensor)、酶抑制剂法(Enzyme inhibition)、分子印迹法(MIT)等。上述分析方法被广泛应用于不同种类食品的安全检测,且在很多情况下是多种检测技术联合使用,已成为食品安全分析和检测的关键技术。本章将主要就色谱和光谱技术在食品安全分析中的进展进行介绍。

8.2　样品前处理技术

目前,在食品分析中,虽然分析仪器的灵敏度、分辨率和稳定性已取得飞速发展,但由于食品基质复杂,待测成分含量通常低至微克(μg)甚至纳克(ng)级,直接检测较为困难,且易对仪器造成污染。因此,需要对样品进行提取、纯化和浓缩后再分析。样品前处理不仅能有效去除基质干扰,而且可以提高方法的选择性和灵敏度,对于快速、精确检测食品中的营养成分或毒害物质等有重要意义。近年来食品样品前处理技术发展迅速,包括固相萃取、加速溶剂萃取、凝胶渗透色谱、超临界流体萃取等技术均被用于提取和富集食品中活性成分或微量成分，以获取准确可靠的分析结果。

食品中的农药残留一般为有机氮、有机磷和氨基甲酸酯等成分。对于有机磷和氨基甲酸酯，可用快速检测分析法，其前处理方法简单快速，样品粉碎称重后用缓冲溶液提取即可。但对于未知或痕量成分，需要采用色谱或质谱等方法来确认其化学结构和含量，通常用甲醇等溶剂提取后，用固相萃取或凝胶渗透色谱进一步纯化，用于除去色素和其他杂质成分。例如，Yang 等[51]通过固相萃取技术对树莓、草莓、蓝莓和葡萄中 88 种已知农药残留进行分离纯化，首先将样品溶解于乙腈中，离心取上清液并在氮气流下吹干。其次将经乙腈-甲苯(3∶1, v/v)溶液 5 mL活化后的 Envi-carb 小柱和 NH_2 - LC 小柱串联使用，样品溶解于 2 mL 乙腈-甲苯(3∶1, v/v)后以 1 mL/min 的流速上样，最后使用 25 mL 乙腈-甲苯(3∶1, v/v)溶液以 2 mL/min 的流速洗脱，收集 5～25 mL 的洗脱液，氮气流下吹干后分析。

食品中兽药残留主要来源于养殖过程中为促进动物生长或治疗动物疾病而人为添加的兽药，主要为抗生素、激素和磺胺类等药物。兽药残留检测一般使用固相萃取小柱来纯化样品。Ronning 等[40]使用液液萃取和固相萃取技术分别对猪肉、海产品、鸡蛋、蜂蜜、牛奶、血清及尿液中氯霉素进行分离纯化。对于猪肉、海产品、鸡蛋、蜂蜜、牛奶样品，采用乙腈/水(5 mL)-氯仿(5 mL)液液萃取后取有机层在氮气流下吹干待测；对于血清及尿液样品采用固相萃取技术，为除去基质中极性较大的杂质，使用硅胶小柱纯化，5 mL 乙酸乙酯洗脱，收集洗脱液检测。

食品中重金属污染主要指对生物有显著毒性的元素，如砷、汞、铅等，这些污染物主要来源于食品原料种植的环境中。一般而言，蔬菜、水果、水产品、茶叶及坚果中含量较高。重金属检测的前处理技术主要有干灰化法、湿法消解法、酸提取法、微波消解法等。湿法消解法是目前应用最广泛的一种样品前处理方法，即用混合酸溶液在加热条件下将样品完全分解，使待测元素转入溶液中。微波消解法是利用微波加热的方法，在密闭体系中对样品进行消解，使待测元素不易损失。顾培等[1]分别使用普通消解法和微波消解法来分析植物样品中铝元素的含量。结果表明，普通消解需要 12 h 以上，而微波消解只需 10～20 min，且试剂利用率高，样品损失少，对易挥发元素的检测是一个很好的方法。

食品中环境污染物主要来源于食物链的生物富集和包装材料等。该类化合物化学性质稳定，在环境中难以降解，具有致癌、致畸、致突变效应，如多氯联苯、多环芳烃等。其检测方法通常为色谱法，其前处理过程复杂，样品经过冷冻干燥后，与无水硫酸钠混合研磨，进行索氏提取。但该方法所需时间较长，消耗有机试剂较多。目前常用的方法有超声萃取、加速溶剂萃取及超临界流体萃取等。Yusty 等[53]利用超临界流体萃取法提取植物油中的多环芳烃，使样品在 110℃、20 MPa条件下平衡 10 min 后，以 0.5 mL/min 流速的液态二氧化碳萃取，方法的检测限可达 1 155 μg/kg。Yeakub 等[52]利用超临界流体萃取法提取熏肉中的多环芳烃，将样品与 C_{18} 颗粒吸附剂混匀后在 100℃、350 bar 条件下用液态二氧化碳萃取，测定熏肉中多环芳烃的浓度为 10～26 ng/mL。

综上所述，近年来样品前处理技术在食品检测分析中的应用日益广泛。由于不同的前处理技术都有各自的局限性和适用范围，因此根据样品的种类和性质选择合适的前处理方法或将现有技术联用十分必要，且对提高分析检测的灵敏度、准确性和重现性具有重要意义。

8.3　色谱-质谱联用技术

8.3.1　气相色谱-质谱联用技术

1. 原理

在食品分析领域中，气质联用仪是较早实现联用技术的仪器。气相色谱分离效率高、定量准确，但不足之处在于定性较为困难，即使有对照品，要鉴定未知样品也不容易。质谱具有灵敏度高、鉴别能力强、响应速度快的优点，但又无法分离复杂得多组分样品。气相色谱与质谱联用可以扬长避短，集气相色谱的高分离能力和质谱的高选择性、高灵敏度及丰富的结构信息于一体成为强有力的研究工具，特别适用于易挥发或易衍生化合物的分析，广泛应用于果蔬中农药残留的检测、酒类香气成分的测定、香精香料成分分析及天然产物分析等方面。

气质联用仪一般由气相色谱仪、离子源、质量分析器和检测器组成。

离子源的作用是将待分析的样品分子电离成带电的离子，并使这些离子在离子光学系统的作用下，汇聚成具有一定几何形状和能量的离子束，进入质量分析器被分离。样品分子电离的难易与其分子组成与结构有关。为了使稳定性不同的样品分子在电离时都能得到分子离子的信息，就需采用不同的电离方式。常用于 GC－MS 的电离源有离子轰击电离源和化学电离源。

质量分析器是质谱仪的核心，它将离子源产生的离子按其质荷比（m/z）的不同，根据空间的位置、时间的先后或轨道的稳定与否进行分离，得到按质荷比大小顺序排列而成的质谱图，从而得到化合物特征质量信息。质谱仪中常用的质量分析器有磁质量分析器、四级杆质量分析器、飞行时间质量分析器、离子阱质量分析器和离子回旋共振质量分析器。目前与色谱仪联用最多的是四级杆质谱仪和离子阱质谱仪。

2. GC－MS 分析条件的选择

在 GC－MS 分析中，色谱的分离和质谱数据的采集是同时进行的，为了使各个组分都得到良好的分离和鉴定，必须选择合适的色谱和质谱分析条件。色谱条件包括色谱柱的类型、气化温度、载气流速、分流比和升温程序等。设置的原则是：一般情况下均使用毛细管柱，大极性的样品如香精使用极性毛细管柱，中等极性的样品如杀虫剂、甾体类化合物等使用中等极性毛细管柱，非极性的样品如调料、香料、农药和脂肪酸等使用非极性毛细管柱。未知样品可先使用中等极性的毛细管柱，试用后再进行调整。

质谱条件包括电离电压、电子电流、扫描速度、质量范围等，这些都需要根据样品的具体性质进行设定。

通过 GC－MS 分析得到质谱图后，可由计算机检索标准谱库对未知化合物进行定性，常用的标准谱库有 NIST，Wiley 及鉴定特定类化合物的专用谱库，如 EI 农药库等。如果匹配度较好，如 90％以上即可认定该待测物为特定化合物，但是检索结果只能看作一种可能性，匹配度表示可能性的大小，并不是绝对正确的，还需要根据初步结果，与标准品进行对比。

由 GC－MS 所得的总离子流色谱图或质谱图中的色谱峰面积与相应组分的含量存在线性关系，因此可以根据色谱分析法中的面积归一化法、外标法、内标法等对食品中的复杂或单一成分进行定量分析。

3. GC－MS 在食品安全分析检测中的应用

随着社会进步，食品安全问题受到社会各界的密切关注。其中农药残留是影响食品安全的重要因素之一，并成为衡量食品卫生及其质量状况的首要指标。目前的检测技术已不仅仅局限于检测农药残留量，而是不断向微量、快速方向发展。GC－MS 既有气相色谱高分离效能，又有质谱准确鉴定化合物的特点，可同时准确快速测定食品中多种微量农药的残留及其代谢物。Wu 等人[47]利用 GC－MS 联用技术实现了对 109 种（包括同分异构体在内）动物性来源的食物中杀虫剂如Isoprocarb(异丙威)、Propoxur(残杀威)等的快速分离鉴定,并对其进行准确定量。与常规方法相比,该技术可靠、灵敏,分析时间仅为2 h,检测限可至0.3 μg/kg,平均回收率为62.6%~107.8%,在0.05~1.5 μg/mL浓度范围内具有良好的线性关系($R^2=0.99$)。Yang等[51]以选择性离子检测的方式建立了树莓、草莓、蓝莓和葡萄中88种已知农药GC-MS联用的快速检测方法,结果表明方法的回收率为63%~137%,检测限为0.006~0.05 mg/kg,定量限为0.02~0.15 mg/kg,相对标准偏差为1%~19%,该方法可用于蔬菜、水果等多种农产品中农残的检测。

随着食品质量安全事件的频频发生,食品添加剂的安全性受到广泛关注。影响食品添加剂的安全性因素有:原材料、生产过程的安全控制及使用量。GC-MS联用仪在香精香料的检测分析方面起着重要的作用。在食用香料方面,Wang等[44]用顶空SPME-GC-MS技术测定了绿茶、乌龙茶和红茶中挥发性成分,其中2-己烯醛、苯甲醛、庚烯酮、水杨酸甲酯及吲哚这5种物质的总含量可用于区分发酵与未发酵茶叶,而2-己烯醛和水杨酸甲酯的总含量可用于区分半发酵与完全发酵茶叶。Riu-Aumatell等[38]对市售果汁中的97种挥发性成分,包括酯类、醛类、醇类、萜类、内酯类等进行分析,并用检测出的萘类化合物来区分杏汁和桃汁。该方法同时可用于区分有机种植、常规种植及添加食用香料的果汁。在香精分析方面,如猪肉香精、牛肉香精、鸡肉香精等,GC-MS联用仪也是必不可少的分析仪器。

在天然产物成分分析方面,R. J. Bryant等[14]建立了SPME-GC-MS方法用来区分不同种类的稻米。通过对7种芳香稻米和2种非芳香稻米中93种挥发性成分的分析鉴定,发现了64种之前未在稻米中发现过的化合物,从而避免以次充好、以假充真等事件的发生。

随着GC-MS联用技术的发展及其优点的凸显,其应用范围日益扩大,例如水质的检测、肉类香气成分检测、食品中添加剂如苏丹红色素的检测等。由此可见,GC-MS在食品工业中发挥着越来越重要的作用。

8.3.2 液相色谱-质谱联用技术

1. 原理

液相色谱-质谱技术(LC-MS)自20世纪70年代研究开发至今,已成为食品、药物及环境等领域强有力的分析工具之一。在食品分析研究,尤其是复杂组分的样品研究过程中,因待测物浓度低,应用LC-MS联用技术可获得复杂混合物中单一成分的质谱图，能有效测定待测样品中的痕量组分，如非挥发性的农药残留物、氨基酸、脂类和糖类等物质。此外，LC－MS还可用于未知成分的识别，通过分子量及分子式信息，对其结构进行合理推断。

LC－MS联用仪的基本组成包括HPLC装置、接口装置与离子源、质量分析器。HPLC的流动相为液体，流速一般为0.4～1.0 mL/min，而MS要求在高真空条件下操作，因此雾化并除去溶剂是LC－MS接口技术首要解决的问题。目前LC－MS联用仪主要使用大气压离子化（API）接口，使样品的离子化在大气压条件下的离子化室中完成。其操作模式主要分为两种：①电喷雾离子化（ESI）在高静电梯度下，使样品溶液发生静电喷雾，在干燥气流中形成带电雾滴，随着溶剂的蒸发生成气态离子进行质谱分析；②大气压化学离子化（APCI）在大气压条件下采用电晕放电方式使流动相离子化，然后以流动相作为化学离子化反应气通过质子化、电荷转移或电子捕获等方式使样品离子化。

将现有的HPLC流动相用于LC－MS时需注意的是，磷酸盐、盐酸盐和硫酸盐等非挥发性盐与LC－MS系统不匹配。非挥发性缓冲剂需改用挥发性缓冲剂，如醋酸铵、甲酸铵、醋酸、三氟乙酸等代替。

LC－MS联用仪中最常用的质量分析器为四级杆质谱仪，其次为离子阱质谱仪、飞行时间质谱仪。①四级杆质谱仪：由四根截面呈双曲面的圆柱形电机组成，为低分辨仪器，质量范围较低，m/z为10～2 000。②飞行时间质谱仪：其基本结构包括离子源、加速区、漂移区及检测器。离子在离子源中形成或自外部输入后被电场加速，获得相同的动能，但因其质量不同而速度有差异，进入漂移区后通过漂移管到达检测器。飞行时间质谱仪为高分辨仪器，质量范围较宽，理论上无测定质量上限。③离子阱质谱仪：由三个电极组成，包括两个端盖电极和一个环电极。离子阱质谱仪为低分辨仪器，质量上限已扩展至m/z为72 000。④串联质谱仪：串联质谱由二级以上质谱仪串联组成，实现了分离和鉴定融为一体的分析方法，特别适用于痕量组分的分离和鉴定。首先，将母离子或前体离子通过第一级质谱分离出来，在碰撞室中与惰性气体分子碰撞使之裂解，产生子离子，再进入第二级质谱，以获得结构信息。目前常用的串联质谱仪包括三重四级杆质谱仪（QQQ）及四级杆串联飞行时间质谱仪（Q－TOF），如图8－1所示。

2. LC－MS分析技术的特点

虽然GC－MS联用仪器出现较早，但GC法对样品的极性和热稳定性有一定要求，使其应用范围受到了限制。面对日益增加的大分子化合物如蛋白、多

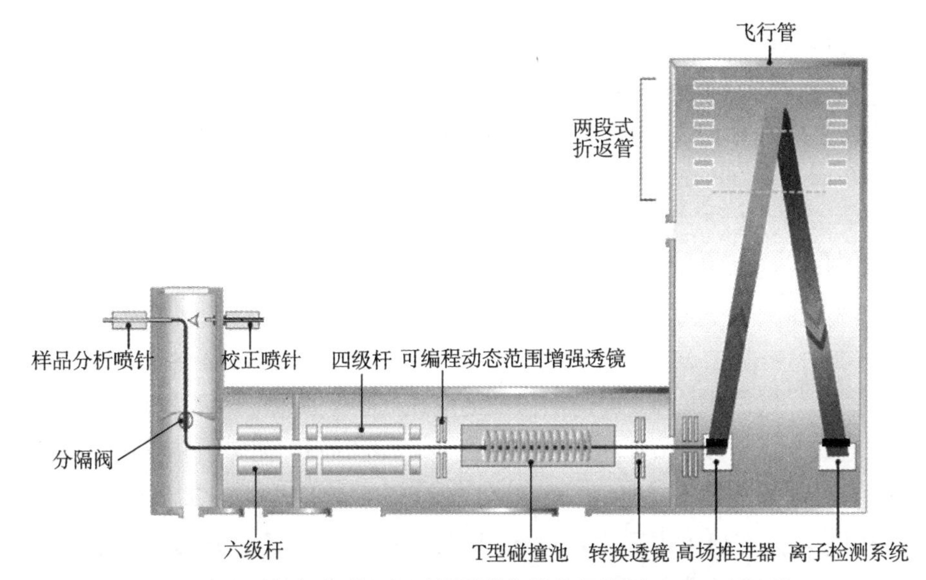

图 8-1 四级杆串联飞行时间质谱仪结构图(转自 Waters 公司)

肽等和不挥发化合物的分析任务,需要 LC-MS 联用技术来解决相关问题。与气相色谱相比,液相色谱可直接分离难挥发、大分子、强极性及热稳定性差的化合物,且样品前处理简单,一般不要求水解或衍生化处理,可以直接用于分离测定。

LC-MS 分析中,由于二级管阵列检测器(DAD)为非破坏性检测器,故通常在 HPLC 与 MS 之间接入 DAD 检测器形成 HPLC-DAD-MS,这样 HPLC 色谱图中各组分先由 DAD 采集紫外光谱图,再由 MS 采集质谱图,经过 DAD 和 MS 的双重鉴别,可大大提高待测物辨识的准确性。

在质谱分析中,待测物在溶液中形成离子的过程是很重要的,酸性化合物主要检测其负离子$[M-H]^-$,碱性化合物检测其正离子$[M+H]^+$;通过在流动性中添加醋酸钠可使缺乏质子化位点的样品或弱质子化位点的中性化合物阳离子化形成$[M+Na]^+$。LC-MS 联用技术主要有以下特点:分析范围广,分离能力强,检测限低,分析时间短等。即使被分析化合物在色谱上没有完全分离,但通过提取离子质量也可对其进行定性定量,并可以给出对应的分子量和碎片信息。通过选择性离子检测模式,其检测能力还可提高一个数量级以上。

因 LC-MS 联用技术的高灵敏性、高准确性、高选择性及其定性、定量方面的强大功能,其在食品添加剂、激素、抗生素、农药、兽药残留等食品分析检测领域得到了广泛的应用,主要用来分析以下类别化合物:非挥发性化合物、极性化合物、热不稳定化合物及大分子量化合物如蛋白、多肽、多糖、多聚物等。

3. LC－MS在食品安全分析检测中的应用

食品分析研究不仅需对样品中的微量乃至痕量成分进行定量分析，还需对样品中未知成分进行定性研究，这使得常规的分离检测技术难以满足复杂样品的定性定量要求，而LC－MS联用技术的高灵敏度使之在这一领域的应用日益广泛并趋于常规化，为食品生产过程中的新产物及非法添加物、农兽药残留、食品添加剂等的定性定量提供了高选择性的分析方法。

3－氯－1，2－丙二醇酯（3－MCPD酯）是油脂精炼过程中引入的一种潜在毒害物质，它是3－氯－1，2－丙二醇与脂肪酸的酯化产物。目前3－MCPD酯测定方法的研究已成为当今食品安全检测的热点之一，主要有间接测定法和直接测定法两种。间接法是首先使3－MCPD酯发生酯水解反应生成3－MCPD，通过GC－MS联用技术测定衍生化后的3－MCPD的含量，间接法无法区分油脂中原有的3－MCPD酯是单酯还是双酯，给3－MCPD酯安全性评估带来一定困难。因此利用LC－MS联用技术开发一种能同时分析游离3－MCPD、3－MCPD单酯和3－MCPD双酯的检测方法十分必要。Mathieu Dubois等[18]通过LC－TOF－MS联用技术建立了快速分离鉴定13种3－MCPD单酯和7种3－MCPD双酯的分析方法，并以5种同位素标记的3－MCPD酯为内标对其进行定量分析，单酯和双酯在低浓度下的绝对回收率分别为61％～151％、44％～87％，在20～1 000 ng/mL浓度范围内呈良好的线性关系，同时测定22种棕榈油和7种棕榈油精样品中3－MCPD酯的含量，结果表明此方法简便快速，可准确定量食用油中3－MCPD酯的含量，为其安全性评估提供了有力的保障，对日后毒理学评价、形成机理研究有着重要的意义。Hori等[22]利用LC－TOF－MS联用技术实现了对3种3－MCPD单酯、6种3－MCPD双酯和5种环氧丙醇酯的快速分离鉴定。环氧丙醇酯的检测限为0.16 ng/mL，单酯的检测限为0.86 ng/mL，双酯的检测限为0.22 ng/mL，三者的回收率均为62.6％～108.8％，相对标准偏差为1.5％～11.3％。Yamazaki等[50]建立一种LC－MS－MS方法用于直接测定5种3－MCPD单酯和20种3－MCPD双酯的含量，检测限可至0.02～0.08 mg/kg，相对标准偏差为5.5％～25.5％，在0.000 5～0.01 μg/mL浓度范围内线性关系良好，并被用于测定多种市售食用油和脂肪中3－MCPD酯的含量，例如猪油、玉米油、土豆制品等。

LC－MS联用技术还可用于食品添加剂的安全检测。乳酸链球菌肽（nisin）是由细菌发酵产生的，作为一种防腐剂和抗菌剂被广泛添加于乳酪、腌肉、罐藏食品和饮料等中，但是它的检测技术还较为落后，目前多采用琼脂扩散法、酶联免疫法等，这些方法影响因素多、操作繁琐且准确度不高。因此为了满足适应研究和生产的需求，建立 nisin 的快速检测方法十分必要。N. Schneider 等[41]建立了一种 LC－MALDI－TOF－MS 方法用于测定乳酪中 nisin A 和 nisin Z 的含量。该方法在 25～500 ng/mL 浓度范围内有良好的线性关系，灵敏度高，准确性好，为今后 nisin 快速检测技术的研究奠定了基础。

几乎所有用于食用类动物的兽药都可能导致肉、奶或蛋中含有药物残留，这些药物残留给人类健康带来潜在的危害，包括过敏反应、直接中毒反应及对抗生素产生的抗药性。食品中兽药残留分析主要面临两方面的问题，一是分析组分多元性，因为需要检测的化合物种类很多，且性质各异；二是基质的复杂性，含有兽药的组织是比水果和蔬菜更复杂的基质，如肌肉、肾脏、牛奶、鸡蛋等。因此食品中兽药残留的检测需要一种快速且灵敏度高的高通量分析方法。Ronning 等[40]使用 LC－MS－MS 联用技术建立了猪肉、海产品、鸡蛋、蜂蜜、牛奶、血清及尿液中氯霉素的分析方法。该方法采用多重反应监测模式，以同位素标记的氯霉素为内标，在 0.2～5.0 μg/L 浓度范围内有良好的线性关系（$R^2=0.999$），相对标准偏差均低于 10%。

LC－MS 联用技术在区分有机食品和常规食品方面也有广泛的应用。随着生活水平的提高，有机食品由于在生产过程中禁止使用化学合成的农药、肥料及生长调节剂等给人们带来优质、安全、口感好的印象。但是有机食品与常规食品外形较为相似，通常难以区分，因此建立一种有效的检测分析技术用以区分有机和常规食品受到国内外广泛的关注。Gao 等[21]建立了区分有机种植与常规种植薄荷的 LC－MS 分析方法，该方法简便、快速且灵敏度高。通过比较 10 种有机种植与 10 种常规种植薄荷样品的指纹图谱，确定出影响两者品质的目标化合物，并通过质谱推测其分子式与结构，为日后评价有机食品与常规食品提供了重要的参考依据如图 8－2 所示。

8.4　核磁共振技术

8.4.1　核磁共振基本原理

核磁共振（nuclear magnetic resonance spectroscopy, NMR）是一种吸收光谱，是基于原子核磁性的一种波谱技术，是鉴定有机化合物结构和研究化学动力

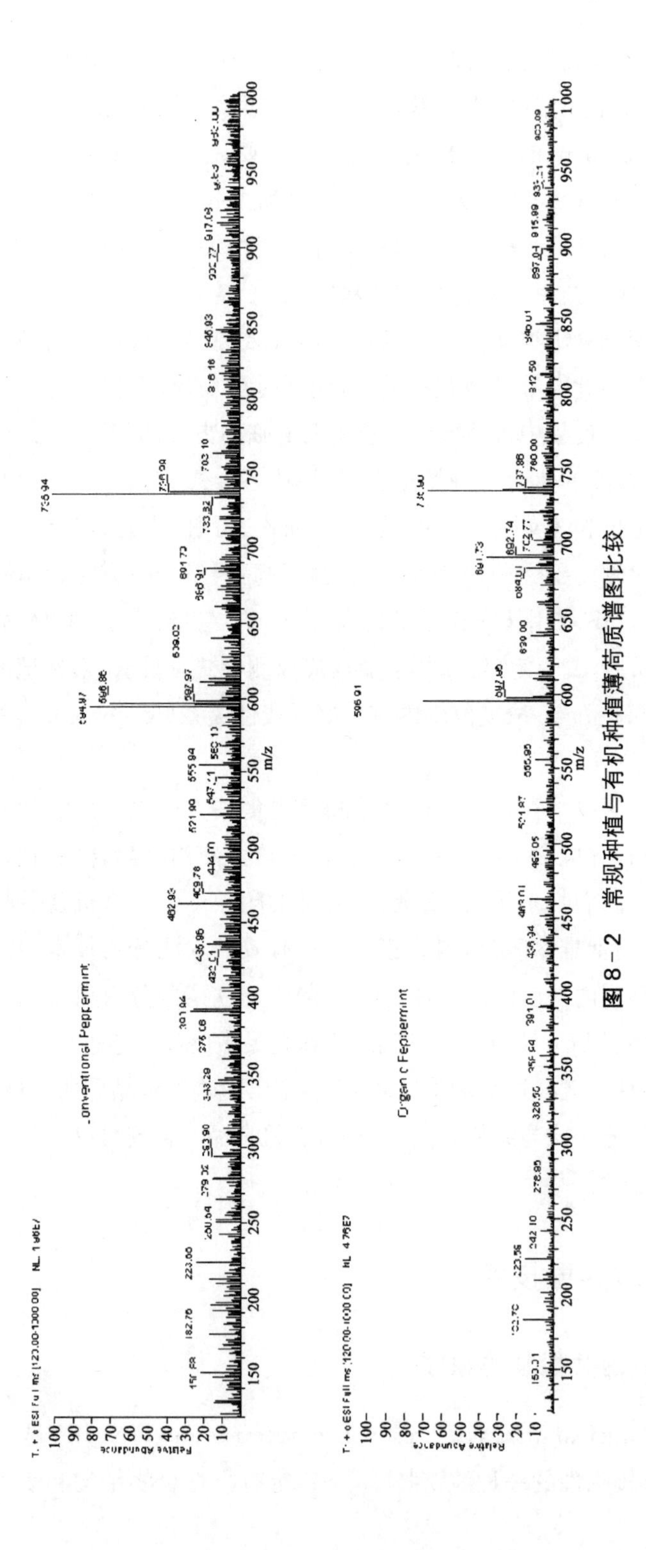

图 8-2 常规种植与有机种植薄荷质谱图比较

学等的有效手段之一。它的基本原理是，原子核在磁场中受到磁化，自旋角动量发生进动，当外加能量(射频场)与原子核振动频率相同时，原子核吸收能量发生能级跃迁，产生共振吸收信号。核磁共振现象是由荷兰物理学家 Goveter 首先发现，而美国物理学家 Bloch 和 Purcell 为首的两个科研小组几乎同时独立观察到一般状态下物质的核磁共振现象，并因此获得 1952 年诺贝尔物理学奖。核磁共振技术于 20 世纪 70 年代初期开始在食品科学领域发挥其优势，相比于其他传统的检测技术，核磁共振技术能够保持样品的完整性，是一种无损检测手段；且穿透能力强，不受样品厚度的影响；操作方法简单快速，测量精确，重复性高；样品无需添加溶剂，定量测定无需标样；测量结果受材料样本大小与外观色泽的影响较小，且不受操作人员技术和判断所影响，因此，核磁共振技术在食品分析中越来越受到青睐。目前，在食品检测中，NMR 技术主要用于常量成分的检测，如水分含量、淀粉、脂类物质以及其他成分的分析；NMR 技术也可以用来测定食品成分的分子结构，如糖、蛋白质与氨基酸的结构测定等；NMR 技术还可以用于水果品质的无损检测。

8.4.2　NMR 在食品安全分析检测中的应用

本节主要就 NMR 技术在食品鉴伪和掺假分析方面的最新进展进行介绍。"地沟油"作为近年来在我国频频发生的食品安全问题，受到了政府及百姓的高度关注，而如何快速、有效鉴别"地沟油"也成了亟待解决的课题。因为地沟油中油脂组成复杂，油脂氧化产物结构相似等，造成了准确鉴别的困难。我国学者利用 NMR 技术对地沟油的鉴定开展了有益的尝试。王乐等[2]利用脉冲式 NMR 方法分别测定了地沟油、泔水油、花生油、菜籽油以及大豆油在 10℃和 0℃下的固体脂肪含量(solid fat content, SFC)，其中地沟油的 SFC 值分别为 26.51%和 43.25%，泔水油为 9.47%和 12.60%，而食用植物油的 SFC 值很小甚至为零。此外，随着地沟油和泔水油掺入食用植物油的量增加，SFC 值随之增大。实验结果表明，食用植物油中只要掺入了餐饮业废弃油脂 1%以上即可检出，该方法可用于鉴别食用植物油是否掺伪以及废弃油脂的掺入量。许秀丽等[3]采用 600 兆核磁共振仪对 22 个地沟油样品以及 46 种植物油样品(包括 12 类植物油品种)进行了氢谱全扫描和积分，获取各类油中不同化学位移下氢质子的积分值，也就是得到不同化学环境下氢质子的相对含量。如在 δ5.34 处附近对应的是烯氢的相对含量，地沟油中烯氢的含量必定低于植物油的含量，因此该处氢质子的积分值，可以用作鉴定地沟油和植物油的指标。其共建立了 12 个指标对植物油和地沟油进行鉴别,同时引进统计分析方法,在对植物油和地沟油的样本数据库的聚类分析基础上,对考核盲样进行判别分析。当采用该方法对卫生部两次考核盲样进行判别分析时,准确率可达到90%,表明核磁共振技术可作为一种有效鉴别地沟油的方法。

白酒在中国有着悠久的酿造历史,在传统的浓香、清香、酱香和米香四大香型基础上,通过工艺改进,又生成了许多新型白酒。Wu 等[48]采用^{1}H－NMR 技术初步指认了浓香型、清香型和酱香型大曲中约 70 个成分,并发现清香型大曲中甘油、苹果酸、乙酸乙酯和 N－乙酰谷胺含量较高;浓香型大曲中甘露醇、甜菜碱、三甲胺和焦谷氨酸含量较高;酱香型大曲中乳酸、异亮氨酸、亮氨酸、异戊酸和缬氨酸含量较高。经过对主要成分分析,三种香型的大曲可以清晰地被区分。韩兴林等应用^{1}H－NMR 技术分析了不同工艺香型白酒以及食用酒精勾兑的白酒,发现不同工艺香型白酒的甲基峰和亚甲基峰、弱峰数、强峰数有着一定的差别,说明其中羟基质子的缔合程度存在差异。因此,NMR 技术可用于不同酿造工艺白酒品质的鉴别。

NMR 技术在葡萄酒的检测方面也有广泛的应用。葡萄酒含有几百种成分,主要包括水、乙醇、甘油、糖、有机酸和氨基酸等。葡萄酒中的主要成分是由乙醇和苹果酸-乳酸发酵后生成的,而这些成分的产生及其浓度与多种因素相关,如:葡萄的产地、品种、酵母菌和细菌等。目前,世界各国研究人员已建立通过核磁共振技术区分葡萄酒原产地的方法,并能结合其他方法对葡萄酒的组分进行全面的分析,对其品质进行鉴定。Martin 等[33]建立了测定葡萄酒乙醇分子中甲基和次甲基上氘(^{2}H)和氢(^{1}H)元素相对和绝对比值,从而鉴别葡萄酒在发酵前是否外加糖和推测葡萄酒原产地的方法。Brescia 等[13]对意大利南部不同地区红酒的^{1}H－NMR 谱进行了研究,并根据选定的特征 NMR 峰,采用主成分分析(PCA)法来区分不同来源的红酒。López-Rituerto 等[30]采用^{1}H－NMR 技术建立了西班牙中北部地区葡萄汁和红酒的指纹图谱,根据化学位移值将其划分为芳香区(＞5.5 ppm),碳水化合物区(3.0～5.5 ppm)和有机酸区(＜3.0 ppm),并在此基础上,运用 PCA 和典型相关分析(ECVA)法对 26 个红酒样品进行了分类。结果显示该方法可以成功地区分不同年份、不同来源和不同酒厂的红酒,而异丁醇和异丙醇可以作为区分的重要标记物,如图 8－3 所示。

橄榄油盛产于地中海沿岸国家,已有几千年的历史,被誉为“液体黄金”。近年来也日益受到国内消费者的喜爱。不同产地的橄榄油因其橄榄果品种及产地气候的差异,风味各不相同,价格也存在着很大的差异。Alonso-salces 等[8]对来

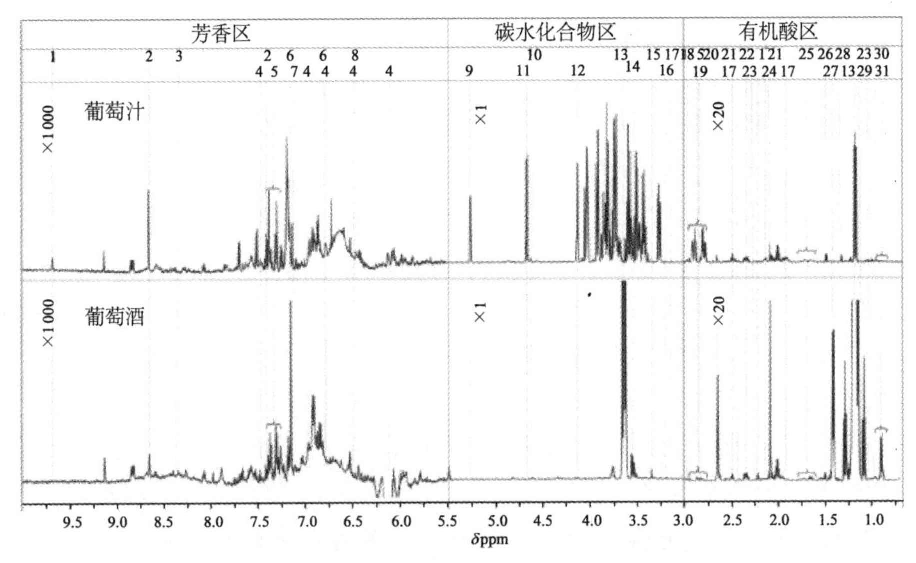

图 8-3　葡萄汁和红酒样品的¹H-NMR 谱图

自地中海地区 7 个国家的 963 份初榨橄榄油进行了分析，建立其指纹图谱库，并运用 PCA、线性判别分析(LDA)法和偏最小二乘法辨别分析(PLS-DA)构建数学模型鉴定不同橄榄油样品的来源。实验结果表明 PLS-DA 可提供最佳的初榨橄榄油判别模型，大部分橄榄油样品的来源可通过该模型得到准确的预测。Agiomyrgianaki 等采用^{1}H-NMR 和^{31}P-NMR 技术建立了精炼橄榄油中掺入精炼榛子油的鉴伪方法。其中脂肪酸和碘值由^{1}H-NMR 测定，而酚类化合物、甘二酯、甾醇和游离脂肪酸经与磷试剂反应后由^{31}P-NMR 检测，采用典型区别法(CDA)分析 NMR 数据，可以成功鉴别精炼橄榄油中掺入大于 5%的精炼榛子油。

8.5　红外技术

8.5.1　近红外技术原理

在分析化学领域，习惯上将红外光谱分为三个区域：近红外区(0.72～3 μm)、中红外区(3～50 μm)和远红外区(50～1 000 μm)。一般说来，远红外光谱属于分子的转动光谱和某些基团的振动光谱，在食品工业中多用于加热、干燥处理和加工，如烤烟、果蔬的脱水等；中红外光谱属于分子的基频振动光谱，被广泛应用于有机化合物分子结构的鉴定；近红外光谱凭借其检测方便、快速、高效、无损等优势，在食品安全分析检测领域已经得到越来越多的研究和应用，本书也将近红外技术及其相关应用作为介绍的重点。

近红外(near infrared)光线由英国物理学家 W. Herschel 在 1800 年首先观察到，其是人们最早发现的非可见光区域，是介于可见光和中红外光之间的电磁波。近红外区波数通常在 4 000 cm^{-1}以上，因而只有振动频率在 2 000 cm^{-1}以上的振动才可能在近红外区内产生一级倍频，而能够在 2 000 cm^{-1}以上产生基频振动的主要是含氢官能团的伸缩振动，如 C—H、N—H、S—H 和 O—H，因此，近红外光谱检测的主要是含氢基团 X—H(X=C、N、O、S)振动的倍频和合频吸收。

不同基团产生的近红外光谱在吸收峰位和强度上有所不同，随着样品组成的变化，其光谱特征也将发生变化，这就为近红外光谱的定性定量分析奠定了理论基础。但在实际分析中，由于近红外谱带多是若干不同基频的倍频与合频谱带的组合而表现为重叠峰和肩峰，因此，现代近红外光谱技术不能通过观察供试样品谱图特征或测量参数直接进行定性或定量分析。目前，近红外分析方法的应用主要通过以下几个步骤完成：一是选择有代表性的校正集体样本并测量其近红外光谱；二是采用标准或认可的参考方法测定所关注的组成或性质数据；三是根据测量的光谱和基础数据，通过合理的化学计量学方法建立校正模型；四是通过建立的校正模型与未知样品进行比较，实现未知样品的定性定量分析。

8.5.2 近红外技术应用进展

20 世纪 80 年代以后，随着计算机技术、化学计量学和现代分析技术等学科的迅速发展，近红外光谱信号吸收弱、谱区重叠等问题也得到逐步解决或改善，近红外技术在各领域中的应用研究陆续开展，并取得了一系列的成果和效益，近红外技术进入了一个快速发展的时期，并不断成熟。

目前，近红外光谱常规分析技术包括透射和漫反射两类。透射光谱一般用于均匀透明的溶液或固体样品，检测时将待测样品置于光源与检测器之间，仪器测量得到的吸光度与光程及样品的浓度之间遵循 Beer-Lambert 定律；漫反射光谱适用于固体和半固体样品，检测时将光源和检测器置于同侧，光源发出的光投射到样品后，进入样品内部，经过多次反射、折射、衍射和吸收后返回样品表面，最终检测到的漫反射光负载了样品的结构和组成信息。

现代近红外光谱仪器从分光系统可分为固定波长滤光片、光栅色散、快速傅里叶变换和声光可调滤光器(AOTF)4种类型。其中,滤光片型仪器主要用作专用分析仪器,如粮食水分测定、油品专用分析等;光栅扫描式仪器应用较多,具有较高的信噪比;傅里叶变换近红外光谱仪是目前近红外仪器的主导产品,具有较高的分辨率和扫描速度,但由于干涉仪中存在移动性部件,对工作环境的要求比较严苛;声光可调滤光器型仪器于20世纪90年代新推出,采用双折射晶体,避免了移动部件的使用,扫描速度快,且具有较好的仪器稳定性,很适合用于在线分析,但其分辨率相对较低,价格偏高。

化学计量学方法作为近红外光谱快速检测技术中枢,主要有三个方面的应用:一是对光谱进行预处理,最大限度地减弱各种非目标因素对光谱的影响,净化图谱信息,为建立校正模型及预测未知样品作好前期准备;二是作为定性或定量方法,建立稳定可靠的分析模型;三是用于校正模型的传递,也叫近红外光谱仪器的标准化,实现校正模型的共享。

建立近红外定量分析校正模型时,采用的化学计量学方法是多元校正法(multivariate calibration),主要包括:多元线性回归法(MLR)、主成分分析法(PCA)、主成分回归法(PCR)、偏最小二乘法(PLS)、拓扑学方法和人工神经网络方法(ANN)等。MLR、PCR、PLS属线性回归方法,主要用于样品质量参数为线性关系的关联,而拓扑学人工神经网络方法常用于非线性模型的关联。

在近红外光谱定性分析中常用的方法很多,有相关系数法、马氏距离法、主成分分析、SIMCA法、人工神经网络(ANN)等,每种方法各有其优缺点。在不同领域中的问题有不同的特点,应根据数据形式和识别目的,从上述方法中选择某些合适的方法。

8.5.3　近红外技术在食品安全分析检测中的应用

近红外技术因其具有方便快捷、对样品无损伤等特点和优势,在食品成分检测和质量安全控制方面已得到广泛的研究和应用。

多数食品的主要成分除了水分之外,还包括蛋白质、脂肪、有机酸和碳水化合物等诸多营养性成分,这些物质从结构上看都会含有各种不同类型的含氢基团,因此通过近红外光谱技术对不同食品中的各种成分进行分析检测是理论可行的。

Rodriguez等[39]利用傅里叶变换近红外光谱技术对苹果汁和橘子汁中的糖分进行了检测,结果表明:透射模式下的光谱检测结果比反射模式下更精确,它的标准预测差小于 0.10%，而且相关系数达到 0.999 9，但环境温度的变化对于糖分的近红外检测也有着一定的影响，如图 8-4 所示。这些研究为近红外技术在食品成分检测方面的应用提供了很好的实验基础。延伸到粮食贮藏方面的应用，Ridgway 等曾研究使用近红外技术测定虫害发生期间水分的变化、虫类代谢物、蛋白质和甲壳质含量，进而用来判断粮库虫害发生的程度。

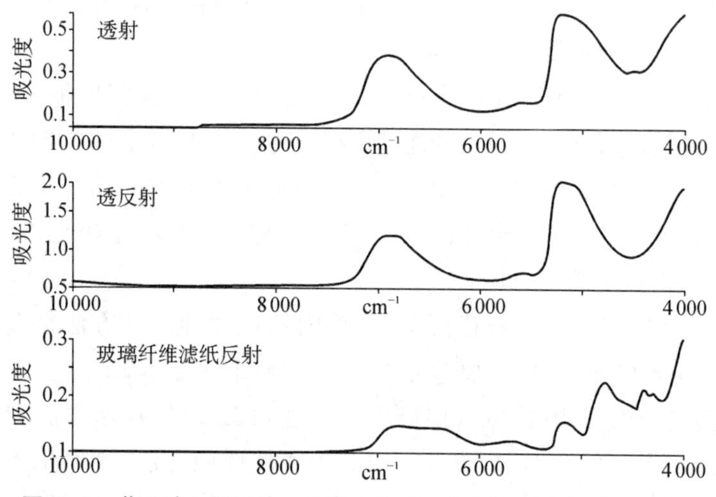

图 8-4 苹果汁和橘子汁中的糖分在不同检测模式下的近红外谱图

食品产地溯源是食品质量安全追溯制度的重要组成部分，它不仅有利于实施产地保护，确保公平竞争，更重要的是发生食品安全事件时可以及时找到问题的源头，成为保障食品质量安全的重要的有效手段之一。目前应用于食品产地溯源的常用技术有同位素指纹溯源技术、DNA 溯源技术等，近红外光谱技术因其快速简单、无损无污染等优点，也日益得到研究人员的关注和研究。

不同地域来源的植物性食品原料易受气候、环境、地质、品种等因素的影响，在化学成分的种类和组成上会表现出一定的差异性，而这种成分上的差异则可以通过近红外光谱检测，进而建立起该区域植物源食品的溯源表征特点。相关方面的研究在葡萄酒产地溯源上已得到了较成功的应用。Cozzolino 等[17]采用近红外光谱技术结合 PCA 和 PLS 法，对来自澳大利亚的 269 个不同品种的白葡萄酒样品的产地进行了判别，初步建立了葡萄酒的溯源模型，结果表明，该模型对 Riesling 葡萄酒的识别率为 100%，对 Char donnay 葡萄酒的识别率也达到 96%。

在动物来源食品的溯源研究方面，近红外技术可以以食品中水分、脂肪、蛋白质、糖分等成分的差异性为基础建立溯源模型，但目前相关的研究和应用还比较少，可能是因为动物源食品中目标成分的组成不够稳定，或影响因素更为复杂的缘故。Xiccato等[49]在830～2 300 nm波长范围内，采用近红外光谱结合SIMCA识别法对不同产地、不同饲养方式的236尾欧洲鲈鱼进行了追溯，结果显示，不同条件饲养下的鲈鱼的识别率仅为80%或74%。

8.6 拉曼光谱技术

8.6.1 拉曼光谱技术原理

拉曼光谱又称拉曼效应，是印度物理学家C. V. Raman等人于1928年首先在液体CCl_4中发现的，现在已发展成为研究分子振动、转动的一种重要的光谱方法。

当一束频率为v_0的单色光入射到物质时，除了发生反射、透射与吸收等之外，还有一部分光会发生散射。在散射光中，一部分光子与物质分子发生弹性碰撞，没有能量交换，只改变运动方向而不改变频率(v_0)，称之为瑞利散射(rayleigh scattering)；另外一部分光子与物质分子发生非弹性碰撞，与物质分子的振动或转动能量发生交换，从而不仅使光子运动方向发生改变，频率也发生改变($v_0 \pm \Delta v$)，我们称之为拉曼散射(raman scattering)。拉曼散射会在激发线v_0两侧各产生一条频率谱线，在低频一侧的谱线频率为$v_0 - \Delta v$，称为斯托克斯线(stokes)，在高频一侧的谱线频率为$v_0 + \Delta v$，称为反斯托克斯线(anti-stokes)。通常情况下，由于Boltzmann分布中处于振动基态上的粒子数远大于处于振动激发态上的粒子数，斯托克斯散射光的强度远大于反斯托克斯散射光的强度，因此拉曼实验检测到的也一般是斯托克斯散射。

拉曼散射光与瑞利散射光的频率之差值称为拉曼位移。拉曼位移反映的是物质分子的振动或转动频率，它与入射线频率无关，而与分子的结构有关。每一种物质有自己的特征拉曼光谱，其拉曼谱线的数目、位移值的大小和谱带的强度等都与物质分子的振动和转动能级有关。

拉曼光谱产生的原理和机制都与红外光谱(此处指中红外光谱)不同，但它们提供的结构信息却是类似的，都是关于分子内部各种简正振动频率及有关振动能级的情况，从而可以用来鉴定分子中存在的官能团。分子偶极矩变化是红外光谱产生的原因，而拉曼光谱是分子极化率变化诱导产生的，它的谱线强度取决于相应的简正振动过程中极化率变化的大小，因此，在分子结构分析中，拉曼光谱与红外光谱是相互补充的。

同时，拉曼光谱技术还有着红外光谱等不具备的诸多优点：

(1) 拉曼效应普遍存在于一切分子中，无论是气态、液态和固态，拉曼散射光谱对于样品制备没有特殊要求；

(2) 极性基团如 C=O, N—H, O—H 等具有很强的红外活性，而非极性基团如 C=C, C—C, N=N, S—S 等具有很强的拉曼活性，因此红外光谱适用于分析干燥的非水样品，而拉曼光谱是研究水溶液中生物、化学样品的理想手段；

(3) 拉曼光谱谱图中，峰形清晰尖锐，除了定性分析外，还适合于定量研究、数据库搜索、运用差异分析进行定性研究等，独立的拉曼区间强度在化学结构分析中还可以与化合物官能团的数量相关；

(4) 激光拉曼光谱检测中，激光束的直径在其聚焦部位通常只有 0.2～2 mm，因而对于样品数量要求比较少，可以是毫克甚至微克的数量级；

(5) 拉曼散射最突出的优点则在于采用光子探针，对于样品是无损伤探测，尤其适合对那些稀有或珍贵的样品进行分析，甚至可以用拉曼光谱检测活体中的生物物质。

8.6.2 拉曼光谱技术应用进展

拉曼光谱仪最初用的光源是聚焦的日光，后来使用汞弧灯。传统的拉曼光谱仪由于光源强度不高和单色性差，导致信号弱、灵明度低，大大限制了拉曼光谱的发展和应用。20 世纪 60 年代激光技术的兴起，以及光电讯号转换器件的发展给拉曼光谱带来新的转机；20 世纪 70 年代中期，激光拉曼探针的出现，给微区分析注入了新的活力。基于激光光源的应用，目前主要的拉曼光谱技术有：

1. 傅里叶变换拉曼光谱(FT - Raman)

1987 年，Perkin Elmer 公司推出第一台近红外激发傅里叶变换拉曼光谱(NIR FT - R)商品仪，它采用傅里叶变换技术对信号进行收集，多次累加来提高信噪比，并用 1 064 mm 的近红外激光照射样品，大大减弱了荧光背景。从此，NIR FT - R 在化学、生物学和生物医学样品的非破坏性结构分析方面显示出了强大的生命力。

2. 表面增强拉曼光谱

自 1974 年 Fleischmann 等人发现吸附在粗糙化的 Ag 电极表面的吡啶分子具有巨大的拉曼散射现象，后被 Duyne 等人证实其表现增强因子可达 106，加之活性载体表面选择吸附分子对荧光发射的抑制，使激光拉曼光谱分析的信噪比大大提高，这种表面增强效应被称为表面增强拉曼散射（surface enhanced raman scattering, SERS）。迄今为止的研究主要集中在探讨表面增强的理论模型，寻找新的体系和实验方法以及进行表面增强拉曼光谱的应用研究。关于表面增强效应产生的机理现已提出十余种理论模型，但普遍适用的完善模型尚在不断探索之中。

3. 激光共振拉曼光谱

激光共振拉曼光谱（RRS）产生激光频率与待测分子的某个电子吸收峰接近或重合时，这一分子的某个或几个特征拉曼谱带强度可达到正常拉曼谱带的 104～106 倍，并观察到正常拉曼效应中难以出现的、其强度可与基频相比拟的泛音及组合振动光谱。与正常拉曼光谱相比，共振拉曼光谱灵敏度高，可用于低浓度和微量样品检测，特别适用于生物大分子样品检测，可不加处理的得到人体体液的拉曼谱图。用共振拉曼偏振测量技术，还可得到有关分子对称性的信息。RRS 在低浓度样品的检测和络合物结构表征中，发挥着重要作用。

4. 高温激光拉曼光谱

高温激光拉曼技术被用于冶金、玻璃、地质化学、晶体生长等领域，用它来研究固体的高温相变过程，熔体的键合结构等。然而这些测试需在高温下进行，必须对常规拉曼仪进行技术改造。

5. 共焦显微拉曼光谱技术

显微拉曼光谱技术是将拉曼光谱分析技术与显微分析技术结合起来的一种应用技术。与其他传统技术相比，更易于直接获得大量有价值信息，共聚焦显微拉曼光谱不仅具有常规拉曼光谱的特点，还有自己的独特优势。辅以高倍光学显微镜，具有微观、原位、多相态、稳定性好、空间分辨率高等特点，可实现逐点扫描，获得高分辨率的三维 Raman 图像。

6. 拉曼光谱与其他仪器联用技术

随着技术的发展和检测要求的提高，拉曼光谱与其他分析技术的联合使用也越来越受到重视，如拉曼与扫描电镜联用（Raman - SEM）、拉曼与原子力显微镜/近场光学显微镜联用（Raman - AFM/NSOM）、拉曼与红外联用（Raman - FT IR）、拉曼与激光扫描共聚焦显微镜联用（Raman - CLSM）、拉曼光谱-色谱-电泳联用技术等，这些联用技术着眼于微区的原位检测，可以获得更多可靠的有价值的信息。

随着激光技术的不断发展，拉曼光谱仪性能越来越完善。例如：三级光栅拉曼系统，具有极高的光谱分辨率。此外，大光谱测量范围的应用具有抑制杂散光的能力，宏观大光路和共焦显微镜等多种取样途径。随着光纤耦合拉曼光谱仪的研发成功，拉曼光谱仪可以进行工业在线和远距离原位在线分析。总之，拉曼光谱仪的发展可以提供更多的信息，对于食品检测技术的发展提供了强有力的研究手段。

8.6.3 拉曼光谱技术在食品安全分析检测中的应用

食品的种类十分丰富，其成分因品种不同而有所差异，而各种食品的营养成分主要有糖分、油脂、蛋白质和维生素等。常规的化学分析方法，如液相色谱法(LC)、气相色谱法(GC)等，操作步骤繁琐、消耗化学药品、需制备试样，而拉曼光谱技术能够克服这些缺点，因此在食品成分的分析研究中得到广泛应用。通过拉曼谱图不仅可以定性分析被测物质所含成分的分子结构和各种基团之间的关系，还可以定量检测食品成分的含量。

糖分一般含有C—H，O—H，C═C，C═O等简单基团，但因为是大分子结构，存在许多同分异构体，所以分析相对困难。Barron等[10]则应用拉曼光谱定性分析了小麦阿拉伯木聚糖的分子化学键和骨架结构。应用拉曼光谱可以检测植物的含油量、油份组成以及分析动物脂肪的结构等。Beattie等[11]对脂肪中的脂肪酸甲酯(FAME)含量进行了定量检测，研究了各种基团之间的相关性，结果表明液态FAME的最佳内标峰带为ν(C═O)，并且ν(C═O)与ν(C═C)和δ(H—C═)的相关度$R^2>0.955$，显示出良好的相关性。Muik等[35]检测了橄榄果渣中的油分和水分，如图8-5所示，测得油分的RMSEP为0.20～0.21，水分的RMSEP为1.8。Beattie等[12]对四种不同的动物食品(鸡肉、牛肉、羊肉和猪肉)采用多种建模方法进行了定量分析和判别。偏最小二乘判别分析(PLS-DA)方法的精度达到99.6%，优于线性判别分析(LDA)，另外采用前向多层神经网络所得结果也很理想，达到99.2%。

农药残留污染是影响食品营养与安全的重要因素之一。由于农药所含物质成分多数是已知的，其振动光谱也是各有特点的，因此可以利用拉曼光谱实现对残留农药的快速检测和识别，而且拉曼光谱技术在粮食、蔬菜、水果中普遍使用的杀虫剂和杀菌剂检测方面，也已经取得了一定进展。Skoulika等[42]利用傅里叶拉曼光谱定量检测了杀虫剂二嗪农，选取554cm^{-1}，604cm^{-1}，631cm^{-1}，1 562cm^{-1}和2 971 cm^{-1}，建立校正模型，所得相关系数都达到0.99以上。Armenta[9]分别采用了傅里叶红外光谱法和拉曼光谱法对异菌脲进行了检测，发现傅里叶红外光谱法和拉曼法的检测结果R^2都大于0.996，可用于农药异菌脲的无损检测。

空间构型的研究是拉曼光谱在蛋白质和多肽的主要应用。通过分析蛋白质拉曼谱图的峰强信息以及特征峰位置，不但可以得到蛋白质分子的结构、肽链的骨架振动，而且可以获得侧链微环境的化学信息以及蛋白质受外界环境(温度、离子强度、pH 值等)的影响信息。Wong 等[46]研究了酰胺化作用对分离大豆蛋白、鸡蛋白粉和谷蛋白的影响，发现色氨酸的变化并非构象变化导致，而可能是衍生化作用导致。Piot 等[36]提出共焦显微拉曼光谱可用于分析小麦蛋白质的空间构型，监测小麦生长时蛋白质成分和结构的变化，精度可达到微米级别。

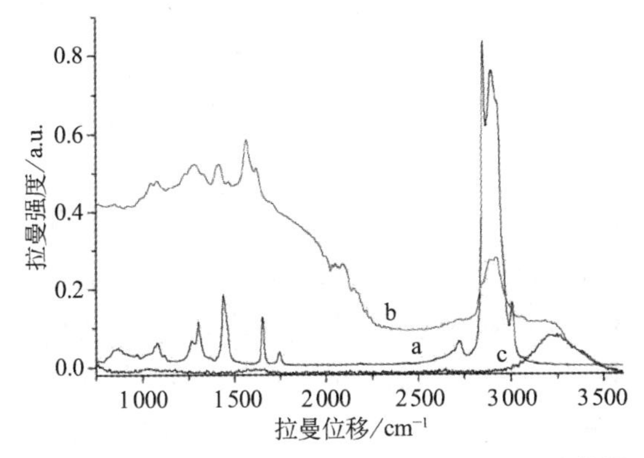

图 8-5　橄榄果渣油(b)及其中油分(a)、水分(c)的拉曼图谱

8.7　其他技术

除了前面已经论述的色谱质谱联用、核磁共振、红外、拉曼等分析检测技术以外，在食品安全检测中还会应用到许多其他类型的检测技术。例如以超临界态二氧化碳作为主要流动相的超临界流体色谱和基于相同原理的合相色谱，以高速旋转下连续高效的液液分配为原理的高速逆流色谱，以毛细管为分离通道、高压直流电场为驱动力的毛细管电泳色谱等。这些技术的应用虽然没有液相色谱等常规分析检测技术应用广泛，但是由于其具有的独特工作原理和特殊适应对象，在食品安全检测领域占有不可或缺的位置。

8.7.1　超临界色谱与合相色谱

在不同的温度与压力下，纯净物质呈现出液态、气态与固态等不同状态。当温度高于某一数值时，无论多大的压力也无法使物质由气态转化为液态，此时的温度称为临界温度；而在临界温度下，气体能被液化的最低压力称为临界压力。在临界点附近，物质的密度、黏度、溶解度等流体的物理性质会产生急剧的变化，而当物质所处温度高于临界温度，压力大于临界压力时，该物质处于超临界状态，处于超临界状态的液体被称为超临界流体。

由于液体与气体的分界消失，超临界流体处于一种即使提高压力也不液化的非凝聚性状态，因此其物理性质兼具液体与气体的性质。超临界液体密度比一般气体大两个数量级，与液体相近；而黏度比液体小，扩散系数接近气体。正是由于超临界流体具有这样的特殊性质，才被广泛应用于食品加工与检测领域，主要包括食品原料提取中常用的超临界流体萃取和食品分析检测中常用的超临界流体色谱，而二氧化碳超临界流体以其安全无毒、简便易制备等特点成为目前最主要的超临界流体。

超临界流体色谱(supercritical fluid chromatography, SFC)是指以超临界流体作为流动相对复杂体系进行分离、分析的色谱方法，其分离特点介于液相色谱与气相色谱之间，既可以分离不易挥发的高沸点样品，也可以分离常规液相色谱难以处理的非极性样品。其流动相以超临界状态的二氧化碳和少量有机溶剂作为改性剂，常用的改性剂包括甲醇、乙醇、乙腈等。超临界流体色谱仪主要包括溶剂泵、进样系统、柱温箱、检测器等模块，通过调节二氧化碳与不同改性剂之间比例达到分离和分析的目的。超高效合相色谱是超临界流体色谱的改进型，在使用与超临界流体色谱相同原理的前提下，超高效合相色谱通过改进整个系统耐压、提高超临界流体稳定性、减小系统体积等方法，大幅度提高了超临界流体色谱的分析效率和系统稳定性，将超临界流体色谱这一方法真正推上食品检测的应用舞台。尤其是在分离、分析常规液相、气相难以分析的疏水性和手性化合物、脂质、热不稳定性样品以及聚合物等食品来源的样品时，超临界流体色谱以及其改进产品能够起到很好的分离效果。此外，由于采用二氧化碳这种无毒无污染的气体作为主要流动相(仪器使用的二氧化碳是从空气中富集得到，而非另外制备获得，因此对环境不造成额外碳排放负担)，超临界流体色谱是一种绿色环保的分析仪器，有利于保护环境。

超临界流体色谱可以单独使用，或与其他分析仪器联用，共同应对食品安全分析检测的需求。在实际应用过程中，超临界流体色谱主要可以用于直接检测油脂、糖等食品中常见的、用气相和液相等常规检测手段较难直接检测的非极性物质。Elizabeth[19]等使用超临界流体色谱仪与傅里叶变换红外光谱仪联用，检测大豆中提取的甘油三酯等化合物，实验结果表明与传统的脂肪酸甲酯化后气相检测方法相比，使用超临界流体色谱仪不需要复杂的样品前处理流程，检测温度低，是一种理想的检测油脂类化合物的方法。Coleman[16]等使用制备级超临界流体色谱从菊科植物印蒿(davana)的油脂中提取其主要活性成分印蒿酮(davanone)，实验结果表明使用制备级超临界流体色谱仪能够在常温下制备富集印蒿油脂中的有效单体，所得单体纯度接近100%。2004年，Buchgraber等[32]在总结各类分析技术对甘油三酯类样品的技术优劣时指出，与常规气相和液相检测技术相比，超临界流体色谱可以在更温和的条件下进行检测，因此适用于热不稳定性样品或者对检测条件较为敏感的样品。Abrahamsson[5]等在2012年报道了使用超临界流体萃取和超临界流体色谱技术从微藻中分离类胡萝卜素化合物，通过探索不同温度下类胡萝卜素化合物的分离度区别，摸索出了适合分离和分析该类化合物的超临界流体色谱方法，该方法检测限为0.02～0.05 mg/mL，定量限为0.05～0.15 mg/mL，整个分析过程中只使用超临界流体二氧化碳作为流动相，针对类胡萝卜素样品有很好的分离度，同时可将对环境破坏程度降低到最小。

8.7.2 高速逆流色谱

高速逆流色谱(high-speed countercurrent chromatography, HSCCC)是一种新型的连续液液分配色谱技术，由美国国立卫生院Yoichiro Ito博士等人于1982年研制开发并投入使用。高速逆流色谱是一种液-液色谱分离技术，它的固定相和流动相都是液体，没有不可逆吸附，具有样品无损失、无污染、高效、快速和大制备量分离等优点。由于高速逆流色谱与传统的分离纯化方法相比具有明显的优点，此项技术已被广泛应用于药食同源植物、保健食品等的分离分析和纯化中。

高速逆流色谱仪不使用任何固态的支撑物或载体。它利用两相溶剂体系在高速旋转的螺旋管内建立起一种特殊的单向性流体动力学平衡，其中一相作为固定相，另一相作为流动相，在连续洗脱的过程中能保留大量固定相。由于不需要固体支撑体，物质的分离依据其在两相中分配系数的不同而实现，因而避免了因不可逆吸附而引起的样品损失、失活、变性等，不仅使样品能够全部回收，回收的样品更能反映其本来的特性，特别适合于天然生物活性成分的分离，尤其适合于中小分子化合物的分离纯化。而且由于被分离物质与液态固定相之间能够充分接触，使得样品的制备量大大提高，是一种理想的制备分离手段。它相对于传统的固-液柱色谱技术，具有适用范围广、操作灵活、高效、快速、制备量大、费用低等优点。目前，该技术正在成为一种备受关注的新型分离纯化技术，已经广泛应用于生物医药、天然产物、食品和化妆品等领域，特别在食品纯化与分析行业中被认为是一种有效的新型分离技术。

高速逆流色谱仪应用实例有：米糠油是我国食品工业中重要的油料产品之一，作为米糠油中最主要的两种成分环木菠萝甾醇阿魏酸盐（cycloartenylferulate，CAF）和24－亚甲基环木菠萝甾醇阿魏酸盐（24－methylene cycloartanylferulate，24－mCAF）标准品的分离制备一直是制约米糠油检测技术的重要瓶颈之一。Liu[27]等应用高效逆流色谱仪分离米糠油中两种主要的三萜醇酯。该研究使用高效逆流色谱仪作为制备手段，以正己烷：乙腈＝1：1作为溶剂系统，成功分离得到CAF和24－mCAF标准品。通过两步制备，从390 mg米糠油样品中制备得到CAF约20.50±2.60 mg，得到24－mCAF约12.62±1.15 mg。其纯度分别为97.97±0.90％（CAF）和95.50±0.75％（24－mCAF），两个化合物的结构也通过飞行时间质谱与核磁共振波谱得到了确证。实验表明高速逆流色谱仪可以高速有效的直接分离和分析米糠油中的两种主要成分。2009年，Chen等[15]报道了利用二氧化碳超临界萃取香菜中精油，然后使用高速逆流色谱进行分离的应用实例，四种香豆素类化合物被高速逆流色谱一次性分离制备得到，其结构通过质谱与核磁共振波谱得到确证，研究表明高速逆流色谱可以快速有效分离香菜精油中的香豆素类活性物质，这对于食品中活性物质的分离制备提供了新的思路。2012年，Luo及其同事[29]报道了利用高速逆流色谱从药食同源植物百合中分离和分析苯丙烷甘油酯类化合物，实验使用正己烷-乙酸乙酯-甲醇-0.05％三氟乙酸水四相混合溶剂系统（3：5：3：5），一次性分离得到百合中7个苯丙烷甘油酯类化合物，在此基础上测定并总结了该类化合物的抗氧化活性规律并用质谱和核磁共振波谱确证了其结构，这是首次报道一次从百合中分离得到7个单体化合物。除了常规化合物的分离分析，高速逆流色谱对某些特定同分异构体也具有良好的分离能力，2011年Liu和同事[26]利用高速逆流色谱仪从植物射干中分离了5-羟基异黄酮类化合物的三种同分异构体，实验中探索了在流动相中加入金属铜离子后高速逆流色谱分离能力与选择性的变化，证明加入金属离子可以改善高速逆流色谱分离5-羟基异黄酮类化合物的能力，拓宽了高速逆流色谱在食品检测中的应用。Engels和同事[20]共同完成了利用高速逆流色谱从芒果仁中分离鞣质化合物的实验，采用正己烷-丙酮-甲醇-水体系作为流动相（0.5：5：1：5），从芒果仁总提取物中分离得到7种化合物，验证了其结构并测定了该类化合物的抗菌活性，实验表明高速逆流色谱适宜分离芒果仁中的鞣质类化合物，分离效率高且特异性好。

8.7.3　毛细管电泳色谱

毛细管电泳(capillary electrophoresis, CE)是 20 世纪 80 年代初发展起来的一种高效快速的分离分析方法。它是以电场作为驱动力，以毛细管为分离室，依据样品的电迁移速率和分配行为来分离分析物质的一类新型的液相分析技术。毛细管电泳具有强大的分离能力，多年来一直是蛋白质等生物大分子和很多药物小分子分离分析的重要手段。与常规高效液相色谱相比，毛细管电泳色谱由于分离原理的不同，因而具有以下优点：

(1) 高效。常规毛细管电泳色谱的理论塔板数可以达到每米数十万，新型的仪器理论塔板数甚至可以达到几百万以上，而高效液相色谱仪的理论塔板数仅为数千至几万之间，高理论塔板数带来的是更高的分离效率；

(2) 高速。毛细管电泳的分离一般在几分钟以内，有研究报道过在 1～2 min 内使用毛细管电泳仪分离数十种样品，而目前即使是最先进的高效液相色谱仪也难以达到这样的分离速率；

(3) 样品用量少。毛细管电泳仪只需要纳升(nL)级样品进行分析，样品需求量仅有高效液相色谱的百分之一；

(4) 运行成本低廉。运行毛细管电泳仪只需要几毫升的流动相和价格低廉的毛细管，运行成本远低于高效液相色谱仪。

由于拥有上述优点，毛细管电泳仪在食品分析中受到越来越多的重视。在使用其作为食品分析的手段时，首先需要确定待分离物质的存在状态，从而选择不同的分离模式：

(1) 毛细管区带电泳(capillary zone electrophoresis, CZE)。区带电泳是毛细管电泳中最常用的分离模式，主要用于离子状态存在的样品分析。在电解质溶液中，带电粒子在电场作用下，以不同速度向其所带电荷相反方向迁移，产生泳流。其中正离子运动方向与电渗流一致，因此最先流出；中性粒子的电泳流速为零，其移动速度等于电渗流速度；而负离子的运动方向和电渗流方向相反，但是由于渗流速度大于电泳流速度，因此负离子在中性粒子之后流出，因此各种粒子移动速度不同达到分离的目的。

(2) 胶束电动毛细管色谱(micellarelectrokinetic capillary chromatography, MECC)是采用区带电泳技术并结合色谱原理形成，主要用于电中性物质的分离。其原理是在缓冲液中加入离子型表面活性剂形成胶束，从而使被分离物质在胶束和水两相中分配，各溶质由于分配系数存在差别而被分离。

(3) 毛细管凝胶电泳(capillary gel electrophoresis, CGE)是一种在毛细管中装入单体引发剂引发聚合反应生成凝胶作为支持物进行电泳分离的技术。由于形成的凝胶具有黏度大等特点,能够减少溶质扩散,使被分离组分峰形尖锐,主要用于分离食品中蛋白质、DNA等生物大分子。

此外,还有毛细管等速电泳(capillary isotachor-phoresis, CITP)、毛细管等电聚焦电泳(capillary isoelectric focusing, CIEF)、毛细管电色谱(capillary electrochromatography, CEC)等分离模式。根据样品特点选择上述不同的电泳模式,并在缓冲液中加入各种添加剂,可以获得多种分离效果,在日常食品分析检测中可分别尝试从而获得最佳效果。

毛细管电泳用于食品安全化学应用实例有:由于其高分离度和选择特异性,毛细管电泳色谱技术在食品分析领域应用十分广泛,迄今已经有数千篇关于该技术在食品分析方面的应用。2002年,Izco和同事[23]应用毛细管电泳技术针对日常食用的牛奶和奶酪中酚酸类物质进行分析,实验结果表明毛细管电泳色谱可以有效分析牛奶、奶酪、奶粉、酸奶等样品中的酚酸类物质,同时可以有效分析酚酸类物质经由细菌分解后的次生产物,整个系统具有良好的适应性和特异性,适用于日常食品安全分析。在分析蛋白质类样品时,毛细管电泳拥有液相色谱所不具备的优势。Montealegre与同事[34]合作,研究了从常见食品橄榄中分离得到蛋白质的毛细管电泳分析技术,实验结果表明毛细管电泳技术对于鲜橄榄和加工后橄榄中蛋白质成分的分析具有很好的效果。Albrecht研究团队[7]运用毛细管电泳串联激光诱导荧光检测器定性与定量分析复杂食品混合物中提取的低聚半乳糖样品,实验结果表明毛细管电泳技术在寡糖检测方面的应用,可以有针对性的监控目标寡糖,并处理基质中嵌入的少量寡糖类样品,该检测方法快速、稳定、有效。除了检测食品中的有效成分,毛细管电泳技术也可以用于食品原料中农药残留的检测,Juan-García和同事[24]利用毛细管电泳色谱与质谱联用,快速检测了4种地中海常见市售夏季蔬菜中的7种农药,实验结果表明毛细管电泳对7种农药的最低检测限和定量限分别低于0.01 mg/kg和0.05 mg/kg样品,毛细管电泳与质谱联用技术可以用于常规食品安全检测。

8.8 数理统计和化学计量学技术

近年来随着分析技术的发展,食品的理化分析手段由以滴定法等为代表的传统分析手段为主,发展为以自动、批量化的仪器分析手段为主,例如上述小节中所讨论的仪器分析技术。与此同时，技术手段的发展使得人们能够更加方便地分析样品，采集的数据也越来越趋于庞大和复杂。一个典型的例子是在色谱-质谱联用技术中，对于一些常见的食品样品，在每次分析的谱图中，可以得到成百上千的谱峰。另一方面，为了全面了解食品加工中存在的规律，在一些课题的研究中，大规模地从不同的产地，不同的品种，不同的生产条件下采集样品是必不可少的。在这种情况下，谱图的人工解析变得费时费力。这使得利用数理统计的手段来进行检测结果的分析和全面考察变得十分重要。

数理统计方法在化学分析中一直是重要而基础的手段。随着 20 世纪 70 年代以来计算机技术的飞跃，各种复杂的数学算法越来越广泛地被分析化学家所采用，并诞生了一门新的交叉学科：化学计量学(chemometrics)。在食品化学领域最为广泛使用的数理统计和化学计量学技术包括主成分分析(principal component analysis, PCA)、聚类分析(hierarchical clustering analysis, HCA)和偏最小二乘回归(partial least squares, PLS)等。PCA 是一种变量投影方法，它将多元数据集映射到一个子空间中，其投影的目的是尽可能体现各个独立数据样品间的偏差(variance)。投影的结果称为得分(score)，可以用一张二维或三维投影图来表现。它反映了各个样品间彼此关联度的大小，借此可以对样本的分类进行判断。投影的方向称为载荷(loading)，可以用线状图或二维图来表现。它反映了测量的各个变量的重要程度。HCA 是一种用二叉树的数据结构来表现实验数据的方法，其步骤可以归纳为：首先使用一种测度计算出各个样本之间的距离，然后对各个距离进行排序，把距离最大的两批样品排到根节点，然后重复上述过程，把每个样品细化分类至各个叶子节点。最后得到的聚类树可以直观地反映各个样品间的分类情况。与 PCA 类似，PLS 也是一种投影的方法，可以得到得分和载荷数据。与 PCA 不同的是，PLS 在计算时同时考虑了样品测量结果的多元数据集和样品自身的属性，比如不同的品种、产地、浓度等。PLS 可以用于样品的分类和多变量定量分析，对未知样品进行预测。

随着现代信息技术的突破，计算机技术在食品分析领域得到了进一步发展，现代化的分析软件包已经不仅仅局限于提供单变量定量校正、谱图数据库检索与相似度的人工比对等简单的功能。自动化的谱图解析技术已经十分成熟，在市场上也出现了许多商业化的软件解决方案，例如，SIMCA - P 和 Unscrambler 等。一些仪器公司的采集软件中，也自带了一些基本的化学计量学和统计学功能，如建立校正曲线，主成分分析等。在食品分析领域的研究前沿，采用化学计量学方法来指导实验、处理和展现数据的科学研究也十分活跃，尤其以在红外光谱分析中的应用最为典型。这些应用在前面已有论述，在此不作赘述。在其他分析检测手段中，化学计量学也展示了很好的应用前景。例如，在气相色谱-质谱联用中，Wang等人对罗勒叶子的成分进行分析，采用模糊规律专家系统（fuzzy rule-building expert system, FuRES），模糊最优化关联记忆（fuzzy optimal associative memory, FOAM），SIMCA等方法，总结了有机罗勒和非有机罗勒的不同化学组分规律；Lu等[28]人对食品中常见致病菌进行分析，对细菌脂肪酸进行甲酯化后，采用固相微萃取法富集采集产生的脂肪酸甲酯，并对脂肪酸甲酯的种类利用气相色谱-质谱联用手段，结合FuRES进行解析，得出了不同种类细菌脂肪酸甲酯化后的特有分类信息。Szydlowska-Czerniak等人[43]运用等离子质谱（ICP－MS）和原子吸收光谱（AAS）分析椰树油中的金属元素镁、钙、铜、铁和铅的组成，将得到的数据集经过PCA和聚类分析，得出在不同加工环节中此类金属元素的变化规律。Ma等人[31]采用液相色谱-飞行时间质谱联用技术，分析了在北美和赤道地区，不同原产地和不同品种蓝莓中抗氧化成分的活性差异，其中PCA方法对于代谢物组学的标记物寻找起了关键作用。Killeen等人[25]应用拉曼光谱得到的数据进行PCA和PLS建模，对胡萝卜中的胡萝卜素和聚乙炔类化合物的含量进行了定性和定量的探讨。以上这些研究均从一些方面展示了数学和统计学在自然科学中的不可动摇的基础地位，也可以看出多学科交叉对于现代食品科学研究的巨大推动作用。

8.9 小结

分析技术近年来发展迅速，新方法与新技术层出不穷，研究领域不断扩展，可以预见未来将有更多操作简单、灵敏度高、成本低的检测技术被应用到食品安全分析中来。同时，随着食品消费者与生产者对高性价比与高安全性食品的期望值不断增加，对评价食品安全和质量的技术要求也将随之提升，而多种色谱及光谱技术联用，如液相色谱-质谱联用（LC－MS）、液相色谱-核磁共振波谱联用（LC－NMR）等，凭借其高灵敏度、高精密度、信息丰富等特点将在食品安全检测与食品品质控制方面有着更广泛的应用前景。此外，借助多种数学模型分析方法来处理分析结果，也逐渐成为当今食品安全分析的趋势，同时也能大大提升工作的效率和分析结果的准确性。

参考文献

[1] 顾培,巩万合,陈荣府,等.普通消解与微波消解分析植物样品中Al等元素的方法比较[J].土壤通报,2007,38(3):616-618.

[2] 王乐,黎勇,胡健华.核磁共振法鉴别食用植物油掺伪餐饮业废油脂[J].中国油脂,2008,33(10):75-77.

[3] 许秀丽,任荷玲,李娜,等.核磁共振技术在地沟油鉴别中的应用研究[J].检验检疫学刊,2012,22(4):25-31.

[4] 韩兴林,张五九,王德良,等.不同工艺白酒的核磁共振分析[J].检验检疫学刊,2009,22(2):112-114.

[5] Abrahamsson V, Rodriguez-Meizoso I., Turner C. Determination of carotenoids in microalgae using supercritical fuid extraction and chromatography [J]. J. Chromatogr. A., 2012,1250(SI):63-68.

[6] Agiomyrgianaki A, Petrakis P V, Dais P. Detection of refined olive oil adulteration with refined hazelnut oil by employing NMR spectroscopy and multivariate statistical analysis [J]. Talanta, 2010,80(5):2165-2171.

[7] Albrecht S, Schols H A, Klarenbeek B, et al. Introducing capillary electrophoresis with laser-induced fluorescence (CE - LIF) as a potential analysis and quantification tool for galactooligosaccharides extracted from complex food matrices [J]. J. Agric. Food Chem., 2010,58(5):2787-2794.

[8] Alonso-salces R M, Moreno-rojas J M, Holland M V, et al. Virgin Olive Oil Authentication by Multivariate Analyses of ^{1}H NMR Fingerprints and $\delta^{13}C$ and $\delta^{2}H$ Data [J]. J. Agric. Food Chem., 2010,58(9):5586-5596.

[9] Armenta S, Garrigues S, Guardia M. Determination of iprodione in agrochemicals by infrared and Raman spectrometry [J]. Anal. Bioanal. Chem., 2007,387(8):2887-2894.

[10] Barron C, Robert P, Guillon F, et al. Structural heterogeneity of wheat arabinoxylans revealed by Ramanspectroscopy [J]. Carbohyd. Res., 2006,341(9):1186-1191.

[11] Beattie J R, Bell S J, Moss B. A critical evaluation of Raman spectroscopy for the analysis of lipids: Fatty acid methyl esters [J]. Lipids, 2004,39(5):407-419.

[12] Beattie J R, Bell S J, Borggaard C, et al. Classification of Adipose Tissue Species using Raman Spectroscopy [J]. Lipids, 2007,42(7):679-685.

[13] Brescia M A, Caldarola V, De Giglio A, et al. Characterization of the geographical origin of Italian red wines based on traditional and nuclear magnetic resonance spectrometric determinations [J]. Anal. Chim. Acta., 2002,458(1):177-186.

[14] Bryant R J, McClung A M. Volatile profiles of aromatic and non-romatic rice cultivars using SPME/GC - MS [J]. Food Chem., 2011,124(2):501-513.

[15] Chen Q, Yao S, Huang X F, et al. Supercritical fluid extraction of Coriandrum sativum and subsequent separation of isocoumarins by high-speed counter-current chromatography [J]. Food Chem., 2009,117(3):504-508.

[16] Coleman W M, Dube M F, Ashraf-Khorassani M, et al. Isomeric Enhancement of

Davanone from Natural Davana Oil Aided by Supercritical Carbon Dioxide [J]. J. Agric. Food Chem., 2007,55(8):3037-3043.

[17] Cozzolino D, Smyth H E, Gishen M. Feasibility Study on the Use of Visible and Near-Infrared Spectroscopy Together with Chemometrics To Discriminate between Commercial White Wines of Different Varietal Origins [J]. J. Agric. Food Chem., 2003,51(26):7703-7708.

[18] Dubois M, Tarres A, Goldmann T, et al. Comparison of indirect and direct quantification of esters of monochloropropanediol in vegetable oil [J]. J. Chromatogr. A, 2012,1236(4):189-201.

[19] Elizabeth M, Calvey Richard E, McDonald, et al. Taylor. Evaluation of SFC/FT-IR for examination of hydrogenated soybean oil [J]. J. Agric. Food Chem.,1991,39(3):542-548.

[20] Engels C, Michael G G, Nzle, et al. Fractionation of Gallotannins from Mango (Mangifera indicaL.) Kernels by High-Speed Counter-Current Chromatography and Determination of Their Antibacterial Activity [J]. J. Agric. Food Chem., 2010,58(2):775-780.

[21] Gao B Y, Lu Y J, Qin F, et al. Differentiating Organic from Conventional Peppermints Using Chromatographic and Flow-Injection Mass Spectrometric (FIMS) Fingerprints [J]. J. Agric. Food Chem., 2012,60(48):11987-11994.

[22] Hori K, Koriyama N, Omori H, et al. Simultaneous determination of 3-MCPD fatty acid esters and glycidol fatty acid esters in edible oils using liquid chromatography time-of-flight mass spectrometry [J]. LWT-Food Sci. Technol., 2012,48(2):204-208.

[23] Izco J M, Tormo M, Jiménez-Flores R. Development of a CE method to analyze organic acids in dairy products: application to study the metabolism of heat-shocked spores [J]. J. Agric. Food Chem., 2002,50(7):1765-1773.

[24] Juan-García A, Font G, Juan C, et al. Pressurised liquid extraction and capillary electrophoresis - mass spectrometry for the analysis of pesticide residues in fruits from Valencian markets, Spain [J]. Food Chem., 2010,120 (4):1242-1249.

[25] Killeen D, Sansom C, Lill R, et al. Quantitative Raman spectroscopy for the analysis of carrot bioactives [J]. J. Agric. Food Chem., 2013,61(11):2701-2708.

[26] Liu W N, Luo J G, Kong L Y. Application of complexation high-speed counter-current chromatography in the separation of 5-hydroxyisoflavone isomers from Belamcanda chinensis (L.) DC [J]. J. Chromatogr. A., 2011,1218(14):1842-1848.

[27] Liu M, Yang F, Shi H M, et al. Preparative separation of triterpene alcohol ferulates from rice bran oil using a high performance counter-current chromatography [J]. Food Chem., 2013,139(1-4):919-924.

[28] Lu Y, Harrington P B. Classification of bacteria by simultaneous methylation - solid phase microextraction and gas chromatography/mass spectrometry analysis of fatty acid methyl esters [J]. Anal. Bioanal. Chem., 2011,397(7):2959-2966.

[29] Luo J G, Li L, Kong L Y. Preparative separation of phenylpropenoid glycerides from the bulbs of Lilium lancifolium by high-speed counter-current chromatography and evaluation of their antioxidant activities [J]. Food Chem., 2012,131(3):1056-1062.

[30] López-Rituerto E, Savorani F, Avenoza A, et al. Investigations of La Rioja terroir for wine production using ^{1}H NMR metabolomics [J]. J. Agric. Food Chem., 2012,60(13):

3452 - 3461.

[31] Ma C, Dastmalchi K, Flores G, et al. Antioxidant and metabolite profiling of north American and neotropical blueberries using LC - TOF - MS and multivariate analyses [J]. J. Agric. Food Chem., 2013,61(14):3548 - 3559.

[32] Manuela B, Franz U, Hendrik E, et al. Triacylglycerol profiling by using chromatographic techniques [J]. Eur. J. Lipid Sci., 2004,106(9):621 - 648.

[33] Martin, G J, Guillou, C, Martin, M L, et al. Natural factors of isotope fractionation and the characterization of wines [J]. J. Agric. Food Chem.,1988,36(2):316 - 322.

[34] Montealegre C, Marina M L, Garcia-Ruiz C. Separation of olive proteins combining a simple extraction method and a selective Capillary Electrophoresis (CE) approach: application to raw and table olive samples [J]. J. Agric. Food Chem., 2010,58(22): 11808 - 11813.

[35] Muik B, Lendl B, Molina-Díaz A, et al. Determination of oil and water content in olive pomace using near infrared and Raman spectrometry. A comparative study [J]. Anal. Bioanal. Chem., 2004,379(1):35 - 41.

[36] Piot O, Autran J C, Manfait M. Spatial Distribution of Protein and Phenolic Constituents in Wheat Grain as Probed by Confocal Raman Microspectroscopy [J]. J. Cereal Sci., 2000,32(1):57 - 71.

[37] Ridgway C, Chambers J. Detection of External and Internal Insect Infestation in Wheat by Near-Infrared Reflectance Spectroscopy [J]. J. Sci. Food Agr.,1996,71(2):251 - 264.

[38] Riu-Aumatell M, Castellari M, opez-Tamames E L, et al. Characterization of volatile compounds of fruit juices and nectars by HS/SPME and GC/MS [J]. Food Chem., 2004, 87(4):627 - 637.

[39] Rodriguez-Saona L E, Fry F S, McLaughlin M A, et al. Rapid analysis of sugars in fruit juices by FT - NIR spectroscopy [J]. Carbohyd. Res., 2001,336(1):63 - 74.

[40] Rønning H T, Einarsen K, Asp T N. Determination of chloramphenicol residues in meat, seafood, egg, honey, milk, plasma and urine with liquid chromatography - tandem mass spectrometry, and the validation of the method based on 2002/657/EC [J]. J. Chromatogr. A, 2006,1118(2):226 - 233.

[41] Schneider N, Werkmeister K, Pischetsrieder M. Analysis of nisin A, nisin Z and their degradation products by LCMS/MS [J]. Food Chem., 2011,127(2):847 - 854.

[42] Skoulika S G, Georgiou C A, Polissiou M G. FT - Raman spectroscopy-analytical tool for routine analysis of diazinon pesticide formulations [J]. Talanta, 2000,51(3):599 - 604.

[43] Szydlowska-Czerniak A, Trokowski K, Karlovits G, et al. Spectroscopic determination of metals in palm oils from different stages of the technological process [J]. J. Agric. Food Chem., 2013,61(9):2276 - 2283.

[44] Wang L F, Lee J Y, Chung J O, et al. Discrimination of teas with different degrees of fermentation by SPME - GC analysis of the characteristic volatile flavour compounds [J]. Food Chem., 2008,109(1):196 - 206.

[45] Wang Z, Chen P, Yu L, et al. Authentication of organically and conventionally grown basil by gas chromatography/mass spectrometry chemical profiles [J]. Anal. Chem., 2013,85(5):2945 - 2953.

[46] Wong H W, Phillips D L, Ma C Y. Raman spectroscopic study of amidated food proteins [J]. Food Chem., 2007,105(2):784 - 792.
[47] Wu G, Bao X X, Zhao S H, et al. Analysis of multi-pesticide residues in the foods of animal origin by GC - MS coupled with accelerated solvent extraction and gel permeation chromatography cleanup [J]. Food Chem., 2011,126(2):646 - 654.
[48] Wu X H, Zheng X W, Han B Z, et al. Characterization of Chinese liquor starter, "Daqu", by flavor type with ^{1}H NMR - based nontargeted analysis [J]. J. Agric. Food Chem., 2009,57(23):11354 - 11359.
[49] Xiccato G, Trocino A, Tulli F, et al. Prediction of chemical composition and origin identification of european sea bass (Dicentrarchus labrax L.) by near infrared reflectance spectroscopy (NIRS) [J]. Food Chem., 2004,86(2):275 - 281.
[50] Yamazaki K, Ogiso M, Isagawa S, et al. A new, direct analytical method using LC - MS/MS for fatty acid esters of 3 - chloro - 1,2 - propanediol (3 - MCPD esters) in edible oils [J]. Food Additives & Contaminants, 2013,30(1):52 - 68.
[51] Yang X, Zhang H, Liu Y, et al. Multiresidue method for determination of 88 pesticides in berry fruits using solid-phase extraction and gas chromatography-mass spectrometry: Determination of 88 pesticides in berries using SPE and GC - MS [J]. Food Chem., 2011, 127(2):855 - 865.
[52] Yeakub Ali Md., Cole B R. SFE - plus - C_{18} lipid cleanup and selective extraction method for GC/MS quantitation of polycyclic aromatic hydrocarbons in smoked meat [J]. J. Agric. Food Chem., 2001,49(9):4291 - 4198.
[53] Yusty Lage M A, Davina Cortizo J L. Supercritical fluid extraction and high-performance liquid chromatography-fluorescence detection method for polycyclic aromatic hydrocarbons investigation in vegetable oil [J]. Food control., 2005,16(1):59 - 64.

第9章　食品安全法律和法规的概述

9.1　食品安全与法律法规

食品是人类生存和发展最重要的物质基础，关系到广大人民群众的生命健康和生活质量，关系到国家产业经济和社会稳定。《食品工业基本术语》(GB/T15091—1994)将食品描述为："可供人类食用或饮用的物质，包括加工食品、半成品和未加工食品，不包括烟草或只作药品用的物质"[1]。随着最近二十年中国食品工业的迅猛发展，大量食品加工的新原料、新技术及新工艺涌入食品加工、食品流通和餐饮服务的领域。食品工业正处于不断革新并创造进取的时代。与此同时，食品安全问题也在这一过程中显现出来。食品安全技术性问题的解决、食品安全的监督和管理以及食品产品的质量保证也成为政府、行业、民众极为重视和关注的科学性、社会性问题。解决这一问题必须依靠综合性的手段多管齐下，从科学技术、过程控制、法律标准、监督管理、分析检验、工业装备升级以及科学普及等多个角度共同解决，才能保障好食品安全这一项系统工程。

其中，食品法律和法规对保障食品工业生产积极稳定发展、贸易正常化和维护人民群众的生命健康安全，起到了非常重要的作用。党中央、全国人大和国务院历来高度重视食品安全，颁布实施了一系列保障食品安全的法律和法规。同样，世界各国也都非常重视食品法律法规体系的建设和完善。我国在加入WTO后所面临的最大挑战之一就是如何使我国的食品法律法规体系尽快和国际接轨，以促进我国食品生产和对外贸易的发展。2009年6月1日实施的《中华人民共和国食品安全法》，充分体现了我国政府在维护食品安全、保障人民健康问题上的坚定决心。该法第一章第八条指出："国家鼓励社会团体、基层群众性自治组织开展食品安全法律、法规以及食品安全标准和知识的普及工作，倡导健康的饮食方式，增强消费者食品安全意识和自我保护能力"[2]。

从历史沿革来看，我国在食品工业领域第一部试行的法律是《中华人民共和国食品卫生法(试行)》。该法于1983年7月1日试行,同时在此之前的《中华人民共和国食品卫生管理条例》宣布废止。经试行12年后,食品领域第一部制定的法律《中华人民共和国食品卫生法》正式实施。这部法律是于1995年10月30日,经第八届全国人民代表大会常务委员会第十六次会议通过,并以中华人民共和国主席令第五十九号的形式公布,且自公布之日起施行[3]。这是我国食品工业领域的第一部基本大法,具有划时代的意义。但同时,我们也应看到与世界发达国家相比,食品领域的基本法律出台滞后了一个多世纪。在这部法律里,确定了我国由国家卫生行政部门来主管全国的食品卫生监督管理工作,国务院有关部门在各自的职责范围内负责食品卫生管理工作,基本奠定了我国食品领域"分段监管为主,品种监管为辅"的管理格局。进入21世纪以后,食品工业的发展和法规标准的修订,出现了不协调的局面。现有的食品法规和技术标准不能满足日新月异的食品生产和贸易行为,食品安全事件迭出。为维护人民群众的生命健康和基本权益、规范食品工业生产和监管,我国于2009年2月颁布了新的《中华人民共和国食品安全法》。

此后,国家非常重视食品领域法律和法规的建设,不断修订并出台相关的法律、法规、行政规章和制度,并先后几次大规模修订食品安全方面的国家标准,逐步完善并形成了现有的法规体系。与发达国家食品监管工作相比,我国在很短的时间内完成了他们在很长历史时期内完成的工作,迅速地在法规领域追赶国际水平,并能够很好地借鉴发达国家在食品法律法规、监管领域中获得的宝贵经验。

9.2 法律基础知识

法,是由国家制定或者认可,并由国家强制力保证其实施的行为规范的总和[4]。法律是反映由特定物质生活条件所决定的统治阶级的意志、以权利和义务为内容、以确认、保护和发展统治阶级所期望的社会关系和社会秩序为目的的行为规范体系。而在我国,实行的无产阶级专政则代表了广大人民群众的根本利益和各族人民的根本利益。

当前,具有我国社会主义特色的法律法规体系已经初步形成:一是涵盖各个方面的法律门类已较为齐全;二是各个法律门类中基本的、主要的法律已经逐步得到制定;三是以法律为主干,制定了若干与之相配套的行政法规、地方性法规、自治条例和单行条例等。在这样一个法律背景之下,我国尤其在入世以后逐步形成了较为完善的有关食品法律和法规。

我国由全国人民代表大会及其常务委员会制定的法律称为基本法律，也是最重要、最权威的法律规范性文件。法律是由全国人民代表大会常务委员会审议，由国家主席签发，以主席令形式发布。在食品生产领域，最基本的大法是《中华人民共和国食品安全法》。相关的法律还包括：《中华人民共和国产品质量法》、《中华人民共和国标准化法》、《中华人民共和国计量法》、《中华人民共和国消费者权益保护法》、《中华人民共和国农产品质量安全法》、《中华人民共和国刑法》、《中华人民共和国进出口商品检验法》、《中华人民共和国进出境动植物检疫法》、《中华人民共和国国境卫生检疫法》和《中华人民共和国动物防疫法》等。

法规包括行政法规和地方性法规。前者是指，国务院即中央人民政府制定的法律文件称为行政法规。由国务院常务会议审议，由总理签发，以国务院令形式颁布。中央人民政府可以根据全国人大及其常委会的授权制定暂行规定或条例，改变或撤销地方各级国家行政机关不适当的决定和命令。行政法规有：《国务院关于加强食品等产品安全监督管理的特别规定》、《中华人民共和国工业产品生产许可证管理条例》、《中华人民共和国认证认可条例》、《中华人民共和国进出口商品检验法实施条例》、《中华人民共和国进出境动植物检疫法实施条例》、《中华人民共和国兽药管理条例》、《中华人民共和国农药管理条例》、《中华人民共和国出口货物原产地规则》、《中华人民共和国标准化法实施条例》、《无照经营查处取缔办法》、《饲料和饲料添加剂管理条例》、《农业转基因生物安全管理条例》和《中华人民共和国濒危野生动植物进出口管理条例》等。

省、自治区、直辖市的人大及其常委会可以制定地方性法规；较大的市（包括省、自治区人民政府所在地的市、经济特区所在地的市和经国务院批准的较大的市）可以制定地方性法规，报省、自治区的人大常委会批准后施行。经济特区所在地的省、市人大及其常委会根据全国人大的授权决定，可以制定法规，在经济特区范围内实施。因此，地方性法规通常由人民代表大会常务委员会签发，以人民代表大会常务委员会公告形式颁布。

规章包括部门规章、地方政府规章。部门规章是指由各部、局或联合制定，以局、部令形式颁布，如《食品生产加工企业质量安全监督管理实施细则（试行）》、《食品添加剂卫生管理办法》、《食品卫生许可证管理办法》、《进出境肉类产品检验检疫管理办法》、《进出境水产品检验检疫管理办法》、《流通领域食品安全管理办法》、《农产品产地安全管理办法》、《农产品包装和标识管理办法》和《出口食品生产企业卫生注册登记管理规定》等。地方政府规章是指由省、自治区、直辖市、较大的市政府令形式颁布的法律性文件。省、自治区、直辖市和较大的市的人民政府，可以制定职权范围内的规章。

除此之外，还有规范性文件，如国务院颁布的《国务院关于进一步加强食品安全工作的决定》等。

综上所述，我国的现行立法体制是“一元、两级、多层次”。“一元”是指全国范围内之存在一个统一的立法体系；“两级”是指我国的立法体制分为中央立法和地方立法两个等级；“多层次”是指根据宪法的规定，不论中央立法还是地方立法，都可以各自划分为若干个层次和类别，即法律、法规、行政规章。

9.3 食品安全生产链的法律和法规

9.3.1 初级农产品的法律法规

农业生产是食品生产的上游领域，食品生产离不开农业生产所提供的原料。没有好的原料，就不可能有好的产品；没有好的加工，就不可能提高农业附加值。农业的劳动对象是有生命的动植物，获得的产品是动植物本身。广义的农业是指包括种植业、林业、畜牧业、渔业和副业五种产业在内的生产活动。为了巩固和加强农业在国民经济中的基础地位，深化农村改革，发展农业生产力，推进农业现代化，维护农民和农业生产经营组织的合法权益，增加农民收入，提高农民科学文化素质，促进农业和农村经济的持续、稳定、健康发展，实现全面建设小康社会的目标，制定《中华人民共和国农业法》，这是农业生产领域的基本大法。这部法律由1993年7月2日第八届全国人民代表大会常务委员会第二次会议通过，该法最近的一次修订工作已由我国第十一届全国人民代表大会常务委员会第三十次会议于2012年12月28日通过，自2013年1月1日起施行。这部法律分为总则、农业生产经营体制、农业生产、农产品流通与加工、粮食安全、农业投入与支持保护、农业科技与农业教育、农业资源与农业环境保护、农民权益保护、农村经济发展、执法监督、法律责任和附则[5]。

农产品的质量安全状况如何，直接关系着人民群众的身体健康乃至生命安全。农产品质量安全问题被称为社会四大问题之一(人口、资源、环境)。作为食品加工原材料的农产品，包括种植业产品、养殖业产品、林业产品、牧业产品和渔业产品等。凡是来源于农业的初级产品，即在农业活动中获得的植物、动物、微生物及其产品(农、林、渔、牧、茶、菌、蜂等)，都适用于《中华人民共和国农产品质量安全法》。这部法律于2006年4月29日第十届全国人民代表大会常务委员会第二十一次会议通过，自2006年11月1日施行。制定该法的基本目的是为保障农产品质量安全，维护公众健康，促进农业和农村经济发展。在这部法律中，国家明确提出将建立健全农产品质量安全标准体系。农产品质量安全标准是强制性的技术规范。该法还提到农产品产地环境、农产品生产、农产品包装和标识、监督检查和相应的法律责任[6]。与此法律相关的法规还包括《中华人民共和国农产品质量安全监测管理办法》、《中华人民共和国农产品产地安全管理办法》、《中华人民共和国农机产品质量管理办法》、《中华人民共和国农产品包装和标识管理办法》、《中华人民共和国农业技术推广法》等涉及农业发展全方面的农业综合法律法规[7, 8, 9, 10, 11]。

我国当前食品安全领域有一个非常突出的现象就是农产品的质量安全。农产品的农(兽)药残留及有害物质超标、食品中毒事件不断发生成为消费者投诉之首。近年来，全球有数亿人因为摄入污染的食品和饮用水而生病。中国每年食物中毒报告例数为2万～4万人，专家估计每年实际食物中毒例数在20万～40万人之间。根据《中华人民共和国农产品质量安全法》等法律法规，农业部制定投入品等物质的使用规定，并以公告形式发布。食用农产品的生产、储运、销售必须依照有关法律法规和农业部的规定使用农药、兽药、添加剂(含饲料添加剂)、保鲜剂、防腐剂等，禁止使用农业部已公布禁用的农药、兽药、添加剂(含饲料添加剂)、保鲜剂、防腐剂等物质，以及对人体具有直接或潜在危害的其他物质[6]。违反上述规定的行为，依照《农产品质量安全法》、《农药管理条例》、《兽药管理条例》、《饲料和饲料添加剂管理条例》、《粮食流通管理条例》等法律法规处理。针对一些特殊行业，国家农业部出台了《奶业整顿和振兴规划纲要》、《国家粮食安全中长期规划纲要》、《乳品质量安全监督管理条例》(自2008年10月9日起施行)等。

在畜禽养殖方面，《畜禽规模养殖污染防治条例》已经2013年10月8日国务院第26次常务会议通过，自2014年1月1日起施行。还有《生猪屠宰条例》、《中华人民共和国动物防疫法》都与能否提供良好的食用畜禽产品相关。

与农产品产地环境有关的法律法规有:《中华人民共和国环境保护法》、《中华人民共和国海洋环境保护法》、《中华人民共和国水污染防治法》、《中华人民共和国大气污染防治法》、《中华人民共和国固体废弃物污染环境防治法》、《中华人民共和国放射性污染防治法》。

与种植农作物有关的法律包括《中华人民共和国种子法》，在中华人民共和国境内从事品种选育和种子生产、经营、使用、管理等活动的，均适用该法。该法施行的目的是为了保护和合理利用种质资源，规范品种选育和种子生产、经营、使用行为,维护品种选育者和种子生产者、经营者、使用者的合法权益,提高种子质量水平,推动种子产业化,促进种植业和林业的发展。在我国,国务院农业、林业行政主管部门分别主管全国农作物种子和林木种子工作[12]。以上地方人民政府农业、林业行政主管部门分别主管本行政区域内农作物种子和林木种子工作。林业方面的法规包括《中华人民共和国森林法》、渔业方面的法规包括《中华人民共和国渔业法》。

综上所述,由于产品质量法只适用于经过加工、制作的产品,不适用于未经加工制作的农业初级产品;食品安全法不调整种植业、养殖业等农业生产活动,因此农产品质量安全法可以较好地从源头上保障食品供应链的安全。

9.3.2 食品生产领域的基本大法

在食品生产的工业领域中,最重要、最基本的法律就是《中华人民共和国食品安全法》。该法由中华人民共和国第十一届全国人民代表大会常务委员会第七次会议于 2009 年 2 月 28 日通过,以中华人民共和国主席令的形式公布,自 2009 年 6 月 1 日起施行。下面将对这部法律的主要内容阐述如下。

该法第一章为总则。总则的内容中阐述了食品安全法的立法目的,并规定了法律的适用范围,它所调整的社会关系包括在中华人民共和国境内从事食品生产和加工(即食品生产)的单位和人员、食品流通和餐饮服务(即食品经营)的单位和人员、涉及食品添加剂生产经营的单位和人员、生产经营食品的包装材料、容器、洗涤剂、消毒剂和工具、设备(即食品相关产品)的单位和人员生产经营;还包括使用食品添加剂、食品相关产品进行食品生产经营的单位和个人;还包括对食品、食品添加剂和食品相关产品的安全管理。供食用的源于农业的初级产品(即食用农产品)的质量安全管理,根据专门法优于一般法的原则,应遵守《中华人民共和国农产品质量安全法》的规定。但是,制定有关食用农产品的质量安全标准、公布食用农产品安全有关信息,应当遵守食品安全法的有关规定。

在总则中,第一次明确提出由国务院设立食品安全委员会,下设食品安全国家标准专家委员会和食品安全风险评估专家委员会。从法律上赋予了这两个专家委员会的权威地位和职责,开启了我国食品安全监管领域开展食品安全国家标准制定、食品安全风险评估工作的序幕。

在总则里明确了国务院各部门在食品安全监管领域的分工与合作。国务院卫生行政部门承担食品安全综合协调职责,负责食品安全风险评估、食品安全标准制定、食品安全信息公布、食品检验机构的资质认定条件和检验规范的制定,组织查处食品安全重大事故。国务院质量监督、工商行政管理和国家食品药品监督管理部门分别对食品生产、食品流通、餐饮服务活动实施监督管理。

总则中除了规定食品生产经营者的社会责任，还规定了食品行业协会和新闻媒体的职责。新闻媒体应当开展食品安全法律、法规以及食品安全标准和知识的公益宣传，并对违反本法的行为进行舆论监督。国家鼓励和支持开展与食品安全有关的基础研究和应用研究，鼓励和支持食品生产经营者为提高食品安全水平采用先进技术和先进管理规范。任何组织或者个人有权举报食品生产经营中违反该法的行为，有权向有关部门了解食品安全信息，对食品安全监督管理工作提出意见和建议。

《中华人民共和国食品安全法》的第二章是关于食品安全风险监测和评估的内容。鉴于目前我国初级农产品生产和食品生产过程中，农药、化肥、兽药等农业投入品的使用不规范的严重现状，国家正式实施建立食品安全风险监测制度，对食源性疾病、食品污染以及食品中的有害因素进行监测。该工作由国务院卫生行政部门主管、会同国务院有关部门共同制定执行，包含以下工作内容：

(1) 信息的通报：国务院农业行政、质量监督、工商行政管理和国家食品药品监督管理等有关部门获知有关食品安全风险信息后，应当立即向国务院卫生行政部门通报。

(2) 风险评估：国家建立食品安全风险评估制度；国务院卫生行政部门负责组织食品安全风险评估工作，成立由医学、农业、食品、营养等方面的专家组成的食品安全风险评估专家委员会进行食品安全风险评估。工作内容有：对食品、食品添加剂中生物性、化学性和物理性危害进行风险评估；对农药、肥料、生长调节剂、兽药、饲料和饲料添加剂等的安全性进行风险评估；根据信息和研究结果，制定食品安全风险监测计划和及时调整该计划。

(3) 协同合作：规定了各部门如何提高食品安全风险监测计划的针对性和实效性；规定了卫生部门与具体监管部门协调配合以及科学开展风险评估、风险管理和风险交流的有关工作原则。

《中华人民共和国食品安全法》的第三章是关于食品安全国家标准的制定工作。阐述了食品安全国家标准的制定宗旨和原则，明确了食品安全国家标准的性质和内涵(具有强制性和排他性的特点)。食品安全国家标准包括下列内容：

(1) 食品、食品相关产品中的致病性微生物、农药残留、兽药残留、重金属、污染物质以及其他危害人体健康物质的限量规定。

(2) 食品添加剂的品种、使用范围、用量。

(3) 专供婴幼儿和其他特定人群的主辅食品的营养成分要求。

(4) 对与食品安全、营养有关的标签、标识、说明书的要求。

(5) 食品生产经营过程的卫生要求。

(6) 与食品安全有关的质量要求。

(7) 食品检验方法与规程。

(8) 其他需要制定为食品安全标准的内容。

从标准的制定程序来看,食品安全国家标准由国务院卫生行政部门负责制定、公布,国务院标准化行政部门提供国家标准编号。食品中农药残留、兽药残留的限量规定及其检验方法与规程由国务院卫生行政部门、国务院农业行政部门制定。屠宰畜、禽的检验规程由国务院有关主管部门会同国务院卫生行政部门制定。有关产品国家标准涉及食品安全国家标准规定内容的,应当与食品安全国家标准相一致。国务院卫生行政部门应当对现行的食用农产品质量安全标准、食品卫生标准、食品质量标准和有关食品的行业标准中强制执行的标准予以整合,统一公布为食品安全国家标准。

从标准的层级来看,没有食品安全国家标准的,可以制定食品安全地方标准。省、自治区、直辖市人民政府卫生行政部门组织制定食品安全地方标准,应当参照执行食品安全法有关食品安全国家标准制定的规定,并报国务院卫生行政部门备案。企业生产的食品没有食品安全国家标准或者地方标准的,应当制定企业标准,作为组织生产的依据。国家鼓励食品生产企业制定严于食品安全国家标准或者地方标准的企业标准。企业标准应当报省级卫生行政部门备案,在本企业内部适用。食品安全标准应当供公众免费查阅。

《中华人民共和国食品安全法》的第四章是关于食品生产经营的内容。食品生产经营应当符合食品安全标准,也明确列出了禁止生产经营的食品范围。

该法规定了国家对食品生产经营实行许可制度。从事食品生产、食品流通、餐饮服务,应当依法取得食品生产许可、食品流通许可、餐饮服务许可。取得食品生产许可的食品生产者在其生产场所销售其生产的食品,不需要取得食品流通的许可;取得餐饮服务许可的餐饮服务提供者在其餐饮服务场所出售其制作加工的食品,不需要取得食品生产和流通的许可;农民个人销售其自产的食用农产品,不需要取得食品流通的许可。

食品生产加工小作坊和食品摊贩从事食品生产经营活动,应当符合本法规定的与其生产经营规模、条件相适应的食品安全要求,保证所生产经营的食品卫生、无毒、无害,有关部门应当对其加强监督管理。县级以上地方人民政府鼓励食品生产加工小作坊改进生产条件;鼓励食品摊贩进入集中交易市场、店铺等固定场所经营。

食品生产加工企业,必须具备食品卫生许可证和营业执照,还应当申请取得食品生产许可证。为贯彻执行《中华人民共和国食品安全法》,规范食品生产许可的监督管理工作,落实对食品生产环节的监管职责,《食品生产许可管理办法》已于2010年3月10日由国家质量监督检验检疫总局局务会议审议通过,自2010年6月1日起施行。办法规定,企业未取得食品生产许可,不得从事食品生产活动。设立食品生产企业,应当在工商部门预先核准名称后依照有关要求取得食品生产许可。国家质检总局在职责范围内负责全国食品生产许可管理工作。

国家鼓励食品生产经营企业符合良好生产规范要求,实施危害分析与关键控制点体系,提高食品安全管理水平。对通过良好生产规范、危害分析与关键控制点体系认证的食品生产经营企业,认证机构应当依法实施跟踪调查;对不再符合认证要求的企业,应当依法撤销认证,及时向有关质量监督、工商行政管理、食品药品监督管理部门通报,并向社会公布。认证机构实施跟踪调查不收取任何费用。

在企业生产经营人员的健康管理和安全管理方面有如下要求:食品生产经营企业应当建立健全本单位的食品安全管理制度,加强对职工食品安全知识的培训,配备专职或者兼职食品安全管理人员,做好对所生产经营食品的检验工作,依法从事食品生产经营活动。食品生产经营者应当建立并执行从业人员健康管理制度。患有痢疾、伤寒、病毒性肝炎等消化道传染病的人员,以及患有活动性肺结核、化脓性或者渗出性皮肤病等有碍食品安全的疾病的人员,不得从事接触直接入口食品的工作。食品生产经营人员每年应当进行健康检查,取得健康证明后方可参加工作。

对农业投入品的管理作出如下规定:食用农产品生产者应当依照食品安全标准和国家有关规定使用农药、肥料、生长调节剂、兽药、饲料和饲料添加剂等农业投入品。食用农产品的生产企业和农民专业合作经济组织应当建立食用农产品生产记录制度。县级以上农业行政部门应当加强对农业投入品使用的管理和指导,建立健全农业投入品的安全使用制度。

食品安全法规定了食品生产者采购原料的索证索票制度和进货查验制度。食品生产者采购食品原料、食品添加剂、食品相关产品,应当查验供货者的许可证和产品合格证明文件;对无法提供合格证明文件的食品原料,应当依照食品安全标准进行检验;不得采购或者使用不符合食品安全标准的食品原料、食品添加剂、食品相关产品。食品生产企业应当建立食品原料、食品添加剂、食品相关产品进货查验记录制度，如实记录食品原料、食品添加剂、食品相关产品的名称、规格、数量、供货者名称及联系方式、进货日期等内容。食品原料、食品添加剂、食品相关产品进货查验记录应当真实，保存期限不得少于二年。

食品生产企业的产品也必须实行强制性检验制度。法规要求食品生产企业应当建立食品出厂检验记录制度，查验出厂食品的检验合格证和安全状况，并如实记录食品的名称、规格、数量、生产日期、生产批号、检验合格证号、购货者名称及联系方式、销售日期等内容。食品出厂检验记录应当真实，保存期限不得少于二年。

食品、食品添加剂和食品相关产品的生产者，应当依照食品安全标准对所生产的食品、食品添加剂和食品相关产品进行检验，检验合格后方可出厂或者销售。

食品经营者应当按照保证食品安全的要求贮存食品，定期检查库存食品，及时清理变质或者超过保质期的食品。食品经营者贮存散装食品，应当在贮存位置标明食品的名称、生产日期、保质期、生产者名称及联系方式等内容。食品经营者销售散装食品，应当在散装食品的容器、外包装上标明食品的名称、生产日期、保质期、生产经营者名称及联系方式等内容。

集中交易市场的开办者、柜台出租者和展销会举办者，应当审查入场食品经营者的许可证，明确入场食品经营者的食品安全管理责任，定期对入场食品经营者的经营环境和条件进行检查，发现食品经营者有违反本法规定的行为的，应当及时制止并立即报告所在地县级工商行政管理部门或者食品药品监督管理部门。集中交易市场的开办者、柜台出租者和展销会举办者未履行前款规定义务，本市场发生食品安全事故的，应当承担连带责任。

除了以上所述内容之外，在第四章食品生产经营中对食品添加剂、具有特定保健功能的食品、食品召回、食品广告都做了规范，这些内容将另行阐述。

《中华人民共和国食品安全法》第五章的内容关于食品检验。规定了食品安全监督部门对食品不得实施免检。食品检验机构的资质认定条件和检验规范，由国务院卫生行政部门规定。食品检验机构按照国家有关认证认可的规定取得资质认定后，方可从事食品检验活动。原经国务院有关主管部门批准设立或者经依法认定的食品检验机构，可以依照本法继续从事食品检验活动。具体的检验工作是由食品检验机构制定的检验人独立进行。法律对食品检验人员的素质能力和行为规范提出要求，明确食品检验机构和检验人的法律责任，对食品生产经营者、行业协会、消费者进行食品检验时如何确定检验机构做出规定。

《中华人民共和国食品安全法》第六章的内容是关于食品进出口。首先，进口的食品、食品添加剂以及食品相关产品应当符合我国食品安全国家标准。进口的食品应当经出入境检验检疫机构检验合格后，海关凭出入境检验检疫机构签发的通关证明放行。进口尚无食品安全国家标准的食品，或者首次进口食品添加剂新品种、食品相关产品新品种，进口商应当向国务院卫生行政部门提出申请并提交相关的安全性评估材料。国务院卫生行政部门依照本法第四十四条的规定作出是否准予许可的决定，并及时制定相应的食品安全国家标准。

境外发生的食品安全事件可能对我国境内造成影响，或者在进口食品中发现严重食品安全问题的，国家出入境检验检疫部门应当及时采取风险预警或者控制措施，并向国务院卫生行政、农业行政、工商行政管理和国家食品药品监督管理部门通报。接到通报的部门应当及时采取相应措施。

向我国境内出口食品的出口商或者代理商应当向国家出入境检验检疫部门备案。向我国境内出口食品的境外食品生产企业应当经国家出入境检验检疫部门注册。国家出入境检验检疫部门应当定期公布已经备案的出口商、代理商和已经注册的境外食品生产企业名单。

进口商应当建立食品进口和销售记录制度，如实记录食品的名称、规格、数量、生产日期、生产或者进口批号、保质期、出口商和购货者名称及联系方式、交货日期等内容。食品进口和销售记录应当真实，保存期限不得少于二年。

出口的食品由出入境检验检疫机构进行监督、抽检，海关凭出入境检验检疫机构签发的通关证明放行。出口食品生产企业和出口食品原料种植、养殖场应当向国家出入境检验检疫部门备案。国家出入境检验检疫部门应当收集、汇总进出口食品安全信息，并及时通报相关部门、机构和企业。

国家出入境检验检疫部门应当建立进出口食品的进口商、出口商和出口食品生产企业的信誉记录，并予以公布。对有不良记录的进口商、出口商和出口食品生产企业，应当加强对其进出口食品的检验检疫。

《中华人民共和国食品安全法》第七章的内容是关于食品安全事故处置。规定国务院组织制定国家食品安全事故应急预案。县级以上地方人民政府应当根据有关法律、法规的规定和上级人民政府的食品安全事故应急预案以及本地区的实际情况，制定本行政区域的食品安全事故应急预案，并报上一级人民政府备案。

对食品安全事故的报告程序和要求作出规定。发生食品安全事故的单位应当立即予以处置，防止事故扩大。事故发生单位和接收病人进行治疗的单位应当及时向事故发生地县级卫生行政部门报告。农业行政、质量监督、工商行政管理、食品药品监督管理部门在日常监督管理中发现食品安全事故，或者接到有关食品安全事故的举报，应当立即向卫生行政部门通报。发生重大食品安全事故的，接到报告的县级卫生行政部门应当按照规定向本级人民政府和上级人民政府卫生行政部门报告。县级人民政府和上级人民政府卫生行政部门应当按照规定上报。任何单位或者个人不得对食品安全事故隐瞒、谎报、缓报，不得毁灭有关证据。

对食品安全事故的会同调查、应急措施和预案启动作出规定，对食品安全事故的责任调查作出规定。对食品安全事故的现场卫生处理和流行病学调查作出规定，对食品安全事故责任的追究作出规定。

《中华人民共和国食品安全法》第八章的内容是关于监督管理。规定地方政府和有关部门应制定年度监管计划；规定监管部门针对食品安全事件和事故可以采取食品安全监管措施。

《中华人民共和国食品安全法》第九章的内容是关于法律责任。其主要内容是围绕对违反法律的行为进行处罚。第十章的内容是附则，列举了食品安全法中所涉及的一些名词、术语和概念。

9.3.3 食品添加剂有关的法规和标准

食品添加剂就是指加入食品中的天然或者化学合成物质，其目的是为了改善食品品质、色香味、防腐和满足加工工艺的需要[13]。由此可见，一方面食品添加剂对改善食品品质、延长保质期有作用，使之能够符合工业化生产的需要。但是另一方面，使用不当、过量或者是滥用就会对人们的健康产生不良的影响。由此可见，食品添加剂的使用是一把双刃剑，既是促进食品工业发展的物质，也是造成很多食品安全问题的根源。况且在现实生活中，非食用物质进入食品的掺杂掺伪行为和食品添加剂的滥用，造成了消费者对食品添加剂本身很大的误解。

首先介绍一下食品添加剂在我国的发展历史。1967 年，卫生部、化工部、轻工部、商业部联合颁布了《八种食品用化工产品标准和检验方法》(试行)。1973 年，卫生部组织成立了“食品添加剂卫生标准科研协作组”，开始有组织、有计划地在全国范围内开展食品添加剂使用情况的调查研究。在此基础上，1977 年 10 月 20 日，由卫生部起草、国家标准计量局发布了《食品添加剂使用卫生标准》，开始对食品添加剂的使用进行管理。1980 年 9 月，在国家标准总局组织下，成立了全国食品添加剂标准化技术委员会，由卫生部、化工部、轻工部、商业部、国家商检局等单位的负责人及专家组成。卫生部担任主任委员，化工、轻工、商业部门分别担任副主任委员。该委员会是负责食品添加剂标准化管理的专业技术组织，主要职责为提出食品添加剂标准工作的方针、制定食品添加剂标准年度工作计划和长远规划、审查添加剂标准(包括食品添加剂使用卫生标准和产品质量规格标准)以及开展相关调研技术咨询等工作。其中,卫生部负责食品添加剂的使用安全管理,化工部、轻工部主管添加剂的生产和使用,轻工部和商业部主管添加剂的经营销售,商检部门负责对外贸易的管理。1980 年,国家标准总局发布《碳酸钠等二十四种食品添加剂国家标准》,对这些食品添加剂的质量规格作了规定。1981 年,卫生部将《食品添加剂使用卫生标准》修改为新版本的《食品添加剂使用卫生标准》(GB2760—1981)。后经历次修订,形成目前 2011 版的标准文本。

2009 年,《中华人民共和国食品安全法》颁布实施,对食品添加剂的标准化工作提出了新的更高要求,将食品添加剂的品种、使用范围、用量等列为食品安全国家标准的内容,并要求食品添加剂应当在技术上有必要且经过风险评估证明安全可靠方可列入允许使用的范围。国务院卫生行政部门根据技术必要性和食品安全风险评估结果,及时对食品添加剂的品种、使用范围、用量的标准进行修订。卫生部根据《食品安全法》的要求成立了食品安全标准审评委员会,全国食品添加剂标准化技术委员会相应撤销,成为该委员会的食品添加剂专业分委员会,继续承担食品添加剂相关国家安全标准的审查等工作。

其次,介绍我国食品添加剂标准体系的构成。

我国食品添加剂标准主要由食品添加剂的使用标准和食品添加剂的质量规格标准两部分组成。食品添加剂的使用标准主要包括《食品添加剂使用标准》(GB2760—2011)[13]、《食品营养强化剂使用标准》(GB14880—2012)[14]、《复配食品添加剂通则》(GB26687—2011)[15]等标准,它们规定了我国食品添加剂的定义、食品添加剂的使用原则、允许使用的食品添加剂和食品营养强化剂的品种、使用范围和使用量等内容。食品添加剂的质量规格标准按照单个的食品添加剂品种分别制定的,分为国家标准和行业标准,主要规定食品添加剂的结构、理化特性、鉴别、技术要求及对应的检测方法、检验规则、包装、储存、运输、标识的要求等内容。新的食品安全法颁布实施后,食品添加剂的质量规格标准也列入食品安全国家标准的范畴,在标准的框架结构和标准的规定内容方面将按照食品安全国家标准的要求进行修改和完善。

《食品添加剂使用标准》(GB2760—2011)规定的主要内容:

1) 规定了食品添加剂的概念和范畴

按照该标准规定,食品添加剂是为改善食品品质和色、香、味,以及防腐和加工工艺的需要而加入的化学合成或者天然物质。食品用香料、胶基糖果中基础剂物质、食品工业用加工助剂也包括在内。食品营养强化剂的使用应符合《食品营养强化剂使用标准》(GB14880—2012)[14]。

2) 规定了允许的食品添加剂品种、使用范围、最大使用量和残留量规定

我国食品添加剂的使用品种采取的是允许使用名单制,凡未列入允许使用名单的物质都不能作为食品添加剂使用。《食品添加剂使用标准》、《食品营养强化剂使用标准》规定了允许使用的食品添加剂的品种、使用范围、最大使用量(或者残留量)。因此在使用食品添加剂时,一定要按照上述标准或者卫生部关于食品添加剂的公告中允许使用的食品添加剂品种。在使用允许使用的食品添加剂时,还必需按照规定的食品添加剂的使用范围和最大使用量(或残留量)来使用食品添加剂。

3) 规定了食品添加剂的使用目的

(1) 保持或提高食品本身的营养价值。

(2) 作为某些特殊膳食用食品的必要配料或成分。

(3) 提高食品的质量和稳定性,改进其感观特性。

(4) 便于食品的生产、加工、包装、运输或者贮藏。

4) 规定了食品添加剂的基本要求

(1) 不应对人体健康产生任何健康危害。

(2) 不应掩盖食品腐败变质。

(3) 不应掩盖食品本身或者加工过程中的质量缺陷或者以掺杂、掺假、伪造为目的使用食添加剂。

(4) 不应降低食品本身的营养价值。

(5) 在达到预期的效果下尽可能降低在食品中的用量。

(6) 食品工业用加工助剂一般应该在制成最后成品之前去除,有规定食品中残留量的除外。

(7) 规定了允许使用的食品添加剂的质量要求,必须符合相应的食品添加剂的质量标准的要求。

另一类的标准是关于食品添加剂的质量规格标准。食品添加剂的质量规格标准,也叫食品添加剂的产品标准,这些标准对我国批准使用的食品添加剂品种的技术指标、试验方法、检验规则以及标示、包装、运输、贮存等内容做出规定。食品添加剂质量规格标准作为该体系的重要组成部分,对于保证食品添加剂正确使用具有重要作用,首先它可以明确达到什么要求的食品添加剂可以生产使用,其次它能够保证食品添加剂的生产和使用环节所生产、使用的食品添加剂与我国批

准使用的食品添加剂品种在来源、生产工艺、技术要求、安全性等方面的一致性。

食品用香料缺乏使用原则,不利于规范香精香料的使用。食品用香料是一类特殊的食品添加剂,其通常先配制成香精再用于食品生产过程中,我国制定了食用香精的相关标准,同时考虑到香精在食品生产中使用的自限性,我国目前《食品添加剂使用标准》中只规定了允许使用的香料品种名单、使用范围和使用量的具体规定,这种规定与国际香料的管理规定是一致的。在香料的使用原则方面只制定了一般使用原则,仍然存在一些乱用、滥用食品香料的现象。

在《中华人民共和国食品安全法》中,规定国家对食品添加剂生产实行许可制度。申请食品添加剂生产许可的条件、程序,按照国家有关工业产品生产许可证管理的规定执行。申请利用新的食品原料从事食品生产或者从事食品添加剂新品种、食品相关产品新品种生产活动的单位或者个人,应当向国务院卫生行政部门提交相关产品的安全性评估材料。国务院卫生行政部门应当自收到申请之日起六十日内组织对相关产品的安全性评估材料进行审查;对符合食品安全要求的,依法决定准予许可并予以公布;对不符合食品安全要求的,决定不予许可并书面说明理由。

食品生产者应当依照食品安全标准关于食品添加剂的品种、使用范围、用量的规定使用食品添加剂;不得在食品生产中使用食品添加剂以外的化学物质和其他可能危害人体健康的物质。食品添加剂应当有标签、说明书和包装。食品和食品添加剂的标签、说明书应该符合食品安全法的相关条款规定,应载明食品添加剂的使用范围、用量、使用方法,并在标签上载明“食品添加剂”字样。不得含有虚假、夸大的内容,不得涉及疾病预防、治疗功能。食品和食品添加剂的标签、说明书应当清楚、明显,容易辨识。生产者对标签、说明书上所载明的内容负责。食品和食品添加剂与其标签、说明书所载明的内容不符的,不得上市销售。食品经营者应当按照食品标签标示的警示标志、警示说明或者注意事项的要求,销售预包装食品。

此外,为加强食品添加剂新品种的管理,根据《食品安全法》和《食品安全法实施条例》有关规定,卫生部颁布了中华人民共和国卫生部令(第73号)《食品添加剂新品种管理办法》(2010年3月30日)。食品添加剂新品种是指:

(1) 未列入食品安全国家标准的食品添加剂品种。

(2) 未列入卫生部公告允许使用的食品添加剂品种。

(3) 扩大使用范围或者用量的食品添加剂品种。

食品添加剂新品种应当在技术上确有必要且经过风险评估证明安全可靠。

卫生部负责食品添加剂新品种的审查许可工作，组织制定食品添加剂新品种技术评价和审查规范。

申请食品添加剂新品种生产、经营、使用或者进口的单位或者个人（以下简称申请人），应当提出食品添加剂新品种许可申请，并提交以下材料：

(1) 添加剂的通用名称、功能分类，用量和使用范围。

(2) 证明技术上确有必要和使用效果的资料或者文件。

(3) 食品添加剂的质量规格要求、生产工艺和检验方法，食品中该添加剂的检验方法或者相关情况说明。

(4) 安全性评估材料，包括生产原料或者来源、化学结构和物理特性、生产工艺、毒理学安全性评价资料或者检验报告、质量规格检验报告。

(5) 标签、说明书和食品添加剂产品样品。

(6) 其他国家（地区）、国际组织允许生产和使用等有助于安全性评估的资料。申请食品添加剂品种扩大使用范围或者用量的，可以免于提交前款第四项材料，但是技术评审中要求补充提供的除外。

申请首次进口食品添加剂新品种的，除提交第六条规定的材料外，还应当提交以下材料：

(1) 出口国（地区）相关部门或者机构出具的允许该添加剂在该国（地区）生产或者销售的证明材料。

(2) 生产企业所在国（地区）有关机构或者组织出具的对生产企业审查或者认证的证明材料。

申请人应当如实提交有关材料，反映真实情况，并对申请材料内容的真实性负责，承担法律后果。申请人应当在其提交的本办法第六条第一款第一项、第二项、第三项材料中注明不涉及商业秘密，可以向社会公开的内容。食品添加剂新品种技术上确有必要和使用效果等情况，应当向社会公开征求意见，同时征求质量监督、工商行政管理、食品药品监督管理、工业和信息化、商务等有关部门和相关行业组织的意见。对有重大意见分歧，或者涉及重大利益关系的，可以举行听证会听取意见。反映的有关意见作为技术评审的参考依据。卫生部应当在受理后 60 日内组织医学、农业、食品、营养、工艺等方面的专家对食品添加剂新品种技术上确有必要性和安全性评估资料进行技术审查，并作出技术评审结论。对技术评审中需要补充有关资料的，应当及时通知申请人，申请人应当按照要求及时补充有关材料。必要时，可以组织专家对食品添加剂新品种研制及生产现场进行核实、评价。需要对相关资料和检验结果进行验证检验的，应当将检验项目、检验批次、检验方法等要求告知申请人。安全性验证检验应当在取得资质认定的检验机构进行。对尚无食品安全国家检验方法标准的，应当首先对检验方法进行验证。

食品添加剂新品种行政许可的具体程序按照《行政许可法》和《卫生行政许可管理办法》等有关规定执行。根据技术评审结论，卫生部决定对在技术上确有必要性和符合食品安全要求的食品添加剂新品种准予许可并列入允许使用的食品添加剂名单予以公布。对缺乏技术上必要性和不符合食品安全要求的，不予许可并书面说明理由。对发现可能添加到食品中的非食用化学物质或者其他危害人体健康的物质，按照《食品安全法实施条例》第四十九条执行。

卫生部根据技术上必要性和食品安全风险评估结果，将公告允许使用的食品添加剂的品种、使用范围、用量按照食品安全国家标准的程序，制定、公布为食品安全国家标准。

属于新资源食品的，应根据卫生部制定的《新资源食品管理办法》。

9.3.4　食品标签类法规

食品标签是向消费者传递产品信息的载体。做好预包装食品标签管理，既是维护消费者权益，保障行业健康发展的有效手段，也是实现食品安全科学管理的需求。根据《食品安全法》及其实施条例规定，卫生部组织修订预包装食品标签标准[16]。新的《预包装食品标签通则》(GB7718—2011)充分考虑了《预包装食品标签通则》(GB7718—2004)实施情况，细化了《食品安全法》及其实施条例对食品标签的具体要求，增强了标准的科学性和可操作性。《预包装食品标签通则》(GB7718—2011)属于食品安全国家标准，相关规定、规范性文件规定的相应内容与本标准不一致的，应当按照本标准执行。如果其他食品安全国家标准有特殊规定的，应同时执行预包装食品标签的通用性要求和特殊规定。

根据《食品安全法》和《定量包装商品计量监督管理办法》，参照以往食品标签管理经验，本标准将“预包装食品”定义为：预先定量包装或者制作在包装材料和容器中的食品，包括预先定量包装以及预先定量制作在包装材料和容器中并且在一定量限范围内具有统一的质量或体积标识的食品。预包装食品首先应当预先包装，此外包装上要有统一的质量或体积的标示。

在法规中，需要注意“直接提供给消费者的预包装食品”和“非直接提供给消费者的预包装食品”标签标示的区别。直接提供给消费者的预包装食品，所有事项均在标签上标示。非直接向消费者提供的预包装食品标签上必须标示食品名称、规格、净含量、生产日期、保质期和贮存条件，其他内容如未在标签上标注，则应在说明书或合同中注明。关于“直接提供给消费者的预包装食品”的情形，一是生产者直接或通过食品经营者(包括餐饮服务)提供给消费者的预包装食品；二是既提供给消费者，也提供给其他食品生产者的预包装食品。进口商经营的此类进口预包装食品也应按照上述规定执行。关于“非直接提供给消费者的预包装食品”的情形，一是生产者提供给其他食品生产者的预包装食品；二是生产者提供给餐饮业作为原料、辅料使用的预包装食品。进口商经营的此类进口预包装食品也应按照上述规定执行。

不属于本标准管理的标示标签情形有，一是散装食品标签；二是在储藏运输过程中以提供保护和方便搬运为目的的食品储运包装标签；三是现制现售食品标签。以上情形也可以参照本标准执行。

标识内容具体包括以下要求：

(1) “生产日期”是指预包装食品形成最终销售单元的日期。原《预包装食品标签通则》(GB7718—2004)中“包装日期”、“灌装日期”等术语在本标准中统一为“生产日期”。

(2) 标签标示内容应真实准确，不得使用易使消费者误解或具有欺骗性的文字、图形等方式介绍食品。当使用的图形或文字可能使消费者误解时，应用清晰醒目的文字加以说明。本标准规定食品标签使用规范的汉字，但不包括商标。“规范的汉字”指《通用规范汉字表》中的汉字，不包括繁体字。食品标签可以在使用规范汉字的同时，使用相对应的繁体字。

(3) 销售单元包含若干可独立销售的预包装食品时，该销售单元内的独立包装食品应分别标示强制标示内容。直接向消费者交付的外包装(或大包装)标签标示分为两种情况：一是外包装(或大包装)上同时按照本标准要求标示。如果该销售单元内的多件食品为不同品种时，应在外包装上标示每个品种食品的所有强制标示内容，可将共有信息统一标示；二是若外包装(或大包装)易于开启识别，或透过外包装(或大包装)能清晰识别内包装物(或容器)的所有或部分强制标示内容，可不在外包装(或大包装)上重复标示相应的内容。

(4) 销售单元包含若干标示了生产日期及保质期的独立包装食品时，外包装上的生产日期和保质期可以选择以下三种方式之一标示：一是生产日期标示最早生产的单件食品的生产日期，保质期按最早到期的单件食品的保质期标示；二是生产日期标示外包装形成销售单元的日期，保质期按最早到期的单件食品的保质期标示；三是在外包装上分别标示各单件食品的生产日期和保质期。

(5) 反映食品真实属性的专用名称。

反映食品真实属性的专用名称通常是指：国家标准、行业标准、地方标准中规定的食品名称或食品分类名称，若上述名称有多个时，可选择其中的任意一个，或不引起歧义的等效的名称；在没有标准规定的情况下，应使用能够帮助消费者理解食品真实属性的常用名称或通俗名称。

(6) 单一配料的预包装食品应当标示配料表。配料表中配料的标示应清晰，易于辨认和识读，配料间可以用逗号、分号、空格等易于分辨的方式分隔。按照食品配料加入的质量或重量计，按递减顺序一一排列。加入的质量百分数(m/m)不超过2%的配料可以不按递减顺序排列。

复合配料在配料表中的标示分以下两种情况：

第一，如果直接加入食品中的复合配料已有国家标准、行业标准或地方标准，并且其加入量小于食品总量的25%，则不需要标示复合配料的原始配料。加入量小于食品总量25%的复合配料中含有的食品添加剂，若符合《食品添加剂使用标准》(GB2760)规定的带入原则且在最终产品中不起工艺作用的，不需要标示，但复合配料中在最终产品起工艺作用的食品添加剂应当标示。推荐的标示方式为：在复合配料名称后加括号，并在括号内标示该食品添加剂的通用名称，如“酱油(含焦糖色)”。

第二，如果直接加入食品中的复合配料没有国家标准、行业标准或地方标准，或者该复合配料已有国家标准、行业标准或地方标准且加入量大于食品总量的25%，则应在配料表中标示复合配料的名称，并在其后加括号，按加入量的递减顺序一一标示复合配料的原始配料，其中加入量不超过食品总量2%的配料可以不按递减顺序排列。

可食用包装物是指由食品制成的，既可以食用又承担一定包装功能的物质。这些包装物容易和被包装的食品一起被食用，因此应在食品配料表中标示其原料。

(7) 关于食品添加剂通用名称的标示方式。应标示其在《食品添加剂使用标准》(GB2760)中的通用名称。在同一预包装食品的标签上，所使用的食品添加剂可以选择以下三种形式之一标示：一是全部标示食品添加剂的具体名称；二是全部标示食品添加剂的功能类别名称以及国际编码(INS号)，如果某种食品添加剂尚不存在相应的国际编码，或因致敏物质标示需要，可以标示其具体名称；三是全部标示食品添加剂的功能类别名称，同时标示具体名称。

(8) 关于食品添加剂通用名称标示注意事项。

第一，食品添加剂可能具有一种或多种功能，《食品添加剂使用标准》

(GB2760)列出了食品添加剂的主要功能,供使用参考。生产经营企业应当按照食品添加剂在产品中的实际功能在标签上标示功能类别名称。

第二,如果《食品添加剂使用标准》(GB2760)中对一个食品添加剂规定了两个及以上的名称,每个名称均是等效的通用名称。以"环己基氨基磺酸钠(又名甜蜜素)"为例,"环己基氨基磺酸钠"和"甜蜜素"均为通用名称。

第三,"单,双甘油脂肪酸酯(油酸、亚油酸、亚麻酸、棕榈酸、山嵛酸、硬脂酸、月桂酸)"可以根据使用情况标示为"单双甘油脂肪酸酯"或"单双硬脂酸甘油酯"或"单硬脂酸甘油酯"等。

第四,根据食物致敏物质标示需要,可以在《食品添加剂使用标准》(GB2760)规定的通用名称前增加来源描述。如"磷脂"可以标示为"大豆磷脂"。

第五,根据《食品添加剂使用标准》(GB2760)规定,阿斯巴甜应标示为"阿斯巴甜(含苯丙氨酸)"。

配料表应当如实标示产品所使用的食品添加剂,但不强制要求建立"食品添加剂项"。食品生产经营企业应选择附录 B 中的任意一种形式标示。

复配食品添加剂的标示,应当在食品配料表中一一标示在终产品中具有功能作用的每种食品添加剂。食品添加剂中含有的辅料不在终产品中发挥功能作用时,不需要在配料表中标示。加工助剂不需要标示。酶制剂如果在终产品中已经失去酶活力的,不需要标示;如果在终产品中仍然保持酶活力的,应按照食品配料表标示的有关规定,按制造或加工食品时酶制剂的加入量,排列在配料表的相应位置。食品营养强化剂应当按照《食品营养强化剂使用标准》(GB14880)或卫生部公告中的名称标示。

关于定量标示配料或成分的情形:一是如果在食品标签或说明书上强调含有某种或多种有价值、有特性的配料或成分,应同时标示其添加量或在成品中的含量;二是如果在食品标签上强调某种或多种配料或成分含量较低或无时,应同时标示其在终产品中的含量。

关于不要求定量标示配料或成分的情形:只在食品名称中出于反映食品真实属性需要,提及某种配料或成分而未在标签上特别强调时,不需要标示该种配料或成分的添加量或在成品中的含量。只强调食品的口味时也不需要定量标示。

(9) 其他关于某种特定原料、配料的标识还有:

植物油作为食品配料时,可以选择以下两种形式之一标示:

一是标示具体来源的植物油,如:棕榈油、大豆油、精炼大豆油、葵花籽油等,也可以标示相应的国家标准、行业标准或地方标准中规定的名称。如果使用的植物油由两种或两种以上的不同来源的植物油构成，应按加入量的递减顺序标示。

二是标示为“植物油”或“精炼植物油”，并按照加入总量确定其在配料表中的位置。如果使用的植物油经过氢化处理，且有相关的产品国家标准、行业标准或地方标准，应根据实际情况，标示为“氢化植物油”或“部分氢化植物油”，并标示相应产品标准名称。

关于食用香精、食用香料的标示。使用食用香精、食用香料的食品，可以在配料表中标示该香精香料的通用名称，也可标示为“食用香精”，或者“食用香料”，或者“食用香精香料”。

关于香辛料、香辛料类或复合香辛料作为食品配料的标示：

① 如果某种香辛料或香辛料浸出物加入量超过 2%，应标示其具体名称。

② 如果香辛料或香辛料浸出物(单一的或合计的)加入量不超过 2%，可以在配料表中标示各自的具体名称，也可以在配料表中统一标示为“香辛料”、“香辛料类”或“复合香辛料”。

③ 复合香辛料添加量超过 2%时，按照复合配料标示方式进行标示。

关于果脯蜜饯类水果在配料表中的标示：

① 如果加入的各种果脯或蜜饯总量不超过 10%，可以在配料表中标示加入的各种蜜饯果脯的具体名称，或者统一标示为“蜜饯”、“果脯”。

② 如果加入的各种果脯或蜜饯总量超过 10%，则应标示加入的各种蜜饯果脯的具体名称。

关于过敏原的标识。食品中的某些原料或成分，被特定人群食用后会诱发过敏反应，有效的预防手段之一就是在食品标签中标示所含有或可能含有的食品致敏物质，以便提示有过敏史的消费者选择适合自己的食品。本标准参照国际食品法典标准列出了八类致敏物质，鼓励企业自愿标示以提示消费者，有效履行社会责任。八类致敏物质以外的其他致敏物质，生产者也可自行选择是否标示。具体标示形式由食品生产经营企业参照以下自主选择。

致敏物质可以选择在配料表中用易识别的配料名称直接标示，如：牛奶、鸡蛋粉、大豆磷脂等；也可以选择在邻近配料表的位置加以提示，如：“含有……”等；对于配料中不含某种致敏物质，但同一车间或同一生产线上还生产含有该致敏物质的其他食品，使得致敏物质可能被带入该食品的情况，则可在邻近配料表的位置使用“可能含有……”、“可能含有微量……”、“本生产设备还加工含有……的食品”、“此生产线也加工含有……的食品”等方式标示致敏物质信息。

(10) 关于标准中的“产地”内容。“产地”指食品的实际生产地址，是特定情况下对生产者地址的补充。

关于产品标准代号的标示，应当标示产品所执行的标准代号和顺序号，可以不标示年代号。产品标准可以是食品安全国家标准、食品安全地方标准、食品安全企业标准或其他国家标准、行业标准、地方标准和企业标准。

标题可以采用但不限于这些形式：产品标准号、产品标准代号、产品标准编号、产品执行标准号等。

(11) 进口预包装食品的标示。

本标准 4.1.6.3 条规定了进口预包装食品必须标示原产国或原产地区的名称，以及在中国依法登记注册的代理商、进口商或经销者的名称、地址和联系方式；可不标示生产者的名称、地址和联系方式。按照 3.8.2 条，原有外文的生产者的名称地址等不需要翻译成中文。4.1.10 条规定了进口预包装食品可以免于标示产品标准号。

进口预包装食品如仅有保质期和最佳食用日期，应根据保质期和最佳食用日期，以加贴、补印等方式如实标示生产日期。

关于包装食品的标签，我国相应的标准除了以上详述的《预包装食品标签通则》[18](GB7718—2011)，还有《预包装食品营养标签通则》[18](GB28050—2011)、《预包装特殊膳食用食品标签通则》(GB13432—2011)[17]、《食品添加剂标识通则》(GB29924—2013)。相应的法规是国家质量监督检验检疫总局令(第 102 号，颁布时间为 2007 年 8 月 27 日)——《食品标识管理规定》。

9.3.5 流通领域食品安全法规

《食品安全法》及国务院"三定"方案，将流通领域食品安全监管职责划归工商部门。

为切实履行流通环节食品安全监管职能，加大规范食品流通许可工作力度，工商行政管理机关要切实履行《食品安全法》和《食品安全法实施条例》赋予的市场监管和行政执法职责，依法保护食品经营者和消费者的合法权益，促进食品产业健康有序发展，维护食品市场秩序。

1. 食品流通许可

食品流通许可是一种比较典型的行政许可形式。根据《食品安全法》、《食品安全法实施条例》和《流通环节食品安全监督管理办法》[19]、《食品流通许可证管理办法》[20]的要求，食品经营者应当在依法取得食品流通许可证之后，向有登记管辖权的工商行政管理机关申请办理工商登记。未取得食品流通许可证和营业执照的，不得从事食品经营。

《食品安全法》第二十九条第一款规定："国家对食品生产经营实行许可制度。从事食品生产、食品流通、餐饮服务，应当依法取得食品生产许可、食品流通许可、餐饮服务许可。"在讨论起草《食品安全法实施条例》过程中，立法机构和立法专家达成了较为一致的意见：食品经营者应当在依法取得相应的食品流通许可后，办理工商登记。法律、法规对食品生产加工小作坊和食品摊贩另有规定的，依照其规定。

根据《食品安全法》和《食品安全法实施条例》的规定，实施食品流通许可的总体要求是"先证后照、证照分离"，即食品经营者应当在依法获得食品流通许可后，向有登记管辖权的工商行政管理机关申请登记注册。未获得许可机关的食品流通许可和营业执照，该经营者不得从事食品经营。

2. 流通领域质量监测办法施行

为认真履行国务院赋予的流通领域商品质量监督管理职能，国家工商总局于2001年制定了《商品质量监督抽查暂行办法》。

2012年8月21日，工商总局以工商消字〔2012〕146号文件，印发了新的《流通领域商品质量监测办法》。相比较2004年印发并于2011年12月15日废止的老的《流通领域商品质量监测办法》[21]，新《办法》以下变化更应予重视：

(1) 未再保留将推荐性国家标准、行业标准直接作为商品质量判定依据的内容。而是依据国家法律法规以及强制性国家标准、强制性行业标准、强制性地方标准和国家有关规定进行商品质量判定；商品包装明示采用的企业标准或者做出的质量承诺，不低于前述强制性标准或国家有关规定的，也可作为商品质量判定依据。

(2) 抽样检验实施方案的制订者不同。老《办法》是规定由承检单位制订检测实施方案。新《办法》则规定，实施监测的工商行政管理部门根据监测工作计划制订抽样检验实施方案，包括商品品种、抽样地点、样品数量、抽样检验程序、检验标准、检验项目、判定原则、检验结果通知、复检安排等内容。

(3) 老《办法》规定备份样品可以由承检单位带回，也可以封存于被监测人处保管。新《办法》则规定，"备份样品经承检单位人员、工商行政管理执法人员和销售者三方认可后封存。销售者不得私自拆封、调换、毁损代为保管的备份样品。销售者私自拆封、调换或者毁损备份样品的，不予复检。"

(4) 新《办法》第十三条规定，检验不合格的，承检单位将检验结果报送实施监测的工商部门的同时，"应当同时书面通知样品标称的生产者，并要求其进行送达确认”。

(5) 复检机构的确定方式不同。老《办法》是规定，复检工作原则上由原承检单位承担，工商机关根据需要可另行委托符合法定条件的检验机构复检。新《办法》第十六条规定，实施监测工作的工商部门收到复检申请后，“应当与销售者或者样品标称的生产者协商确定复检机构，也可以根据工作需要指定复检机构。”

3. 流通环节食品安全监督管理办法施行

国家工商行政管理总局令于2012年7月30日《流通环节食品安全监督管理办法》，要求食品经营者建立健全食品安全管理制度，采取有效管理措施，保证食品安全。严厉打击销售假冒伪劣商品等违法行为，努力营造良好的经营和消费环境，为促进“努力快发展，全面建小康”做出应有贡献。

食品安全法中，关于进入流通领域的食品出现食品安全事故或重大隐患，将实行召回制。该法对于食品召回的管理规定分别有以下条款：

第五十三条　国家建立食品召回制度。食品生产者发现其生产的食品不符合食品安全标准，应当立即停止生产，召回已经上市销售的食品，通知相关生产经营者和消费者，并记录召回和通知情况。

食品经营者发现其经营的食品不符合食品安全标准，应当立即停止经营，通知相关生产经营者和消费者，并记录停止经营和通知情况。食品生产者认为应当召回的，应当立即召回。

食品生产者应当对召回的食品采取补救、无害化处理、销毁等措施，并将食品召回和处理情况向县级以上质量监督部门报告。

食品生产经营者未依照本条规定召回或者停止经营不符合食品安全标准的食品的，县级以上质量监督、工商行政管理、食品药品监督管理部门可以责令其召回或者停止经营。

第五十四条　食品广告的内容应当真实合法，不得含有虚假、夸大的内容，不得涉及疾病预防、治疗功能。

食品安全监督管理部门或者承担食品检验职责的机构、食品行业协会、消费者协会不得以广告或者其他形式向消费者推荐食品。

第五十五条　社会团体或者其他组织、个人在虚假广告中向消费者推荐食品，使消费者的合法权益受到损害的，与食品生产经营者承担连带责任。

第五十六条　地方各级人民政府鼓励食品规模化生产和连锁经营、配送。

综上所述，本章节从食品原料、食品生产环节、食品添加剂和包装标签，以及食品流通等环节，回顾了食品供应链的主要法律和法规。

参考文献

[1] 全国食品工业标准化技术委员会. GB/T15091—1994 食品工业基本术语[S]. www.foodmate.net，1994，1.
[2] 中华人民共和国食品安全法. 2009. www.foodmate.net.
[3] 中华人民共和国食品卫生法. 1995. www.foodmate.net.
[4] 吴晓彤. 食品法律法规与标准[M]. 北京：科学出版社，2005，1.
[5] 中华人民共和国农业法. 1993. www.moa.gov.cn.
[6] 中华人民共和国农产品质量安全法. 2006. www.moa.gov.cn.
[7] 中华人民共和国农产品质量安全监测管理办法. 2012. www.moa.gov.cn.
[8] 中华人民共和国农产品产地安全管理办法. 2008. 中国农业信息网.
[9] 中华人民共和国农机产品质量管理办法. 1998. 中国农业信息网.
[10] 中华人民共和国农产品包装和标识管理办法. 2006. 中国农业信息网.
[11] 中华人民共和国农业技术推广法. 2012. www.foodmate.net.
[12] 中华人民共和国种子法. 2000. www.moa.gov.cn.
[13] 中华人民共和国卫生部. GB2760—2011 食品添加剂使用标准[S]. www.foodmate.net.
[14] 中华人民共和国卫生部. GB14880—2012 食品营养强化剂使用标准[S]. www.foodmate.net.
[15] 中华人民共和国卫生部. GB26687—2011 复配食品添加剂通则[S]. www.foodmate.net.
[16] 中华人民共和国卫生部. GB7718—2011 预包装食品标签通则[S]. www.foodmate.net.
[17] 中华人民共和国卫生部. GB13432—2013 预包装特殊膳食用食品标签[S]. www.foodmate.net.
[18] 中华人民共和国卫生部. GB28050—2011 预包装食品营养标签通则[S]. www.foodmate.net.
[19] 流通环节食品安全监督管理办法(总局令第43号). 2009. www.saic.gov.cn.
[20] 食品流通许可证管理办法(总局令第44号). 2009. www.saic.gov.cn.
[21] 流通领域商品质量监测办法. 2005. www.saic.gov.cn.

索　引

R

S

W

Y

Z